Siegfried Tesche
Lexikon berühmter Fahrzeuge

W0376639

Zu diesem Buch

Von der »Air Force One« und der Concorde über die »Santa Maria« des Kolumbus und Shackletons »Endurance« bis Apollo 11, »Raumschiff Orion«, Transrapid und Trabant – was wäre die Geschichte ohne diese legendären Fortbewegungsmittel? Siegfried Tesche nimmt seine Leser mit auf eine vergnügliche Weltreise der besonderen Art. Ob an Bord legendärer Rennautos, in den Tiefen des Ozeans mit den bekanntesten Unterwasserfahrzeugen oder im Raumschiff »Enterprise« durch die unendlichen Weiten des Weltraums: In seinem anekdotenreichen und blitzgescheiten Lexikon gibt es ein höchst unterhaltsames Wiedersehen mit allen berühmten Fahrzeugen, die schon immer unsere Phantasie und unsere Träume beflügelt haben – aus Sagen, aus Büchern, aus Filmen und aus der Wirklichkeit.

Siegfried Tesche, geboren 1957, ist promovierter Filmwissenschaftler und lebt heute als freier Journalist und Buchautor in Garbsen bei Hannover. Von ihm erschienen außerdem »Die neuen Stars des deutschen Films«, die Biographien »Sean Connery« und »Harrison Ford« sowie »Das große James Bond-Buch«.

Siegfried Tesche

Lexikon berühmter Fahrzeuge

Legendäre Autos, Flugzeuge, Schiffe und Mondraketen

Ein Eichborn. Lexikon

Piper München Zürich

Ungekürzte Taschenbuchausgabe
Piper Verlag GmbH, München
Januar 2005
© 2003 Eichborn AG, Frankfurt am Main
Umschlag / Bildredaktion: Büro Hamburg
Isabel Bünermann, Heike Dehning,
Charlotte Wippermann, Katharina Oesten
Foto Umschlagvorderseite: BMW AG
Gesamtherstellung: Clausen & Bosse, Leck
Printed in Germany ISBN 3-492-24201-4

www.piper.de

VORWORT

Hätten Sie gewusst, dass die spektakulärste Action-Szene aus dem berühmten Wagenrennen in »Ben Hur« eigentlich ganz anders geplant war? Dass 1956 mit der »Andrea Doria« auch 50 wertvolle Liebhaber-Autos auf den Meeresgrund sanken? Dass Elvis Presley einst an einem Tag 14 Cadillacs kaufte und dass er die Türen seines Lieblingscadillacs mit vergoldeten Tierhäuten bespannen ließ – und zwar von außen?

Sie merken: In dieses Lexikon wurden nur Fahrzeuge aufgenommen, zu denen sich spannende, kurzweilige, kuriose, neugierig machende Geschichten erzählen lassen. Da die Vorstellung, die wir uns von vielen berühmten Fahrzeugen aus der Literatur oder der Geschichte machen, oft aus Filmen stammt, habe ich der Verfilmungsgeschichte dabei oft breiten Raum gegeben. So ist eine bunte Liste realer und fiktionaler Gefährte zusammengekommen, die sicherlich allen Lesern etwas bieten wird. Gleichzeitig wird und soll es jedem Leser Vergnügen bereiten, nach all den berühmten Fahrzeugen zu suchen, die *nicht* in diesem Lexikon vertreten sind (denn Vollständigkeit war von vornherein nicht angestrebt): von Nils Holgerssons Gänsen bis zur Hansekogge und vom Unglückstanker »Prestige« bis zur Wolke 7.

Zu diesem Buch haben Freunde, Kollegen, Sammler und Mitarbeiter des Verlages ihren Teil beigetragen. Insbesondere danke ich für ihre Hilfe:

Eckhart Bartels, Oliver Bayan, Dirk Brüderle, Alexander Feldmann, Dr. Bernd Fischer, Bernd Frenz, Alexander Feldmann, Sigrid Fischer, Renate Frommelt, Hayo Göhmann, Jan Hetebrügge, Corinna und Jörg Kastner, Elke und Karl-Heinz Kern, Wiebke Langefeld, Harald Schneider, Claudia Walter, Achim Weise von Schröder & Weise und speziell Mascha Uebel für ihre unermüdliche Hilfe bei einigen Recherchen.

Ferner danke ich den Interviewpartnern, Pressebetreuern und Kollegen aus den Presseabteilungen vieler Firmen für ihre Hilfe:

Ken Adam, Ernst A. Bettag, Tony Curtis, Barbara Fischer vom Bastei Lübbe Verlag, Peter Fonda, Günter Grass, Hardy Krüger, Roger Moore, Anne-Kathrin Müller vom Karl Thienemann Verlag, Wolfgang Petersen, Johannes Schultz von der BMW AG, Pete Tanarisi von Aston Martin, Peter Thannisch und Herrn Delfs vom Bastei Verlag, Evelyn und Philipp Vandenberg, Isabel Weishar und Robert Zemeckis.

Und ich danke den Flohmärkten dieser Welt und ihrem schier unerschöpflichen Vorrat an gebrauchten Büchern, Zeitschriften und Videos, die zu einem unerlässlichen Fundus bei der Arbeit an diesem Buch geworden sind.

Siegfried Tesche

A

DIE ACHTERBAHN

Nur wenige der Millionen Menschen, die sich heute auf dem Rummel oder Jahrmarkt von Fuhrwerken wie »Die wilde Maus« oder so genannten »Rollercoastern« den Magen heben lassen, wissen wahrscheinlich, dass die Russen bereits im 15. und 16. Jahrhunderts ihren Spaß mit den Vorläufern dieser Jahrmarktattraktionen hatten.

Über 20 Meter hohe Holzgerüste, die mit Wasser begossen wurden und sich so über Nacht – natürlich nur im Winter, der ja in Russland nicht eben kurz ist – in eisige Rutschbahnen verwandelten, bildeten die Basis für die stürmischen Freuden. Später befuhr man die wackeligen Konstrukte auch mit Schlitten und kleinen Rädern oder ersann Bahnen, die den Schwung der Bergabfahrt so geschickt nutzten, dass die Fahrt wieder am Startpunkt endete. »Montagnes russes« nannten die Franzosen zu Beginn des 19. Jahrhunderts die Rutschbahnen nach ihrem Herkunftsland. Nach und nach verfeinerte man die Technik. Holzschlitten, aber auch Banden an den Seiten kamen hinzu, so dass man vom Wetter unabhängiger und etwas weniger riskant rodeln konnte. Eine der ersten Achterbahnen, die diesen Namen auch verdiente, wurde im Jahr 1819 in Berlin gebaut. Die »Acht« verdankt sich dabei weniger der Vergnügungssucht als vielmehr der Notwendigkeit: Sie ermöglichte eine bessere Flächennutzung, d.h. eine längere Strecke als das Oval.

Kaum waren die Amerikaner mit der Idee in Berührung gekommen, setzten sie sich an die Spitze der turbulenten Bewegung: Ab 1827 entstanden in den USA Bahnen wie die »Gravity Road«, entwickelt aus einem Zug, der Kohle transportierte. Der findige Konstrukteur La Marcus Edna Thompson, der seine Kreationen schon bald »Roller Coaster« nannte, weil sie zunächst stets in Küstenorten standen, schuf 1884 erstmals eine völlig überdachte Bahn. Anfang des 20. Jahrhunderts nannte er sie dann auch »Figur-8-Bahnen«, womit er dem Begriff »Achterbahn« bald überall zum Durchbruch verhalf.

Heute sind Achterbahnen von Vergnügungsfesten aller Art nicht mehr wegzudenken. Ihren Vorläufer haben sie fast vollkommen verdrängt. Die älteste noch erhaltene Rutschbahn steht im dänischen »Tivoli« in Kopenhagen. Gelegentlich sieht man mal eine Rutschbahn, die mit Teppichen oder kleinen Matten auf dem Rummel um Kunden buhlt, aber verglichen mit dem Ansturm auf die Achterbahnen fristet diese ursprüngliche Form des Nervenkitzels heute nur noch ein Schattendasein.

DIE »ADMIRAL GRAF SPEE«

Das Panzerschiff »Admiral Graf Spee«, das nach einem nur etwa vier Jahre dauernden Einsatz ein – wie manche meinen – unrühmliches Ende nahm, ist neben der → »Bismarck« sicherlich das berühmteste deutsche Schlachtschiff des 2. Weltkriegs.

Am 1. Oktober 1932 wurde das 186 Meter lange und 21,7 Meter breite Schiff auf der Marinewerft in Wilhelmshaven auf Kiel gelegt. Sein Bau verstieß, wie der anderer Schiffe auch, gegen den Versailler Vertrag, der Neubauten über 100.000 Bruttoregistertonnen verboten hatte, so dass die Auftraggeber die tatsächliche Größe verschwiegen und eine geringere angaben. Der Rohbau des 16.200 Tonnen schweren Schiffes wurde am 30. Juni 1934 von der Tochter des Admirals Graf Spee, Huberte von Spee, getauft. Der Namensgeber war im 1. Weltkrieg mitsamt Schiff und Mannschaft bei den Falkland-Inseln in einen Hinterhalt gelockt und versenkt worden. Das neue Panzerschiff zählte zur so genannten »Deutschland-Klasse«, zu der auch die beiden Schwesterschiffe »Deutschland« und »Admiral Scheer« gehörten. Nachdem sie mit 36 Geschützen, acht Torpedorohren, einem Katapult und zwei Flugzeugen ausgerüstet war, wurde die »Admiral Graf Spee« am 6. Januar 1936 in Dienst gestellt. Ihre ersten öffentlichen Auftritte hatte sie bei einer großen Flottenparade anlässlich der Einweihung des Marineehrenmals in Laboe und 1937 bei einer weiteren Parade zur Feier der Krönung des britischen Königs Georg V. Die Besatzung bestand aus 971 Mannschaftsdienstgraden und 30 Offizieren. Kommandant Patzig leitete ihre Geschicke bis Oktober 1937. Sein Nachfolger Warzecha befehligte sie ein weiteres Jahr, und ab Oktober 1938 übernahm dann Kapitän Hans Langsdorff das Kommando. Am 21. August 1939 verließ das Panzerschiff die heimischen Gewässer, um im Falle eines Kriegsausbruchs bereit zu sein, lief in den Südatlantik und erhielt 23 Tage nach der Kriegserklärung an Polen die Erlaubnis zur Handelskriegsführung. Im atlantischen und später auch im indischen Ozean versenkte das 26 bis 28,5 Knoten schnelle Schiff von September bis Dezember 1939 neun Handelsschiffe. Kapitän Langsdorff nahm 62 Gefangene auf und trug dafür Sorge, dass sie auch bei dem folgenden schweren Gefecht nicht verletzt wurden. Am 13. Dezember 1939 wurde die »Admiral Graf Spee« nämlich von vier britischen und neuseeländischen Kreuzern gestellt. Alle beteiligten Schiffe wurden beschädigt, das deutsche Schiff erhielt 20 Treffer und 36 Mann wurden getötet. Aber das war nur der Anfang. In den folgenden vier Tagen sollte sich das Schicksal des Schiffes entscheiden.

Kapitän Langsdorff beschloss, sich aus dem Gefecht nahe der Mündung des Rio de la Plata zurückzuziehen und den Hafen Montevideo in Uruguay anzulaufen, um die Schäden reparieren zu lassen. Nach internationalen Gesetzen musste man dem Schiff 24 Stunden lang Schutz bieten. Das Schiff war zwar noch kampffähig, aber es war nicht sicher, ob es aufgrund einiger schwerer Treffer und eines vier Quadratmeter großen Loches noch hochseetüchtig war. Zudem waren Küche und Bäckerei getroffen worden, so dass die Versorgung der Mannschaft nicht gewährleistet war. In Montevideo ließ Kapitän Langsdorff die Gefangenen frei und die Toten beerdigen. Der Präsident von Uruguay verlängerte per Erlass die Aufenthaltsdauer um 72 Stunden. In dieser Zeit beorderten die Gegner eine Reihe von Schiffen in Richtung Uruguay, um der »Admiral Graf Spee« erneut einen Kampf zu liefern. Über die Radiosender wurde verbreitet, dass ein größerer Flottenverband unterwegs sei. Auch bedrängte man den Präsidenten, das deutsche Schiff länger im Hafen zu behalten, als es nötig wäre. Vermutlich führten diese Meldungen – nach Meinung einiger Historiker nichts als eine Kriegslist – dazu, dass der Kapitän die Situation als ausweglos einschätzte.

Am 17. Dezember 1939 verließ die »Admiral Graf Spee« mit Langsdorff und einer Notbesatzung an Bord gegen 17.00 Uhr den Hafen; um 19.52 Uhr Ortszeit wurde sie sieben Kilometer vor Montevideo versenkt. Die Männer fuhren mit einem Beiboot zurück zum Hafen. Zu der Zeit warteten auf See nur drei britische Kreuzer auf das Schiff – der Kapitän war von einer viel größeren Zahl ausgegangen. Die Behörden von Uruguay waren damit einverstanden, dass die restliche Mannschaft von etwa 320 Mann nach Argentinien in Gefangenschaft kam, wo viele von ihnen bis nach dem Krieg blieben. Drei Tage nachdem er sein Schiff auf Grund geschickt hatte, nahm sich Hans Langsdorff in seinem Zimmer im Marinearsenal in Buenos Aires durch einen Kopfschuss das Leben. Seeleute aller Kriegsparteien erwiesen ihm die letzte Ehre.

Noch heute treffen sich Briten und Deutsche regelmäßig im Dezember, um an die damaligen Ereignisse und den Kapitän zu erinnern. Der englische Schauspieler Peter Finch setzte ihm ein Denkmal, als er ihn in dem 1956 entstandenen britischen Film »The Battle of the River Plate« (dt. Titel: »Panzerschiff Graf Spee«) verkörperte. Der amerikanische schwere Kreuzer »USS Salem« doubelte darin die »Admiral Graf Spee«.

Im Jahr 2001 erschien eine Dokumentation über »Die Kinder der Graf Spee«. Angehörige von Besatzungsmitgliedern kamen darin zu Wort, die immer noch das Andenken an das Schiff ehren, das sieben bis acht Meter unter der Wasseroberfläche am Rande eines militärischen Übungsschießgebietes liegt. Zwei Bojen markieren die Stelle.

DIE »AFRICAN QUEEN«

»›African Queen‹ war ein Riesenspaß. Es war ein Riesenspaß, mit John Huston zusammen zu sein – und mit Bogie und Betty – und mit Peter. Und die Außenaufnahmen in Afrika waren für uns alle eine Premiere.« So enthusiastisch beschrieb Katherine Hepburn die Dreharbeiten zu dem Kinofilm »African Queen«, der 1951 entstand. Das Drehbuch basierte auf dem gleichnamigen Roman des englischen Autors Cecil Scott Forester (1899 – 1966), der 1935 erschienen war. (Forester hat übrigens mit »Die letzte Fahrt der Bismarck« auch ein Buch über das berühmte deutsche Schlachtschiff → »Bismarck« verfasst.)

Der Film »African Queen« handelt von der ungewöhnlichen Beziehung zwischen dem trinkfreudigen Skipper Charlie Allnut und der prüden Missionarin Rose Sayer, die während des 1. Weltkrieges in Zentralafrika in der zehn Meter langen und ziemlich klapprigen alten Barkasse »African Queen« einen Fluss hinunter schippern. Unterwegs kommt

Rose auf die höchst patriotische Idee, das deutsche Kanonenboot »Louisa«, das auf einem großen See patrouilliert, zu zerstören. Dabei geraten sie unter Beschuss einer deutschen Stellung und müssen gefährliche Stromschnellen überwinden. Aus Sauerstoffflaschen und Sprengstoff bastelt Charlie zwei Torpedos, die er an der Barkasse befestigt, um damit das Kanonenboot zu versenken. Doch in einem Sturm kentert die »African Queen«, die beiden werden von den Deutschen gerettet, um als Spione gehenkt zu werden. Allnut bittet den Kapitän, sie noch zu verheiraten, bevor sie sterben. Kurz vor der Vollstreckung des Todesurteils rammt die »Louisa« das kieloben treibende Wrack der »African Queen« mit den Torpedos und explodiert. Rose und Charlie überleben und paddeln fröhlich Richtung Ufer davon.

Nach Angaben des Londoner *Daily Express* inspirierte »ein kaum bekanntes Kapitel der Ost-Afrika-Kampagne von 1915« den Romanautor Forester zu dem Buch. In jenem Jahr verschifften die Briten zwei bewaffnete Motorbarkassen von London nach Kapstadt, transportierten sie von dort aus per Bahn 2.500 Meilen nordwärts, danach weitere 500 Meilen auf Dschungelpfaden und Flüssen und schließlich wieder per Bahn bis zur Küste von Tanganjika. Dort machten sie kurzen Prozess mit den deutschen Schiffen, welche die britischen Operationen erschwert hatten.

Der Stoff wurde von Anfang April bis Mitte Juni 1951 verfilmt. Die Drehbuchautoren James Agee, Peter Viertel und John Huston, der dann auch inszenierte, bauten mehr Wärme und Humor in die Geschichte ein als Forester und gaben ihr einen neuen Schluss.

Gedreht wurde auf dem Fluss Ruiki in Belgisch-Kongo, dem heutigen Zaire, auf dem Albertsee und in Murchison Falls in West-Uganda. Die im Film verwendete Barkasse hatten die Ausstatter in heruntergekommenem Zustand am Albertsee entdeckt, repariert und etwas aufgemöbelt, um sie dann 600 Meilen von Uganda bis in den Kongo zu schleppen. Katherine Hepburn beschrieb sie als einen »zehn Meter langen Metallrumpf mit einem dreißig Jahre alten Motor, einem riesigen Dampfkessel und einer Dampfpumpenattrappe«. Da darauf viel zu wenig Platz für die Dreharbeiten war, behalf man sich mit einem vielleicht fünf mal sechs Meter großen Floß, das die Teile der »African Queen« trug, die für die jeweilige Einstellung benötigt wurden. Bei einer Pressekonferenz zum Start des Films in Chicago antwortete Humphrey Bogart auf die Frage nach seinen Erfahrungen: »Wir waren an die 80 Leute da unten und drehten das meiste auf einem riesigen, aus Planken und einheimischem Gras gefertigten Floß; es leckte ein wenig, aber wir schöpften das Wasser aus und machten einfach weiter.« »Das Floß hatte auch unsere Ausrüstung und die beiden Scheinwerfer geladen«, hielt Hepburn in ihren Erinnerungen fest. »Es musste hinter dem Boot hergezogen werden.« Weil der Fluss sehr gewunden war und das Floß eher sperrig, liefen die Einbäume darunter immer mal wieder mit Wasser voll und das Provisorium begann zu sinken. Mehrfach kam es von der Flussmitte ab, driftete ans Ufer, der Kessel fiel um und das Schutzdach wurde vom Blattwerk abgerissen. Einmal krachte das Floß in eine Flussbiegung, und da der heiße Kessel umzukippen drohte, sprang Regisseur Huston vor die Kamera, um seine Schauspieler in Sicherheit zu bringen. Wenig später sank die »African Queen« dann in einer Nacht doch und lag seitlich auf Grund. Bogart kommentierte die Arbeit der einheimischen Helfer ironisch so: »Sie haben so lange zugeschaut, bis sie auf Grund saß.« Nachdem 200 kongolesische Arbeiter die Barkasse wieder geborgen hatten, stellte man fest, dass die Schiffsschraube schwer beschädigt worden war. Man erhitzte sie über einem Feuer und brachte sie dann wieder in die richtige Form – genau so, wie Bogart es laut Drehbuch im Film auch tun sollte. Es dauerte drei Tage, bis das Schiff wieder fahrtüchtig war. Als später das destillierte Wasser der Batterien zur Neige ging und einer der Techniker vorschlug, auf ein Mittel zurückgreifen, das er aus Kriegszeiten kannte, nämlich in die Batterien hineinzupinkeln, lehnte Bogart das ab mit der Begründung: »Mein Urin ist so voller Alkohol, dass die einzelnen Zellen der Batterie Rost ansetzen würden.« Seine Entschuldigung wurde akzeptiert.

Bogart hasste die Dreharbeiten in Afrika, die zehn Wochen dauerten, und hätte den ganzen Film am liebsten in amerikanischen Studios gedreht. Er war ein begeisterter Seemann, bei der Marine gewesen und hatte sich später erst die Motoryacht »Sluggy« und dann das Segelboot »Santana« gekauft. Aber der afrikanische Busch, die Blutegel, die Moskitos, das ganze, unbekannte Getier und die Hitze, das war nichts für ihn. Schließlich kam man ihm ein bisschen entgegen, baute ein Double der »African Queen« und drehte einige Teile des Films in den Tanks der Shepperton Studios in London. Dort entstanden die Szenen, in denen er die »African Queen« durch das Schilf zieht, und auch deren Untergang. Den Lohn der Mühe erhielt Bogie 1952 bei der Oscar-Verleihung, als er für seine Rolle in »African Queen« als bester Hauptdarsteller ausgezeichnet wurde. Sein einziger Oscar.

Die Barkasse »African Queen« gilt als verschollen, aber das Kanonenboot »Louisa« gibt es immer noch. Es kreuzt als »Liemba« Woche für Woche rund 650 Kilometer auf dem Tanganjika-See im Westen Tansanias.

DIE »AIR FORCE ONE«

Tot oder lebendig: Amerikanische Präsidenten fliegen mit der »Air Force One« (AFO). Es war John F. Kennedy, der im September 1961 die erste offizielle Präsidentenmaschine, eine Lockheed C-118, einweihte. Am 22. November 1963 brachte ihn diese Maschine nach Dallas, als Leiche kehrte er darin nach Washington zurück. Nicht das einzige Mal, dass eine Präsidentenmaschine einen toten US-Präsidenten zu transportieren hatte: Lyndon B. Johnson, 1963 nach Kennedys Ermordung als 36. Präsident an Bord der »Air Force One« vereidigt, wurde zehn Jahre später von derselben Maschine im Sarg zur Beerdigung nach Texas überführt.

In Militärkreisen nannte man das Flugzeug nach der am Schwanzende aufgemalten Zulassungsnummer auch die »26000«. Sie wurde später durch die »27000«, die am 19. Oktober 1981 sogar einmal drei Präsidenten an Bord hatte, ersetzt: Richard Nixon, Gerald Ford und Jimmy Carter flogen damit zur Beerdigung des ägyptischen Präsidenten Sadat.

Seit dem 23. August 1990 ist die »28000« in Betrieb; sie diente zunächst George Bush senior, und ab Januar 2001 auch seinem Sohn George W. Bush. Inzwischen ist es eine Boeing vom Typ VC-25A, die auf der Andrews Air Force Base in Maryland stationiert ist und täglich gewartet wird – egal ob sie von einem Flug kommt, einen antreten soll oder nur im Hangar steht. Zu dem einzigartigen Service gehört auch, dass sie alle 154 Tage einem D-Check unterzogen wird, das heißt komplett zerlegt und erneuert wird. Außerdem ist bekannt geworden, dass an jedem Flughafen der Welt ein Notreparaturkit für die Maschine bereit steht.

Eingerichtet ist die Maschine wie ein fliegendes Hochsicherheitsbüro. Sie ist gegen elektromagnetische Strahlung gesichert, verfügt über modernste Kommunikationssysteme, kann in der Luft aufgetankt werden, im Falle eines Luftangriffs auf Autopilot schalten und selbständig Ausweichmanöver fliegen. Dem Präsidenten und der First Lady stehen eine Suite mit Fernseh- und Videosystemen zur Verfügung. Es gibt zwei Küchen, in denen bis zu 100 Mahlzeiten gleichzeitig zubereitet werden können, zwei Konferenz- und ein Stabszimmer, das im Notfall zu einem Operationsraum umgebaut werden kann. Außerdem bietet sie 34 Sitzplätze für die Sicherheitsbeamten sowie einen Ruhebereich und Waschräume für die 26köpfige Besatzung. Das »fliegende weiße Haus« hat 360 Millionen Dollar gekostet, ist 70,7 Meter lang, 19,3 Meter hoch und erreicht eine Geschwindigkeit von 1.128 km/h.

1997 avancierte ein umgebauter Jumbo vom Typ 747 zum Star des Actionfilms »Air Force One«. 200.000 Dollar musste »Columbia TriStar« allein für die Verwendung des zugkräftigen Namens hinblättern. Der damalige Präsident Bill Clinton, der die Filmemacher unterstützte, lud ein kleines Team in die Maschine ein, damit sie sich ein Bild machen konnten. Die Filmexperten stellten fest, »dass wir mit unseren Überlegungen zum Flugzeug ziemlich richtig lagen – außer bei ein paar Details.« Das Innere der Präsidentenmaschine wurde – größer als im Original, um den Kameras mehr Platz zu bieten – in den Sony Studios in Los Angeles nachgebaut. Im Film muss sich der von Harrison Ford gespielte Präsident gegen eine Gruppe russischer Terroristen zur Wehr setzen. Eine wichtige Rolle dabei spielt eine in das Flugzeug integrierte, flugfähige Ein-Mann-Kapsel, mit der der Präsident im Notfall sein Leben retten kann. Die Existenz einer solchen Kapsel hat das Weiße Haus immer bestritten.

Die »Air Force One« ist übrigens kein Einzelstück. Am 23. Dezember 1991 wurde die »29000« in Betrieb genommen. Man weiß ja nie, wozu man sie mal gebrauchen kann.

DER »AIRWOLF«

High-Tech-Hubschrauber sind als Kampfmaschinen und Kundschafter oft unverzichtbarer Bestandteil von Actionfilmen und -serien. Der erste, ein Hubschrauber namens »Blue Thunder«, der in Deutschland → »Das fliegende Auge« genannt wurde, gab 1984 den Startschuss für eine Flut von Nachahmern. Zunächst machte man aus dem Film eine TV-Serie. Dann kam der Spielfilm »Airwolf«, der gleichfalls eine Fernsehserie nach sich zog, und schließlich stand auch in der Reihe »Trio mit vier Fäusten« ein Hubschrauber im Mittelpunkt, der sich mit seinen High-Tech-Vorläufern allerdings nicht messen konnte. Und auch deutsche TV-Produzenten setzen für ihre Action-Serien (z.B. »Medicopter 117«) verstärkt auf die Attraktivität dieser wendigen Luftfahrzeuge – und der Piloten, die sie beherrschen.

Regisseur und TV-Produzent Donald P. Bellisario, der schon → »Magnum« mit seinem → Ferrari 308 GTS zu Fernsehruhm verholfen hatte, erkannte als erster das Potential, das in einem waffenstarrenden Hubschrauber steckt, und setzte seine Drehbuchidee gleich selbst um. In dem 1984 entstandenen Spielfilm wird der »Airwolf« als Geheimprojekt des CIA eingeführt, das technologisch wesentlich höher entwickelt ist als alle herkömmlichen Kampfhubschrauber. Die Maschine verfügt über ein Zwei-Turbinen-System, das eine Durchschnittsgeschwindigkeit von 300 Knoten und eine Spitzenleistung von bis zu Mach 1 erlaubt. Zur offensiven und defensiven Ausrüstung zählen 30- und 40-mm-Geschütze, Luft-Luft- und Luft-Boden-Raketen mit atomaren Sprengköpfen, Sonnenreflektoren, die Raketen mit Wärmesensoren ablenken können, ein Infrarot- und ein Radar-Störgerät, eine Freund-Feind-Erkennung, eine Zielerkennung sowie ein Restlichtverstärker. Während einer Demonstration dieser Fähigkeiten entführt der Konstrukteur Dr. Moffet die Maschine und bringt sie in einen arabischen Staat. Also heuert die CIA den Einzelgänger Stringfellow Hawke und seinen väterlichen Freund Dominic Santini an, den »Airwolf« wieder zurückzubringen, was den beiden auch gelingt.

In den 80 Folgen der gleichnamigen TV-Serie, die von 1984 bis 1986 von CBS in den USA und später auch bei uns ausgestrahlt wurde, zeigt das High-Tech-Gerät, was es alles kann. Für die damalige Zeit beinahe futuristisch muten vor allem die elektronischen Überwachungssysteme an: Ein thermografischer Sensor, der die verschiedenen Wärmestufen von Zielen erkennt und unterscheiden kann, ein Matrix Scanner, der die Struktur eines Zielobjektes durchleuchtet, ein Audio Sensor, der Zielpersonen belauschen kann, ein Video Sensor sowie ein mediales Überwachungs- und Aufzeichnungssystem, das in der Lage ist, das Radio- und TV-Programm oder den CB-Funkbereich zu analysieren und zu speichern. Um die politische Brisanz ein wenig zu mildern, machte man aus der CIA einfach »die Firma«. Die Hauptprotagonisten Santini und

Hawke betreiben gemeinsam den Flugdienst »Santini-Air« und greifen nur für Sondereinsätze auf den »Airwolf« zurück, der als Langstrecken-Überschall-Mehrzweckhelikopter konzipiert wurde und je nach Besatzung (zwei oder drei Personen) Entfernungen von 950 bis 1450 Meilen zurücklegen kann.

Im Kampf an der Kinokasse hatte übrigens »Das fliegende Auge« die Nase vorne, aber das Fernsehpublikum schätzte den »Airwolf« mehr als »Blue Thunder«: Zwei Jahre lief die Reihe, »Blue Thunder« indes wurde schon nach acht Monaten eingestellt. Die ab 1987 ausgestrahlte Nachfolgeserie »New Airwolf«, in der Hawkes verschollener Bruder und Santinis Nichte die Maschine steuern, erwies sich allerdings als nur mäßig erfolgreich.

Der »Airwolf« selbst wurde eines Tages außer Dienst gestellt, abgerüstet und entwaffnet und verrichtet jetzt Arbeiten in friedlicher Mission – als Rettungshubschrauber in Braunschweig.

DIE »AJAX«

Britischer leichter Kreuzer, der im 2. Weltkrieg sowohl an der Jagd auf das deutsche Schlachtschiff → »Admiral Graf Spee« als auch auf die → »Exodus« beteiligt war.

DIE »AMAGIRI«

Japanischer Zerstörer mit 250 Mann Besatzung, der am 2. August 1943 in der Blackett Strait vor den Salomon-Inseln das → Schnellboot »PT 109« von John F. Kennedy rammte, das daraufhin sank.

AMC MATADOR COUPÉ

Mit diesem Fahrzeug hob in dem Film »Der Mann mit dem goldenen Colt« der Bösewicht Scaramanga ab und entzog sich so den Nachstellungen eines gewissen James Bond. Richtig flugfähig war es allerdings nicht. Tatsächlich hob ein nur etwa einen Meter langes Modell ab.

Dagegen war der »AMC Hornet Hatchback Spezial« des Verfolgers James Bond tatsächlich lufttauglich: Dem Stunt-Driver Loren Willert gelang damit ein Spiralsprung über eine Brücke außerhalb von Bangkok.

DIE »AMERICAN HUNTER«

»Piss' einer Großen ans Bein und du wirst berühmt.« Dieser amerikanische Frachter kollidierte am 29. Juli 1959 nahe New York mit der → »Queen Elizabeth«.

DIE »ANDREA DORIA«

Die Katastrophe ereignete sich in der Nacht vom 25. auf den 26. Juli 1956, nur wenige Seemeilen vor New York und 45 Meilen südlich von Nantucket Island, auf der 51. Fahrt der »Andrea Doria«, die laut Werbung der Amerika-Linie für ihr Flaggschiff als unsinkbar galt – ganz wie die → »Titanic«. Der italienische Luxusliner war am 16. Juni in Genua ausgelaufen und nach Stationen in Cannes, Neapel und Gibraltar auf dem Weg nach New York. Nur wenige Stunden vor der planmäßigen Ankunft der »Andrea Doria« hatte der schwedisch-amerikanische Dampfer »Stockholm« bei guter Sicht New York verlassen und Kurs auf Europa genommen. Als die »Andrea Doria« am 25. Juli abends um 23.09 Uhr gerade eine Nebelbank durchfuhr, rammte die »Stockholm« sie mit hoher Geschwindigkeit. Die Kollision schien zunächst unerklärlich, verfügten doch beide Schiffe über Radar und Funk und waren außerdem vorher gewarnt worden. Bei Beibehaltung des Kurses hätten sie sich eigentlich im gebührenden Abstand von einer Seemeile passieren müssen. Einigen Quellen zufolge war der 3. Maat der »Stockholm« Schuld an dem Desaster, weil er davon ausging, dass sein Radarbildschirm mit der 15-Meilen-Skala arbeitete, während tatsächlich die 5-Meilen-Skala eingestellt war.

Nachdem der Bug der »Stockholm« sich auf der Steuerbordseite unterhalb der Kommandobrücke in den Rumpf der »Andrea Doria« gebohrt hatte, bekam das Schiff sofort Schlagseite, die um 5.00 Uhr morgens schon auf 40 Grad angestiegen war. Um 10.09 Uhr versank die

»Andrea Doria«. In einer der größten Rettungsaktionen aller Zeiten konnten 1.162 Menschen – überwiegend italienische Auswanderer – gerettet werden, 51 starben bei der Kollision oder ertranken in den Fluten des Atlantik.

Das nach einem italienischen General aus dem 16. Jahrhundert benannte Schiff war 212 Meter lang und luxuriös ausgestattet. Die Passagiere reisten in drei Klassen, aber auch die 3. Klasse verfügte über einigen Komfort wie etwa ein eigenes Schwimmbad, eigene Gesellschaftsräume, Ballsäle, Spielsalons, Turnräume und Speisesäle. Das Schiff verfügte über zehn Passagierdecks, zahlreiche Geschäfte, eine Bankenfiliale und sogar eine Kapelle im neogotischen Stil mit zahlreichen Fresken und einem Säulengang. Die Reederei hatte sich alle erdenkliche Mühe gegeben, um das Schiff so schön wie möglich auszustatten, und auch zahlreiche Künstler beauftragt, Ornamente zu erschaffen, Spiegel zu verzieren oder kleine Verzierungen und Statuetten zu kreieren.

Der Luxusliner liegt bis heute in 75 Metern Tiefe seitlich auf dem Meeresboden und wurde immer wieder von Tauchern geplündert, seit 1988 eine Expeditionsgruppe des amerikanischen Millionärs Peter Gimbel und seiner deutschen Frau Elga die genaue Position festgestellt hatte. Sie brachten damals die Safes des Schiffes in einer aufwändigen Aktion an die Oberfläche und drehten einen Film darüber. 1995 tauchte der Tiefseeforscher Robert Ballard zum Wrack und war erstaunt darüber, wie außergewöhnlich gut die Überreste des Schiffes erhalten waren. Und da erinnerten sich manche Menschen auf einmal wehmütig an Udo Lindenberg, der 1973 auf seine unnachahmliche Art die Zeilen »Aber sonst ist heute wieder alles klar auf der Andrea Doria« genuschelt hatte.

Der Untergang des Superdampfers erschütterte nicht nur die transatlantische Schifffahrt, sondern trieb auch Autofans die Tränen in die Augen, denn im Laderaum des Schiffes befanden sich wahre automobile Schätze. Mit der »Andrea Doria« gingen 50 Lancia Aurelia Spider unter, von denen nur 240 Autos jemals gebaut wurden, sowie ein Chrysler Norseman, eine von Virgil Exners Design-Studien für den Chrysler-Konzern. Der italienische Karosseriebauer Ghia in Turin hatte in Handarbeit einen Prototyp aus Aluminium gebaut, die Kosten dafür beliefen sich nach damaligem Wert auf 150.000 bis 200.000 Dollar.

»APOLLO 11«

Am 21. Juli 1969 gegen 3.56 Uhr mitteleuropäischer Zeit betrat Neil Armstrong als erster Mensch den Mond und sprach die berühmt gewordenen Worte: »Dies ist nur ein kleiner Schritt für einen Menschen, aber ein großer Schritt für die Menschheit«, die er brav auswendig gelernt hatte. Denn sie stammen nicht von ihm, sondern von dem amerikanischen Schriftsteller Norman Mailer. Armstrong ein Schauspieler, der fremde Texte aufsagt? Manche meinen, ja, denn bis heute glaubt ein rundes Drittel der Amerikaner, dass die Mondlandung ein einziger großer Fake war und in Wirklichkeit nie stattfand. Für alle anderen aber war die Landung auf dem Mond der vorläufige Höhepunkt des Wettlaufs im All.

Die elfte so genannte »Mission« des Apollo-Programms, die am 16. Juli 1969 um 9.32 Uhr mit dem Start einer Saturn V AS-506 Rakete von der Startrampe 39-A in Cape Kennedy begann, war der krönende Abschluss jahrelanger Bemühungen der Großmächte, den Weltraum zu erobern und auf dem rund 384.000 Kilometer entfernten Mond zu landen. Präsident John F. Kennedy hatte in einer Rede am 25. Mai 1961 die Landung auf dem Mond zu einem nationalen Ziel erklärt, nachdem die Russen am 4. Oktober 1957 den Satelliten Sputnik ins Weltall geschossen und so eine kollektive Angst in den USA ausgelöst hatten, dass die feindliche Macht den Amerikanern voraus sei. Die zuvor gestarteten Flüge waren nicht immer von Erfolg gekrönt gewesen. In der Kapsel von Apollo 1 waren am 27. Januar 1967 drei Männer an einer Kohlenmonoxidvergiftung gestorben und verbrannt. Apollo 8 hatte den Mond umrundet und alles bis auf die Landung geübt. Apollo 10 war 1969 noch weiter gekommen. Man hatte die Landefähre abgekoppelt und sich bis auf 14 km der Oberfläche des Erdtrabanten genähert. Um nicht in die Anziehungskraft des Mondes zu kommen, flog man von dort aus wieder zur Kapsel zurück. Als alles wie vorgesehen klappte, war der Weg für Apollo 11 frei – wohlwissend, dass die Russen mit ihrer (allerdings unbemannten) Sonde Luna-15 Ähnliches planten und sogar drei Tage vor den Amerikanern starteten.

Den Start von Apollo 11 vom Weltraumbahnhof in Florida beobachteten rund 1,5 Millionen Menschen vor Ort. Allein 5.600 Ehrengäste waren gekommen. Ein knappes Jahr später, bei → »Apollo 13« waren es dann nur noch 300.

So ein Raumschiff besteht aus rund zwei Millionen Teilen, die zusammen rund 2.900 Tonnen wiegen. Allein die Raumkapsel, das Service-Modul und die Mondfähre bringen rund 45 Tonnen auf die Waage. Um eine solche Masse zum Mond zu bringen, bedurfte es einer entsprechend großen und starken Trägerrakete. Die erste Stufe der Rakete Saturn V, die die »Columbia«-Kapsel in die Umlaufbahn brachte, wurde von Boeing gebaut, die zweite von der North American Aviation und die dritte von der Douglas Aircraft Corporation. IBM lieferte die komplette Elektronik. Die Firma Grumman Aircraft Engineering zeichnete für die Mondfähre verantwortlich. Die erfolgreiche Zusammenarbeit so vieler Firmen bei einem derart komplexen technischen Objekt ist als technische und organisatorische Meisterleistung zu würdigen. Wie spätere, teilweise desaströse Unglücksfälle zeigen, konnte dieser Standard nicht immer gehalten werden.

Die drei Astronauten Neil Armstrong, Michael Collins und Edwin Aldrin erreichten planmäßig die Mondumlaufbahn und führten die Trennung der »Eagle« oder »Lunar Module LM-5« genannten Fähre von der Kapsel »Columbia« durch. Collins blieb oben, während die anderen beiden Männer sich dem Mond näherten und am 20. Juli am Rande des so genannten »Meeres der Ruhe« landeten. Nach einer Ruhepause stiegen sie aus, und Armstrong sagte seinen Satz auf. Dann steckten sie eine US-Flagge in den Mondstaub. Mehr als zwei Stunden stapften die beiden auf dem Mond herum. Dabei führten sie mehrere Experimente durch, sammelten Gesteinsproben ein, kehrten wieder in die Fähre zurück und ruhten sich aus. Dann starteten sie wieder, wobei sie die untere Hälfte der Fähre, die als Startrampe diente, zurückließen. Sie dockten an der »Columbia« an und machten sich auf den Rückweg zur Erde. Am 24. Juli um 11.50 Uhr landeten sie nach einem Flug von acht Tagen, drei Stunden und 17 Minuten sicher im Pazifischen Ozean südwestlich von Hawaii, etwa 20 Kilometer von dem Bergungsschiff »Hornet« entfernt. Die ganze Welt feierte sie. Die Kommandokapsel »Columbia« wurde ausgestellt und ist inzwischen im National Air and Space Museum in Washington zu sehen.

Was in der Rückschau so einfach und problemlos klingt, lief doch nicht ohne Komplikationen ab. Kurz vor der Landung auf dem Mond zeigte der Bordcomputer die Fehlermeldungen 1201 und 1202 an, was auf eine Überlastung der Systeme hindeutete. Die Bodenstation in Houston ordnete jedoch an, die Warnungen zu ignorieren. Bei der Landung auf dem Mond musste der Pilot Aldrin nach einem neuen Landeplatz Ausschau halten, da die Fähre auf ein zerklüftetes und damit gefährliches Areal zusteuerte. Dabei verbrauchte er so viel Treibstoff, dass die Landung auf dem Spiel stand. Aber Aldrin schaffte es, das 16 Tonnen schwere Teil (davon waren allein zehn Tonnen Treibstoff) sicher zu landen. Um 16.17 Uhr amerikanischer Zeit, 102 Stunden und 45 Minuten nach dem Start, setzte die »Eagle« sicher auf. »The Eagle has landed« wird einer der berühmten Sätze der Mission. Knapp sieben Stunden später betritt Armstrong dann den Mond.

»Die Erde ist die Wiege der Menschheit, aber sie wird nicht ewig die Wiege bleiben«, hatte ein russischer Wissenschaftler einst zum Wettlauf ins All gesagt. Nachdem mit Apollo 17 am 7. Dezember 1972 die letzten Menschen zum Mond flogen, wurde das Raumfahrtprogramm eingestellt. Das Interesse der Öffentlichkeit war massiv zurückgegangen. Die Kosten standen in keinem Verhältnis zum Ertrag. Außerdem war bekannt geworden, dass das russische Konkurrenzunternehmen gescheitert war: Das – unbemannte – Landefahrzeug war auf dem Mond zerschellt. Der ideologische Vorteil, den man sich von dem Programm versprochen hatte, war erreicht. Der Wettlauf ins All war entschieden.

»APOLLO 13«

Beinahe hätte Hanussen II., der Hellseher aus Pforzheim, mal etwas Richtiges vorhergesagt. Denn im Januar 1970 hatte er verkündet, dass der bemannte Flug zum Mond zu einer kosmischen Katastrophe führen werde.

Es ist anzunehmen, dass John Swigert von derartigen Prophezeiungen nichts wusste, als er sich am 13. April 1970 gegen 21.04 Uhr Houstoner Zeit aus der »Apollo 13« bei seiner Bodenstation mit den berühmt gewordenen Worten meldete: »Houston, wir haben hier ein Problem!« Swigert berichtete von einem Spannungsabfall im Hauptverteiler, der mittelbar die Sauerstoffversorgung der Besatzung gefährdete. Und das war kein Problem, sondern eine Katastrophe.

Schon vor dem Start waren Probleme aufgetreten, und viele waren der Meinung, dass der Flug der Raumfähre unter keinem guten Stern stand. Zunächst leckte ein Heliumtank, dann bestand der Verdacht, dass sich die Besatzung mit den Röteln infiziert hatte. 48 Stunden vor dem Start wurde der Astronaut Thomas Mattingly gegen Ersatzmann John Swigert ausgetauscht, der dann zusammen mit James Lowell und Fred Haise an Bord ging, was zu einer Reihe von Fragen führte. Denn normalerweise reißt man kein eingespieltes Team auseinander, sondern nimmt entweder das vorgesehene oder schickt das Ersatzteam auf Reisen. Geschulte Schwarzseher fanden schnell weitere Anhaltspunkte für die düstersten Prognosen: So ergeben die Vornamen der neuen Besatzung zusammengezählt 13 Buchstaben. Als die Rakete abhob, war es in Cape Kennedy 14.13 Uhr, in Houston ausgerechnet 13.13 Uhr, und das Ganze geschah zu allem Überfluss auch noch am 13. April.

28 Minuten nach der Durchsage Swigerts meldete die Nachrichtenagentur UPI, dass die Mondlandung in Frage gestellt sei. Zwar hoffte die NASA noch, dass ein elektrischer Totalausfall, unter dem etwa auch »Apollo 12« vorübergehend gelitten hatte, vermieden und der Flug wie vorgesehen beendet werden konnte, doch als sich Fred Haise wenig später meldete und berichtete, dass ihr Raumschiff etwas in den Weltraum ablasse, begann das Bodenpersonal nach Lösungen zu suchen, wie Apollo 13 wohlbehalten wieder auf die Erde zurückzubringen sei. Um 21.59 Uhr gab der Sprecher der NASA bekannt, dass »wir ein offenbar ernsthaftes Sauerstoffleck im kryogenen [unter Druck tiefgekühlten] Sauerstoff im Geräteteil haben.« Der Abbruch des Fluges wurde beschlossen, die Astronauten wechselten in die Mondfähre, gaben die Kommandokapsel praktisch auf und handelten nach dem als »Charly« bezeichneten Ausweichplan für Notfälle. Später stellte man fest, dass die Explosion eines fehlerhaften Sauerstofftanks das Drama ausgelöst hat. Sie führte dazu, dass der Energievorrat schwand, die Funkverbindung schwächer und die Luft zum Atmen immer dünner wurde, die Trinkwasserversorgung abgeschnitten war und die Klimatisierung erheblich beeinträchtigt wurde. Die Situation für die drei Astronauten wurde von Stunde zu Stunde bedrohlicher. Schließlich sank die Temperatur in der Mondfähre bis auf zwei Grad Celsius. Die Besatzung versuchte, den Energieverbrauch auf ein Minimum zu reduzieren, da nur noch sechs Speicherbatterien als Versorgung zur Verfügung standen. Dreieinhalb Tage lang musste die Besatzung unter widrigsten Umständen überleben – beispielsweise musste John Swigert in dem Verbindungstunnel zwischen Kommandoteil und Mondfähre schlafen. Doch letztendlich gelang ihnen

unter Mobilisierung der letzten Energien – der eigenen und der der Kapsel – das Bravourstück, weitgehend ohne Computerunterstützung die Steuerraketen zu zünden und ihr Raumschiff in den schmalen Wiedereintrittskorridor zu manövrieren, was um so beeindruckender ist, wenn man bedenkt, dass bei verminderter Sauerstoffzufuhr die Reaktionsfähigkeit und das Auffassungsvermögen des Menschen erheblich nachlassen. Schließlich landete »Apollo 13« am 17. April gegen 11.07 Uhr im Pazifik südöstlich von Samoa, exakt 14 Minuten nach dem Wiedereintritt in die Atmosphäre. An der Außenwand der Raumfähre entdeckte man ein vier Meter langes Loch, aus dem nur noch Trümmer herausragten. Ein Untersuchungsausschuss der NASA stellte fest, dass blanke Drähte in einem der Tanks zu einem Kurzschluss geführt hatten.

1994 verfilmte der Amerikaner Ron Howard die Ereignisse mit Tom Hanks, Kevin Bacon und Bill Paxton in den Hauptrollen. Der Film »Apollo 13« wurde für neun Oscars nominiert, gewann jedoch nur eine Trophäe. All die Geschichten, die mit der ominösen Zahl 13 zu tun haben, kamen darin allerdings nicht vor.

Der Flug und das glückliche Ende von »Apollo 13« bestätigten also nicht die Vorhersage von Hanussen II. Jetzt ist das Mondfahrtprogramm eingestellt und kommt als kausale Ursache für die geweissagte kosmische Katastrophe erst mal nicht mehr in Frage. Aber wer weiß. Irgendwann wird auch Hanussen II. Recht haben.

DIE »ARCHE NOAH«

Kein Mensch weiß, wie sie aussah und welche exakte Größe sie hatte, aber ihre Bedeutung für unsere Kultur und den christlichen Glauben ist unbestritten. Der Genesis zufolge ist die Arche das Schiff, in dem Noah und die Tiere der Erde der Vernichtung durch die Sintflut entgingen.

Das hebräische Wort »Arche« steht für »Kiste« oder »Kasten«. Glaubt man vielen bildlichen Darstellungen und Zeichnungen aus verschiedenen Zeiten, dann war sie ein ziemlich kleines Holzboot, fast eine Nussschale. Darauf stehen dicht gedrängt viele Tiere, aus deren Masse Giraffen, Zebras und Elefanten herausragen.

In der Bibel indes findet sich eine genaue Bauvorschrift Gottes. Demnach soll die Arche 300 mal 50 mal 30 Ellen groß sein, in drei Decks unterteilt werden und ein Dach haben. Da eine Elle je nach Land und Kultur zwischen 45 und 85 Zentimeter misst, würde das bedeuten, dass die Arche mindesten 135 Meter lang, 22,5 Meter breit und 13,5 Meter hoch gewesen sein muss. Deutlich größer also als ein Fußballfeld und zudem noch ziemlich hoch. Nüchtern ausgedrückt: Die Gesamtfläche der drei Decks beträgt ca. 9.000 Quadratmeter, das Ladevolumen ca. 40.000 Kubikmeter. Wie ein findiger Rechner herausgefunden hat, entspricht das etwa 280 Güterwagen der deutschen Bahn. So viele Waggons bucht kein Zirkus. Platz genug also für die vielen mitreisenden Tiere.

»Und von allem Lebendigem, von allem Fleisch, sollst du je zwei von allen in die Arche bringen, um sie mit dir am Leben zu erhalten«, heißt es weiter in der Bibel. Demnach war die Arche Noah der größte Tiertransport der Welt mit etwa 10.800 verschiedenen Tieren und Arten, die sich den Platz mit Noah und seiner Familie teilten, und das wahrscheinlich für mehr als ein Jahr.

Die Forscher, die sich für das genaue Aussehen und die Größe der Arche Noah interessieren, gehen selbstverständlich auch davon aus, dass es sie wirklich gegeben hat. Und damit stellt sich auch die weitere Frage, wo sie gelandet ist und ob sich Spuren und Überreste von ihr finden lassen. Unter Bezug auf Luftaufnahmen amerikanischer Aufklärer aus dem Jahr 1949 vermuten Wissenschaftler, dass der Berg Ararat im Osten der heutigen Türkei und das Grenzgebiet zu den südlichen Kaukasusstaaten als Orte für die Landung der Arche in Frage kommen. Ein spanischer Forscher behauptete gar, er habe am 6. Juli 1955 in einer Gletscherspalte des Ararat einen Balken des Schiffes gefunden– zumindest bezifferte er sein Alter auf über 5.000 Jahre. Aber gesicherte Erkenntnisse über den Verbleib der Arche – wenn es sie denn tatsächlich gegeben hat – gibt es bis heute nicht.

Bei allen Spekulationen ist eines jedoch unstrittig, und das ist die Funktion der Arche in der Bibel: Gott verschonte mit ihrer Hilfe die wenigen Gerechten und die unschuldigen Tiere und ermöglichte so der Menschheit einen Neuanfang. So viel Nutzen brachte kaum ein anderes Schiff.

DIE »ARGO«

»Als wir um die letzte Ecke bogen und dann dort am Strand das Schiff liegen sahen, konnte sich Hylas nicht zurückhalten. ›Pfffau‹, entfuhr es ihm, ›das muss das prächtigste Schiff sein, das es je auf der Welt gegeben hat.‹« Soweit das kürzlich aufgefundene Tagebuch des Herakles.

Nach derselben Quelle war die »Argo« über zwanzig Meter lang, verfügte über eine »rund-ovale Form« und einen Mast, der »acht Mannesgrößen« entsprach. Rund 50 Männer konnten das Schiff rudern. Vorne am Bug war der Name »Argo« in weißer Schrift aufgemalt, der in der griechischen Sprache »schnell« bedeutet. Die Göttin Athene hatte dem Erbauer Argos die Maße vorgegeben und Jason, dem Anführer der Argonauten, den Befehl erteilt, damit loszufahren. Zudem hatte sie dafür gesorgt, dass sich am Bug des Schiffes ein Stück aus der Eiche der Dodona befand, das den Seefahrern als Navigationshilfe dienen sollte. Nach den Worten der Athene war es ein »sprechendes Holz«, das richtungsweisend wirkte und vor Gefahren warnte. Gemeinsam mit 50 Männern, nach anderen Quellen auch 44, 53 oder 68, stach die »Argo« vom griechischen Jolkos aus in See, um in Kolchis das »Goldene Vlies« zu holen. Unterwegs mussten die Männer zahllose Aufgaben erfüllen, landeten auf der nur von Frauen bewohnten Insel Lemnos, befreiten einen blinden Seher, passierten eine gefährliche Meerenge und eine Schlucht mit sich bewegenden Felsen, erreichten Kolchos und reisten mit dem Vlies wieder ab.

Nach dem Ende ihrer Expedition wurde die »Argo« als Sternbild an den Himmel versetzt, doch taucht der Name immer mal wieder auf. Allerdings ist die Geschwindigkeit der entsprechenden Gefährte höchst unterschiedlich. So ist die griechische Fähre »Argo«, die zwischen Tadmor und Knossos verkehrt, nichts im Vergleich zu dem gleichnamigen Offroad-Vehikel, mit dem Captain Picard, der zweite Chef der → »Enterprise«, im zehnten Spielfilm »Star Trek Nemesis« über einen Planeten heizt. Und wenn man sieht, wie sehr der sonst so stoische Pilot dieses Vergnügen genießt, bekommt man zumindest ansatzweise einen Eindruck, dass sich mit dem Namen auch heute noch ein Begriff wie »Schnelligkeit« verbindet. Und Abenteuer natürlich auch.

DIE »ARIZONA« VON PEARL HARBOR

Der Angriff am Morgen des 7. Dezember 1941 kam so überraschend, dass er die ersten Opfer auf der Hawaii-Insel Oahu beim Frühstück in der Mannschaftsmesse erwischte. 350 japanische Flugzeuge waren von sechs Flugzeugträgern aus gestartet und überfielen ab 7.51 Uhr in einer ersten Angriffswelle die Pazifikflotte der Amerikaner. Präsident Roosevelt hatte die Schiffe im Mai 1940 von Südkalifornien in das Inselparadies verlegen lassen – nicht zuletzt, weil der Hafen wegen seiner geringen Wassertiefe von nur zwölf Metern als angriffssicher galt. Aber die Japaner hatten nicht nur spezielle Torpedos entwickelt, sondern verfügten auch über sechs Kleinst-U-Boote, die sich unbemerkt in das feindliche Gebiet geschlichen hatten. Später reklamierten sie für sich, dass eines davon die »Arizona« torpediert habe, aber tatsächlich war dieser Teil der Aktion eher ein Misserfolg. Es war der Flugzeugpilot Leutnant Dschinitschi Goto, der um 8.10 Uhr mit seiner Bombe einen Volltreffer landete und das 31.000-Tonnen-Schiff mit seiner 1.511 Mann starken Besatzung auf den Grund des Hafens schickte, wo es noch heute liegt. Diese Attacke bewog die USA, ihre Neutralität aufzugeben und Japan den Krieg zu erklären, woraufhin Deutschland und Italien ihrerseits den USA den Krieg erklärten.

Die 185 Meter lange »USS Arizona« war 1916 in Dienst gestellt und von 1929 bis 1931 modernisiert worden. Eine Chance hatte die Besatzung an diesem Morgen des 7. Dezember 1941 nicht. Dabei sank die »Arizona« nicht in Folge unmittelbarer Trefferwirkung. Eine Bombe war vor dem zweiten Gefechtsturm eingeschlagen, und ein weiterer Treffer zerstörte den vierten Gefechtsturm, aber das führte nicht zum Untergang. Doch die erste Bombe hatte die Munitionskammer getroffen. Und als die rund 450 Tonnen Munition explodierten, sank die »Arizona« in nur neun Minuten. »Das Schiff sprang mindestens vier bis sechs Meter aus dem Wasser und brach praktisch mitten durch«, erzählte ein Matrose des Kriegsschiffs »Nevada« später. Auch der Kommandant der »Arizona«, Admiral Isaac C. Kidd, starb damals. Von den acht Schlachtschiffen, die dicht nebeneinander im Hafen lagen, waren sieben schon nach der ersten Angriffswelle kampfunfähig, die kaum 30 Minuten dauerte. 18 weitere Schiffe wurden schwer beschädigt.

In zwölf Metern Tiefe endete die »Arizona«. Einen Monat nach dem

Angriff demontierte die amerikanische Marine die noch verwertbaren Teile. Dazu zählten die Decksaufbauten und Masten, aber auch drei der vier Gefechtstürme. Nur der runde Drehkranz des dritten Gefechtsturms ragt heute noch aus dem Wasser. Nachdem man 229 Leichen geborgen hatte, entschied man sich, das Seemannsgrab in Frieden ruhen zu lassen. So wurde eine nationale Gedenkstätte aus dem Schlachtschiff, das 1980 aus dem Besitz der Marine in den der Nationalparkbehörde überging. Am 25. März 1961 gab Elvis Presley in Hawaii ein Benefiz-Konzert, um für den Memorial Fund der »Arizona« Geld zu sammeln. Unweit des ehemaligen Angriffs-Areals, in der Bloch Arena, verfolgten 4.000 Fans das Konzert. Sie brachten 47.000 Dollar zusammen. Elvis und sein Manager steuerten weitere 5.000 Dollar bei. Heute kommen rund 1,5 Millionen Besucher pro Jahr, um sich den stummen Zeugen des Angriffs auf Pearl Harbor anzusehen – darunter viele Japaner. Sie alle sehen, wie die »Arizona« aus ihren speziell eingebauten Ölbunkern »blutet«, die für besonderen Schutz vor Torpedoangriffen sorgen sollten. Das Wrack verliert etwa einen Liter Öl pro Tag. Nach Recherchen von *National Geographic* aus dem Jahr 2001 sollen noch immer zwei Millionen Liter in den Tanks sein. Wenn die Tanks brechen und das Öl ausströmt, wird es in Pearl Harbor zu einer weiteren Katastrophe kommen.

DER ASTON MARTIN DB 5 AUS »GOLDFINGER« UND »FEUERBALL«

»Mein Name ist Bond. James Bond.« So pflegt er sich vorzustellen, der berühmte Geheimagent 007, wenn er im Dienste Ihrer Majestät mal wieder verbrecherische Organisationen aufmischt oder den Hormonhaushalt schöner Frauen durcheinanderbringt. Weniger höflich ist er, wenn es richtig zur Sache geht und er dabei seine gar nicht so harmlosen technischen Spielereien zum Einsatz bringt.

Ian Fleming, der die Figur erfand und in zwölf Romanen und acht Kurzgeschichten die freie Welt retten ließ, hatte so prominente Leser wie Allen Dulles, der 1953 Leiter der CIA wurde, oder Präsident Kennedy. Die von ihm »erfundenen« Spezialwaffen stießen bei Geheimdiensten sogar auf professionelles Interesse. In einem in der Zeitschrift *Life* erschienenen Nachruf auf Fleming schrieb Dulles, dass ihn besonders ein mobiles

Ortungsgerät interessiert hatte, das es Bond erlaubte, Schurken in gebührendem Abstand zu folgen. Dulles hatte seine Mitarbeiter beauftragt, so ein Gerät zu entwickeln, aber zum damaligen Zeitpunkt funktionierte ein Ortungssystem in großen Städten einfach nicht zuverlässig.

Schöne Frauen, attraktive Schauplätze, phänomenale Stunts und immer wieder technische Innovationen: aus diesen Ingredienzen rührten die beiden Produzenten Harry Saltzman und Albert R. Broccoli das Erfolgsrezept der Bond-Filme zusammen. Den Erfindern tollkühner Spezialeffekte oder bahnbrechender Stunts zahlten sie immense Honorare. Und was Fleming nicht mehr erlebte und die CIA nicht zu realisieren vermochte, wurde 1964 für »Goldfinger« Filmwirklichkeit. Das beschriebene Ortungsgerät war eine der technischen Sensationen des Films, eingebaut in einen modifizierten Aston Martin DB 5, der inzwischen als das »James-Bond-Auto« schlechthin in die Film- und Autogeschichte eingegangen ist.

Fleming hatte den Wagen in seinem Roman so beschrieben: »Man hatte ihm den Aston Martin DB III oder einen Jaguar 3.4 angetragen. Beide hätten zu seiner Rolle als wohlhabender, abenteuerlustiger junger Mann gepasst, aber der DB III hatte gewisse Extras, die von Nutzen sein konnten: Schalter, um bei nächtlicher Verfolgung Form und Farbe der Front- und Decklichter zu ändern, verstärkte Stoßstangen zum Rammen, einen Colt 45 mit langem Lauf unterm Führersitz, ein Empfangsgerät, abgestimmt auf einen Sender namens Homer, und eine Menge Hohlraum, den kein Zollbeamter entdecken würde.« Die für die Spezialeffekte des Filmes zuständigen Mitarbeiter Ken Adam und John Stears wollten sich damit jedoch nicht zufrieden geben und besuchten im Herbst des Jahres 1963 die Aston-Martin-Werke in Newport Pagnell, um mit einer Reihe von Ingenieuren weitere Modifizierungen zu besprechen. Dudley Gershon, damaliger Engineering Director von Aston Martin, war von der Idee, ein Spezialfahrzeug zu bauen, zunächst nicht sonderlich begeistert. Der Zeitaufwand dafür erschien ihm zu hoch – schließlich musste alles tatsächlich gebaut werden, weil es noch keine computergestützte Animationstechnik gab. Aber die Aussicht auf eine phantastische Publicity stimmte ihn dann doch um. Auch Steve Heggie, damals Executive Director, befürwortete das Projekt und hoffte auf eine kräftige Eigenwerbung. Man sollte sich nicht täuschen. Der Wagen musste aussehen wie ein Serienfahrzeug, denn man wollte einen »Wolf im Schafspelz« haben. Die Wahl fiel auf das damals schnellste Pferd im Stall: einen Aston Martin DB 5 in silbermetallic (nach Werksangaben: silver birch). Laut Drehbuch brauchte Bond das Auto als Fluchtfahrzeug, mit dem er seinen Gegnern nicht nur entkommen, sondern sie gleich noch eliminieren konnte. Zu diesem Zweck wurden folgende Extras in das Fahrzeug mit dem Nummernschild BMT 216 A eingebaut:

Zwei ausfahrbare Maschinengewehre, die sich hinter den Lampen für das Standlicht verbargen. Für die Filmaufnahmen wurden die Schüsse selbstverständlich simuliert: Ein elektrischer Motor verteilte und entzündete Tropfen von Acetylengas, die sich in die Läufe der MGs entluden. Rauchkanister der Armee, angeschlossen an die Auspuffanlage, sorgten für eine Vernebelung nach hinten. Eine Stahlplatte fuhr bei Bedarf aus dem Heck heraus und schützte die Insassen im Kugelhagel. In der rauen Wirklichkeit hätte sie diese Funktion leider nicht erfüllt. Ein elektrisch drehbares Nummernschild zeigte nach Bedarf die Kennzeichen von Großbritannien, Frankreich und der Schweiz. Im Film heißt es sogar »für alle Länder«, aber nur drei waren möglich. Die Reifenschlitzer verdanken ihre Wirkung hauptsächlich der Trick- und Schnitttechnik des Films. Sie wurden auf die Radnabe aufgeschweißt und drehten entgegengesetzt zur Fahrtrichtung. Ausgefahren werden konnten sie jedoch nicht. Das erledigte man am Schneidetisch. Vorbild für diese Einrichtung war der → Streitwagen aus »Ben Hur«.

Der Schleudersitz, wirksames Mittel, um unliebsame Beifahrer zügig zu verabschieden, wurde nur für die entsprechende Szene eingebaut. Das Aggregat aus einem Kampfflugzeug war viel größer als ein normaler Sitz und hätte das serienmäßige Erscheinungsbild des Fahrzeugs zu sehr gestört. Der Schleudersitz wurde durch Druckluftzylinder aktiviert und katapultierte einen Dummy etwa zehn Meter hoch in die Luft. Und die berühmte Peilvorrichtung mit ihrem Radarschirm simulierten im Film ein erleuchteter Ausschnitt einer Landkarte und ein Punktstrahler unter einer Radioattrappe. Ein Ölsprüher befand sich hinter dem hinteren rechten Blinker. Eine weitere Kammer auf der anderen Seite diente dazu, Dreizack-Sporne per Druckluft auf die Straße zu pusten. Aus Angst, Kinder könnten sich hierdurch zu Eingriffen in den Straßenverkehr ermuntert fühlen, verzichtete man im fertigen Film darauf, den Einsatz dieser Waffe zu demonstrieren. Nur wenig in Erscheinung traten die vorderen »Ramm-Stoßstangen«, die elektrisch angetrieben etwa 18 Inches (ca. 46

cm) weit aus der Stoßstange herausgefahren werden konnten. Dudley Gershon erwähnt in seinem Buch »Aston Martin 1963 – 1972« sogar noch weitere Spielereien, wie etwa einen eingebauten Behälter mit verschiedenen Handfeuerwaffen, Messern und Granaten, und betrachtete die ganze Aktion als »eine beeindruckende Show«, doch auch das Kästchen war im fertigen Film nicht zu sehen. Insgesamt erhöhten die Einbauten das Gewicht des Wagens um etwa 300 Pfund, und auch der Kofferraum fasste nur noch Bonds Reisenecessaire. Dennoch dürfte die Leistung von 330 PS, die den Aston Martin bis zu 232 km/h schnell macht, kaum darunter gelitten haben.

Der Wagen war wie geplant im April 1964 fertig geworden, so dass die Dreharbeiten mit dem automobilen Hauptdarsteller ohne Verzögerung beginnen konnten. In Andermatt in der Schweiz und am nahegelegenen Furka-Pass war der DB 5 ab dem 6. Juli 1964 im Einsatz. Hier entstanden die Szenen, in denen Bond Goldfingers Rolls Royce verfolgt und den Reifenschlitzer verwendet, um die Besitzerin eines weißen Ford Mustang Cabriolets kennen zu lernen – übrigens das erste Auto dieses Typs, das je nach Europa kam. Die Verfolgungsjagd, bei der asiatische Häscher James Bond in einem schwarzen 190er Mercedes jagen, war bereits zuvor in England in der Gegend von Black Park und in den Pinewood Studios, in denen auch die Kulissen für Goldfingers Firma »Auric Enterprises« standen, in Szene gesetzt worden. In den engen Gassen zwischen den Studios wurden die Action-Sequenzen mit einer Hochgeschwindigkeitskamera gefilmt – noch ohne Sean Connery. Der Star erschien erst am 19. Mai für die Nahaufnahmen zu den Dreharbeiten.

Nach der Weltpremiere des Filmes im Londoner Odeon Kino am Leicester Square zeigte sich schnell, dass »Goldfinger« ein immenser finanzieller Erfolg werden würde. Eine Flut von Anfragen bewog die Produzenten, für Werbezwecke noch zwei Repliken des DB 5 anfertigen zu lassen, die zum Teil über andere Ausstattungsdetails verfügten. Eine davon besaß ein Telefon, das in die Tür der Fahrerseite eingebaut worden war, einen besonderen Reservetank und eine sehr luxuriöse Innenverkleidung aus Antilopenfell. Alle drei Fahrzeuge tingelten auf zahlreichen Auto-Shows und Wohltätigkeitsveranstaltungen durch die Lande und entpuppten sich als die besten Imageträger, die der kleine Fahrzeughersteller je hatte. Im Rahmen einer großen PR-Tournee kam der Originalwagen im Januar 1965 sowohl nach Frankfurt als auch nach Stuttgart und Köln. Durch Frankfurt fuhr ihn, vom AvD eskortiert, Gert Fröbe persönlich. Auf dem Stuttgarter Gelände der Firma Porsche demonstrierte Bond-Double und Fahrer Mike Ashley die Waffen des Wagens an einem Autowrack, wobei ihn der Südfunk TV filmte. Mühelos hätte Aston Martin etwa 50 Wagen pro Woche verkaufen können, wie sich Dudley Gershon erinnert, aber nur elf dieser Fahrzeuge verließen die Fertigungshalle. »Plötzlich kannte bereits jeder zehnjährige Junge den Namen Aston Martin. Sogar noch 1970, also sechs Jahre nach der Premiere von ›Goldfinger‹, sorgte einer der drei DB 5 für kostenlose Werbung.« Gershon bezieht sich da auf eine Episode, die sich am Rande einer Sportwagenausstellung in Atlantic City ereignete. Zu dieser Zeit waren die drei Fahrzeuge bereits an Sammler verkauft worden. Gershon wohnte zufällig in dem Hotel, in dem die Ausstellung stattfand. »Nach einem kurzen Gespräch mit dem Manager der Präsentation schuf der einen Kontakt zu NBC Television, die mich zu einem etwa zehnminütigen Live-Interview über die Geschichte des Autos einluden«, erinnert er sich. »Hätten wir damals einen Werbespot geschaltet, hätten wir etwa 30.000 Pfund (1970 ca. 262.000 Mark) dafür bezahlt.«

Als Sean Connery am Abend der Frankreich-Premiere von »Goldfinger« seinen DB 5 zum Pariser Marignan Kino fuhr, eskortiert von 60 nur mit Goldfarbe bekleideten Damen auf Motorrädern, glich die Fahrt über die Champs-Elysées einem Triumphzug. Die Menge schrie und applaudierte auf der ganzen Strecke (Die Goldladies werden sicher ihren Teil zur Begeisterung der Pariser beigetragen haben). Als Connery aussteigen wollte, wäre er vom kreischenden Publikum fast erdrückt worden. Und auch der Aston Martin, der zuvor im Pariser »Salon de l'auto« ausgestellt war, bekam ein paar Kratzer ab. Noch schlimmer ging es später in Italien zu. In Mailand mussten die Betreuer mit dem guten Stück sogar flüchten. Ein paar übermotivierte Fans hatten damit begonnen, mit bloßen Händen Zubehörteile und Griffe abzureißen. Ein auf der Durchreise befindlicher Scheich wollte den Wagen sofort kaufen und bot 60 Millionen Lire, obwohl er umgerechnet doch nur 28 Millionen Lire gekostet hatte. Ein indischer Maharadscha bot 100.000 Dollar, und auch Sammy Davis jr. meldete Interesse an. Als seine Anfrage abschlägig beschieden wurde, fackelte er nicht lange und kaufte sich eine Standardausführung des Wagens. In San Francisco nutzte eine Striptease-Tänzerin mit dem vielversprechenden Namen »Miss Exotica« den Wagen, um auf und neben ihm ihre nackten Kurven zu präsentieren.

Anfang 1965 kam eines der drei Fahrzeuge in Bonds nächstem Film »Feuerball« wieder zum Einsatz. Für die so genannte Pre-title-Sequenz – die mit geballter Action einstimmt auf den eigentlichen Film – durfte er im Park des bei Paris gelegenen Schlosses Château d´Anet seinen Gegnern noch mal zeigen, was in ihm steckt. Nach diesem Kurzauftritt – sicherlich ein Dankeschön an die Firma Aston Martin – gab es keine weiteren Filmeinsätze des DB 5.

Erst Anfang der achtziger Jahre sorgten die zehn Jahre zuvor an Sammler verkauften Fahrzeuge wieder für Aufsehen. Ein Streit unter gleich vier Eigentümern des vermeintlichen Original Aston Martin DB 5 aus dem James Bond Film »Goldfinger« beschäftigte Filmjournalisten und Autosammler gleichermaßen. Anzumerken ist, dass nur ein Wagen jemals über das offizielle Nummernschild BMT 216 A verfügte. Das war ein am 1. Mai 1963 von der Firma Aston Martin zugelassenes Exemplar (Chassis DP 216/1, Motornummer 400 P/4), das später auch in dem Film zu sehen war. Ausgeliefert in der Farbe »Dubonnet Red«, wurde er für die Dreharbeiten umlackiert. Zwei Repliken waren für Werbezwecke gebaut worden: Macht drei Autos. Als jetzt ein viertes Auto auftauchte, wurde – fast 20 Jahre nach den Dreharbeiten – klar, dass für die Dreharbeiten mindestens zwei identische DB 5 benutzt worden waren – und wie sich später herausstellen würde, waren es sogar vier. Diese Fahrzeuge hatten selbstverständlich andere offizielle Zulassungen. Denn bei der Verfolgungsjagd auf dem Gelände der Londoner Pinewood Studios wurde ein Wagen so stark beschädigt, dass man sich bis zur Reparatur mit einem identischen Auto behelfen musste und gleich noch einen weiteren Ersatzwagen anschaffte. Außerdem hatte man bei einem weiteren Wagen das Dach aufgeschnitten, um die Szenen im Innenraum drehen zu können. Die Gesamtzahl der »einzig wahren« James-Bond-Autos erhöhte sich damit auf sechs. Der Wagen mit dem aufgeschnittenen Dach und der bei der Verfolgungsjagd in Mitleidenschaft gezogene Wagen waren übrigens niemals öffentlich zu sehen. Beide verschwanden in den Produktionshallen von Newport Pagnell. Über den Verbleib der fahrtüchtigen, »heilen« Fahrzeuge und der beiden Werberepliken ist bis jetzt folgendes bekannt:

Gavin H.N. Keyzar, Mitglied des Aston Martin Owners Club in England, kaufte den BMT 216 A, ließ aber die zusätzliche Bond-Ausrüstung – die er ja nicht brauchte – entfernen. Am 16. August übernahm er den Wagen mit dem neuen Kennzeichen 6633 PP. Nachdem er erfahren hatte, dass die Repliken, die ebenfalls veräußert worden waren, bei Weiterverkäufen hohe Summen erzielten, ließ Keyzar Ende 1970 die Bond-Ausstattung – die er jetzt wieder dringend brauchte – von einem Bekannten installieren, auch wenn diese nicht hundertprozentig dem Original entsprach, und annoncierte den »neu erschaffenen« Wagen im Dezember für 8000 Pfund (fast 70.000 Mark). Der amerikanische Juwelier und Autosammler Richard Losee aus Utah griff zu und erwarb 1974 auch »Goldfingers« von Oddjob gesteuertes Auto, den Rolls Royce Phantom III Sedan de Ville. Beide Wagen verließen fortan ihre Garagen nur selten, um ausgestellt zu werden. Der DB 5 erhielt in der 1981 entstandenen Komödie »Auf dem Highway ist die Hölle los« (Cannonball Run) noch mal eine Filmrolle. Darin karikiert Roger Moore sein Bond- und Playboy-Image. Immerhin durfte der Brite in der Rolle des Seymour Goldfarb den durch Connery weltbekannt gewordenen Wagen fahren. Für die Wiederholung der berühmten Szene mit dem Schleudersitz behalf man sich jedoch mit einem Trick und verwendete einen Aston Martin vom Typ DB 4 GT.

Zwölf Jahre später war Losee seiner Schätze überdrüssig und ließ beide Fahrzeuge bei einer Auktion der New Yorker Filiale von Sotheby´s versteigern. Am 28. Juni 1986 ersteigerte Anthony Z. Pugliese III., Präsident der Filmtrek Pictures aus Boca Raton in Florida, das Fahrzeug mit der Zulassung 6633 PP für 250.000 US Dollar (mit Zuschlägen waren es sogar 275.000 Dollar). Mr. Pugliese plante, den Wagen in einem weiteren Film als Hauptdarsteller einzusetzen, woraus jedoch nie etwas wurde. Für den Rolls Royce zahlte Steven Greenberg, Miteigentümer der New Yorker Disco »Palladium«, 110.000 US Dollar (mit Zuschlägen 121.000). Greenberg besitzt den Rolls immer noch, aber Puglieses DB 5 wurde in der Nacht vom 23. auf den 24. Juni 1997 aus einem Hangar in Florida gestohlen und ist seitdem verschwunden.

Im September 1969 kaufte Jerry Lee aus Philadelphia, Besitzer einer lokalen Radiostation, den noch im Werk verbliebenen Wagen, der für die Straßenszenen in »Goldfinger« und »Feuerball« eingesetzt worden war (Chassis Nr. 1486/R). Er trug nun das Nummernschild BMT 216 A, wurde für Fahrten jedoch mit dem Straßenkennzeichen FMP 7 B ausgerüstet. Der Wagen war übrigens in einem erbarmungswürdigen Zustand. Total verschmutzt stand er im Winkel einer Werkstatthalle der britischen Nobelschmiede, zwei Ersatzräder hatte man einfach auf die Rücksitze gestellt. Auch Lee betrachtete sein Auto mehr als geschäftliche Investition denn als Sammlerobjekt und stellte es mehrfach aus. Der letzte öffentliche Auftritt des Wagens war auf der New York Auto Show 1981. Seitdem hält Lee den Wagen in seinem Haus in Philadelphia unter Verschluss.

Über die beiden Repliken ist folgendes bekannt: Zunächst waren sie kurz in einer Hand, denn im Januar 1969 erwarb der Engländer Anthony Bamford sowohl den Wagen mit der Chassis-Nr. 2017/R als auch den mit der 2008/R für lächerliche 1500 Pfund (knapp 14.100 Mark) direkt von Eon Productions, da man damals keine Verwendung dafür sah. Nur drei Monate später tauschte Bamford den 2017/R mit dem Londoner Financier Kenneth Luscombe-Whyte gegen einen 1964er Ferrari GTO, was für Bamford ein glänzendes Geschäft war. Schon im September gab Luscombe-Whyte den Wagen wieder ab, da ihm ein unglaublich attraktives Angebot unterbreitet wurde. Der Interessent, der kanadische Restaurantbesitzer Frank Baker aus Vancouver, zahlte nicht nur den geforderten Preis (über den man Stillschweigen bewahrte), sondern finanzierte dem Ex-Besitzer nebst Frau und Kaufobjekt auch noch eine Überfahrt mit der »Queen Elizabeth 2«. Baker stellte den Wagen 13 Jahre lang in einer Glasbox vor seinem Restaurant »The Attic« aus. Dieser Wagen wurde am 8. Juli 1984 auf einer Auktion in Newport Beach in den USA verkauft und brachte es dabei auf die Summe von 80.000 US Dollar. Der neue Besitzer, Dick Barbour, sammelt Autos und historische Rennwagen und stammt aus San Diego. Als langjähriger Porsche-Pilot hat er klassische Autorennen in Sebring, Daytona und Le Mans gewonnen. Ein Jahr später, am 22. August 1985, stieß er den DB 5 für stolze 150.000 Dollar wieder ab. Im März 1986 stand er erneut auf einer Auktion zum Verkauf, aber da wollte ihn keiner. Letztendlich erwarb das Holländische Automobilmuseum in Ramadonksveer die Replik mit der Chassisnummer 2017/R. Das Fahrzeug ist eine der Attraktionen des Hauses, hat nur 16.600 Meilen auf dem Tacho und wurde nur für eine aufwendige Story des englischen Magazins *Supercar Classics*, Ausgabe 8/1990, wieder bewegt. Die zweite Replik (2008/R) steht seit 1971 im Smoky-Mountain-Automuseum in Tennessee in einem Drahtkäfig.

Doch die verzwickte Geschichte des berühmten Aston Martin DB 5 wäre nicht komplett, würde man die vielfältigen Modell- und Spielzeugautos vergessen. Eines davon ist sogar in königlichem Besitz. Denn im Herbst 1965 ließ der englische Hof die Firma Aston Martin wissen, dass Königin Elisabeth und der Herzog von Edinburgh beabsichtigten, im April des folgenden Jahres einmal persönlich das Werk in Newport Pagnell in Augenschein zu nehmen. Man fühlte sich geehrt und beschloss, dem Spross der Familie, Prinz Andrew – damals sechs Jahre alt – ein besonderes Präsent zukommen zu lassen. Und was lag da näher als eine Spezialausgabe des James-Bond-Wagens? Anfangs liebäugelten David Brown und Motorenbauer Tadek Marek von Aston Martin noch mit dem Gedanken an ein Tretauto. Aber dann wollte man dem jungen Prinzen derartige Anstrengungen wohl ersparen und einigte sich auf ein batteriegetriebenes Fahrzeug in Form eines Cabriolets im Maßstab 1:3. Als Farbe wählte man das silbermetallic des schießenden Vorbilds und bildete zudem viele Details des großen Bruders nach. Sogar die bond-typischen Extras wären möglich gewesen, doch aus Rücksicht auf die Flure des Buckingham Palace verzichtete man auf Maschinengewehre und ersetzte den Ölsprüher durch eingebaute Wasserpistolen. Zwei Elektromotoren und eine Batterie sorgten für einen untypisch langsamen Vortrieb von fünf Meilen pro Stunde. Es gelang der Autoschmiede, alle Instrumente, Knöpfe und Details maßstabsgerecht zu verkleinern und ein voll funktionierendes Fahrzeug auf die Räder zu stellen, das nicht nur die Augen eines Sechsjährigen vor Begeisterung glänzen ließ. Der Aufwand sollte sich lohnen. Her Majesty und His Royal Highness waren mehr als angetan von dem ungewöhnlichen Geschenk, und Klein-Andrew zeigte für nichts anderes im Werk mehr Interesse. Bis zum heutigen Tage scheint die Beziehung zwischen dem Königshaus und Aston Martin Früchte zu tragen. Andrews großer Bruder Prinz Charles nennt einen Aston Martin DB 6 Volante sein eigen. Das kleine Modellauto steht im königlichen Schloß Sandringham.

Nach Aussagen des »Aston Martin Owners Club« bekam auch Prinz Reza, der Sohn des Schahs von Persien, ein weiteres Modell im Maßstab 1:3. Beide Autos werden in den Unterlagen als »007 Specials« geführt und wurden mit eigens angefertigten Bedienungsanleitungen ausgeliefert.

Auch an der Spielzeugfront entpuppte sich der DB 5 als ein Kassenschlager. Das beliebteste Weihnachtsgeschenk des Jahres 1965 ging allein in Deutschland eine Million Mal über die Ladentische. Weltweit verkaufte die Produktionsfirma »Corgi Toys« über sieben Millionen Stück des Modells im Maßstab 1:43, das bis auf einen Punkt dem Original folgte: als Farbe wählte man Gold anstatt des bekannten Silbermetallic. Aber sonst war beinahe alles dran: Auf Knopfdruck öffnete sich das Dach und der Beifahrer flog heraus, ein weiterer Knopfdruck ließ die Maschinengewehre zum Vorschein kommen, drückte man auf den Auspuff, sprang die »kugelsichere Rückwand« aus dem Heck. 4500 Pfund investierte der Hersteller in die Entwicklungskosten. Mit insgesamt 29 Teilen im Gegensatz zu den sonst üblichen 14 Teilen wurde es das bis dato aufwändigste Modell der Firma. Und auch die aufwändige Verpackung bot einen erheblichen Zusatznutzen. Außer einem »007« Aufkleber barg sie noch ein Tütchen mit »Secret Instructions«, einer Bedienungsanleitung. Ein Geschäft verkaufte bis zu 1000 Exemplare des Corgi Modells mit der laufenden Nummer 261 pro Tag, andere Läden konnten aufgrund der Nachfrage erst nach dreieinhalb Monaten liefern, so dass Corgi die Produktion verdoppelte. Im Frühjahr 1968 kam dann eine silberfarbene Version auf den Markt, die zudem über bewegliche, rote (!) Reifenschlitzer und drehbare Nummernschilder verfügte. Dieses Modell mit der Nummer 270 (später 271) wurde im Laufe der Jahre immer wieder überarbeitet – eines hatte sogar Kotflügelverbreiterungen – und ist bis heute im Maßstab 1:36 erhältlich. Kleinere Modelle – auch mit Schleudersitz – von Husky und Corgi Juniors sowie großformatige Ausführungen des Agentenwagens von Gama, Gilbert Toys und unlizensierte Nachbauten zahlreicher asiatischer Firmen ergänzen die DB 5 Palette. Für die Modellbaufreunde bot die Firma Airfix zwei verschiedene Autos im Maßstab 1:24 zum Zusammenbau und Aurora eines in 1:25 an. Der besondere Clou auf dem Spielzeugmarkt ist jedoch eine »James Bond Car Race«-Autorennbahn von »Scalextric« und eine große, aus sechs zusammensteckbaren Teilen vertriebene Autorennbahn von »Gilbert Toys« – immer ist ein Aston Martin mit von der Partie.

DER ASTON MARTIN DBS VON ROGER MOORE AUS »DIE 2«

»Hey Schmusebacke, würden Sie freundlicherweise Ihren Kachelofen zur Seite schieben. Man möchte passieren!« Mit diesem Spruch, der der gelungenen deutschen Synchronisation der Serie »Die 2« (Originaltitel: »The Persuaders«) zuzuschreiben ist, geruhte Tony Curtis alias Danny Wilde gleich in der ersten Folge seinen späteren Freund und Partner Roger Moore alias Lord Brett Sinclair darauf aufmerksam zu machen, dass dessen gelber Aston Martin DBS seinem roten → Ferrari Dino im Weg stand. Die erste von 24 Folgen der von September 1971 bis Juni 1972 gedrehten Serie »Die 2« beginnt in Nizza mit dem Duell zweier Playboys und ihrer automobilen Gefährten. Auf der Fahrt nach Monaco liefern sie sich ein Wettrennen, das schließlich mit einem klaren Unentschieden vor dem Hotel de Paris endet.

»Wir wollten kontrastierende Autos«, erklärte der Produzent der Serie, Robert Baker. »Für den englischen Aristokraten Sinclair kam nur ein Aston Martin in Frage.« Das im englischen Newport Pagnell beheimatete Werk unterstützte die Produktion und lieferte einen Wagen, der bereits 1.000 Meilen gelaufen war. Es war ein Sechszylinder aus der Serie DBS, die von Oktober 1967 bis Mai 1972 in einer Auflage von 790 Stück gebaut wurde. Man brezelte den Wagen ein wenig auf, montierte andere Reifen und legierte Stahlfelgen, so dass der DBS zumindest äußerlich einem Achtzylinder glich. Aston Martin hatte zusammen mit dem Fahrzeug auch den damals 25-jährigen Carl Seager als Fahrer zur Verfügung gestellt. »Ich habe den Wagen ein paar Mal auf der Leinwand gefahren, war aber im Prinzip nur dabei, falls irgendetwas schief geht«, erzählte Seager später. »Das Filmteam hatte auch einen Stuntdriver engagiert, aber der konnte noch nicht mal mit einem Renault R4 umgehen. In der meisten Zeit fuhren Roger Moore und ich.« Roger Moore, der im Verlauf seiner Film- und Fernsehkarriere auch schon mal einen → Volvo oder einen → Lotus Esprit chauffierte, bezeichnete den Aston Martin als einen »wundervollen Wagen. Er war geräumig und absolut zuverlässig.« Gedreht wurde vor allem in Südeuropa, an der Côte d'Azur, in Norditalien und in Rom. Weitere Szenen entstanden in England und den Londoner Pinewood Studios. Seager hatte auch darauf zu achten, dass der schnelle Engländer immer mit dem falschen Nummernschild BS 1, das für Brett Sinclair stand, im Bild war, aber einmal ging auch das schief. »In einer

Szene schiebt sich der Aston Martin mit der BS 1-Nummer hinter einen Lkw und taucht mit dem offiziellen Kennzeichen PPP 6H wieder auf!« Nach Ende der Dreharbeiten und Carl Seagers fünfwöchigem Einsatz wurde der Wagen mit 4.000 Meilen auf dem Tacho an einen Privatmann verkauft, der ihn immer noch besitzt und regelmäßig im Werk warten lässt.

DER ASTON MARTIN VANQUISH AUS DEM FILM »STIRB AN EINEM ANDEREN TAG« (DIE ANOTHER DAY)

»James Bond kehrt zurück zu seinen Wurzeln«, hieß es am 23. August 2001 in einer Pressemitteilung der amerikanischen Filmfirma MGM. Das Unternehmen gab bekannt, dass Bond in seinem kommenden Film einen Aston Martin V 12 Vanquish fahren werde. Damit knüpfte man an eine knapp 30 Jahre lange Tradition an, denn ein → Aston Martin DB 5 hat dem 1964 entstandenen Film »Goldfinger« und damit der Serie zu Weltruhm verholfen. Im September 2001 kam der 228.000 Dollar teure Sportwagen dann auch passenderweise in den USA auf den Markt, und das Unternehmen konnte Ende des Jahres erfreut bilanzieren, dass man 50 Prozent mehr Autos abgesetzt habe als im Jahr 2000. »Ich bin sicher, dass James Bond einige der Styling-Ideen an diesem Aston Martin anerkennen wird«, sagte ein Sprecher des Unternehmens und fügte ironisch hinzu: »Er wird feststellen, dass der Wagen sich technologisch weiterentwickelt hat und für die Arbeit, die er zu tun hat, perfekt ausgestattet ist.« Der clevere Schachzug, der sich sicher nicht nur auf einen Film beziehen wird, ist gerade langfristig interessant, weil Aston Martin gerade an einer Neuauflage des DB 5 arbeitet, die 2004 herauskommen soll und Fahrzeugen wie etwa dem Porsche Boxster Konkurrenz machen soll.

Im Film ist es wieder einmal »Q«, dieses Mal von John Cleese gespielt, der Bond den Aston in einer Londoner U-Bahn-Station übergibt. Seine Fähigkeiten kann das zwei Tonnen schwere Hightechgerät dann in Island bei einer Verfolgungsjagd auf einem zugefrorenen See unter Beweis stellen, auf dem schon Teile des 007-Films »Im Angesicht des Todes« entstanden. Dafür bauten die Special-Effects-Leute in den Studios gleich mehrere Wagen um. Der 450 PS starke Sechsliter-V-12-Motor, der den Aston Martin üblicherweise bis auf 306 km/h Höchstgeschwindigkeit bringt, wurde durch die Fünfliter-Maschine eines Mustang V 8 mit einer Dreigangautomatik ersetzt. Auf die Standardschaltung, die wie in der Formel 1 über Tipptasten am Lenkrad funktioniert, hat man verzichtet. Zudem rüsteten die Techniker den Wagen mit dem Vierradantrieb eines Ford Explorer und einer Extra-Handbremse für die Stunts aus. Eine skandinavische Firma lieferte spezielle Reifen, mit denen auf Eis gefahren und gebremst werden kann. Zwischenzeitlich überschlägt sich der Wagen einmal und landet auf dem Dach. Er verfügt aber über einen speziellen Knopf, der ihn aus der misslichen Lage befreit und wohlbehalten wieder auf die vier Reifen stellt. Als Bewaffnung verfügt der Wagen über zwei oben aus der Motorhaube herausschnellende Maschinengewehre sowie Raketen, die aus dem Kühlergrill kommen.

Nach Tests bei Temperaturen von bis zu minus 41 Grad flog ein 50-Mann-Team nach Island und arbeitete vier Wochen lang mit sieben Aston-Martin- und acht Jaguar-Autos bei rund 10 Grad unter Null, aber das Eis des Sees machte Probleme. Mehrfach musste Nachschub herbeigeschafft oder künstlich gekühlt werden, um die Tragfähigkeit zu garantieren. Bäume und Schnee wurden zum Teil eingeflogen. Da es nicht wie vorgesehen gelang, mit den zwei Tonnen schweren Aston Martins alle Bilder in Island zu drehen, behalf man sich im Juni 2002 mit einer künstlichen Eisfläche in den englischen »Blue Egg Studios« in Gloucestershire. Vier Wagen waren dort im Einsatz – drei als Ersatz, falls die Stunts misslingen sollten.

Einen Vorgeschmack auf den neuen Wagen in kleiner Form gab es bereits im Mai in Cannes, denn die Besucher der MTV-Party erhielten ein Spielzeugmodell. Es war nicht das letzte zu dem Film, ist aber jetzt schon eines der exklusivsten. Doch auch ein Schmankerl soll nicht verschwiegen werden: Anfang 2002 gab es Ärger von Seiten der Konzernmutter Ford – nämlich als die Topmanager den Aston-Martin-Zubehörkatalog entdeckten. Darin fanden die Herren Bill und Edsel Ford unter anderem Gürtel, deren Schlösser Handschellen aus Silber führten. Sie waren, wie »Der Spiegel« berichtete, als »Reminiszenz an die Geheimdienst-Ausrüstung von 007« gedacht, stießen aber auf keinerlei Gegenliebe. Der Katalog wurde eingestampft.

DER »AUTOGYRO WA-116«

Korrekte Bezeichnung des Ein-Mann-Hubschraubers → »Little Nellie«, der von Kenneth Wallis entwickelt und in dem Film »Man lebt nur zweimal« geflogen wurde.

B

»BAROCKENGEL«

So nannte der Volksmund die BMW-Limousinen vom Typ 501 und 502 wegen ihrer ausladenenden, rundlichen Formen. Einer dieser Wagen wurde als → »Funkstreife Isar 12« in der gleichnamigen Fernsehserie bekannt.

DAS »BATMOBILE«

»Batman«, das war im Sommer 1989 der große Blockbuster, der allein in den USA über 250 Millionen Dollar einspielte. Der Rest der Welt legte dann noch mal 100 Millionen drauf. Für den Zuschauerandrang sorgten nicht nur die teuflischen Spielchen des grinsenden »Joker«, den Jack Nicholson so beeindruckend als Karikatur seiner selbst gibt, sondern vor allem die expressionistisch angehauchten Designs von Ausstatter Anton Furst. Er entwarf auch das neue »Batmobile«, ein Auto, das bereits 1942 in einem der originalen Schwarzweiß-Comics des Superhelden auftauchte. In der ersten Verfilmung der Abenteuer des Fledermausmenschen musste noch ein graues Cabriolet als Fortbewegungsmittel herhalten. In der 1966 konzipierten Fernsehserie sorgte ein »Lincoln Futura Concept Car« mit den charakteristischen zwei Glaskuppeln für den futuristischen Touch. Auf dieser Basis fertigte der Automobilbauer George Barris in drei Wochen fünf funktionierende Autos: zwei aus Stahl, drei aus Fiberglas. Als Warner Brothers Mitte 1988 mit der Neuverfilmung des Stoffes begann, wollte man etwas anderes, wie Anton Furst sich erinnert: »Was wir nicht wollten, war einer dieser futuristischen Wagen, wie man sie normalerweise auf den Automobilausstellungen findet.« Eine deutliche Anspielung auf den Lincoln, der erstmals 1955 auf einer amerikanischen Motorshow zu sehen war. »Am Ende haben wir uns für ein total expressionistisches Design entschieden. Wir nahmen einige Elemente der Salt Flats-Rennwagen aus den Dreißigern und Vierzigern, kombinierten sie mit den Stingrays aus den Fünfzigern und fügten des Ganze in eine Form, die hoffentlich nicht zu sehr in einer spezifischen Periode verwurzelt ist.« Man baute zwei »Batmobiles«, sechs Meter lange Ungetüme mit einer Breite von 2,50 Metern. Der Radstand misst immerhin 3,60 Meter. Die in den USA hergestellten Micky-Thompson-Räder sind Spezialanfertigungen für Dragster-Rennen und messen 24 Zoll. Im Film verfügt das Auto über einen ausfahrbaren Schutzpanzer, der auf Zuruf aktiviert wird. Die Umsetzung dieser Idee blieb jedoch der filmischen Animationstechnik vorbehalten. Zur Ausstattung gehören außerdem schwere 9-mm-Browning-Maschinengewehre, die aus Schießscharten hinter den Vorderrädern Platzpatronen abfeuern. Explosivladungen in den Radkappen und die neuesten elektronischen Sensoren sorgen für weit reichende Einsatzmöglichkeiten an der Front des dunklen Ritters. Ein Greifhaken schießt per Luftdruck heraus und verankert sich im nächsten Gebäude, damit das »Batmobile« Kurven mit höherer Geschwindigkeit nehmen kann. Für den Sprint von 0 auf 100 Kilometer pro Stunde benötigt das Ungetüm genau 3,7 Sekunden. Eine Mischung aus Benzin und Paraffin sorgt für den Vortrieb. Anton Furst konzipierte den Wagen als eine »unvernünftige und rohe Kampfmaschine, die man nicht einer bestimmten Zeitperiode zuschreiben kann. Ich habe versucht, den brutalsten Ausdruck eines Autos darzustellen – ein Image, das auch Sex und Gewalt suggeriert. Es sollte keine Autokonzeption sein, die man einmal auf einer Automobilausstellung sieht, sondern eine außergewöhnliche Maschine, die man so vorher noch nie gesehen hat.« Die passende Basis für seine Ideen fand Anton Furst auf einem Autofriedhof: Zwei gut erhaltene 74er Modelle des Chevrolet Impala. »Sie waren rostfrei und hatten eine funktionierende Aufhängung« erinnert er sich. Die alten Kisten wurden auseinander genommen und um etwa 60 cm verlängert. Der Radstand wuchs um 10 cm, die Motoraufhängung wurde um etwa 30 cm abgesenkt, was eine neue Radaufhängung erforderlich machte. Angetrieben wurden die Batmobile von einer V8-Chevrolet-Maschine mit etwa 300 PS Leistung. Der überwiegende Teil der Karosserie bestand aus Kevlar, einem extrem leichten und dennoch sehr widerstandsfähigen Polycarbonat. Dasselbe Material wird auch im Rennwagenbau verwendet. Der Turbinen-Antrieb mit dem riesigen Aggregat an der Front unterstrich das aggressive Aussehen des Fahrzeugs und war eine Attrappe. »Wir verwendeten Elemente der gewichtigsten Modelle der 30er und 40er Jahre und lehnten uns sehr stark an die Umrisse des ›Blackbird‹-Flugzeuges an«, erinnert sich Designer Anton Furst. »Bei den Hochgeschwindigkeitsaufnahmen wollte ich auch Elemente wieder sehen, die etwa in einer Corvette Stingray auftauchen. Hauptgesichtspunkt war, dass das ganze Ding aussieht wie eine riesige Maschine, ein rasender Motor von unbändiger Kraft – irgendwie verboten und damit expressionistisch.« Der Einbau der Turbine brachte jedoch Konstruktionsprobleme mit sich. Der für die Spezial-Effekte zuständige Techniker John Evans erzählt: »Um es effektiv aussehen zu lassen, brauchten wir eine Menge Flammen, die natürlich sehr viel Hitze erzeugten. Also haben wir einen Ring von Feuerlöschern herum gebaut. Innen und außen montierten wir einen so genannten ›Panik-Knopf‹, damit man rasch die Flammen bekämpfen konnte – falls notwendig. Eine Mischung aus Gas, Luft und Pyrothan sorgte dann für ein feuriges Heck – und passiert ist glücklicherweise nichts.« Gefahren wurde das »Batmobile« entweder von Bob Marlais, einem der Männer aus John Evans Crew, oder einem Stuntman. Der sprang immer dann ein, wenn es für Bob zu gefährlich wurde. Bob dagegen musste immer dann ran, wenn exaktes Timing und präzise Geschwindigkeiten gefragt waren.

Dem Team blieben nur zehn Wochen Zeit für den Bau des Wagens. Zwölf Allroundtechniker nahmen sich der Sache an. Sie lieferten die komplizierte Elektronik, waren vertraut mit Schutzgasschweißen und lackierten schließlich den Wagen mit einer Spezialanfertigung. Sechs verschiedene Farbschichten gaben dem Ganzen das Aussehen eines gefährlichen Insekts, unterschiedliche Schwarz-Schattierungen sorgten für einen dreidimensionalen Effekt. Nach Fertigstellung des Monsters folgten Straßentests. Es zeigte sich, dass man mit dem Chevrolet Impala die richtige Wahl getroffen hatte, denn sein Chassis war rennerprobt.

Im Frühjahr 1988 entwarf der Produktionsdesigner nicht nur die beiden Autos, sondern stampfte gleich eine komplette Stadt auf dem Freigelände der englischen Pinewood-Studios außerhalb von London aus dem Boden. Über 200 Facharbeiter waren im Einsatz. Die aufwändige Verfolgungsjagd mit dem »Batmobile«, gefahren von Michael Keaton, wurde sowohl auf dem Studiogelände als auch am Rande der Stadt in einem verlassenen Kraftwerk und auf einigen Nebenstraßen in Szene gesetzt. Die Regie besorgte der Leiter des 2. Aufnahmeteams, Peter Macdonald. Er hatte bereits in »Rambo II« seine Erfahrung mit Action-Sequenzen unter Beweis gestellt. Doch bei »Batman« ging es nicht so sehr um aufwändige Pyrotechnik mit einer Dauerserie von Explosionen. »Wir haben uns bemüht, ein wenig Humor in die Action einzubringen. Die Szenen sollten dem Zuschauer nicht direkt an die Gurgel springen. Geplant war, dass sie eher aufregend und unterhaltsam wirken,« so beschreibt Macdonald sein Vorhaben. Immerhin gingen auch bei einer derart subtil inszenierten Verfolgungsjagd noch insgesamt 15 Autos zu Bruch, was der Freude des Zuschauers sicher keinen Abbruch tat.

151.000 britische Pfund, also etwa 225.000 Mark, haben die beiden »Batmobiles« gekostet, vergleichsweise wenig für ein fast neu konstruiertes Auto. Keines der beiden Fahrzeuge überraschte die Crew mit mechanischen Problemen. Allerdings waren sie niemals so immens schnell, wie es der Film vielleicht vermitteln könnte. Für die Aufnahmen fuhr man nicht schneller als 60 Meilen (etwa 96 km/h). Doch mehr wäre möglich gewesen, weiß John Evans: »Nach Ende der Dreharbeiten drehten wir mit den Dingern ein paar Runden auf einer Rennstrecke und kamen auf 94,7 Meilen (etwa 152 km/h). Das ist doch ganz schön beeindruckend für ein Auto, das in unserer kleinen Werkstatt entstanden ist!«

Sein gelungenes Konzept stellte der Film »Batman« nicht nur mit den Einspielergebnissen unter Beweis, sondern auch mit den Umsätzen an der Merchandising-Front. Das »Batmobile« im Kinderzimmerformat entwickelte sich schnell zum beliebten Spielzeugartikel. Und der großformatige Bruder avancierte zum gern gesehenen Gast auf Automobilausstellungen, darunter auch auf der Motorshow in Essen.

Erfolg verpflichtet, und so versuchte man sich bei dem Nachfolger »Batmans Rückkehr« noch zu übertreffen. Aus dem bereits extravaganten »Batmobile« wurde das »Batmissile«. Das Drehbuch verlangte nach einem Gefährt, das sich während einer Verfolgungsjagd ganz schmal machen kann, um durch eine enge Gasse zu entkommen. Dafür arbeitete Bo Welch mit den Illustratoren Jacques Rey und Matty Kline zusammen. Welch: »Wir haben alles Nutzlose abgepult, die Räder höhergestellt und ein paar Kleinigkeiten hinzugefügt.« Für diese Szenen benutzte man zwei verschiedene Batmissiles, eines in Originalgröße, das von Chuck Gaspars Abteilung für mechanische Effekte gebaut wurde, und ein Miniaturmodell im Maßstab 1:4 für die Verwandlung. Es stammt aus der

Werkstatt von Bob und Dennis Skotaks 4-Ward-Productions, einer Firma für Spezialeffekte, die 1991 einen Oscar für ihre Arbeiten an »Terminator 2 – Tag der Abrechnung« erhielt. Das Modell, es war etwa 1,50 Meter lang, brauchte man, weil »die Bewegungen mit einem großen Fahrzeug sehr stark eingegrenzt sind, wenn es so lang ist und so breite Reifen hat«, wie Welch erklärt. Doch mit dem Bau dieses Modells allein war es natürlich nicht getan. Auch die Straßen, über die die Verfolgungsjagd geht, mussten en miniature nachgebaut werden. Das Special-Effects-Team leistete wahre Präzisionsarbeit: Mit einem Abstand von 1,3 cm links und rechts zur Mauerseite schoss das Modell aus Fiberglas durch die enge Gasse.

Weiterhin brauchte man ein paar nützliche Extras, etwa einen »Batdisc Ejector«, eine Vorrichtung, die tödliche Metallscheiben abschießt. Des Weiteren doppelschneidige Klingen, die über den Vorderrädern hervorspringen, geeignet, all die Wahnsinnigen niederzumachen, die sich dem Helden in den Weg stellen. Außerdem hydraulische Vorrichtungen, die dem »Batmissile« schnelle Kurswechsel erlauben. Und natürlich eine Fernsteuerung, sowie, bereits aus dem ersten Film bekannt, einen Schutzpanzer, der auf Zuruf reagiert. Natürlich kamen auch wieder die beiden Maschinengewehre zum Einsatz, die sich unter den Klappen in den Flügeln verbargen. Der neue Produktionsdesigner Bo Welch, der den Job von Anton Furst übernahm, wollte das Gefährt dieses Mal eher »bedrohlich und einschüchternd« wirken lassen. Welch hatte seinen Vorgänger damals während der Dreharbeiten in London besucht und war von seiner Arbeit beeindruckt gewesen. Er bemängelte jedoch, dass das Ungetüm nicht noch »ein bisschen geflügelter« ausgesehen hatte, also mehr wie Batman, dessen Cape und Fledermausohren ja schließlich sein Markenzeichen waren.

»Dunkel, glatt und gefährlich«, das war die Maxime, die Bo Welch für alle Spielzeuge Batmans ausgegeben hatte. Schließlich lebte der Fledermausmann in einer schummrigen Höhle, wurde nur nachts aktiv und verbarg seine wahre Identität. Für die Aufnahmen mit dem »Batmobile«, die nicht die Verwandlung in die Rakete betrafen, wurden sechs verschiedene Fahrzeuge gebaut. Die zwei Autos aus dem ersten »Batman«-Film wurden unter der Leitung des Production Managers Ian Bryce modifiziert. Nachdem man sie per Schiff von England in die USA überführt hatte, nahm man sie fast komplett auseinander, um die Elektronik, Beleuchtung und Mechanik für amerikanische Verhältnisse umzurüsten. »Falls irgend etwas kaputt ging oder nicht funktionierte, konnten wir wesentlich schneller reagieren«, erklärt Bryce diese Vorsichtsmaßnahme. Und Chuck Gaspar, verantwortlich für die mechanischen Effekte fügt hinzu: »Wir haben die Motoren durchgecheckt und die Getriebe überarbeitet, denn bei Testfahrten stellte sich heraus, dass sie nicht halb so schnell fuhren, wie Regisseur Tim Burton das wollte.« Zwei Batmobile dienten vornehmlich Werbezwecken und wurden für Standaufnahmen eingesetzt. Zwei weitere waren Träger von so genannten »Gimmicks«. Man brauchte sie für die Großaufnahmen einzelner Spezialeffekte. Als Ganzes waren sie nie zu sehen. Das hätte auch keinen guten Eindruck gemacht. Denn eins davon war der Länge nach aufgesägt worden, um bessere Innenaufnahmen machen zu können und die voluminöse Instrumententafel zu filmen.

Doch trotz des im Vergleich zum ersten Teil nochmals gesteigerten Aufwands blieb »Batmans Rückkehr« hinter den finanziellen Erwartungen zurück. Die gestiegenen Produktionskosten, die sich schließlich auf fast 60 Millionen Dollar beliefen – man hatte sich das Staraufgebot mit Michelle Pfeiffer, Danny de Vito und Christopher Walken bestimmt etwas kosten lassen – amortisierten sich zwar, aber letztlich blieb nicht so viel Gewinn in der Kasse hängen wie erwartet. Allerdings offenbar noch genug, um 1997 einen dritten »Batman«-Film mit einem modernisierten »Batmobile« in die Kinos zu bringen. Und auch heute noch erfreut sich das schwarze Ungetüm großer Beliebtheit – wenn auch nur im Kinderzimmer. Die Modelle verkaufen sich weiterhin gut.

DIE »BEAGLE« VON CHARLES DARWIN

»Die Reise mit der ›Beagle‹ ist bei weitem das wichtigste Ereignis in meinem Leben und hat meine ganze Laufbahn bestimmt.« Das sagte der britische Naturwissenschaftler Charles Darwin im Nachhinein über seine Expedition, während der er von 1831 bis 1836 wichtige Entdeckungen für seine Evolutionstheorie gemacht hat – und dies, obwohl der damals 22jährige Botaniker unter Seekrankheit litt.

Das Vermessungsschiff »H.M.S. Beagle« unter dem Kommando des Kapitäns und Metereologen Robert Fitzroy stach am 27. Dezember 1831 im Auftrag der britischen Admiralität von Plymouth aus in See, um Karten von Feuerland und Patagonien zu erstellen. An Bord der 239 Tonnen schweren Brigg reiste auch der britische Naturwissenschaftler Charles Darwin (1809 – 1882) mit; er wollte vor allem neue Erkenntnisse über die Pflanzen- und Tierwelt gewinnen. Nach längeren Aufenthalten in Patagonien, Chile und Argentinien faszinierten ihn besonders die Galapagosinseln, wo er sich vom 16. September bis zum 20. Oktober 1835 aufhielt und sensationelle Beobachtungen zur separaten Entwicklung der Arten in dieser Inselwelt machte. Er verfasste einen ausführlichen Reisebericht, der ab 1844 auch in deutscher Sprache erschien. Die Ergebnisse der Reise flossen in seine Evolutionstheorie und in sein 1859 veröffentlichtes Buch »The Origin Of Species« (Über die Entstehung der Arten) ein.

Die Mitarbeiter an Bord der »Beagle« kartierten unterwegs die Küste Südamerikas. Man besuchte nicht nur die Galapagos-Inseln, sondern auch Tahiti, Neuseeland, Australien, Tasmanien, die Malediven und Mauritius. Fitzroy, der die »Beagle« nicht erst seit der Reise mit Darwin, sondern bereits seit 1828 führte, entdeckte auf seiner fünf Jahre dauernden Fahrt die Otway- oder Skyringbucht und den nach dem Schiff benannten Beaglekanal im Süden Feuerlands nahe der argentinisch-chilenischen Küste. Im Juni 1834 durchfuhr man auch die Magellanstraße, die von dem portugiesischen Seefahrer Magellan mit seinem Schiff → »Victoria« im Oktober 1520 passiert worden war.

Die 28 Meter lange und 1817 gebaute »Beagle« war zunächst in der Küstenwache eingesetzt und dann zum Forschungsschiff umgebaut worden. Die Brigg verfügte zu Anfang über acht Kanonen, die im Zuge ihrer neuen Bestimmung jedoch demontiert wurden. Auch stach sie ursprünglich als Zweimaster in See, aber um sie auf der Fahrt entlang tückischer Korallenriffe manövrierfähiger zu machen, setzte man später einen Kreuzmast hinzu und stattete den Segler mit den besten Tauen und Segeln aus, die damals erhältlich waren.

Das Leben der 74 Passagiere und Mannschaften an Bord war äußerst beschwerlich und sehr beengt. Auch Darwin musste sich mit einem Kollegen eine Kajüte teilen. Sie bestand aus einer Kommode, einem Schrank, einer kleinen Bibliothek und einem Tisch. Geschlafen wurde in einer Hängematte darüber.

Darwin litt schwer unter der Seekrankheit und musste sich häufig übergeben. Später führte er die Magenschmerzen, unter denen er sein ganzes Leben lang litt, auf diese Reise zurück, die am 2. Oktober 1836 im englischen Falmouth endete. Aber auch wenn die Expedition hier zu Ende ging – der Name »Beagle« überlebte. Als Hommage an Darwin haben europäische Raumforscher das Gefährt, mit dem sie nach Leben auf dem Planeten Mars suchen wollen, auf den Namen »Lander Beagle 2« getauft. Die Expedition soll am 1. Juni 2003 ins All starten.

DER BEAMER AUS → »RAUMSCHIFF ENTERPRISE«

Wer auf die Frage, was für eine Fortbewegungsart denn »Beamen« eigentlich sei, antwortet: »Merkwürdig aussehen und einen → Mini mit Vorhängeschloss fahren«, der ist offensichtlich im falschen Film. Denn erstens schreibt »Mr. Bean« sich anders. Und zweitens stammt er zwar zweifellos von einem völlig anderen Stern, der aber auch mit dem → Raumschiff Enterprise nicht zu erreichen wäre. Die korrekte Definition steht in der »Star Trek Enzyklopädie« und erklärt »Beamen« als: »Entmaterialisierung fester Körper und die erneute Zusammensetzung ihrer Atome an einem anderen Ort.« In der Enterprise-Praxis sieht das dann so aus, dass alle, die gebeamt werden möchten, sich nur auf einen bestimmten Platz stellen müssen, Scotty den so genannten Heisenberg-Kondensator aktiviert und seine Kollegen umgehend verschwinden, um sogleich wieder auf einem fernen Planeten – komplett und mit allem Zubehör – aufzutauchen.

Der 1901 in Würzburg geborene Physiker Werner Karl Heisenberg begründete 1927 zusammen mit zwei Kollegen die Quantenmechanik und stellte die für sie grundlegende Unschärferelation auf. Eine gewisse Ironie ist der Namensgebung der Beam-Apparatur nicht abzusprechen. Denn Heisenberg hatte herausgefunden, dass es nicht möglich ist, alle Informationen eines Systems gleichzeitig genau zu messen. Dass also die Millionen kleiner Teilchen, aus denen Kirk und Co. bestehen, nicht absolut genau bestimmt werden können und daher auch nicht in der richtigen Reihenfolge wieder zusammengesetzt werden können.

Für den Transport mutationsunwilliger Menschen also ist der Beamer eigentlich nicht geeignet. Völlig realitätsfern ist sein Prinzip jedoch nicht. Der österreichische Physik-Professor Anton Zeilinger wies nämlich in einem Experiment nach, dass es möglich ist, die komplette Information eines Lichtteilchens an einen anderen Ort zu senden und dieses Teilchen dort zu rekonstruieren. Quantenteleportation nannte Zeilinger dieses Verfahren und trickste damit die Unschärferelation von Heisenberg aus. Im Juni 2002 gaben australische Forscher bekannt, dass sie bei der so genannten »Teleporter«-Technologie einen Durchbruch erzielt hätten. Sie zerlegten an der National University in Canberra einen Laserstrahl und erzeugten einige Meter entfernt eine exakte Kopie, räumten aber ein, »bislang nicht in der Lage zu sein, Materie zu übertragen«.

Aber auch ohne Berücksichtigung des wissenschaftlichen Hintergrundes eignet sich das Beamen gut für profane Scherze. So witzelte etwa TV-Star Ingolf Lück im Oktober 2001 in der Zeitschrift *TV-Movie* wie folgt über das Beamen: »Es ist etwas, das wir alle kennen: Man erscheint in null Komma nichts in einer Situation, in die man nie hineinschliddern wollte.«

DER BENTLEY VON JOHN STEED AUS »MIT SCHIRM, CHARME UND MELONE«

»Mrs. Peel, wir werden gebraucht!« Mit diesem kargen Satz brachte der Geheimagent John Steed für gewöhnlich seine Kollegin Emma Peel auf Trab, bevor er sich in seinen grünen, 1926 gebauten 4,5 Liter Bentley mit dem Kennzeichen UW 4887 warf. Offenbar verfügte der von Patrick Macnee dargestellte Mr. Steed über eine durchaus geräumige Garage. Denn er steuerte insgesamt sechs verschiedene Fahrzeuge. Mal ein Modell »Speed Six« aus dem Jahr 1926 (RX 6180) in der Farbe »British Racing Green«, mal ein 1927er (YT 3942), mal ein 1928er Modell (YK 6871). Und wie es scheint, fuhr er sie ohne allzu großen Enthusiasmus. Er hatte nämlich, wie er offen zugibt, »nie gelernt, sie wirklich richtig zu fahren«. Und so blieb er immer im dritten Gang.

Der Drehbuchautor, Produzent und Autofanatiker Brian Clemens war auf die Idee gekommen, John Steed für die Serie mit dem Originaltitel »The Avengers« einen Oldtimer zur Seite zu stellen: »Zur damaligen Zeit fuhren die TV-Helden alle zeitgemäße Autos, und ich dachte mir, es wäre ein bisschen rätselhafter und würde mehr Neugier erzeugen, wenn John Steed einen alten Sportwagen fahren würde.« Als Kontrast dazu durfte

Emma Peel einen → Lotus Elan steuern. Doch bis man das richtige Auto gefunden hatte, verging schon einige Zeit. Denn 1961, als die Serie startete, saß John Steed zunächst in einem Vauxhall 30-98. Der nächste Wagen war ein überaus exklusiver Hispano-Suiza, dem schließlich verschiedene Rolls Royces folgten. Aber irgendwie unterstrichen sie nicht so recht Steeds Filmcharakter. »Dann gaben ihm die alten Bentleys ein paar sportliche Ecken und Kanten und waren weniger prahlerisch.« Das Alter der Wagen und das Tempo der TV-Folgen harmonierten nicht immer, und so musste häufig genug mit Tricks gearbeitet werden, wie sich Clemens erinnert: »Sie blieben andauernd stehen und wenn es Szenen gab, in denen Patrick Macnee in den Wagen springen sollte, um ein paar Bösewichter zu verfolgen, dann waren üblicherweise sechs Jungs außerhalb des Kamerabildes, um ihn anzuschieben.« Alle Autos befanden sich in Privatbesitz und wurden für die Dreharbeiten ausgeliehen. »Zumeist waren sie in eher schlechtem Zustand«, erinnert sich ein Mitglied des Filmteams. Das kann man von dem Wagen in dem 1998 entstandenen Spielfilm nicht sagen, in dem Ralph Fiennes in die Rolle des Steed schlüpfte und einen Bentley fuhr. Der hatte außerdem ein ganz besonderes Extra an Bord, nämlich einen im Armaturenbrett eingebauten Teespender – wirklich very british. Abgesehen davon stieß die Exhumierung der alten Serienfigur auf keine allzu große Begeisterung. Wie überschrieb ein Kritiker doch gleich seinen Text: »Mrs. Peel, wir werden gebraucht!«

DAS BIG-»BOBBY-CAR«

»Spielgerecht, praktisch, formschön und aktuell bis zum heutigen Tag«, so werben die Hersteller des Bobby-Car für ein absolut zeitloses Vehikel, das 1972 zum ersten Mal auf den Markt kam und seitdem kaum verändert wurde. Damals stellte der in Fürth beheimatete Hersteller BIG auf der Nürnberger Spielwarenmesse das urige Kinderfahrzeug vor. Es war der Beginn eines beispiellosen Verkaufserfolgs. Der Diplomingenieur Ernst A. Bettag, der auch den Markennamen BIG erfand, hatte entgegen dem Trend Ende der 60er Jahre sein ganzes Blechspielzeug aus dem Programm genommen und einen befreundeten Bildhauer damit beauftragt, ein »Kinderfahrzeug aus Kunststoff mit tiefliegendem Schwerpunkt« zu entwickeln. Zwei überaus talentierte und trotz ihres zarten Alters draufgängerische »Testpiloten« unterzogen die ersten Prototypen auf einem Bauernhof in St. Johann härtesten Prüfungen. »Die sind so gerast, dass sich die Räder thermisch verformten«, erzählt der Firmenchef. »So ein Test ist besser als der TÜV!« Also wurde weiter entwickelt, bis das Material auch das wüsteste Rabaukentum überstand. 1.500 Gramm hochwertiges Kunststoffgranulat ergeben ein spezielles thermoplastisches Material, für dessen Entwicklung Bettag später mit der Rudolf-Diesel-Medaille geehrt wurde – einer Art »Oscar« für Erfinder. Was fehlte, war nur noch »ein gewöhnlicher Name, der auf der ganzen Welt verstanden wurde«, und den fand man mit: »Bobby-Car«.

1988 lief das 20-millionste Kinderfahrzeug vom BIG-Band – die Hälfte davon Bobby-Cars, die inzwischen in 30 Länder verkauft werden. Schon bald nach dem Produktionsstart ließen auch Markenhersteller wie Ferrari, Porsche oder Jaguar bei BIG ihre Mini-Sportwagen bauen. Zwölf Versionen des Bobby-Car gibt es, diverse Künstler ließen sich von dem Kindergefährt inspirieren. Sie bemalten die Wagen oder versahen sie mit einem neuen Design. Künstler wie Kitty Kahane, Otmar Alt, James Rizzi oder Philipp Starck haben sich derart verewigt und einigen der bis zu 5.000 täglich vom Band rollenden Vehikel ihren ganz eigenen Stempel aufgedrückt. Zum 30. Jubiläum des Bobby-Car wurde eine Sonderedition des Leichtgefährts aufgelegt, zu der ein spezieller Führerschein, ausgestellt vom »Alles-In-Ordnung-Amt«, gehört.

Alles in Ordnung, dachten sich wohl auch ein paar unausgelastete Väter aus dem Sauerland, als sie am Vatertag 1994 aus einer Bierlaune heraus auf die Idee kamen, die Bobby-Cars ihrer Sprösslinge zu entführen und in dem kleinen Ort Silberg den Berg hinunter zu heizen. Der Jux kam prima an. Ein Jahr später beteiligten sich bereits auswärtige Rennfahrer und inzwischen werden mit den knapp 60 Zentimeter langen Flitzern Rennen und Meisterschaften in Deutschland und Österreich ausgetragen. Frankreich will nachziehen, und auch Firmenchef Ernst Bettag ist begeistert. »Das ist eine Supergeschichte«, verkündet er stolz und weiß zu berichten, dass die derzeitige Höchstgeschwindigkeit bei 70 km/h liegt. Sogar motorgetriebene Renner sind im Einsatz. Mit denen wurden schon 105 km/h erreicht. Der Hersteller hat den Trend erkannt. Eine Rennstrecke ist im Bau.

»BILLY BIKE«

Name des Harley-Davidson-Motorrads von Dennis Hopper aus dem Film → »Easy Rider«.

DIE »BISMARCK«

Schärfstes Misstrauen ist angebracht, wenn von »unsinkbaren« Schiffen die Rede ist. Die meisten dieser Wasserfahrzeuge liegen nämlich nach kurzer Zeit auf Grund.

So auch die »Bismarck«, deren Schicksal der im Jahre 1950 entstandene britische Film »Sink the Bismarck« nacherzählt. In einer Mischung aus Spielszenen und Dokumentarmaterial rekonstruiert er minutiös die größte Jagd des Seekriegs im 2. Weltkrieg. Und vieler Jäger hatte es auch bedurft, um die »Bismarck« zur Strecke zu bringen, denn sie war mit ihren 251 Metern Länge, 36 Metern Breite, den vier Geschütztürmen, die Panzersprenggranaten mit einer Reichweite von 36 Kilometern verschossen, furchteinflößend und gewaltig. Letztlich fiel sie jedoch einem Zufallstreffer zum Opfer.

Am 14. Februar 1939 lief sie vom Stapel. Unverwundbar sollte sie sein wegen des beim Bau des Rumpfes verwendeten so genannten »Wotan-Stahls«, wie die deutsche Propaganda hervorzuheben nicht müde wurde. 40 Prozent der 52.000 Tonnen Gesamtgewicht entfielen auf die Panzerung. Das dürfte die Matrosen sehr beruhigt haben, die zu diesem Schlachtschiff abkommandiert wurden. »Es war ein unsinkbares Schiff, und das schnellste und stärkste Schiff dazu«, so der Matrose Otto Peters in einer Dokumentation. Im August 1940 wird die Bismarck in den Dienst gestellt und geht gleich zur Sache. Das »Unternehmen Rheinübung« führt sie von Gotenhafen, dem heutigen Gdingen in Polen, durch den großen Belt und das Skagerrak in Richtung Norwegen und den Nordatlantik, wo sie den Nachschub der Briten stören soll, der in Konvois aus Kanada Lebensmittel, Waffen und Soldaten nach Großbritannien bringt. Am 18. Mai 1941 inspiziert der damalige Flottenchef Lütjens das Schiff, drei Tage später geht es in einem norwegischen Fjord vor Anker. Örtliche Agenten aus der Widerstandsbewegung informieren die Briten. Ein Aufklärungsflugzeug bestätigt die Meldung, und von da an entwickeln die Engländer fieberhaft eine Strategie, wie sie das Schiff zerstören könnten.

Als die »Bismarck« kurze Zeit später wieder ausläuft, ist sie dank des neuartigen Radarsystems der Briten längst im Visier des Feindes. Die Führung des Schiffes entscheidet sich für die nördlichste Route und nimmt Kurs auf die so genannte Dänemarkstraße, die zwischen Grönland und Island hindurch führt. Dort trifft sie auf zwei britische Kreuzer, die »Prince of Wales« und die »Hood«. Zur Überraschung sämtlicher Beteiligter beschießt die »Bismarck« die »Hood« am 21. Mai 1941 so massiv, dass diese gegen 5.55 Uhr morgens sinkt und von den 1.421 Soldaten nur drei den Untergang überleben. Auch die »Prince of Wales« erhält schwere Treffer. Die Verantwortlichen der Navy können all das kaum glauben. Die »Bismarck« bekommt zwar drei Treffer ab und verliert etwas Öl, geht aber nichtsdenstoweniger siegreich aus dem Gefecht hervor. Kapitän Lindemann nimmt Kurs auf Frankreich, muss sich aber unterwegs eines Angriffs mehrerer Torpedoflugzeuge erwehren. Die neun Doppeldecker schaffen es zwar, ihre tödliche Fracht abzuwerfen, aber die »Bismarck« bleibt unversehrt, schlägt ein paar Haken, und die Briten verlieren den Kontakt zu ihr.

Am 25. Mai 1941 macht der deutsche Kapitän einen entscheidenden Fehler. In einem 25 Minuten dauernden Funkspruch rapportiert er dem Hauptquartier in Berlin die Schäden am Schiff. Die Briten hören mit und können die Position der »Bismarck« ermitteln. Ein Aufklärungsflugzeug entdeckt das Schlachtschiff, nur 150 Kilometer von einem britischen Verband entfernt. Von Gibraltar aus werden weitere Angreifer in Marsch gesetzt, um die Deutschen zu jagen. Nach der Versenkung der »Hood« sah man in der »Bismarck« die gefährlichste Seewaffe des deutschen Reiches, so dass man beschloss, alles, was man hatte, aufzubieten, um sie zu vernichten.

Bei einem weiteren Fliegerangriff mit Torpedos kommt den Briten das Glück zu Hilfe, denn Pilot Kenneth Pattisson trifft zufällig das Ruder der schwimmenden Festung. »Es war wohl eine Chance von 1:100.000«, sagte der Mann später, aber dieser Treffer besiegelte das Schicksal des Schlachtschiffs. Zwar untersuchen Taucher die Stelle sofort, doch auch sie können nur feststellen, dass die »Bismarck« manövrierunfähig ist. Am 26. Mai um 21.40 Uhr funkt der Kapitän, dass er »bis zum Ende kämpfen« würde. Hitler soll geantwortet haben, dass »ganz Deutschland bei Ihnen« sei. Die Situation ist also ernst.

Am nächsten Tag, morgens um 8.47 Uhr, eröffnen vier Schiffe das Dauerfeuer auf die »Bismarck«. Um 10.36 Uhr ist der Kampf zu Ende. Die Deutschen sprengen das Schiff selbst in die Luft. Es sinkt sofort. Seither liegt es in rund 4.700 Metern Tiefe. Erst im Juni 1989 entdeckte der Tiefseeforscher Robert D. Ballard das Wrack rund 1.000 Kilometer vor Brest. Die genauen Koordinaten des Fundortes verkaufte er später. Im Jahr 2001 tauchten zwei Mini-U-Boote zum Wrack hinunter. An der Expedition nahmen zwei Überlebende, aber auch einige Touristen teil, die sich die Reise 40.000 Dollar kosten ließen. Die Überlebenden legten auf dem Meeresgrund eine Gedenktafel für die gefallenen Kameraden nieder.

DAS »BLUESMOBILE« – DER POLIZEIWAGEN DER »BLUES BROTHERS«

»Macht kaputt, was euch kaputt macht,« sangen einst die legendären »Ton, Steine, Scherben«. Aber niemand vermochte diesen Revoluzzer-Slogan effektvoller umzusetzen als die Erzkapitalisten Hollywoods. Sehr zur Freude von Millionen Kinogängern, denen die mit stimmungsvoller Musik untermalten Destruktionsphantasien des Films »Blues Brothers« das Herz wärmten.

1980 brachte Universal den Film in die Kinos, der sich bereits nach kurzer Zeit als Kassenerfolg erwies, ehe er sogar zu einem Kultfilm wurde. Die beiden von John Belushi und Dan Aykroyd gespielten Brüder Jake und Elwood Blues brauchen Geld für ein Waisenhaus, und ein Benefizkonzert ihrer alten Band soll ihnen dazu verhelfen. Der Weg dorthin ist gepflastert mit Gesetzesverstößen und guter Musik. Am Ende landen die Brüder wieder im Knast – dort wo Elwood Jake zu Anfang des Films abgeholt hat. Die dünne Story war dem Erfolg des Filmes keineswegs hinderlich, sondern der ideale Background für eine mit Blues und Soul unterlegte Materialschlacht, bei der vor allem in Chicago zahlreiche Fahrzeuge zu Bruch gingen.

Ein einziger Wagen hat überlebt, und der gehört Sergeant Jim Post, dem ehemaligen Präsidenten des Clubs der »Police Car Owners of America«. Ein Schreiben der Universal Studios beweist, dass er tatsächlich den 1974er Dodge Monaco besitzt, der eine der aufwändigsten Verfolgungsjagden der Filmgeschichte nahezu unbeschadet überstanden hat. Sogar die sechs stählernen »eyelets« vom Dach sind noch erhalten, dazu vier Winterreifen.

Acht identische Autos dieses Typs stellte die Produktionsfirma Universal für die Dreharbeiten zur Verfügung. Sie gehörten zu den nur 4.900 gebauten so genannten »Monaco Specials«, die für die Einsatzkräfte des Chicago Police Department in Illinois bestimmt waren. Dutzende davon mussten als automobile Statisten für Unfälle und Stunts herhalten. Und von den acht »Hauptdarstellern« gingen sieben zu Bruch. Für den meisten Schrott sorgte eine Autojagd quer durch die Einkaufspassagen und Geschäfte von Chicago, die von den beiden Bruchpiloten mit Worten wie: »Da vorn gibt es Hamburger!« – »Babykleidung!« – »Hier gibt es alles!« kommentiert wird.

Mit der Crash-Orgie erfüllte sich Dan Aykroyd einen ganz persönlichen Wunsch. Offensichtlich machte es ihm richtig Spaß, »die Streifenwagen-Armada einer ganzen Stadt zu vernichten«, wie ein Kritiker schrieb.

BLUE THUNDER

Originalname des Kampfhubschraubers → »Das fliegende Auge«, der in einem Spielfilm und der gleichnamigen TV-Serie bekannt wurde.

DER BMW 501

Der »Barockengel« genannte Wagen kam in der TV-Serie → »Funkstreife Isar 12« zum Einsatz.

DIE BMW ISETTA

Der Turiner Autosalon des Jahres 1953 hielt für Autobauer eine besondere Überraschung parat. Auf dem Stand des italienischen Motorrad- und

Kühlschrank-Herstellers ISO SpA wurde auch die ISO-Isetta präsentiert, ein beinahe kugelrundes kleines Fahrzeug, das Firmenchef Renzo Rivolta und seine Kollegen ein Jahr zuvor entwickelt hatten. Der Clou war, das die Einstiegstür vorne angebracht war und dass Lenkrad und Lenksäule beim Öffnen mit herausschwenkten. BMW, damals aufgrund des zurückgehenden Motorradgeschäftes und der schlechten Verkaufszahlen der Luxusmodelle 501(von denen einer als → »Funkstreife Isar 12« bekannt wurde), 502, 503 und 507 in wirtschaftlichen Schwierigkeiten, kaufte die Lizenz von ISO, um so einer zeitraubenden und teuren Neukonstruktion zu entgehen. Stattdessen beschloss man, den Wagen zu verbessern und in Deutschland anzubieten, um auf dem rapide wachsenden Kleinwagenmarkt konkurrenzfähig zu sein. Der Coup rettete das Unternehmen.

Die Münchner ersetzten den Zweitakt-Motor der ISO-Isetta durch einen hauseigenen Einzylinder-Motorrad-Motor mit 12 PS aus dem Modell R 25. Am 5. März 1955 wurde die »BMW Isetta 250«, so der offizielle Name, in Rottach-Egern am Tegernsee vorgestellt und entpuppte sich sofort als Erfolg. Schon im ersten Produktionsjahr verkaufte man über 10.000 Fahrzeuge. Das gute Fahrverhalten, das bei einem Leergewicht von nur 370 Kilogramm immens wichtig war, die ausreichende Höchstgeschwindigkeit von 85 km/h, der zuverlässige Motor und der niedrige Preis von nur 2.580 Mark kurbelten den Absatz an. Der 12 Liter fassende Tank sorgte dafür, dass man immerhin 350 bis 400 Kilometer zurücklegen konnte, ohne zu tanken. Im Gegensatz zu einigen anderen Kleinwagen gab es auch einen Rückwärtsgang.

Ende 1955 kam die um 1 PS »leistungsgesteigerte« BMW Isetta 300 heraus, die parallel zum ersten Modell verkauft wurde. Die geringe Spurbreite durch die beiden dicht nebeneinander befindlichen Hinterräder trug der Isetta allerdings auch schnell einen noch immer präsenten Namen ein: »Schlaglochsuchgerät« wurde das urige Gefährt im Volksmund auch genannt, da es beinahe unmöglich war, den tückischen Fahrbahnmacken zu entgehen. Aber auch der Kosename »Knutschkugel« bürgerte sich bald ein, denn schließlich verfügte die Isetta nur über eine durchgehende Bank vorn, so dass der Nähe zum Nachbarn nichts im Wege stand. Eine Heizung war serienmäßig, kostete aber 45 Mark Aufpreis und konnte nicht abbestellt werden. Ein kleines Verdeck erfüllte gleichzeitig Sicherheitsbelange – es diente als Notausstieg.

Der andauernde Erfolg führte zu zahlreichen Sonderausstattungen. Neben der »Motocoupé« genannten Standardversion gab es eine »Isetta Dreirad Spezial« für den Export, die nur über ein Rad an der Hinterachse verfügte. BMW baute außerdem eine Tropen-Isetta mit großen Belüftungsgittern in der Fronttür, eine Cabrio-Variante mit Klappverdeck und einen Lieferwagen mit Pritsche oder Kastenaufbau. Für die USA montierte man größere Scheinwerfer und kräftigere Stoßstangen mit extra Gummis. Doch der Großteil der Wagen wurde bis zur Produktionseinstellung 1962 weitgehend unverändert gebaut. Einer der Gründe war, dass man die Werkzeuge von ISO übernahm und größere Variationen zusätzliche Kosten verursacht hätten.

Auch dank einer pfiffigen Werbekampagne, die den Wagen als voll reisetauglich herausstellte, wurden von dem urigen Lizenzprodukt immerhin 134.761 Autos verkauft, was das Auto zum erfolgreichsten deutschen Kleinwagen nach dem → Goggomobil werden ließ. Das haben die Italiener mit der ISO-Isetta in ihrem Heimatland nie geschafft.

DIE BOEING B-29 SUPER FORTRESS

Exakte Bezeichnung eines amerikanischen Bombertyps. Ein Flugzeug dieses Typs mit dem Namen → »Enola Gay« warf am 5. August 1945 die erste Atombombe über Hiroshima ab.

DAS »BONANZA-RAD«

Ist Hoss Cartwright eigentlich jemals Fahrrad gefahren? Oder Ben, oder »Little Joe« von der Ponderosa aus der berühmten TV-Serie »Bonanza«? Nun, vermutlich nicht – und ohne dem Darsteller Dan Blocker zu nahe treten zu wollen: unter Hoss wäre wohl jedes Fahrrad zusammengebrochen. Dennoch war die von 1959 bis 1973 ausgestrahlte Erfolgsserie, warum auch immer, Pate eines äußerst erfolgreichen Fahrrads.

Anfang der 70er Jahre hießen die Fahrräder mit dem geweihförmigen Lenker erst mal »Highriser«, aber dann kam ein italienisches Unternehmen daher, kopierte das amerikanische Modell der Firma Schwinn und nannte es frech »Bonanza«. Ob unter den italienischen Tüftlern und

Marketingexperten ein Westernfan war, ist nicht überliefert. Die Kinder jedenfalls fanden nicht nur den Namen toll. Für sie war es bestimmt ein erhebendes Gefühl, im (oder auf dem) Bananensattel sitzend, vor sich die Schaltkonsole auf dem Hauptrohr und die Federgabelattrappe mit Doppelbrücke, mit der Sturmschelle auf sich aufmerksam zu machen und ein Fahrrad zu kommandieren. Das gab es sonst nicht, ebenso wenig wie Kettenreflektoren und die Trommelbremse vorne.

1968 kamen die ersten Fahrräder auf den Markt, und egal welchen Namen sie trugen, allein in den 70er Jahren verkaufte der Hersteller über 750.000 Stück. Auch die Sorgen mancher Mütter, die aufgrund des riesig anmutenden Schaltknüppels auf dem Mittelrohr befürchten mussten, niemals Oma zu werden und das Rad als »ungesund und gefährlich« für Jungen einschätzten, konnten den Erfolg nicht verhindern. Spötter schrieben gar von einer »Pornoschaltung« und machten einen »Spaßhebel auf der Mittelstange« aus, »mit dem man so wunderbar in der Nabe rühren konnte.« Und die schönen Farben Orange und Quietschgrün waren eben sowieso gerade in Mode.

Doch die technische Weiterentwicklung und neue Designvorlieben machten dem schnell zum Kultobjekt gewordenen Bonanza-Rad bald das Überleben schwer, und es verschwand mehr und mehr aus dem Straßenbild. Dass es nicht ganz in Vergessenheit geriet, dafür sorgten unter anderem im September 2000 sechs Fans aus Moers. Ein Student der Drucktechnik in Wuppertal und seine Kommilitonen veranstalteten damals die erste Europameisterschaft im Bonanza-Radfahren. Mit enormer Resonanz, wie überliefert ist, denn immerhin zwei Mutige gingen an den Start. Aber da ein Wettbewerber bald einen technischen Defekt, vulgo: Platten hatte, war das Rennen schnell entschieden. Doch der Aufmerksamkeit der Nostalgiker war dieses Ereignis nicht entgangen, und manche dachten gerne zurück an das Kultmobil glücklicher Kindertage.

DIE BONDOLA AUS »MOONRAKER – STRENG GEHEIM«

Gemächlich durch Venedig gondeln, den Moderduft des Brackwassers und ungeklärter Abwässer in der Nase, hinter sich einen Gondoliere, der zu Preisen, die einem die Tränen in die Augen treiben, original venezianische Lieder schmettert, die ihren Ursprung in Neapel haben: Etwas Romantischeres und Besinnlicheres läßt sich kaum vorstellen. Und nichts symbolisiert Venedig so sehr wie die → Gondel.

Das wußte auch der Autor Christopher Wood, als er das Drehbuch für den James-Bond-Film »Moonraker – Streng geheim« schrieb. Allerdings wäre eine gewöhnliche Gondelfahrt viel zu behäbig für einen Action-Film gewesen. Eine rasante Verfolgungsjagd durch die Kanäle der Lagunenstadt musste also her, hohes Tempo war gefordert, mehr, als ein Ein-Gondoliere-Motor zu leisten imstande war.

Deshalb erhielt im Frühjahr 1978 die kleine Gondel-Werkstatt am Campo San Trovaso in Venedig einen ungewöhnlichen Auftrag. Der deutschstämmige Designer Ken Adam, der für andere Bond-Filme schon einen → Aston Martin DB 5 und einen → Lotus Esprit modifiziert hatte, ließ für seine Zwecke ein paar klitzekleine Extras einbauen. Und so wurde aus der Gondola eine Bondola mit zwei 140 PS starken Motoren, einer ausklappbaren Steuereinheit und einer Luftkissenvorrichtung, die das schwarze Wasserfahrzeug per Knopfdruck zum Hovercraft mutieren ließ.

Im September 1978 war die Speed-Gondel einsatzbereit. Leider stand der Markusplatz gerade mal wieder unter Wasser, und so wich man zunächst auf eine vorgelagerte Insel aus und filmte jene Teile der Verfolgungsjagd, bei denen die berühmten Bauwerke Venedigs nicht so deutlich im Bild waren. Dazu gehörte auch die Szene, in der eine Gondel von einem Schnellboot durchtrennt wird. Nachdem der Wasserpegel wieder gesunken war, räumte man den Hauptankerplatz der Gondolieri an der Piazza San Marco leer und filmte die Verwandlung der Bondola von der Gondel zum Hovercraft.

Leider wurde das einzigartige Stück bald nach den Aufnahmen und Promotionstourneen zerstört, aber Ende der 90er Jahre ließ man für eine Ausstellung auf dem Pariser Autosalon eine Replik bauen, die seitdem sporadisch auf Fahrzeugshows zu sehen ist.

BONNIE UND CLYDES FORD V 8

»Die zweite Salve schoss die Reifen in Fetzen. Der Wagen schob sich noch ein Stück vorwärts und blieb dann quer stehen. Von der Seite kam eine dritte Salve. Die Windschutzscheibe und die Seitenfenster des Ford wurden zerschmettert. Verschiedene Geschosse bohrten Löcher in die Seitenwand des V 8.« Mit diesen Worten beschreibt der Buchautor John Neal das Ende von Clyde Barrow und Bonnie Parker, dem Anfang der 30er Jahre meistgesuchten Verbrecherpaar Amerikas. Die beiden Gangster starben am 23. Mai 1934 außerhalb von Arcadia im US-Bundesstaat Louisiana in ihrem Wagen. Sechs Polizisten hatten den Ford V 8 damals mit mehr als 150 Geschossen durchsiebt und ihn danach stolz der Presse präsentiert.

Von den sechs Spielfilmen, die sich mit der Geschichte des Gangsterpärchens beschäftigten, ist die 1966 von Regisseur Arthur Penn in der Umgebung von Dallas/Texas gedrehte Version mit dem Titel »Bonnie und Clyde« die bekannteste und erfolgreichste geworden. Dieser Film spinnt jedoch eher den Mythos weiter, als dass er die Tatsachen akkurat wiedergibt. Gemeinsam mit Warren Beatty, der sowohl produzierte als auch die Rolle des Clyde Barrow übernahm, veränderte Penn das historische Material recht freimütig, wenn es der filmischen Wirkung nur diente. So gibt es eine Reihe furioser Verfolgungsjagden mit durchaus witzigen Elementen ganz im Stil der beliebten Slapstickkomödien der Stummfilmzeit. Zeitgenossen bezeugen dagegen, dass das echte Gangsterpaar überhaupt nichts Komisches an sich hatte und schlicht und einfach jeden erschoss, der sich ihnen in den Weg stellte. Man warf Beatty vor, er würde sich zu sehr an dem berühmten und berüchtigten Gangster John Dillinger orientieren, der auch mal mitten in einer Autojagd einen Halt eingelegt haben soll, um Henry Ford einen Dankesbrief für seine wundervollen Wagen zu schreiben. Und ihm dabei sogar einen Werbeslogan vorschlug: »Fahre einen Ford und schaue dir an, wie alle anderen Autos hinter dir umfallen.« Auch gibt es eine Passage im Film, in welcher der texanische Polizist Frank Hamer Bonnie und Clyde, die in ihrem geparkten Wagen herumalbern, stellt, von Clyde überwältigt wird und mit dem Gangsterpärchen für Fotos posieren muss. Am Ende des Films ist er es dann, der die beiden in einen Hinterhalt lockt und ohne Vorwarnung aus den sicheren Büschen in ihrem Auto durchsieben lässt. In Wirklichkeit schossen Bonnie und Clyde die zwei texanischen Polizisten, die ihren Wagen kontrollieren wollten, sofort nieder. Frank Hamer allerdings gab es wirklich. Er genoss einen Ruf als schneller Schütze und folgte dem Gangsterpaar durch neun US-Bundesstaaten. Schließlich stellte er ihnen mit zwei anderen Polizisten in Arcadia eine Falle. Aber nicht er war es, der den Angriff auf Bonnie und Clyde ausführte, sondern Sheriff Henderson Jordan, der seine Leute anwies, die beiden möglichst lebendig zu fassen. Sie sollten erst dann feuern, wenn sie angegriffen wurden. Der Sheriff brachte den Vater eines der Gangster aus der Parker/Barrow-Gang, Ivan Methvin, dazu, an einem verabredeten Ort eine Reifenpanne vorzutäuschen. Als Bonnie und Clyde vorbeikamen, sprang er aus dem auf der Straße geparkten Wagen und schrie: »Hände hoch Clyde! Ihr seid umzingelt!« Doch Clyde versuchte zu entkommen, legte den ersten Gang ein, griff nach seiner Waffe und öffnete die Tür, um zu schießen. Auch Bonnie griff nach ihrer Waffe. Da eröffneten die Polizisten das Feuer. »Pumpt den Ford voll Blei, Männer!«, soll Captain Hamer geschrien haben.

Während ihrer kurzen, rund zwei Jahre dauernden Karriere vom Frühjahr 1932 bis Mai 1934 wechselten Bonnie und Clyde mehrfach die Wagen, sehr zum Missfallen der rechtmäßigen Eigentümer dieser Fahrzeuge. Das begann bereits im Februar 1932, kurz nachdem Clyde Barrow aus dem Knast entlassen worden war. Mal fuhr das Pärchen einen schwarzen Chevrolet, dann einen schwarzen Oldsmobile oder einen grauen Ford. Nach einem erfolgreichen Banküberfall kaufte (!) Clyde Barrow, der sich dabei als Holzaufkäufer namens John Bucher ausgab, am 21. März 1933 in Tulsa, Oklahoma, beim Mietwagenbetrieb von Joe Brown einen Ford, der ihm vom Chef des Hauses empfohlen worden war. Auf der Flucht musste er ihn allerdings stehen lassen. Eine Zeit lang fuhr er dann den blaugrauen Chevy seines Bruders Buck Barrow und stahl später einen grünen Ford.

Im Anschluss an das Feuergefecht, mit dem Bonnies und Clydes mörderischem Treiben, das immerhin zwölf Zivilisten und neun Polizisten das Leben gekostet hatte, ein Ende bereitet wurde, schaffte man die Leichen und den Ford V8 ins Gerichtsgebäude von Bienville Parish. Im Wagen fanden die Polizisten ein ganzes Waffenlager mit Karabinern, Revolvern, Maschinenpistolen und mehreren tausend Schuss Munition.

»DAS BOOT«

»Unverfilmbar!« So lautete 1977 das einhellige Urteil der Fachleute, als sie des von Lothar Günther Buchheim verfassten, 600 Seiten starken

Drehbuches ansichtig wurden. Es traf ihn nicht allein, denn auch das vom US-Autor Ronald M. Cohen erarbeitete Script, das unter der Regie von John Sturges mit Robert Redford in der Hauptrolle verfilmt werden sollte, fiel unter dieses Verdikt. Gewiss lag es nicht an der Kompetenz der Autoren, dass das Urteil so vernichtend ausfiel. Eher am Stoff und an der Fülle der Erlebnisse als Kriegsberichterstatter und U-Boot-Fahrer im 2. Weltkrieg, die der Autor Buchheim 1973 zu seinem über 1.000 Seiten starken Roman »Das Boot« verarbeitet hatte. Ein Bestseller, wie sich herausstellen sollte, denn allein in Deutschland gingen 220.000 Exemplare über die Ladentische der Buchhandlungen. Und im Ausland konnten über zwei Millionen Bücher verkauft werden, übersetzt in 14 Sprachen.

Buchheim beschreibt in seinem Roman die Feindfahrten von »U 96« und seiner Besatzung, stellvertretend für die 42.000 Mann deutscher U-Boot-Fahrer, von denen 27.500 nicht wiederkamen. Kern der Geschichte ist eine historische U-Boot-Operation, die vom 19. Oktober bis 27. Dezember 1941 ablief und im Buch ausschließlich aus deutscher Sicht erzählt wird. Beschrieben wird, wie das Boot den französischen Hafen La Rochelle verlässt, danach erfolgreich feindliche Schiffe versenkt, von Presse und Marine gefeiert wird, in der Straße von Gibraltar unter schweren Beschuss gerät, die britische Blockade durchbricht, sich mit letzter Kraft in den Heimathafen rettet und dort bei einem Angriff britischer Jagdbomber zerstört wird. »Der Atlantik war das schrecklichste Schlachtfeld überhaupt«, pflegte Buchheim seine Ausführungen zu komprimieren.

Als die Fachleute, die das Drehbuch von Buchheim gelesen hatten, die Hände über dem Kopf zusammenschlugen, waren die Vorarbeiten für den Film schon weit gediehen. Architekt Rolf Zehetbauer und Autor Buchheim hatten weltweit nach passenden U-Booten gesucht und waren nur auf zwei gestoßen. Das eine war ein VII-C-Boot und lag in Laboe bei Kiel. Das andere war die »U 505« vom Typ IX, die im Museum of Science and Industry in Chicago ihren letzten Hafen gefunden hatte. Beide waren unbewegliche Museumsboote, die zudem schon von vielen Besuchern besichtigt worden waren. Unbrauchbar für den Film. Also baute Zehetbauer in München ein ganzes Boot und diverse Teile nach: Ein 67 Meter langes, originalgetreues Modell des so genannten deutschen »Atlantikboots« vom Typ VII-C aus Holz. Die Attrappe konnte schwimmen, aber nicht tauchen. Dann gab es ein elf Meter langes, seetüchtiges Modell aus Stahl, ein sechs Meter langes VII-C-Modell für die Unterwasser-Trickaufnahmen und einen kompletten Innenraum mit Messe, Motoren, Mannschaftsräumen und Torpedorohren. Diese Zentrale des Bootes entstand auf einem acht Meter hohen Stahlgerüst mit Kipp- und Schüttelmechanismus in der Halle 4/5 der Bavaria Filmstudios in München Geiselgasteig. Für die Nahaufnahmen fertigte man außerdem bestimmte Teile des U-Bootes wie den Turm extra an.

Schließlich engagierte man den 1941 in Emden geborenen Wolfgang Petersen als Regisseur, der für den Film nicht weniger als drei Jahre brauchte. »Unser Boot rückt dem Publikum so real und dicht auf die Pelle, dass es mitzufahren meint«, sagte er während der Dreharbeiten. »Unsere Idealvorstellung ist, dass die Kinos Spucktüten bereithalten müssen, weil die Leute bei den Sturmsequenzen seekrank werden.« Ihm schlug während der Dreharbeiten etwas ganz anderes gewaltig auf den Magen, denn sein mühsam per Lastwagen von München nach La Rochelle verfrachtetes Holzmodellboot zerbrach bei Aufnahmen vor der Insel Ré und soff ab. Am Ende belief sich das Budget auf etwa 25 Millionen Mark, wovon allein drei Millionen die Bootsattrappen von Zehetbauer verschlungen hatten. Noch vor der Premiere von »Das Boot« am 18. September 1981 beschwerte sich Autor Buchheim über diesen »beschissenen« Film und erklärte sich zum »total entrechteten Stofflieferanten«. Dem Film konnte das aber nichts anhaben. Er wurde ein Welterfolg, der sogar in den USA viel Geld einspielte und für sechs Oscars nominiert wurde – auch als bester Film. Als Petersen eine sechsteilige Fernsehfassung herstellte, die 1985 ausgestrahlt wurde, beruhigte sich Buchheim wieder, weil diese Serie nun über die Knalleffekte hinaus wesentlich mehr über die Gefühle der Besatzung vermittelte und eher seinen Intentionen entsprach.

Die Bootsmodelle der Filmproduktion können in den Bavaria-Filmstudios besichtigt werden. Der Film kam am 4. Mai 1984 noch einmal in die Kinos, was dem Roman von Buchheim weitere Auflagen bescherte. Dass der Film großen Anteil am Erfolg seines Buches hat, will er nicht so recht eingestehen. Er sieht im U-Boot ein Symbol für »die Bedrohung des Menschen in so einem verfluchten Orlog (Krieg – Anm. d. Autors). Das absolute Hinausgeworfensein in ein anderes Element in einer ganz kleinen Zelle, das gibt es ja auch nirgends wieder. Das begründet auch den unwahrscheinlichen Erfolg meines Buches.«

DIE BORGWARD ISABELLA

Mit dem Ausspruch, dass dies die »First Lady unter den Automobilen« sei, warb die Firma Borgward in den 50er Jahren für ein neuartiges Automobil, das so gar nichts mit ihrem bis dahin so erfolgreichen, → Leukoplastbomber genannten Vorgänger Lloyd LP 300 zu tun hatte. Im Gegensatz zu dem aus Sperrholz gebauten und mit Kunstleder bezogenen Vehikel hatte die neueste Kreation des Bremer Automobilbauers Carl F.W. Borgward die obere Mittelklasse im Visier und wollte sich mit ihren 75 PS mit Konkurrenten wie dem Karmann Ghia und dem Mercedes 190 SL messen. Das gelang dem Wagen auch eine Zeit lang, aber die Besessenheit Borgwards, zu konstruieren und zu gestalten, wurde ihm letztlich zum Verhängnis.

Carl Borgward hatte 1924 mit einem Dreiradtransporter, dem so genannten Blitzkarren, einen großen Erfolg gelandet. Nachdem der Krieg weitere Entwicklungen verhindert hatte, überraschte der 1890 als Sohn eines Hamburger Kohlenhändlers geborene Tüftler die Fachwelt 1949 erneut und stellte mit dem Hansa 1500 den ersten deutschen Nachkriegs-Personenwagen vor, der ein Jahr später sogar wahlweise mit einem automatischen Getriebe angeboten wurde. Ebenfalls 1950 folgte der bereits erwähnte Lloyd, und seinen Traum, Autos für die elegante Dame und den Mittelstand zu bauen, verwirklichte er Mitte der 50er Jahre. Mit einem Kampfpreis von nur 7.200 Mark ließ er die schnittige Isabella antreten und erhielt von Presse und Publikum jede Menge Lob. Der Wagen verfügte über einen Hubraum von 1.493 ccm, verbrauchte etwa neun Liter Superbenzin und lief 150 km/h. Doch mehr noch als die technischen Angaben beeindruckten die Käufer die elegante Form, die guten Fahrleistungen mit vollsynchronisiertem Vierganggetriebe und Lenkradschaltung, die umfangreiche Serienausstattung und ein ausreichend großer Kofferraum. So galt der Wagen gleichzeitig als schön und praktisch. Der Erfolg stellte sich umgehend ein, doch Borgward hatte schlecht kalkuliert. Seine Konstruktionen warfen nicht genug ab. Rücklagen waren ihm nicht wichtig. Und während ihn seine Arbeiter vergötterten, neideten ihm einflussreiche Kreise seine Leistung. Hinzu kam, dass er selbst eine gewisse Überheblichkeit an den Tag legte. »Wisst ihr, was ihr braucht? Mich. Mich und meine Autos!«, ist einer dieser Sätze, der überliefert ist. Weiterentwicklungen der Isabella waren nicht von Erfolg gekrönt. Ein 100 PS starkes Auto kam nie zu den Händlern. Ein Cabrio, das die Firma Deutsch in Köln entwarf, war mit 15.600 Mark so teuer, dass nur 15 Stück entstanden. So kam es 1961 zum Ende dieses innovativen Automobilherstellers. »Du warst zu gut fur diese Welt«, stand auf einem Schild an der letzten der 9.537 Isabellas, die damals das Werk in Bremen verließ. Die First Lady verschwand, aber bewundert wird sie – zumindest bei Oldtimertreffen – auch heute noch. Gut erhaltene Coupés sind nicht unter 20.000, Cabrios nicht unter 40.000 Euro zu haben.

DIE »BOUNTY«

Erstaunliche Transformationen haben diesen Namen so sehr zum Inbegriff von »Südsee« werden lassen, dass er heute – abgetrennt von seinen historischen Wurzeln – zum Markenzeichen für einen Kokosraspel-Schokoriegel werden konnte.

Die Reise der »HMS Bounty«, die am 23. Dezember 1787 im englischen Spithead begann und am 23. Januar 1790 endete, sollte Geschichte schreiben. Der Auftrag, den Kapitän William Bligh von der englischen Marineführung erhielt, war, Tahiti aufzusuchen, Brotfrüchte an Bord zu nehmen und diese in die englischen Kolonien zu bringen. Man wollte dort Brotbäume kultivieren und deren Früchte als billiges Essen für die Sklaven nutzen. Doch zunächst brauchte Bligh ein passendes Schiff. Die Marine stellte ihm am 10. Mai 1787 fünf zur Auswahl, von denen schließlich nur noch die »HMS Bethia« mit 230 Tonnen und die »William Pitt« mit 240 Tonnen übrig blieben. Bligh entschied sich letztendlich für den Dreimaster »Bethia«, der dann in »HMS Bounty« umbenannt wurde. Das Schiff war zweieinhalb Jahre zuvor im englischen Hull im Nordosten des Landes von Benjamin Blaydes gebaut worden und 91 Fuß lang. Bligh selbst nahm in Doptford Yard sein Schiff genauestens unter die Lupe. Er fand, dass es zu klein sei und bemängelte besonders die für die Unterbringung der Brotpflanzen vorgesehenen Laderäume. Am 9. Oktober waren die Umbaumaßnahmen abgeschlossen, und Bligh suchte sich, mit Ausnahme eines Botanikers und seines Assistenten, seine Mannschaft aus. Dabei griff er überwiegend auf Männer zurück, die er schon kannte und denen er vertraute, denn die Reise würde lang werden. Dazu zählte auch sein 1. Offizier, der damals erst 22-

jährige Fletcher Christian, mit dem er schon auf anderen Schiffen gefahren war.

Einen Tag vor Heiligabend im Jahr 1787 stach die »Bounty« unter der Leitung des 32-jährigen Leutnants William Bligh (der damals übrigens kein Kapitänspatent besaß, was ihn sehr wurmte) mit 46 Mann an Bord von Portsmouth aus in See. Um Kap Hoorn herum sollte es durch die Meerenge vor Neuguinea bis nach Java gehen, und nach Aufnahme der Brotfruchtpflanzen dann um das Kap der Guten Hoffnung herum nach Jamaika. Doch bereits die Südspitze Südamerikas erwies sich als beinahe unüberwindlich. 31 Tage lang versuchte Bligh, das Kap zu umsegeln, doch starker Seegang und Stürme verhinderten dies. So kam er erst am 26. Oktober des Jahres in Tahiti an und verbrachte dort fünf Monate. Nicht ganz freiwillig, denn er hatte die starke Windströmung des Südpazifik verpasst. Aber weil seine Männer etwas Erholung brauchten nach der anstrengenden Reise und wegen der schon seit langem bestehenden freundschaftlichen Beziehungen zwischen dem König von Tahiti und dem englischen Königshaus, war auch Bligh mit der Verschnaufpause einverstanden – auch wenn das bedeutete, dass er zeitweilig auf ihm liebgewordene Rituale verzichten musste. So ließ er für gewöhnlich jeden Morgen die Männer der Besatzung 20 Minuten lang tanzen, wohl eine Art Frühsport. Die Idylle des Inselparadieses mit seinen überaus herzlichen Menschen war eine willkommene Abwechslung für die Matrosen, sorgte aber auch dafür, dass die Disziplin der Seeleute mit der Zeit zu wünschen übrig ließ. Als der Kapitän am 4. April 1789 wieder Anker lichten ließ, die in Tahiti vom König ertauschten Brotpflanzen gut verstaut im Schiffsleib, war seine Crew nicht mehr dieselbe. Genau 24 Tage später kam es zur Meuterei an Bord. Auslöser war das immer sadistischer werdende Regiment des Kapitäns. Die Meuterer gewannen sehr schnell die Oberhand. Nach nur wenigen Minuten hatten Fletcher Christian und seine Leute den Kapitän überwältigt. Bligh wurde an Deck gebracht und nach kurzer Verhandlung mit einigen Getreuen in einem kleinen Beiboot ausgesetzt.

Fletcher Christian segelte nach Tahiti zurück, was den König nicht besonders erfreute. Denn auch er betrachtete Meuterei als eine ehrlose Handlung, und so sahen sich die Männer der »Bounty« gezwungen, die Inseln unter Mitnahme einiger junger Frauen wieder zu verlassen. Sie landeten an einem nahegelegenen Eiland, um eine neue Kolonie zu errichten, gerieten dort aber mitten zwischen die Fronten zweier kriegführender Königreiche, so dass sie sechs Monate später wieder lossegelten und erneut Tahiti anliefen. Dort splittete sich die Mannschaft in zwei Gruppen auf: Eine wollte weitersegeln, die andere bleiben. So kam es, dass die »Bounty« am 15. Januar 1790 vor Pitcairn Island ankerte. Weil einer der Meuterer das Schiff in Brand steckte, das acht Tage später sank, musste die Restgruppe der Meuterer auf Pitcairn bleiben, wo sie eine Kolonie gründeten.

Bligh erreichte nach einer weltweit beachteten navigatorischen Meisterleistung mit 17 seiner Männer in dem kleinen Beiboot nach 48 Tagen und 3.618 Meilen auf See Timor und kehrte später nach Großbritannien zurück. In einem Seegerichtsprozess wurden die Ereignisse an Bord der «Bounty« vor Gericht verhandelt und der illegale Charakter der Aktion festgestellt. Bligh fuhr übrigens weiter zur See und überstand noch zwei Meutereien.

Bereits im Jahre 1789 wurde in London das Theaterstück »Pirates« aufgeführt, das die Meuterei auf der »Bounty« thematisiert. Den ersten der bisher sechs Filme über das einzigartige Schiff inszenierte 1916 der Australier Raymond Longfoot. 16 Jahre später rekapitulierte ein Doku-Drama mit dem Titel »In the Wake of the Bounty« die Ereignisse. Der damals noch unbekannte Errol Flynn spielte darin – angetan mit einer blonden Perücke – den Fletcher Christian. Die Produktionsfirma MGM wurde auf das Werk aufmerksam, erwarb die Rechte und verfilmte 1935 die Geschichte erneut. Drei Nachbauten der »Bounty«, von denen zwei untergingen, bildeten die Kulisse. In diesem Film standen sich Clark Gable als Christian und Charles Laughton als Bligh gegenüber. Den überwiegenden Teil der Außenaufnahmen drehte man vor und auf Catalina Island im Südpazifik. Wegen des schlechten Wetters dauerten die Dreharbeiten dort vier Monate. Zudem wurde Charles Laughton auch noch seekrank.

Nach der Low-Budget-Produktion »The Women of Pitcairn Island«, in der die »Bounty« nur eine untergeordnete Rolle spielte, kam es dann 1960 zu einem Remake des Gable/Laughton-Erfolges von MGM. Marlon Brando und Trevor Howard spielten darin die Widersacher. Für den Film zimmerten die Schiffsbauer Smith & Rhuland in Lunenberg im kanadischen Novia Scotia nach Zeichnungen des früheren Filmschiffes und Unterlagen der britischen Admiralität einen 117 Fuß langen Segler, der damit 26 Fuß länger war als die Original-Bounty. Das schaffte mehr Platz an Deck für die Dreharbeiten. Der Bau dieses Schiffes verlief nicht ohne Komplikationen. Wegen des harten Winters 1959/60 waren Holzlieferungen verspätet eingetroffen, so dass man den Stapellauf zweimal verschieben musste. Zweimal auch war das im Bau befindliche Schiff in Flammen aufgegangen. Die motorgetriebene Version der »Bounty« kostete schließlich alles in allem rund 750.000 Dollar. Sie benötigte für die 7.000 Meilen von Lunenberg durch den Panama-Kanal nach Tahiti zwar nur 33 Tage, kam aber wegen der über sechswöchigen Verzögerung beim Bau dennoch erst zum Beginn der Regenzeit an, was die Aufnahmen ins Stocken geraten ließ. Nicht nur deswegen wurde der Film zu einem Fiasko und spielte bei einem Budget von 18 bis 20 Millionen Dollar nur etwa zehn ein.

Ein Fiasko erlebte auch der berühmte englische Regisseur David Lean. Anfang der 70er Jahre startete er sein Filmprojekt mit dem Arbeitstitel »The Lawbreaker«, gab nach acht Jahren Arbeit aber schließlich auf. Von diesem Desaster profitierte Produzent Dino de Laurentiis, denn er konnte die weitgehend fertig gestellte »Bounty« Leans übernehmen, als er 1979 mit dem Regisseur Roger Donaldson die originalgetreueste Umsetzung der 1932 bis 1934 erschienenen Tatsachenroman-Trilogie von Charles Nordhoff und James Norman Hall anging. Auch dieser Nachbau war größer als das Original und maß immerhin 133 Fuß. Man restaurierte das in Whangarei in Neuseeland vor sich hin rottende Schiff. Nach den Dreharbeiten – Mel Gibson und Anthony Hopkins spielten die Hauptrollen – machte man es für jedermann zugänglich. »Piraten-Dinner« für Touristen runden das Besichtigungsprogramm ab. Die Film-»Bounty« liegt in Sydney vor Anker – in derselben Stadt also, die in ihrer Mitchell Library das Original-Logbuch von Kapitän Bligh aufbewahrt. Zu Beginn der Dreharbeiten überreichte man Donaldson als Glücksbringer eine Original Holzplanke der echten »Bounty«, die eine speziell dafür organisierte Tauchexpedition vor Pitcairn Island gefunden hatte. Genützt hat es nichts. Verschiedenen Quellen zufolge sind die Hafenrundfahrten weitaus erfolgreicher als der inzwischen sechste Film.

DER »BREITLING ORBITER III«

Viele Dinge werden unternommen, nicht weil sie sinnvoll, nützlich, gewinnbringend oder ehrenhaft sind, sondern weil sie unternommen werden können. Im Heißluftballon die Erde umrunden zu wollen, ist so eine Sache, die vor allem eines beweist: Dass es geht. Dass es nicht so einfach geht, zeigen die vielen vergeblichen Versuche, die unternommen werden mussten, ehe es gelang.

Am 21. März 1999 war es so weit. Der »Breitling Orbiter III« genannte Ballon, gefahren von den beiden Piloten Bertrand Piccard und Brian Jones, landete etwa 550 km südwestlich von Kairo um kurz nach 7.00 Uhr morgens in Ägypten und hatte damit als erster Heißluftballon den Globus umrundet.

Bis zum März 1999 hatte Steve Fossett mit einer Strecke von 22.910 km den Rekord gehalten. Das war schon sehr, sehr weit, aber leider nur etwa 60 Prozent einer Erdumrundung. Zuvor war Fossett schon einmal gescheitert, als er, begleitet von dem englischen Schallplattenproduzenten Richard Branson und seinem Kollegen Per Lindstrand, mit dem Ballon »ICO Global Challenge« nach etwa der Hälfte der Strecke auf Hawaii notlanden musste.

Im Gegensatz dazu erwies sich der »Breitling Orbiter III« als geradezu unverwüstlich. 15 Prozent leistungsfähiger als das Vorgängermodell mit der Bezeichnung »Breitling Orbiter II« wog er 8,1 Tonnen inklusive der vier Tonnen Brennstoff, die er an Bord hatte. Statt einer Gondel verfügte er für die Fahrt in großen Höhen über eine beheizbare Druckkabine mit Sauerstoffversorgung. Zudem führten die Piloten Stickstoff mit sich, um im Falle eines Brandes das Feuer sofort löschen zu können.

Als das französisch/britische Team Piccard/Jones am 2. März 1999 unweit des Château d´Oeux in der Schweiz startete, war dies bereits der dritte Versuch der beiden Männer, die Erde nonstop zu umrunden. Zunächst sah es nicht danach aus, als ob es dieses Mal besser klappen würde. Sie hatten Schwierigkeiten, einen der hilfreichen Jetstreams zu erreichen, die Geschwindigkeiten bis zu 150 km/h ermöglichen. Dann mussten sie unterwegs immer mal wieder auf 2.000 Meter Höhe runter gehen, um Vereisungen an der Ballonhülle zu entfernen, denn eine Druckschleuse besaß der Ballon nicht. Doch Piccard und Jones ließen sich nicht entmutigen. Sie fuhren in 19 Tagen rund 42.000 km. Bereits am 20. März 1999 hatten sie es offiziell geschafft, als sie kurz vor 11.00 Uhr über Mauretanien die Marke von 9.27 Grad West überquerten. Damit stellten sie nicht nur einen Strecken-, sondern auch einen neuen Ausdauerrekord auf. Insgesamt brach der »Breitling Orbiter III« sechs Weltrekorde für den längsten Flug in Zeit und Raum. Die beiden Piloten gründeten nach ihrer erfolgreichen Reise eine Stiftung, deren Ziel es ist, Hilfsorganisationen zu unterstützen, die sich wenig bekannten Krankheiten und ihrer Ursachen annehmen. Der passende Name dieser Stiftung lautet: »Winds of Hope.«

DER BUCINTORO

Mitte des 15. Jahrhunderts war die Stadtrepublik Venedig die größte Seemacht der Welt und beherrschte den Balkan, das gesamte östliche Mittelmeer sowie den Gewürzhandel mit Asien. Der Erfolg gründete sich auch auf zwei Schiffstypen der Venezianer. Es waren breite Rundschiffe mit hochgezogenen Bordwänden, die als geräumige, wenn auch etwas schwerfällige Transporter galten und auch als Kauffahrer bezeichnet wurden. Im Gegensatz dazu waren für den Kriegseinsatz mit Riemen ausgerüstete Langschiffe oder Galeeren im Einsatz. Aus beiden Typen ist später eine Art Zwitter entstanden: eine große Galeere, die sowohl Lasten transportieren konnte wie auch als Kriegsschiff diente.

Eine Prachtausgabe dieses Typs diente dem formellen Herrscher Venedigs, dem Dogen, als Staatsgaleere, genannt »Il Bucintoro«. Der Name bedeutet so viel wie »Schiff mit goldenem Gürtel«. Alljährlich zum Himmelfahrtstag fuhr der Doge auf seinem Prachtschiff hinaus auf die Adria, um in einem großen Zeremoniell zur »Vermählung Venedigs mit dem Meer« einen kostbaren Ring ins Wasser zu werfen. Der erste eigens für diesen Anlass geschaffene Bucintoro entstand 1311.

Die Galeere war 30 Meter lang, reich verziert und geschmückt. An den Bordwänden befanden sich geschnitzte Meeresgeschöpfe. Die adligen Gäste saßen unter einem riesigen roten Baldachin, über dem ein großes Banner mit einem geflügelten Löwen flatterte, dem Symbol des Schutzpatrons der Stadt, des heiligen Markus. Vorne am Bug war die Justitia, die Göttin der Gerechtigkeit, mit Schwert und Waage verewigt worden.

Das Schiff wurde von rund 40 Mann gerudert, die im Bauch des prachtvollen Gefährts ihre Arbeit verrichteten.

Doch der Niedergang der Republik, die erfolgreiche Erkundung neuer Teile der Welt durch andere Schifffahrtsnationen und der Siegeszug der Piraten ließen die Schiffe der Stadt anachronistisch erscheinen. Als Mitte 1797 Napoleons Heere in Italien einrückten, verzichteten der letzte Doge Lodovico Manin und der Große Rat auf ihre Rechte und ihre Unabhängigkeit. Das Volk zog plündernd durch die Straßen, und dem allgemeinen Vandalismus fiel auch der letzte, 1729 gebaute Bucintoro zum Opfer. Manche Historiker sind der Meinung, dass Napoleon ihn bewusst verbrennen ließ, um seine uneingeschränkte Macht zu demonstrieren. Die wenigen erhaltenen Reste können im »Museo Civico Correr« und im Arsenal in Venedig besichtigt werden.

C

DIE CABLE CARS IN SAN FRANCISCO

Im Sommer des Jahres 1869 kam in den steilen Straßen von San Francisco, deren Gefälle teilweise über 20 Prozent beträgt, ein Pferd ins Straucheln; der Wagen, den es zog, löste sich, rutschte bergab, tötete auf seinem Weg fünf Pferde und verletzte den Kutscher schwer. Weil ein Engländer Zeuge dieses schweren Unfalls war, der überdies in der Drahtseilbranche seine Brötchen verdiente, wurde dies die Geburtsstunde der berühmten Cable Cars. Andrew Smith Hallidie, so hieß der Mann, war während des Goldrausches Lieferant von Stahlkabeln für die kalifornischen Minen gewesen und produzierte mittlerweile selbst Drahtseile. Nun hatte er einen grandiosen Einfall. Er schlug vor, Kabelstränge, die an verschiedenen Stationen von Motorwinden bewegt werden, in einem Schlitz unter den Straßen entlang laufen zu lassen. An diesen Seilen sollten speziell konstruierte Wagen andocken und Menschen und Güter transportieren. Um anzuhalten, sollte die Verbindung gelöst und der Wagen abgebremst werden.

Vier Jahre arbeitete Hallidie an seinem System, bis er am 2. August 1873 den Stadtvätern nahe der Höhe von Nob Hill, da, wo sich heute das Cable Car Museum befindet, seinen ersten Zug vorstellte. Die Neuerung wurde begeistert gefeiert. Schon einen Monat später nahm die Clay-Street-Line ihren Dienst auf. 85.150 Dollar hatte der Aufbau dieser Verbindung gekostet. Im April 1892 kamen die ersten über eine Oberleitung mit Strom versorgten Cable Cars zum Einsatz, und bald war die ganze Stadt mobil. In der Blütezeit des Transportsystems befuhren über 600 Wagen auf 21 Routen ein 190 km langes Streckennetz. Das Erdbeben im Jahr 1906 zerstörte große Teile davon, die aufkommende Automobilisierung und damit verbunden ein erfolgreiches Bussystem beschleunigten den Niedergang der Cable Cars. 1947 machte Bürgermeister Lapham den Versuch, das komplette Cable Car System einzustampfen, aber die

Einwohner San Franciscos protestierten und entschieden sich in einer Bürgerbefragung mehrheitlich für die Beibehaltung der Cable Cars. Am 1. Oktober 1964 erhob die Regierung das Cable-Car-System samt Wagen zu »beweglichen Denkmälern«. Damit ist es das einzige Transportmittel der USA, das unter Denkmalschutz steht. Die Cable Cars sind bis auf den Zeitraum zwischen 1982 bis 1984, als das Streckennetz überholt und die Waggons restauriert und neu lackiert wurden, immer im Dienst gewesen.

Gefahren und – vor allem – abgebremst werden die Cable Cars von den so genannten »Gripmen«, die man schon von Ferne an der Art unterscheiden kann, wie sie ihre Klingeln läuten lassen. Die Bedienungselemente sind einfach und überschaubar: Zwei Hebel sind zu bedienen, der eine betätigt die Bremse, der andere ergreift das Kabel und sorgt so für den »grip«. Die »Gripmen« achten auch darauf, dass sämtliche Fahrgäste an den Endstationen aussteigen, bevor die Wagen auf den so genannten »turn tables« von Hand um 180 Grad gedreht werden müssen. Seit am 15. Januar 1998 Fannie Mae Barnes als erste Frau mit behördlicher Erlaubnis einen der Wagen chauffierte, war es auch mit dieser bisher von Männern regierten Domäne vorbei. Die »Gripwoman« Fannie musste übrigens hart an ihrer Fitness arbeiten, um jederzeit die Kabel zu beherrschen und die Klotz-, Schienen- oder Schlitzbremse effektiv betätigen zu können.

Heute sind noch 37 Wagen im Einsatz, die auf den drei Routen der Powell-Hyde, Powell-Mason und California Line 16 Kilometer der Stadt befahren. Wagen Nummer 10 ist der älteste, da er bereits 1887 gebaut wurde und auch das Erdbeben schadlos überstand. Die jüngsten der sechs Tonnen schweren Wagen traten 1920 ihren Dienst an. Im Winter 1995/96 war ein gewisser John Mason dafür verantwortlich, dass einer der Cable Cars aus den Schienen sprang und einen grässlichen Unfall verursachte. Glücklicherweise war dies jedoch nur eine Inszenierung für den Action-Film »The Rock«: John Mason, gespielt von Sean Connery, raste darin mit einem Geländewagen vom Typ »Hummer« durch das hügelige San Francisco. Abgesehen von solchen Ausrutschern ist die Cable Car eines der sichersten Transportmittel der Welt.

CADILLAC LEICHENWAGEN

Der erste Leichenwagen von Harold, bevor er einen → Jaguar E, ein Geschenk seiner Mutter, zu einem Leichenwagen umbaut und seine ewige Ruhe im Herzen von Maude findet.

DIE CADILLACS VON ELVIS PRESLEY

Psychologen wissen längst, dass frühkindliche Prägungen nicht zu unterschätzen sind und manche postpubertären Lebensäußerungen darin ihre Erklärung finden. Das sollten auch Autohersteller und -verkäufer sich hinter die Ohren schreiben, wollen sie Erfolg haben.

Der amerikanische Autohersteller Cadillac könnte ihnen dabei als Vorbild dienen. Denn am 27. Juli 1975 kaufte Elvis Presley in der »Madison Cadillac Agency« in Memphis, Tennessee gleich 14 Wagen. Knapp ein Jahr zuvor hatte er bereits fünf Stück erworben und im Januar 1975 auch schon mal elf, aber 14 auf einen Schlag, das war Rekord. Woher kam diese Kauflust und woher die Vorliebe für Cadillacs? Elvis war schon immer ein Autofan gewesen. Bereits im Alter von zwölf Jahren wollte er Truckdriver werden. Sein Wunsch, selber zu fahren und zuverlässige Autos zu besitzen, rührte vor allem daher, dass er und seine Familie immer Probleme mit ihren Autos hatten. »Die Autos gingen kaputt, und dann mussten wir das Wenige, was wir besaßen, auch noch für ein neues Auto sparen, um unserer Arbeit nachzugehen«, sagte er mal in einem Interview. »Es gab sogar Zeiten, als das Auto mal wieder nicht ging und wir entweder trampen oder telegrafisch Geld anfordern mussten, um uns ein Busticket zu kaufen.« Das erste also, was Elvis am 21. November 1955 tat, nachdem er einen Plattenvertrag mit der Firma RCA Victor unterzeichnet hatte, war, seiner Mutter einen pinkfarbenen Cadillac zu schenken. Ein Modell vom Typ 60 Sedan Fleetwood aus dem gleichen Jahr, ursprünglich mal blau, aber jetzt zweifarbig lackiert in Pink und Weiß. »Es war ihr Traum, als sie die Böden schrubbte und im Krankenhaus sauber machte, in dem sie arbeitete«, sagte er später. »Ganz oft sah sie eine feine Dame in ihrem Cadillac vorbeifahren. Sie erzählte mir das, aber sie war nie jemand, der um etwas für sich bat oder fragte, aber ich wusste, wie aufgeregt sie sein würde, wenn sie so ein Auto hätte. Ich war mir nicht sicher, wie lange ich es mir leisten konnte, den Wagen zu unterhalten, aber ich wusste ganz sicher, dass sie einen Cadillac kriegen sollte.« Im März 1956 wurde das Dach weiß lackiert, doch viel bewegt wurde der Wagen sonst nicht. Elvis Mutter hat ihn nie gefahren. Nachdem sie 1958 gestorben war, wurde er eingemottet.

Elvis selbst schätzte exklusive und besonders luxuriös ausgestattete Autos. Im Laufe der Jahre kamen über 100 Wagen zusammen, die einen Wert von über einer Million Dollar hatten. Das edelste Stück und sein Lieblingsauto war ein 1960 gebauter weißer Cadillac Fleetwood aus der Serie 75. Der Amerikaner George Barris, der sich in Los Angeles auf den Umbau und die Veredlung von Fahrzeugen spezialisiert hatte, kümmerte sich um die Wünsche des Musikers. Zunächst lackierte er den Wagen in der Farbe »gold murano« mit Perleffekt. Teile der Innenausstattung ließ Elvis mit 24-karätigem Gold überziehen. Auch die Felgen waren vergoldet, ebenso der Kühlergrill, das Lenkrad und weitere Außenteile. Innen gab es eine Konsole mit verschiedenen Unterhaltungsgeräten, die mit goldenen Stoffen verkleidet und goldenen Bedieneinheiten bestückt war. Zu dem RCA-Plattenspieler mit 10-Plattenwechsler kamen noch ein drehbarer Fernseher, Radio und Verstärker. Hinter dem Fahrersitz eingebaut hielt eine Bar eisgekühlte Getränke vorrätig. Eine Halterung für Schallplatten und Musik-Kassetten und sogar eine mit Gold überzogene Fußstütze sorgten für weiteren Komfort und gute Unterhaltung. An glorreiche Zeiten erinnerten die unter dem Dach hängenden Duplikate seiner vergoldeten Schallplatten, die von weißem Vinyl und farbigen Büscheln umhüllt waren und deren Farbe an hellbraune Kekse erinnerte. Insgesamt kostete der Wagen inklusive der geschmackvollen Um- und Einbauten mehr als 100.000 Dollar.

Elvis benutzte den Wagen Anfang der 60er Jahre nur gelegentlich. Ende 1966 überredete sein Manager Colonel Parker die RCA, den Wagen für 24.000 Dollar zu erwerben und für PR-Zwecke einzusetzen. Danach ging das Goldstück auf Tour, wurde 1968 auch in Australien gezeigt und schließlich in Houston in Texas ausgestellt, wo immerhin 40.000 Besucher kamen, um sich das edle Teil anzusehen und Gratis-Postkarten von »Elvis Presley´s Gold Car« mitzunehmen. Nach weiteren Stationen wurde der Wagen Ende der 70er Jahre der Country Music Association Hall of Fame in Nashville als Spende übereignet.

Barris baute für Elvis nicht nur diesen Cadillac um, sondern auch einen 1965er Eldorado Convertible, der erst 1987, zum 10. Todestag des King, enthüllt wurde. Das Auto verfügte über Windabweiser an der Frontscheibe, die Gitarren glichen, mit Gold umrandet waren und eingraviert den Namen »Elvis« trugen. Zwischen den Vordersitzen baumelten zwei Würfel, die so genannten »dices«, als Glücksbringer. Der vergoldete Fernseher war fast schon obligatorisch, das vergoldete Telefon an Bord war neu. 40 goldfarbene Lederhäute bedeckten die Außenseiten des Wagens. In Diensten der Firma E.P. Cosmetics wurde das Cabrio überall in den Vereinigten Staaten ausgestellt und später von einem japanischen Fan erworben. Momentan steht es zum Verkauf und ist deshalb nicht in der Autokollektion des Graceland Museums in Tennessee zu bewundern.

Nach Recherchen von Elvis-Spezialisten hat der Musiker im Laufe seines nicht eben langen Lebens 29 Cadillacs besessen und darüber hinaus 53 Wagen an Freunde und Kollegen verschenkt. Wie es sich gehört, trat der Cadillac-Fan Elvis auch seine letzte Reise in einem Wagen dieser Marke an. Nach der privaten Beerdigungsfeier am 18. August 1977 in Graceland wurde er in einem leuchtend weißen Miller-Meteor Landau Traditional Cadillac Baujahr 1977 zum Friedhof in Memphis gefahren. Eine silberne Cadillac Limousine führte den Korso an, in 16 weißen Limousinen folgten die Trauergäste.

DIE »CAINE« UND IHR SCHICKSAL

»Willies Besichtigungstour festigte seinen ersten Eindruck: Die Caine war ein Haufen Schrott und befand sich im letzten Stadium der Auflösung. Ihre Mannschaft war eine Horde Knoten.« Mit diesen Worten führt der amerikanische Autor Herman Wouk das Minenräumboot »Caine« in die Handlung ein, das zum ersten Einsatzort des jungen Fähnrichs Willie Keith wird, nachdem er die Kadettenschule absolviert hat und 1944 in Pearl Harbor auf Hawaii Dienst tat.

»Die Caine war ihr Schicksal« war Wouks erster Roman, und er machte ihn 1951 schlagartig weltberühmt. Für das Buch erhielt er den Pulitzer-Preis, es avancierte zu einem der größten Erfolge der 50er Jahre. Der am 27. Mai 1915 in New York geborene Wouk hatte bereits in den 30er Jahren Kurzgeschichten und Drehbücher für den Hörfunk verfasst und dann seine Erfahrungen bei der Kriegsmarine, die er zumeist bei Einsätzen als Deckoffizier im Pazifischen Ozean machte, niedergeschrieben. In seinem Nachwort zum Roman schreibt er, dass »alle Personen und Ereignisse an Bord der Caine Erfindung sind und es ein Schiff mit dem Namen USS Caine nicht gibt«, aber es ist davon auszugehen, dass sehr viele reale Vorbilder für seinen Roman existierten. Wouk, der selbst drei Jahre an Bord eines Minensuchzerstörers gedient hatte, bestand aber darauf, dass die Krankengeschichte des neurotischen Kapitäns Queeg, der seiner Besatzung das Leben an Bord zur Hölle macht, reine Fiktion sei und dass im Übrigen die beiden Kapitäne, unter denen er gedient hatte, wegen Tapferkeit vor dem Feind ausgezeichnet und keineswegs ihres Amtes enthoben worden sind.

1954 entstand sowohl eine Bühnen- als auch eine Filmversion des Romans. »Radau, Schmutz, Gestank und seeräuberhafte Gestalten«, wie von Wouk beschrieben, waren in diesen Bearbeitungen nicht zu finden. Der Filmregisseur Edward Dmytryk übernahm aber die Grundkonstellation des Romans und hielt sich weitgehend an die Vorlage. Hollywood-üblich baute der Drehbuchautor Stanley Roberts eine Liebesgeschichte sowie ein paar durchaus komische Szenen ein.

In dem Film geht es weitgehend um das selbstherrliche, zum Teil krankhafte Verhalten des Kapitäns, der von seinen Offizieren seines Amtes enthoben wird, als das Schiff in einem Taifun zu sinken droht. Zuvor hat ein Offizier detailliert Tagebuch über die Geschehnisse auf der »Caine« geführt. Nach dem Einsatz müssen sich die »Meuterer« vor einem Kriegsgericht verantworten. Diesen Teil der Geschichte vor allem thematisierte der 1988 entstandene amerikanische TV-Film »Caine – Die Meuterei vor Gericht«.

Der Produzent Stanley Kramer hatte 1951 für 60.000 Dollar die Rechte an dem Roman erworben und ein Budget von zwei Millionen Dollar für die Verfilmung zusammengebracht. Zunächst gab es Schwierigkeiten, da die Navy die Zusammenarbeit verweigerte. Meuterei war nicht ihr Lieblingsthema, doch ohne die Kooperation der Navy wäre der Film nicht zu realisieren gewesen. Schließlich gelang es Kramer in einem 15 Monate währenden Kampf doch noch, das Einverständnis der Offiziellen zu bekommen, so dass der Film von April 1953 bis Januar 1954 gedreht werden konnte. Humphrey Bogart, der drei Jahre zuvor als Kapitän der → »African Queen« überzeugte hatte, brillierte auch hier und erhielt erneut eine Oscarnominierung. Fünf Wochen arbeitete das Team allein in Pearl Harbor. Die Navy stellte Minensuchboote, Zerstörer, Schnellboote und Helikopter zur Verfügung. Um sich erkenntlich zu zeigen, lud man noch vor der offiziellen Premiere 275 hochrangige Offiziere nach Washington ein und zeigte ihnen den Film. Das Publikum war so beeindruckt, dass es drei Minuten lang stehende Ovationen spendete. Ein Satz im Nachspann mochte das Seine dazu beigetragen haben. Dort hieß es: »Der Navy gewidmet.«

DIE »CALYPSO« VON JACQUES COUSTEAU

»Ich habe viele Häuser, aber nur die ›Calypso‹ ist mein richtiges Zuhause«. Dieser Ausspruch bezog sich auf ein Schiff und stammt von dem französischen Meeresforscher Jacques Cousteau (1910 – 1997), der rund 150 Filme drehte, über 60 Bücher veröffentlichte und viele Jahrzehnte mit der »Calypso« die Meere bereiste, um die Unterwasserwelt zu erforschen. Ursprünglich war die »Calypso« als Minenräumboot mit der Bezeichnung »J-826« im 2. Weltkrieg für die königlich britische Marine im Einsatz. Danach diente das Schiff als Fähre zwischen Malta und Gozo.

Jacques Cousteau kam 1950 an das Schiff und taufte es, inspiriert durch seinen letzten Einsatzort, »Calypso«. Denn in dem Epos von Homer rettet die Nymphe Calypso den Seefahrer Odysseus, als er vor Malta Schiffbruch erleidet, und hält ihn dann sieben Jahre auf ihrer Insel fest. Cousteau war zuvor Kommandant der französischen Kriegsmarine gewesen, träumte jedoch von einem eigenen Forschungsschiff. Zufällig lernte er den irischen Brauerei-Milliardär Noel Guinness kennen, der sich für Cousteaus Planungen interessierte und selbst ein begeisterter Amateurforscher war. Also finanzierte er den Kauf des ehemaligen Minenräumers und sorgte auch dafür, dass er nach Cousteaus Wünschen umgerüstet wurde. Das 42 Meter lange und 360 Tonnen schwere Schiff verfügte über zwei Dieselmotoren mit je 600 PS Leistung und lief maximal zwölf Knoten. Am Bug des Schiffes baute man eine Kabine mit fünf Bullaugen ein, die erlaubten, die Unterwasserwelt aus nächster Nähe zu betrachten. Hinzu kamen eine spezielle Taucherglocke, eine Tauchkammer vom Typ »Galeazzi«, ein großes Schlauchboot für Exkursionen in flachem Wasser, ein Hubschrauber, ein Kran, um Taucher und Tauchglocke zu Wasser zu bringen und diverse Geräte zur Erforschung der Meere.

Nach der Jungfernfahrt 1951 im Roten Meer befuhr Cousteau vier Jahrzehnte lang, begleitet von Kollegen und Familienmitgliedern, die Weltmeere, ohne jemals in nennenswerte Schwierigkeiten zu kommen. 1996 lief die »Calypso« zwar einmal im Hafen von Singapur auf Grund. Doch das Schiff konnte wieder flott gemacht und trotz erheblicher Schäden nach Marseille gebracht werden.

Eigentlich wollte Cousteau das Schiff dem meeresbiologischen Institut der dortigen Universität schenken, aber das hatte keine Verwendung dafür. Also entschied man sich, das weit gereiste Fahrzeug auf dem Pariser Kultur- und Wissenschaftspark »La Villette« auszustellen. Nach dem Tod von Jacques Cousteau am 26. Juni 1997 gab es Auseinandersetzungen um den Verbleib des Schiffes. Enkelin Alexandra, Präsidentin einer Marine-Stiftung, warf Cousteaus zweiter Frau Francine, ihrerseits Chefin der »Cousteau Society«, vor, sich nicht angemessen um die »Calypso« zu kümmern. Sie wollte erreichen, dass sie wieder als Expeditionsschiff eingesetzt würde.

Wenn auch die »Calypso« die Weltmeere nicht mehr befährt, so ist doch im Weltraum der Name weiterhin präsent, denn Kapitän Picard gab seiner »Captain´s Yacht« in der Serie »Star Trek – The Next Generation« den Namen »Calypso« – und das ist eine Hommage an Jacques Cousteau.

DIE »CAP ARCONA«

Eine der größten Katastrophen der deutschen Seefahrt verbindet sich mit diesem Namen, denn als die »Cap Arcona« zusammen mit der direkt daneben liegenden »Thielbek« am 3. Mai 1945 in der Lübecker Bucht sank, kamen fast 7.000 Menschen ums Leben.

Knapp 18 Jahre zuvor, am 14. Mai 1927, war das Schiff in Hamburg vom Stapel gelaufen und von der Reedertochter Beatrice von Amsinck auf den Namen der nördlichen Spitze der Insel Rügen getauft worden. Sie war der Stolz der Hamburg-Südamerikanischen Dampfschifffahrtsgesellschaft. An Bord entfaltete sich der pure Luxus. Es gab ein Schwimmbad im römischen Stil, edel ausgestattete Salons und ein

Sportdeck. Zwischen 1927 und 1939 befuhr das Schiff 91 Mal die Südamerikalinie und wurde bald »Königin des Südatlantiks« genannt. Über 200.000 Passagiere und diverse Luxuskarossen hatte der Superdampfer sicher über die Meere zu ihren Zielhäfen gebracht, ehe er bei Kriegsanbruch der Kriegsmarine überstellt und grau angestrichen wurde. Im Auftrag der Organisation »Kraft durch Freude« diente die »Cap Arcona« U-Boot-Kommandeuren und Mitarbeitern des Nachrichtendienstes zunächst, wie auch die → »Wilhelm Gustloff«, als Erholungsdampfer. 1942 wurde sie sogar zum Filmstar. Wegen ihrer prächtigen Ausstattung diente sie als Kulisse für die erste Verfilmung des Untergangs der → »Titanic«. Herbert Selpin verfilmte für die UFA-Film die Katastrophe, um unterhaltend darzustellen, wie schlecht die Engländer mit Schiffen umgehen können.

Als der Reichsführer der SS, Heinrich Himmler, kurz vor Kriegsende am 14. April 1945 befahl, das bei Hamburg gelegene Konzentrationslager Neuengamme und die dazugehörigen Außenlager zu räumen, schien es das Einfachste, die Häftlinge auf Schiffe zu verladen. Man schaffte sie zunächst mit dem Zug in die Lübecker Bucht und verfrachtete sie dann auf die »Cap Arcona« und das unmittelbar daneben liegende Schiff »Thielbek«. So wurden unter der Aufsicht von etwa 200 SS-Soldaten ab dem 19. April fast 7.500 Häftlinge in die beiden Schiffe gepfercht. Aufgrund der drangvollen Enge, der schlechten Versorgung und der unsäglichen Hygiene starben tagtäglich 10 bis 25 Menschen, wie Überlebende in einer von Günter Klaucke und Karl Hermann 1995 gedrehten Dokumentation erzählten, für die auch der frühere DDR-Schauspieler Erwin Geschonneck befragt wurde, der damals mit an Bord war.

Am 3. Mai 1945 gegen 14.30 Uhr starteten 27 britische Bomber vom Typ »Typhoon« von dem zwischen Bremen und Osnabrück gelegenen Fliegerhorst Ahlhorn zu einem Tieffflugangriff auf die Schiffe. Die Engländer vermuteten irrigerweise, dass die »Cap Arcona« und die »Thielbek« zu einem deutschen Flottenverband gehörten, der sich in Richtung Norwegen absetzen wollte, um dort eine neue Front aufzubauen. Von 40 Volltreffern der Bomber getroffen, fingen die Schiffe sofort Feuer, bekamen Schlagseite und sanken etwa fünf Kilometer vor Neustadt in der Lübecker Bucht. Der Angriff hatte nur eine halbe Stunde gedauert. Die unter Deck zusammengedrängten Häftlinge hatten kaum eine Chance zu entkommen. Sofern sie nicht bereits ein Opfer der Granatsplitter geworden waren, ertranken sie in dem etwa 8 Grad kalten Wasser der Ostsee. Zu allem Übel schossen auch die deutschen Soldaten der in der Nachbarschaft gelegenen U-Boot-Schule, die die Kameraden von der SS retteten, auf die wenigen überlebenden Häftlinge. Als die britischen Verbände ihren Irrtum bemerkten, schickten sie deutsche Rettungsschiffe los, die aber für die meisten Opfer zu spät kamen. Viele Leichen wurden später an den Ostseestrand gespült. Wie Historiker herausgefunden haben, überlebten von den circa 2.800 Menschen auf der »Thielbek« lediglich 50, von den circa 4.600 Menschen auf der »Cap Arcona« etwa 450 den Angriff. Erwin Geschonneck hatte Glück, er hielt sich an der Reling neben dem Namenschild der »Cap Arcona« fest, bis Rettung kam.

Die mit der Untersuchung des Falls beauftragte Staatsanwaltschaft hat Mitte der 90er Jahre bekannt gegeben, dass es »bis zum heutigen Tage nicht aufzuklären ist, wer es gewesen ist«. Dagegen klingen die wenigen Worte im Tagesbericht der britischen Luftwaffe geradezu zynisch. Dort heißt es: »Es war ein brillanter Angriff.«

»CAPTAIN AMERICA«

Name der Harley Davidson von Peter Fonda aus dem Film → »Easy Rider«.

DER CARGOLIFTER

»Wenn das hier klappt, werde ich wohl der große Visionär sein, und wenn nicht, dann wohl ein spinnerter Fantast.« Mit diesen – durchaus visionär zu nennenden – Worten fasste der gelernte Landwirt und promovierte Jurist Carl von Gablenz im Januar 2000 seine Meinung zum Cargolifter zusammen, der 62 Jahre nach dem Absturz der → »Hindenburg« wieder für ein positives Image und Profite in der seitdem als riskant eingeschätzten Luftschifffahrt sorgen sollte. Der Enkel des gleichnamigen Lufthansa-Pioniers wollte ein 260 Meter langes Luftschiff mit einem Durchmesser von 65 Metern bauen. Damit wäre der Cargolifter beinahe ebenso lang, aber mehr als doppelt so hoch wie der in Lakehurst in Flammen aufgegangene Zeppelin. Damit so etwas nicht wieder passiert, soll der Rumpf des Cargolifter statt mit hochexplosivem Wasserstoff mit 420.000 Kubikmetern des nicht brennbarem Traggases Helium befüllt werden.

Im Gegensatz zur »Hindenburg« ist der Cargolifter aber nicht für den Personentransport konzipiert, sondern als eine Art fliegender Kran, um extrem schwere Teile wie Brückenstücke oder Turbinen über unwegsames oder dicht besiedeltes Gelände zu transportieren. Er soll Reisegeschwindigkeiten von 80 bis 135 km/h erreichen und Lasten von maximal 160 Tonnen im Nonstopp-Verkehr über Strecken von bis zu 10.000 km transportieren. Ein geschätzter Verbrauch von knapp fünf Litern auf 100 Kilometer würde den Lufttransport extrem günstig machen. Die Baukosten kalkulierte Gablenz auf rund 50 Millionen Euro pro Stück, er ist aber optimistisch, bei Mietpreisen von etwa 65.000 Euro pro Tag bald in die Gewinnzone zu fliegen. Geplant ist, dass die Flotte der Cargolifter, von denen jährlich vier Stück gebaut werden sollen, ab 2005 abhebt. Großunternehmen wie ABB, Siemens oder Thyssen-Krupp haben bereits ihr Interesse signalisiert, die Genehmigungen des Bundesluftfahrtamts stehen noch aus.

Momentan ist das kleine Testluftschiff »Joey« in der Nähe von Brand in Brandenburg, rund 60 km von Berlin entfernt im märkischen Sand, zu Erprobungsflügen unterwegs. Die Riesenhalle, in der die Luftschiffe gebaut werden sollen, ist aber auch jetzt schon ein beliebtes Ausflugsziel. Von Juni 2000 bis Ende 2001 kamen bereits 330.000 Besucher – nur geflogen ist nichts und niemand. Es ist auch äußerst fraglich, ob sich das jemals ändern wird, denn das Unternehmen musste im Sommer 2002 Insolvenz anmelden – kurioserweise ohne einen einzigen Cent Bankschulden.

DIE »CARPATHIA«

Das britische Auswandererschiff nahm 512 Überlebende der → »Titanic« an Bord, die in der Nacht vom 13. zum 14. April 1912 im Nordatlantik versank.

DIE CESSNA VON MATTHIAS RUST

Als die »Gesellschaft für deutsche Sprache« 1987 ihre Wörter des Jahres veröffentlichte, fand sich an siebter Stelle dieser Liste nach Begriffen wie »Aids, Kondom« auf Platz 1 und »Perestroika, Glasnost« auf Platz 2 auch der »Kremlflieger«. Diesen Beinamen hatte die meistgelesene Zeitung Deutschlands dem damals 19-jährigen, im holsteinischen Wedel bei Hamburg geborenen Matthias Rust verliehen, der im selben Jahr mit einer waghalsigen Aktion weltweit für Aufsehen gesorgt hatte.

Am 28. Mai 1987 landete der junge Mann mit einer Cessna 172, die er 15 Tage zuvor nahe Hamburg gechartert hatte, auf dem Roten Platz in Moskau. Der Flug war gut vorbereitet. Schon Wochen zuvor hatte Rust die Flugkarten besorgt und sich markante Punkte wie Bahnlinien und Autobahnen eingeprägt. Er steuerte von Hamburg aus zunächst gen Norden, überflog Helsinki und dann, unbemerkt von Radar und Flugabwehr, weiter Richtung Moskau, wo er nach einem fünfstündigen Flug unbehelligt nahe beim Kreml landete, nicht ohne zuvor ein paar Runden über dem Roten Platz gedreht zu haben. Die breite Fahrbahn der Brücke über den Fluss Moskwa nutzte er als Landebahn, bei den Bussen an der Basilius-Kathedrale kam er zum Stehen. Er schaltete den Motor aus, entstieg seiner Maschine und gab Autogramme, bis er verhaftet wurde. Zuvor hatte er noch eine kleine Rede gehalten, in der er betonte, dass er mit seinem Husarenstück »die Beziehungen zwischen unseren Staaten fördern wollte.« Doch die russische Regierung schlug das freundliche Angebot aus, beschlagnahmte die Cessna und verurteilte den jungen Auszubildenden, der nur 50 Flugstunden hinter sich hatte, zu viereinhalb Jahren Haft im KGB-Gefängnis. Diplomatischen Bemühungen auf höchster Ebene hatte er es zu verdanken, dass er nach nur 14 Monaten wieder entlassen und im August 1988 nach Deutschland abgeschoben wurde.

Der Völker und Länder verbindende Ausflug des jungen Deutschen blieb nicht ohne Folgen für die russische Luftfahrt und die Regierung. Den Verteidigungsminister Sokolov schickte man in Pension, der Oberkommandierende der Luftabwehr-Streitkräfte Koldunow wurde entlassen. Angeblich sollen über 300 Offiziere ihre Posten verloren haben. Die Weltmacht fühlte sich zutiefst verletzt und gekränkt und sah in Rust einen gefährlichen Spinner. So ganz lagen die Russen mit ihrem Urteil möglicherweise nicht daneben. Denn Rust bedrängte 1989 als Zivildienstleistender eine Krankenschwester sexuell und suchte sie mit den Worten: »Ich bin der Kremlflieger« für sich einzunehmen. Als er eine Abfuhr erhielt, verkraftete er das nicht und stach sie nieder. Dafür musste er für zweieinhalb Jahre ins Gefängnis, wurde aber wegen guter Führung vorzeitig entlassen. Nach diversen Jobs und einer gescheiterten Ehe hörte man erst 1997 wieder von ihm, als er einigen Medienunternehmen anbot, für eine Gage von 20.000 Dollar exakt zehn Jahre nach seinem Kremflug erneut auf dem Roten Platz zu landen. Aber bezahlt hat das niemand, und so ist uns diese höchst überflüssige Aktion erspart geblieben. Heute erinnert nur noch ein gastronomischer Betrieb in Kopenhagen an den Piloten und seine Maschine. »Rust« heißt das Restaurant in der Guldbergsgade 8, das heimische Küche serviert.

DIE »C-54 SKYMASTER«

Amerikanische Flugzeuge dieses Typs wurden als → Rosinenbomber bekannt und versorgten die während der Blockade der Russen abgeschnittene Stadt Berlin in den Jahren 1948/49 aus der Luft.

DIE »CHALLENGER«

In den 80er Jahren ließ sich die amerikanische Raumfahrtbehörde NASA einiges einfallen, um die Popularität ihres Raumfahrtprogramms zu steigern und sich den steten Zustrom der benötigten Geldmittel zu sichern. So hatte man unter elftausend Lehrern die 36-jährige Christa McAuliffe für den Flug mit der »Challenger« ausgewählt und trainiert, damit sie den technikbegeisterten Amerikanern aus dem All und über das All eine Lektion erteile. Als Christa McAuliffe am am 28. Januar 1986 auf dem Weltraumbahnhof Cape Canaveral das Raumschiff bestieg, hatte sie nach eigenem Bekunden keine Angst, an Bord zu gehen. Die Rakete hob um 11.38 Uhr Ortszeit (17.38 Uhr unserer Zeit) ab und explodierte nach nur 73,124 Sekunden Flug in großer Höhe. Die sieben Menschen an Bord verglühten. Mit Christa McAuliffe starb die erste Zivilistin im All.

Seit dem 4. April 1983, dem erfolgreich verlaufenen Jungfernflug mit einem Space Shuttle, waren acht weitere Raumschiffe dieser neuen Generation ins All geflogen und – genau das war das Besondere an dieser Technik – funktions- und wiederverwendungsfähig wieder auf der Erde gelandet. Man glaubte also, ziemlich viel Erfahrung damit zu haben und unliebsame Überrraschungen ausschließen zu können. Ein Irrtum, wie sich schmerzlich zeigte.

Die Ursache der Katastrophe war bald geklärt. Die Auswertung der Kameraaufzeichnungen vom Start ergab, dass eine Gummidichtung in der rechten Feststoffrakete gerissen war. Ein Materialfehler also. Das war es aber nicht allein. Auch die Wetterverhältnisse hatten zu dem Unglück beigetragen. Allein sechs Mal musste der Start verschoben werden, weil wegen einer für Florida und die Jahreszeit geradezu extremen Kälte, die Temperaturen lagen um den Gefrierpunkt herum, das ganze Raumschiff und die außen liegenden Aggregate eingefroren waren. Mehrfach hatte die in Utah ansässige Firma »Morton-Thiokol«, die die Feststoffraketen herstellte, davor gewarnt, bei Temperaturen unter zehn Grad Celsius zu starten. Es sei zu befürchten, dass sich die Gummidichtungen bei diesen Temperaturen nicht schnell genug ausdehnen könnten, also undicht würden. Noch am Tag vor dem Start hatte deswegen eine Telefonkonferenz stattgefunden. Zum Zeitpunkt des Starts betrug die Temperatur aber nur zwei Grad. Wohl auch wegen der drohenden Kürzungen des Raumfahrtprogramms wollte die NASA den Start nicht noch einmal verschieben. Man lag sowieso schon hinter dem Zeitplan.

Die »Challenger« hatte übrigens durchaus berühmte Namens-Vorgänger. Das britische Marineforschungsschiff »HMS Challenger« war um 1870 durch den Atlantik und den Pazifik gesegelt, und auch das Mondlandemodul von »Apollo 17« hatte bereits »Challenger« geheißen. Aber wenn heute von der »Challenger« die Rede ist, verbindet jeder damit nur das Desaster der NASA. Aufgabe der 1986 gestarteten »Challenger« war es übrigens, einen Satelliten für astronomische Forschungszwecke, speziell für genaue Untersuchungen am Schweif des Kometen Halley, auszusetzen.

Sechs Monate nach der Explosion waren etwa drei Viertel der »Challenger«-Teile geborgen worden. Die Astronautenkapsel hatte man erst nach drei Monaten auf dem Boden des Atlantik entdeckt. Noch bis November 1996 wurden Wrackteile an die Küste Floridas angespült. Nach der Auswertung versiegelte man alle Wrackteile unter einem 50 Tonnen schweren Betondeckel, um einen eventuellen Souvenirhandel für alle

Zeiten zu unterbinden. 18 Monate lang ruhte das gesamte Raumfahrtprogramm, ehe die NASA sich an den Bau eines neuen Space Shuttles wagte. Am 29. September 1988 startete die Raumfähre »Discovery« ins All, nachdem am gesamten Startsystem über 2000 Änderungen durchgeführt worden waren. Sie kehrte seither vielfach heil zur Erde zurück.

CHEVROLET CORVETTE

Ein Wagen dieses Typs und ein italienischer De Tomaso Pantera bildeten als Zwitter die Basis für einen Ferrari Testarossa Stuntwagen in der TV-Serie »Miami Vice«. Siehe → Ferraris von »Miami Vice«.

CHEVROLET IMPALA

Ein Wagen dieses Typs diente 1989 als Basis für das → »Batmobile« aus dem Spielfilm »Batman«.

»CHITTY CHITTY BANG BANG«

Was soll einer schon groß machen, wenn er Louis Vorow Zborowski heißt, von seinen russischen Vorfahren die Verrückheit und vom englischen Teil der Familie die Exzentrik geerbt hat und zu allem Überfluss auch noch ein englischer Graf ist, außer: extrem verrückte Autos bauen. Das dachte sich wohl auch der Amateurrennfahrer Zborowski, weshalb er in seinen Werkstätten auf seinem Landsitz in Higham Place nahe Canterbury in der englischen Grafschaft Kent die wohl ungewöhnlichsten Rennwagen aller Zeiten konstruieren ließ.

Schon als Kind hatte ihn die Leidenschaft für großvolumige Maschinen, schnelle Autos und Autorennen gepackt. Daran vermochte auch der Tod seines Vaters, der 1903 bei einem Autorennen ums Leben kam, nichts zu ändern. Zborowskis vier ganz unterschiedlich motorisierte PS-Monster hatten alle nur einen Namen: »Chitty Chitty Bang Bang«, dem er jeweils eine römische Ziffer anhängte. Sie entstanden zwischen 1922 und 1924 und erregten zu ihrer Zeit durchaus einige Aufmerksamkeit.

Richtig bekannt wurden sie aber erst durch den James-Bond-Autor Ian Fleming und seine postum veröffentlichte Kinderbuchserie aus dem Jahr 1964, nach der vier Jahre später ein Film gedreht wurde, der wiederum ein Musical nach sich zog.

Der Name »Chitty Chitty Bang Bang« soll laut Überlieferung einem schmutzigen Soldatenlied aus dem 1. Weltkrieg entnommen sein. Darin geht es darum, dass die Soldaten einen »chit« genannten Pass für das Wochenende erhielten, mit dem sie dann nach Paris fahren konnten, um sich den Tröstungen leichtlebiger Damen hinzugeben: »Chitty – bang bang«. Nicht auszuschließen ist aber auch, dass der Graf den Namen eines bereits existierenden Autos übernahm. Thomas D. Kidd erinnerte sich 1999, dass ein Wagen mit diesem Namen 1921, da war er gerade sechs Jahre alt, einem Bekannten seines Vaters gehörte. Er war von einem Mister Casebourne gebaut worden, der nahe Billingham-on-Tees eine Zementfabrik besaß. Für Vortrieb sorgte der Maybach-Motor eines Zeppelins, den 1916 die britische Luftabwehr über Hartlepool abgeschossen hatte. Nach Angaben von Kidd verfügte der Wagen über eine »sehr lange Haube, um die üblicherweise sehr lange Maschine aufzunehmen, ein kurzes stummelartiges Heck und zwei Sitze«, und, so fügte Kidd hinzu: »Der Name beschrieb sehr genau die Geräusche der Maschine!« Ob Zborowski von Casebournes Auto gewusst hat, ist nicht bekannt.

Jedenfalls kreuzte er Ostern 1921 beim Autorennen in Brooklands mit einem ganz besonderen Fahrzeug auf. In dem verstärkten und verlängerten Fahrgestell eines Mercedes, der vor 1914 gebaut wurde, hatte der Konstrukteur Clive Gallop ein 23-Liter-Triebwerk von Maybach untergebracht. Der Reihen-Sechs-Zylinder leistete 305 PS und hatte zuvor einen Weltkrieg-I-Bomber namens »Gotha« angetrieben. Der Verzögerung dienten Hinterradbremsen und eine Feststellbremse, die auf die Antriebswelle wirkte. Der stromlinienförmige Öltank für die Trockensumpfschmierung des Motors befand sich an der Seite des Wagens. Die Kraftübertragung geschah per Kette, und den Kontakt zur Fahrbahn vermittelten Reifen vom Typ »Palmer Cord«, die ziemlich schmal waren.

Diese Reifen bereiteten dem Grafen immer wieder Probleme. Schon bei seinem ersten Renneinsatz löste sich in der letzten Runde, als der Graf Kopf an Kopf mit Parry Thomas auf einem Leyland um den Sieg fuhr, der Reifen hinten links von der Felge. Das Monstrum geriet bei 180

Sachen ins Schleudern, was Zborowski wenig kümmerte. Anstatt vom Gas zu gehen, hielt er weiter mit, bot seinem Konkurrenten ein packendes Finish und gewann das Rennen. Später stellte man fest, dass seine letzte Runde auch noch die schnellste gewesen war. »Ein brutales Auto, das von einem Verrückten gebaut wurde«, so der zutreffende Kommentar eines Zeitzeugen. Zwei Siege und ein zweiter Platz sprangen noch heraus, dann war Schluss: länger hielt »Chitty I« nicht. Beim Training auf demselben Kurs bekam Zborowski abermals Reifenprobleme, er verlor die Kontrolle, berührte ein Brückengeländer, drehte sich mehrfach und stürzte rückwärts in ein Zeitnehmerhäuschen. Die beiden Männer darin schienen zunächst mit dem Schrecken davon gekommen zu sein, aber dann schnitt eine Felge einem der Männer drei Finger der rechten Hand ab. Zweieinhalb Tonnen Automobil waren außerdem Schrott. Zborowski und sein Beifahrer Len Martin blieben unverletzt, brauchten nun aber ein neues Auto.

So entstand »Chitty Chitty Bang Bang II«. Wieder sorgte ein Flugzeugmotor, diesmal allerdings eine Mercedes-Maschine vom Typ BZ IV von Daimler Benz, die mit rund 19 Litern Hubraum etwas kleiner ausfiel als der Vorgänger, für angemessenen Vortrieb. Die 230 PS Leistung reichten für über 200 km/h. Auch das Chassis stammte aus den Fabriken des Stuttgarter Autobauers. Den ersten Härtetest bestand »Chitty II« mit einer Fahrt von England nach Südfrankreich. Im Januar 1922 erreichten der Graf und seine Frau Nizza und schifften sich nach Algier ein, von wo aus sie die Sahara durchqueren wollten. Über den weiteren Verlauf der Reise kursieren zwei Versionen. Der einen zufolge kam das Paar nur rund 150 Kilometer weit und musste dann umkehren, weil das Kühlwasser den Aggregatzustand wechselte und als Dampf entschwand. Der anderen Überlieferung zufolge bekamen die französischen Behörden Wind von der Sache, stoppten die Abenteurer 250 Meilen südlich von Biskra am Rande des großen Erg und schickten sie zurück.

»Chitty II« war zwar zuverlässig, aber nicht schnell genug für den Grafen. Nach einigen weiteren Rennen ohne vordere Platzierung, wobei er in Brooklands immerhin auf eine Spitzengeschwindigkeit von 115 mph (ca. 185 km/h) auf der Geraden erreichte, ließ er das Nachfolgemodell entwickeln, dessen Motor mit einem Hubraum von 14.778 ccm schon beinahe mickrig ausfiel. Eine modifizierte Westinghouse-Lokomotivenbremse sorgte bei diesem Fahrzeug für bessere Wirkung, zumal sie auf alle vier Räder zugriff. Noch bevor die Nummer Drei seiner kleinen Baureihe fertig war, gab der Graf schon den Nachfolger in Auftrag, der dann zum größten aller »Chittys« geriet. Auch hierfür war wieder ziviles Recycling von Kriegsmaterial angesagt. Ein Bomber vom Typ »Liberty« spendierte den 27 Liter-V-12-Motor, der für geschossartigen Vortrieb sorgte. Wie schwer derartige Monstren zu beherrschen waren, zeigte sich an dem Tod von Zborowskis langjährigem Rivalen Parry Thomas. Zweimal schon hatte der einen neuen Weltrekord für Landfahrzeuge aufgestellt, bevor er sich beim dritten Rekordversuch das Genick brach. Auch Zborowski erwischte es am 19. Oktober 1924, als er beim Autorennen in Monza aus der Kurve flog und gegen einen Baum prallte. Er wurde nur 29 Jahre alt.

Seine Konstruktionen sind bis auf das zweite Auto verschollen oder zerstört worden. Die Brüder Doyle, Söhne des berühmten Sir Arthur Conan Doyle, des Erfinders von Sherlock Holmes, hatten nach Zborowskis Tod »Chitty Chitty Bang Bang I« erworben. Sie fuhren zunächst Rennen damit. Später wurde der Wagen an der Rennstrecke von Brooklands in Weybridge, Grafschaft Surrey, ausgestellt, dann in einer Ecke des Grundstücks vergessen, wo sich ein frevelhafter Mensch ohne Respekt vor heiligen Kulturgütern des Fahrzeuges annahm, es auseinandersägte und das Getriebe stahl. Der Rest wurde dann, wohl oder übel, verschrottet. »Chitty Chitty Bang Bang II« tauchte immer mal wieder bei Ausstellungen auf, wurde 1992 dem National Motor Museum im englischen Beaulieu ausgeliehen und gehört inzwischen zur Privatsammlung der amerikanischen Autonarren Gary und Robert Bahre.

In den 60er Jahren machte der Bond-Autor Ian Fleming den Namen »Chitty Chitty Bang Bang« weltberühmt. Fleming, ein Autoenthusiast, hatte für seinen Sohn Caspar ein Kinderbuch geschrieben, das erst nach seinem Tod am 12. August 1964 unter dem Titel »Chitty Chitty Bang Bang – The Magical Car« in drei Bänden erschien.

Fleming widmete diese Geschichte »in liebevollem Gedenken dem Rennwagen Chitty Chitty Bang Bang, der im Jahre 1920 von Graf Zborowski auf seinem Landsitz bei Canterbury konstruiert wurde. Er hatte eine grünlackierte Stahlkarosserie mit zweieinhalb Meter langer Motorhaube und wog mehr als fünftausend Kilo.« Erzählt werden die Abenteuer der Familie Pott, deren Oberhaupt Caractacus Pott mit der Erfindung von Süßigkeiten sein Geld verdient. Mit dem Vertrag eines Bon-

bonfabrikanten in der Tasche kauft er einen alten Rennwagen aus den 20er Jahren, um sich, seiner Frau Mimsie und den Zwillingen Jeremy und Jemima ein Geschenk zu machen. Der »Paragon-Panther mit Zwölfzylinder-Kompressormotor« ist das weltweit einzige Exemplar, weil die Fabrik danach pleite gemacht hat, wie der Verkäufer erzählt. Bald stellt Pott fest, dass er sich da ein magisches Fahrzeug eingefangen hat. Schon das Kennzeichen »ABRA 123« hätte ihn stutzig machen müssen. Auch verhält es sich zuweilen »wunderlich«, nachdem Pott eine drei Monate dauernde Restaurierung abgeschlossen hat. Doch zunächst herrscht helle Begeisterung über den Wagen, über die »glänzenden Knopfreihen am Instrumentenbrett, eine funkelnagelneue rote Polsterung, ein elfenbeinfarbenes Faltverdeck und eine hellgrüne Haube.« Seinen Namen erhält es bei der ersten Ausfahrt von den aufmerksamen Kindern, weil es »chitty chitty sagte, als ob es nieste, und bang bang für leise Explosionen.«

Bald zeigt sich, dass das Auto nicht nur schnell ist, 180 km/h sind gar nichts, sondern auch fliegen und schwimmen kann, mit einem guten Riecher für üble Fallen ausgestattet ist und über ein strenges moralisches Empfinden verfügt. Es verfolgt ein paar Bösewichter, die die beiden Kinder entführt haben, bis nach Paris, wo es die Gangster dingfest macht und die Familie glücklich wieder vereint. In der deutschen Übersetzung hieß das Auto »Tschitti Tschitti Bäng Bäng«.

James-Bond-Produzent Albert R. Broccoli, der die Rechte an fast allen James-Bond-Romanen von Ian Fleming besaß, erwarb auch die Kinderbuchrechte und beauftragte 1967 den englischen Romanautor Roald Dahl, daraus ein Drehbuch zu entwickeln. Dahl schrieb eine stark veränderte Musical-Version des Stoffes. Der deutschstämmige Designer Ken Adam, der schon dem → Aston Martin von James Bond zu einer Reihe außergewöhnlicher Fähigkeiten verholfen hatte, konzipierte das Filmauto gemeinsam mit der englischen Firma Alan Mann Racing. Mann, der zuvor Chef des Ford-Rennteams gewesen war, erhielt 1967 den Auftrag, nach Adams Vorgaben drei Film-Chittys zu bauen. Bald wurde klar, dass man für die vielfältigen Einsätze im Film mehr Autos brauchte, und so entstanden sechs dieser Wagen. Ken Adam erzählt: »Ich hatte immer geglaubt, alles designen zu können. Aber bei Tschitti kamen mir Zweifel. Es sollte wie ein Oldtimer aussehen, aber zugleich fliegen und schwimmen können. Ich musste das Fahrzeug völlig neu erfinden. Ford hatte uns ein Chassis und den V-6-Motor zur Verfügung gestellt, und mir kam die Idee, die Karosserie ein wenig wie ein Boot aussehen zu lassen, in Anlehnung an die alten Bugattis oder Rolls-Royce.« Bootsbauer in Windsor zimmerten die Karosserie aus weißem und rotem Zedernholz. Die Gussräder aus einer speziellen Legierung waren den Holzspeichenfelgen alter Autos nachempfunden. Die Messingaufbauten entnahm man einigen Autowracks aus der Zeit Edwards und baute sie neu auf. Das Armaturenbrett kam aus einem Kampfflugzeug aus dem 1. Weltkrieg. Die im Juni 1967 fertiggestellten Wagen wogen rund zwei Tonnen und waren knapp 5,20 Meter lang.

Folgende Varianten waren im Filmeinsatz: Ein fahrfähiges Auto und ein beinahe identisches Double für die Straßenszenen. Ein Auto ohne Maschine für die Szenen, bei denen der Wagen vom Wasser eingeschlossen wird. Eine leichte Karosse aus Fiberglas, die auf ein Boot montiert wurde, um den Schwimmeffekt zu erzielen. Ein Wagen, der auf einem Trailer gezogen wurde, um Aufnahmen mit den vier Akteuren zu machen, und ein Wagen für die Flugszenen, der seitlich Flügel ausklappen konnte. Rund vier Millionen Pfund (damals über 40 Millionen Mark) hatte der Produzent Broccoli sich den Spaß kosten lassen, wovon nicht wenig in den Autos steckte. Gedreht wurde 28 Wochen lang im Sommer und Herbst 1967 im englischen Buckinghamshire, an der Windmühle in Ibstone, den Londoner Pinewood Studios, in Frankreich sowie in Deutschland im Schloss Neuschwanstein, in Dinkelsbühl und in Rothenburg ob der Tauber.

Der Filmverleih United Artists steckte dann noch einmal eine halbe Million Pfund in die Werbung und warf unzählige Merchandisingartikel auf den Markt. Dasselbe tat Corgi Toys mit Modellautos im Maßstab 1:43. Das detailliert gearbeitete Auto mit vier Figuren wurde bis 1972 produziert und über 750.000-mal verkauft. Zum Filmstart am 16. Dezember 1968 stellte man die Original-Autos aus. Ein Preisausschreiben rief dazu auf, eine eigene »Chitty Chitty Bang Bang«-Nachbildung zu kreieren. Der Sieger erhielt 5.000 Pfund (fast 30.000 Mark) für sein Modell. Als der Film am 14. März 1969 pünktlich zu Ostern in die deutschen Kinos kam, lud der Filmverleih 700 Kinder in den Münchner City-Filmpalast zu einer Preview-Vorstellung ein. Alle bekamen ein kleines Spielzeugmodell geschenkt, 13 Kinderheime und Waisenhäuser durften sich über ein großes Spielzeugmodell freuen und über zwei Chitty-Tretautos.

Großer Erfolg war dem Film, der in unterschiedlich geschnittenen Versionen in die Kinos kam, jedoch nicht beschieden. Immerhin erhielt der Titelsong der Gebrüder Richard und Robert Sherman eine Oscarnominierung. Das Einspielergebnis in den USA fiel mit 7,5 Millionen Dollar ziemlich mager aus. Steven H. Scheuer schreibt in seinem renommierten Buch »Movies On TV« völlig zu Recht: »Der Wagen geht zwar ab und zu mal in die Luft, aber der Film selbst hebt nie ab.« Andere Kritiker beklagten die »schlimmsten Spezialeffekte, die je zu sehen waren«.

So gerieten der Film und die Autos nach einer großen Welttournee bald in Vergessenheit. Nach diversen Werbeauftritten kaufte der Engländer Pierre Picton, der sich schon während der Dreharbeiten um die Wagen gekümmert hatte, zwei der fahrbereiten Wagen. Der eine trug das Kennzeichen GEN 11 und war auch so registriert worden. Der andere wurde für öffentliche Auftritte im Zirkus und in Eisshows modifiziert. Diesen Wagen verkaufte er später an den »Heathfield Wildlife Park«, der ihn weitergab an den »Rotunda Fun Park« in Folkstone. 1980 landete er bei einem Privatsammler. Picton behielt GEN 11 und nahm an Autorallyes, Paraden, Autoshows und an Wohltätigkeitsveranstaltungen teil. Er besitzt den Wagen immer noch.

Im August 1990 wurde im amerikanischen Auburn auf einer Auktion ein Wagen angeboten, der rund 400.000 Mark erzielte. Nicht auf dieser Auktion, sondern aus verschiedenen privaten Quellen erstand der englische Privatsammler Peter Nelson gleich zwei der Wagen für sein Museum, wovon er einen im November 2001 wieder abgab. Und dieses Exemplar kann seit dem 16. April 2002 in London besichtigt werden, denn da startete das Musical »Chitty Chitty Bang Bang« im dortigen Palladium Theater. Produzentin Barbara Broccoli, die Tochter des Filmproduzenten Albert R. Broccoli, hatte das Auto aus dem Cars of the Stars Museum im englischen Keswick, das auch das Hovercraft-Auto besitzt, für die Bühnenshow erworben und mit einem Budget von zehn Millionen Dollar eines der teuersten Musicals aller Zeiten in Großbritannien finanziert. Das ist der vorläufige letzte öffentliche Auftritt des fantastischen Gefährts.

»CHRISTINE« – DAS HORRORAUTO AUS DEM STEPHEN KING-BUCH UND -FILM

Dass Autos töten, ist allgemein bekannt und es erschreckt – außer den direkt davon Betroffenen – kaum einen Menschen. Die Statistiken des mörderischen Straßenverkehrs, hinter deren nüchternen Zahlen die zerfetzten Opfer, die auf immer Verkrüppelten, die fassungslosen Waisen und die traumatisierten Überlebenden lauern, erledigen wir mit einem Achselzucken. Ganz anders sieht die Sache aus, wenn ein Stephen King Autos zu Mördern werden lässt.

»Es gibt einfach Dinge, die sind dazu geschaffen, Böses zu tun, der Dosenöffner, mit dem man sich in den Finger schneidet, gehört ebenso dazu, wie das Auto, mit dem man sich zu Tode fahren kann.« So beschreibt der Autor das Grundkonzept seines Romans »Christine«. Er selbst hatte einen uralten Buick, dessen Getriebe so starke Geräusche von sich gab, dass ein baldiger Abgang zu befürchten war. »Der Tachometer zeigte fünfundachtzigtausend Meilen an. Während einer Fahrt hatte ich die Idee, wie es wohl wäre, wenn der Kilometerzähler plötzlich rückwärts liefe. Der Wagen würde immer jünger werden. Wenn der Tacho dann auf null spränge, wäre das Auto total neu und würde explodieren. Aus dieser Idee entstand ›Christine‹.« So weit das Vorwort zum Roman.

»Sie hatte eine böse Geburt. Nüchtern und einfach. Irgendwo auf einem finsteren Fließband. Christine. Ein 58er Plymouth Fury – vom Teufel besessen. Wie kann man etwas töten, was eigentlich nicht lebt?« Mit diesem Text warb der Verleih später für den gleichnamigen Film. Sowohl Buch als auch Film erhielten gemischte Kritiken, aber die Trickaufnahmen können sich auch heute noch sehen lassen, und auch die 58er Plymouth Fury sind seitdem begehrt wie nie.

Erzählt wird die Geschichte des Teenagers Arnie (im Film gespielt von Keith Gordon), der den Hänseleien seiner Mitschüler ausgesetzt ist. Nur sein Freund Dennis hält zu ihm. In einem Vorgarten entdeckt Arnie den völlig verrosteten 58er Plymouth, dessen Besitzer ihm nicht verschweigt, dass seine Frau und seine Tochter darin starben. Trotzdem zahlt Arnie die geforderten 250 Dollar und richtet das Wrack in einer Werkstatt wieder her.

Schon die ersten Szenen des Film verdeutlichen, dass »Christine« das »Ewige Böse« verkörpert: Ein Fließband in Detroit 1957. Als ein Mechaniker letzte Hand an den roten Plymouth legen will, den einzigen in einer Reihe ausschließlich weißer Wagen, klappt die Motorhaube zu und zerquetscht dem Arbeiter die Hände. Ein Kollege, der achtlos etwas Asche auf die Sitzbank fallen lässt, bezahlt diesen Frevel mit dem Leben. Und den bösen Mitschülern später ergeht es auch nicht besser. Sie werden zerquetscht, überfahren oder verbrannt. Arnies Freundin Leigh, auf die »Christine« besonders eifersüchtig reagiert, erleidet beinahe den Erstickungstod. Schließlich tötet sie selbst ihren fürsorglichen Restaurator, bevor Freund Dennis und Leigh sie mit einem Schaufelbagger platt walzen. Am Ende bleibt nur ein kleines Schrottpaket über, aber selbst das rührt sich noch. Fortsetzung folgt.

Im Juni 1982 ließ Stephen King dem Filmproduzenten Richard Kobritz das Manuskript zukommen, das dieser in drei Tagen durchlas. Kobritz war begeistert: »Denken Sie doch mal drüber nach, er lässt ein Auto durchdrehen, ein Auto! Ich wusste, das ist es – das wird ein Bestseller!« Er sollte Recht behalten, denn schon im April 1983 eroberte der Roman die Bestsellerliste. Binnen kürzester Zeit wurden 3,5 Millionen Exemplare abgesetzt. Kobritz zahlte King 500.000 Dollar für die Filmrechte (andere Quellen sprechen von zwei Millionen Dollar, aber das scheint übertrieben hoch), machte bei der Produktionsfirma Columbia ein Budget von zehn Millionen Dollar locker und begann mit der Verfilmung. Als Regisseur wurde John Carpenter verpflichtet, dessen Horrorfilme »Halloween« und »The Fog« ihn als Spezialisten des Genres auswiesen.

»Der Plymouth Fury 1958 mit 315 PS und einer gewaltigen V8-Maschine ist das einzige Auto der fünfziger Jahre, über das niemals jemand geschrieben hat,« so begründete Stephen King damals die Wahl gerade dieses Wagens. »Es war ein verchromtes, hässliches Ding, das 25 Jahre später einen Glanz erhalten sollte, den es zu ›Lebzeiten‹ nie hatte.« Die »Encyclopedia of American Cars 1940 – 1970« sah das ein bisschen anders und hatte für den Plymouth Fury auch lobende Worte übrig: »Der Kühlergrill war bei Plymouth schon sehr zurückhaltend und kein großes, reichverziertes, hässliches Schmuckstück wie bei Konkurrenzmodellen. Es gab nur eine schmale Kontrastlinie an den Seiten, die in der Farbe zum Dach passte. Der größte Nachteil der Modelle war ihre Anfälligkeit für Rost, so dass sie heute zu den wahren Raritäten zählen.«

In seinem Roman unterlief King übrigens ein ziemlicher Schnitzer, den man nur mit viel Wohlwollen als künstlerische Freiheit bezeichnen kann. Er machte den 58er Fury zu einem Viertürer, obwohl es ihn nur mit zwei Türen gab.

Ganz eindeutig ist »Christine« das Produkt einer Männerfantasie – schließlich führt King sie im Roman mit den Worten ein: »Sie ist männermordend, sie ist beinahe einundzwanzig, mit phantastischen Scheinwerfern, einem schlanken Chassis und Linien, wie geschaffen für Geschwindigkeit.« Dass sie sich außerdem auch ziemlich rar machte, stellte die Ausstatter des Films vor große Probleme. Ein Team von Mitarbeitern durchkämmte drei Monate lang das ganze Land, um noch halbwegs passabel erhaltene Exemplare aufzutreiben. Letztendlich standen 17 Fahrzeuge zur Verfügung, von denen man drei als Teilelieferanten nutzte. 14 fahrfertige Wagen blieben übrig. Nicht gerade viel, wenn man bedenkt, dass Plymouth 25 Jahre zuvor insgesamt etwa 20.000 der Autos zum Preis von 2.200 Dollar hatte verkaufen können. Zwölf Wagen haben ihre Mitwirkung im Film mit der Schrottpresse bezahlt. Nur zwei sind erhalten geblieben, die später weltweit weiter für den Film arbeiteten, bevor sie an Sammler verkauft wurden. Und nach dem Erfolg des Films schossen die Preise für gut erhaltene 58er Plymouth Fury nur so in den Himmel.

Der gesamte Film wurde an Schauplätzen in und um Los Angeles gedreht. Lediglich der große Schrottplatz für den Showdown am Ende des Films lag in Anaheim, der Heimat von Disneyland. Obwohl immer wieder Fahrzeuge bei den Dreharbeiten zerstört wurden, reparierte oder restaurierte das Team die Reststücke so effektiv, dass Regisseur John Carpenter stets auf komplette Fahrzeuge zurückgreifen konnte.

Da nur wenige der 14 Wagen wie neu aussahen, musste ein genauer Drehplan eingehalten werden, um zu gewährleisten, dass die richtige »Christine« zum richtigen Zeitpunkt an den richtigen Stellen beschädigt wurde. Nur drei Wagen konnten als Neuwagen durchgehen , zwei weiße und ein roter. Sie sind gleich zu Anfang des Film in den Fließbandszenen zu sehen. Dann gab es das Modell »Le Bay«, nämlich jenes schrottreife Auto, das Arnie dem Besitzer Le Bay (Robert Blossom) abkauft. Dann das Modell »Moochie«, das an den Seiten aufgeschlitzt wird, als es den Mitschüler Moochie Morgan in eine enge Gasse treibt und ihn schließlich zerquetscht. Für die sehenswerten Special-Effects sorgte Roy Arbogast. Ihm kam es darauf an, das Abschaben von Türen und Kotflügeln so drastisch darzustellen, dass jeder Autobesitzer im Kino eine Gänsehaut bekommt. »Im Prinzip ist alles genau so passiert, wie es aussah«, erinnert sich der Techniker. »Wir haben das Metall mit einer Säuredusche angeätzt, sodass es sich abschälen würde. Nur die Wände bestanden in Wahrheit aus gehärtetem Beton«, verriet er dem Filmmagazin »Cinefantastique«.

Um den größten pyrotechnischen Effekt des Films vorzubereiten, quartierte sich die Special-Effects-Crew für einige Wochen in Newhall, Kalifornien, ein, einem Wüstengelände, was die Angelegenheit etwas weniger riskant machte. Man baute eine komplette Tankstelle nach und verlegte unterirdische Pipelines, die im richtigen Moment explodieren sollten. Die Sache geriet so wirklichkeitsgetreu, dass Autofahrer zum Tanken anhielten und einen echten Schrecken beim Blick auf ihre Tankuhr bekamen, als dann kein Sprit floss. Für die Szene fuhr Terry Leonhard, einer der ältesten Stuntstars der Branche, das »Christine«-Modell »Fire«, dessen Scheiben dunkel getönt waren. Obwohl er fast blind steuerte, traf er exakt den Ford eines »bösen Mitschülers«. Am auslaufenden Benzin entzündet sich »Fire« und rast brennend hinter dem Peiniger Buddy her, um ihn zu überfahren. Dreimal musste Leonhard das Auto wechseln. Die Explosion der Tankstelle bescherte Newhall um vier Uhr nachts ein flammendes Inferno. Sieben Kameras fingen das Spektakel ein, eine kam dem Feuer zu nahe und schmolz dahin.

Das Drehbuch hielt noch eine ganz besondere Herausforderung für die Trickspezialisten und Ausstatter des Films bereit: Arnie sollte vor seinem völlig verunstalteten Liebling stehen, und beschwörend: »Zeig's mir, Baby!« rufen, und dann sollten plötzlich wie von Geisterhand die Beulen mit einem »Plop« verschwinden und zersplittertes Glas sich wieder zusammensetzen. Über zwei Wochen brauchte Techniker Roy Arbogast für die Vorbereitung dieser Sequenz. Er ließ eine »Christine« völlig zerlegen und ersetzte diverse Metallteile durch eine etwa zwei Millimeter dicke Latexfolie. Dann befestigte er für die Kamera unsichtbar an der Innenseite feine Drähte, die er durch das Heck des Wagens nach draußen führte. Nach einem besonderen Regieplan zogen Helfer an den Fäden: Der rote Oldie sah total verbeult aus – wie von den Vorschlaghämmern der Angreifer traktiert. Gleichzeitig ließ man die Stoßstange abfallen und mit winzigen Sprengladungen Scheinwerfer und Spiegel zerplatzen. Das Ganze wurde in Slow-Motion gedreht, dann ließ man die Sequenz rückwärts laufen und kopierte sie. Bei der Fülle an Tricks kam allerdings manchmal die Logik etwas zu kurz. Den bekanntesten Fehler birgt wohl die Szene, in der der Werkstattbesitzer Darnell sich in das völlig ausgebrannte, aber noch fahrtüchtige Auto setzen will. Als er den Türgriff anfasst, verbrennt er sich die Finger. Als er sich auf dem Fahrersitz niederlässt, passiert ihm nichts.

Die Kritiken waren duchaus zwiespältig, ein Autor beschrieb den Film gar als »ein großes Nichts«. Dennoch spielte er schon in den USA seine gesamten Kosten wieder ein und gilt im Gegensatz zu vielen anderen Verfilmungen von Stephen-King-Romanen als ziemlich annehmbar. Der Meister selbst fand ihn sogar »fabelhaft« und merkte an: »Carpenter hat eine starke visuelle Energie, der Film rollt nur so dahin«.

DIE »COLUMBIA«

(1) Das Kommandomodul von → »Apollo 11«, das mit Michael Collins in einer Umlaufbahn um den Mond blieb, während die Astronauten Aldrin und Armstrong in der Landefähre »Eagle« zum Mond flogen.

(2) Die NASA-Raumfähre Columbia, ein Schwesterschiff der → Challenger, zerbrach am 1. Februar 2003 beim Wiedereintritt in die Atmosphäre in 60 km Höhe über dem Bundesstaat Texas; die sieben Astronauten kamen ums Leben. Die Ursache des Unglücks war bei Redaktionsschluss dieses Buchs noch nicht vollständig geklärt.

DIE CONCORDE

In jedem Menschen steckt ein Voyeur, und ganz besonders die Unglücksfälle, die einen nicht selbst betreffen, üben auf viele eine magische Anziehungskraft aus, wie der Katastrophentourismus immer wieder unter Beweis stellt. Besonders in den 70er Jahren blühte das Genre des Katastrophenfilms. Dazu gehörte auch die italienische Produktion mit dem Titel »Das Concorde Inferno«, die im Jahr 1978 in die Kinos kam: Böse Konkurrenten tun sich da zusammen und führen durch einen Sabotageakt den Absturz einer Concorde herbei, um das Geschäft mit den Passagieren unter sich aufzuteilen. In den »Credits« am Ende des Films bedanken sich die italienischen Filmemacher ausdrücklich für die freundliche Unterstützung der Concorde-Verantwortlichen.

Am 25. Juli 2000 wurde zumindest der Filmtitel bittere Realität, denn eine Concorde der Air France stürzte kurz nach dem Start vom Flughafen Charles de Gaulle in Paris gegen 16.45 Uhr nahe dem nördlich gelegenen Vorort Gonesse ab. 113 Menschen, darunter 97 Deutsche, starben. Als Auslöser des Unglücks identifizierte die Untersuchungskommission ein 43 Zentimeter langes Metallteil, das von einer kurz zuvor gestarteten Maschine, einer DC-10 der Luftfahrtgesellschaft Continental Airlines, stammte. Das Teil löste eine verheerende Kettenreaktion aus, denn als die Concorde darüber raste, platzte ein Reifen, dessen Fetzen eine Tragfläche trafen und den darin liegenden Tank durchschlugen. Auslaufender Treibstoff entzündete sich, die Triebwerkleistung ließ nach und die Concorde stürzte ab.

Der französische Luftfahrtautor Henry Tricot gab nach ausführlichen Recherchen Continental Airlines durchaus eine Mitschuld, denn das Unternehmen hatte eine defekte Lamelle nicht durch ein Originalteil ausgetauscht, sondern stattdessen ein Metallstückchen aus hartem Titan eingesetzt – eben jenes verhängnisvolle Teil, das sich, anders als es beim Originalteil der Fall gewesen wäre, nicht von den Reifen der Concorde plattdrücken ließ, sondern zu der Kettenreaktion führte. Gute Geschäftsbeziehungen zwischen beiden Unternehmen hätten jedoch dafür gesorgt, dass die Concorde-Betreiber die Continental Airlines nicht belangen wollten, so behauptete jedenfalls Tricot.

Nach einer Reihe von Tests im Herbst 2001 und Investitionen der Betreiber British Airways und Air France in Höhe von rund 45 Millionen Euro wurde der regelmäßige Flugverkehr am 7. November 2001 wieder aufgenommen. Damit sich ein ähnlicher Fall nicht wiederholt, sind die Tragflächentanks nun mit einem Gemisch aus Kevlar und Gummi auskleidet. Der Überschallvogel rollt zudem auf neuen Michelin Reifen. Der Opfer der Katastrophe gedachte man mit einer Gedenktafel nahe der Absturzstelle. An die Hinterbliebenen wurden als Schadensersatz mehr als 150 Millionen Euro überwiesen.

Schon lange hatten Luftfahrtexperten die veralteten Überschalljets, die vor über 30 Jahren erstmals abhoben, öffentlich kritisiert. Sie verkürzen zwar die Reisezeit für die maximal 100 Passagiere zwischen London und New York auf nur drei Stunden und 30 Minuten, was der zeithungrigen Klientel bis zu 10.000 Euro für den Hin- und Rückflug wert ist. Dabei verbrennen die Jets allerdings mehr Kerosin als ein Jumbo, der dafür mehr als dreimal so viele Passagiere über den Atlantik bringt.

Die Geschichte der Concorde reicht weit zurück. Schon Mitte der 50er Jahre intensivierte die Forschung Überschallstudien. Nach Recherchen der *Washington Post* notierte der britische Designer Sir Archibald Cox seine »vorläufigen Spezifikationen für die Concorde« bereits 1959 auf einem Stück Papier. Am 29. November 1962 unterzeichneten die Regierungen von Großbritannien und Frankreich einen Vertrag über die Entwicklung und den Bau eines reisetauglichen Überschall-Verkehrsflugzeugs. Die beiden Gesellschaften British Aerospace und Aérospatiale taten sich zusammen und tauften ihren im Entstehen begriffenen Supervogel »Concorde«, was soviel wie Eintracht oder Harmonie bedeutet. Der Jungfernflug der ersten französischen Concorde am 2. März 1969 setzte die ganze Welt in Erstaunen. Als am 9. April auch das britische Pendant abhob und erfolgreich seine Testmeilen absolvierte, stand der Einführung der Concorde nichts mehr im Wege. Der erste Überschallflug gelang am 3. Oktober desselben Jahres.

Die Concorde verschaffte sich trotz des immensen Verbrauchs, der speziell während der Ölkrise in den Jahren 1973/74 Anlass zur Kritik bot, einen untadeligen Ruf, besonders weil es bis zu dem Absturz im Jahre 2000 nie einen Unglücksfall mit ihr gegeben hatte. Ein Verkaufsschlager wurde die Maschine dennoch nicht. Nur zwölf Stück entstanden, von denen einige heute als Reserve und Ersatzteilträger dienen. 1980 wurde der letzte Jet gebaut. Einige Jahre werden sie wohl noch fliegen, die Super-Sonic-Jets, aber die Zukunft des zivilen Flugverkehrs gehört wohl eher noch größeren Großraumflugzeugen.

DER CONESTOGA

Basis für viele → Planwagen, die Anfang des 19. Jahrhunderts dazu dienten, den Wilden Westen der USA zu erobern. Sie wurden im Conestoga-Tal nahe Philadelphia gebaut.

D

DÄDALUS' FLÜGEL

Dem griechischen Mythos zufolge hatte Dädalus (»der Kunstreiche«) auf Kreta das Labyrinth für den Minotaurus erschaffen. Danach wollte König Minos ihn nicht gehen lassen und hielt ihn und seinen Sohn Ikarus darin gefangen. Doch mit Hilfe selbst gebauter Flügel gelang ihnen die Flucht – womit sie zugleich den ältesten Traum der Menschen, den vom Fliegen, verwirklichten. Noch völlig unvertraut mit den Gesetzen der Aerodynamik, orientierten sie sich dabei an den Vögeln und bauten sich Flügel aus Federn, die sie mit Wachs an einem leichten Gestell befestigten. Und getreu dem Motto, dass der Wille Flügel verleiht, wagten sie damit den Sprung in das Ungewisse und erhoben sich in die Lüfte. Ikarus näherte sich zu sehr der Sonne, das Wachs schmolz und er stürzte in das Meer bei Samos, das heute das Ikarische Meer heißt. Dädalus war weniger übermütig, erreichte Sizilien und bekam dort Asyl gewährt.

DIE »DAKOTA«

Britische Flugzeuge dieses Typs wurden als → »Rosinenbomber« bekannt, als sie die Stadt Berlin während der russischen Blockade in den Jahren 1948/49 aus der Luft versorgten.

DER DELOREAN AUS DER SERIE »ZURÜCK IN DIE ZUKUNFT«

Der an der Kasse erfolgreichste Film des Jahres 1985 war das Science-Fiction-Abenteuer »Zurück in die Zukunft«. Die aberwitzige Handlung, zwei mit Christopher Lloyd als Doctor Emmett Brown und Michael J. Fox als Marty McFly bestens besetzte Hauptrollen, und nicht zuletzt die urige Zeitmaschine auf Basis eines Flügeltürers vom Typ DeLorean DMC 12 sorgten für gelungene Unterhaltung. Wie bei Kassenschlagern so üblich, drehte man danach noch zwei Fortsetzungen, die geschickt mit der Erwartungshaltung der Zuschauer spielten und das Thema Zeitreise durchaus intelligent variierten.

Vergeblich hatten Bob Gale und Robert Zemeckis das Thema zuerst der Columbia und Walt Disney Productions angeboten. Da griff Steven Spielberg zu, nahm die Universal mit ins Boot, fungierte selbst als ausführender Produzent und überließ Zemeckis die Regie. Seine Firma Industrial Light and Magic (ILM) sorgte für die professionellen Spezialeffekte.

Nach anfänglichen Überlegungen, »die → Zeitmaschine dem Sessel von Rod Taylor anzugleichen«, so Zemeckis, sich also an der 1959 vom Regisseur George Pal gedrehten Umsetzung der Geschichte zu orientieren, suchte man bald nach »einer eher modernen Lösung. Wenn der Zeitreisende etwa im alten Rom landet, dann wäre es nur praktisch, ihn gleichzeitig mobil zu machen. Ein simples Auto wäre jedoch nicht auffallend und aufregend gewesen, so dass wir uns nach einem umschauten, das von Chassis und Karosserie her einem UFO nicht unähnlich ist.« Dazu Bob Gale: »Es ist Teil der amerikanischen Mythologie, dass irgendein Kerl ein Auto entwickelt, das 320 km/h fährt, aber das große Business uns ein Spielzeug dieser Art verbietet. Unter dieser Prämisse entwickelten Bob Zemeckis und ich die Idee, dass die Zeitmaschine von einem verrückten Typ in seiner Garage erfunden wird.« Zemeckis fügt hinzu: »Das Schwierigste daran war, mit dem Ding einen möglichst hausgemachten Eindruck zu vermitteln, im Gegensatz zu einem dieser High-Tech-Spielzeuge.«

Man schaute sich also auf dem Markt der Exoten um und fand einen DeLorean, dessen futuristisches Design bei seiner Premiere für genau so viel Wirbel gesorgt hatte wie sein immenser Benzinverbrauch. Der Ingenieur und Firmenchef John DeLorean, der bereits am → »Monkeemobile« beteiligt war, sorgte 1981 mit seinem gemeinsam mit Lotus entwickelten Wagen für Aufregung. Die ultraflache, nur 1.168 mm hohe Karosse aus poliertem Edelstahl mit ihren Flügeltüren sah tatsächlich aus, als stamme sie aus der Zukunft. Nur 8.583 Exemplare der flachen und mit 130 PS in der Basisversion nicht gerade übermotorisierten Flunder entstanden bis zum 24. Dezember 1983 in einer eigens gebauten Fabrik in der Nähe von Belfast. Danach war DeLorean pleite und auch ein bis heute nicht ganz aufgeklärter Deal mit einer Menge Koks machte ihn nicht wieder flott.

Für die Filmserie benötigte man insgesamt sieben Fahrzeuge, keines davon im Originalzustand. Man entfernte Teile des Hecks und das Heckfenster und überarbeitete die Instrumententafel. Nach dem Einbau von Panzerteilen machte der Wagen von Dr. Emmet Brown den Eindruck, als ob mit dem Schraubendreher ständig etwas festzuziehen wäre. Den Atomantrieb simulierten feuerspeiende Düsen am Wagenheck. Dabei fand eine modifizierte Kaffeemühle von Krups Verwendung, die nach Ende der Dreharbeiten – nochmals zweckentfremdet – als Lampe im Büro von Bob Gale in den Universal Studios diente.

Ein Fahrzeug bestand ganz aus Fiberglas und war somit extrem leicht zu bewegen; seine Räder konnten ferngelenkt werden. Ein anderes, das intern »process car« hieß, ließ sich für Innenaufnahmen mit den Darstellern hinter dem Steuer leicht auseinandernehmen. Ein DeLorean im Maßstab 1:5 doubelte das große Vorbild bei den Flugaufnahmen. Auch für die endgültige Zerstörung der Zeitmaschine nutzte man aus Kostengründen lieber das Modell als ein rund 30.000 Dollar teures Original.

Besondere Schwierigkeiten hatte das für das Design verantwortliche Team, der Künstler Ron Cubb, der Zeichner Andy Probert und der Chef der Firmenfahrzeug-Abteilung, Mike Scheffe, mit der visuellen Umsetzung des »Zeitreiseeffekts«, also der Übergänge zwischen Flug und Straße. Dem Drehbuch zufolge wird, wenn das Auto eine Geschwindigkeit von 88 mph (etwa 150 km/h) erreicht, der so genannte »Flux-Capacitor« aktiviert. In einer weiß glühenden Aura durchbricht dann der Wagen die Zeitgrenze. Man erzeugte diesen Effekt mit neonfarbenen Drähten an den Seiten des Autos, die sich zu glühenden Lichtfetzen verfärben. Außerdem ließ man animierte Lichtströme und kleine Partikel aus einer Vorrichtung am Dach des Autos fliegen und Lichter aufflackern, bis schließlich der DeLorean in einem pyrotechnisch erzeugten weißen Blitz die Zeitebene wechselte. Die feurige Fährte, die nach dem Verschwinden der Zeitmaschine zu sehen ist, bestand aus Chemikalien und Schwarzpulver, das die Pyrotechniker kontrolliert entzündeten. Von den sieben Fahrzeugen ist nicht viel übrig geblieben. Eines erfreut die Besucher der »Universal Studios Tour«. Ein anderes landete bei einem englischen Privatsammler – auch das könnte man als eine Form der Zeitreise ansehen.

Der erste Teil von »Zurück in die Zukunft« spielte weltweit rund 350 Millionen Dollar ein, die beiden folgenden waren kaum minder erfolgreich. Da taten die insgesamt zehn Millionen Dollar nicht weh, die man allein für die durchaus gelungenen Spezialeffekte aller drei Filme aufgewendet hatte. Schmerzhafter wiegt etwas anderes: Trotz des immensen Aufwandes blieb den drei Filmen der Oscar für die Special Effects versagt. Den aber hatte der Film »Die Zeitmaschine« von 1959 bekommen.

DIE »DELTA QUEEN«

Einer der heute noch auf dem → Mississippi verkehrenden Schaufelraddampfer, der ausschließlich zu touristischen Zwecken genutzt wird.

DIE »DEUTSCHLAND«

Deutscher Luxusliner, der mit der → »Lusitania« und der → »Mauretania« um das prestigeträchtige »Blaue Band« für die schnellste Atlantiküberquerung konkurrierte. Denselben Namen trug auch ein Kriegsschiff der so genannten »Deutschland-Klasse« im 2. Weltkrieg. Siehe → »Admiral Graf Spee«.

DIE »DISCOVERY«

Name der Raumfähre, die über dreieinhalb Jahre nach der Katastrophe der → »Challenger« am 29. September 1988 von den USA ins All geschickt wurde und heil wieder zur Erde zurückkehrte.

DODGE CHARGER

Zwei identische Fahrzeuge vom Typ »440 Magnum« kamen bei der spektakulären Autojagd durch die Straßen San Franciscos im Film »Bullitt« zum Einsatz. Es ist das Fahrzeug der Gangster, die zuerst Steve McQueens dunkelgrünen → Ford Mustang verfolgen, bevor dieser den Spieß umdreht.

DODGE TRUCKS

Zwei Lastwagen des amerikanischen Herstellers dienen als → Nitroglyzerin-Transporter in dem Film »Lohn der Angst«, erreichen aber beide nicht das Ziel.

DODGE MONACO

Basismodell des → »Blues Mobile« aus dem Film »Blues Brothers«.

DIE DRAGSTER

»A glittering example of a Dragster«, textete das kalifornische Automobilmagazin *Hot Rod* im Frühjahr 1953 unter die Abbildung eines Fahrzeugs, das der Reporter auf der »Los Angeles Car Show« im Januar 1953 entdeckt hatte. Damit erhielten all die Fahrzeuge einen Namen, mit denen sich wild gewordene Bastler und verkannte Automobilbauer schon seit den 40er Jahren versuchten und illegale Rennen von Ampel zu Ampel austrugen oder in den ausgetrockneten Flutkanälen von Los Angeles kräftig Gas gaben: Drachenautos. Das erste offizielle Rennen über eine viertel Meile fand im April 1949 auf einer zweispurigen Verbindungsstrasse zwischen dem California Coast Highway und dem Highway 101 an der amerikanischen Westküste statt. Tom Cobbs und Franz Hernandez ließen in einem Ford Roadster 1929 mit einem 34er V8-Motor mit Rootsblower aus einem Diesel Truck von General Motors und einem 32er »Three Windows Coupé«, bestückt mit einem Mercury-V8-Motor, nördlich von Santa Barbara den Bleifuss spielen.

»Laut und gewaltig irgendwo hinrasen«, dürfte wohl die passende Kurzbeschreibung dieser Rennen und ihrer Fahrzeuge sein. Zumindest hat ein Musiker der Koblenzer Band »Dragster« dieses Zitat mal geprägt und damit nicht nur die sportlichen Events beschrieben, sondern auch gleich die Stilrichtung der Kombo vorgegeben. Das »irgendwo hinrasen« ist dabei durchaus ernst gemeint, denn recht oft konnten die feurigen Mobile nicht den roten Zielwimpel erreichen, weil sie abhoben, verbrannten, sich überschlugen oder schlicht und einfach liegenblieben, obwohl der mutige Starter, der zu Anfang zwischen den Kontrahenten auf der Straße stand, die grüne Flagge gesenkt hatte.

Ein Zielfoto entschied 1949 über Sieg und Niederlage. Das war das erste technische Hilfsmittel außerhalb der Fahrzeuge. Bald waren Hunderte von Tüftlern damit beschäftigt, ihre Vehikel zu verbessern, was dazu führte, dass sie immer schneller, immer leichter und immer stärker motorisiert wurden. Neben umgebauten Straßenautos tauchten Eigenkonstruktionen auf, und die Fahrer hatten kaum noch etwas um sich herum als eine rasende Bombe. Schon 1955 erreichte ein Todesmutiger eine Höchstgeschwindigkeit von fast 140 Meilen (= 224 km/h). »National Dragster« hießen alsbald alle diese Rennen, so dass der Name sowohl mit den Fahrzeugen als auch mit den Veranstaltungen in Verbindung gebracht wurde. Mehrmotorige Dragster entstanden, die allerdings 1993 endgültig verboten wurden. Manche Fahrer experimentierten mit Flugzeugmotoren von bis zu 1.500 PS Leistung, auch wenn das enorme Gewicht dieser Maschinen den Konstrukteuren schwer zu schaffen machte. Spezielle Reifen wurden angefertigt, und da einige der Serienmotoren der gewaltigen Beschleunigung bald nicht mehr gewachsen waren, experimentierten die eifrigen Daniel Düsentriebs der Autobranche mit reinem Alkohol oder einer Mischung aus Methanol und Nitromethan anstatt dem herkömmlichen Benzin. Explodierende Motoren bremsten den anfänglichen Enthusiasmus ganz schnell. Es kamen Fahrzeuge auf, bei denen der Pilot aufgrund der besseren Gewichtsverteilung hinter der Hinterachse sitzt. Bremsfallschirme aus Düsenjägern sorgten dafür, dass die höllischen Geräte wenigstens irgendwann einmal auf die Erde zurückgeholt werden konnten.

Ende der 50er Jahre schwappte das Dragster-Interesse zunächst nach

England und dann auch in andere Länder über. 1964 durchbrach der erste amerikanische Fahrer die 200-Meilen-(320 km/h)-Grenze. Zum Teil verfolgten jetzt schon bis zu 20.000 Zuschauer ein Dragster-Rennen, und der Boom nahm kein Ende. Inzwischen sind schon Höchstgeschwindigkeiten von über 300 Meilen (480 km/h) in etwas über vier Sekunden erreicht worden. Wie hieß es doch im Juni 2000 in einem Bericht des Magazins *Prinz* so treffend: »Riesen-Autos mit Riesen-Reifen, die irre schnell losrasen, um nach vierhundert Metern mit einer Stichflamme aus dem Motor kaputtzugehen.« Und damit waren nicht nur die Fahrzeuge, sondern auch der Sound der Band »Dragster« gemeint. Irgendwie passend – der Bandname.

DER »DRAG-U-LA«

Von dem amerikanischen Autobastler George Barris konstruierter Wagen, der gemeinsam mit dem sogenannten → »Koach« in der TV-Serie »The Munsters« bekannt wurde.

DIE DRAISINE

»Der Mensch ist von Natur aus schlecht zum Laufen eingerichtet. Er wirft in der Bewegung sein Körpergewicht hin und her. Daran liegt es! Indem er sich mit dem einen Fuß kurz abschnellt, hebt er die gesamte Last zu einem kurzen Luftsprung, bremst sein Gewicht wieder im Fallen mit dem anderen Fuß – und vergeudet so bei jedem schnelleren Schritt unverhältnismäßig viele Kräfte. Ja man müsste eine Laufmaschine bauen.« So schrieb der badische Kammerherr, Forstmeister und Premierleutnant a.D. Freiherr Karl Friedrich Drais von Sauerbronn, der vom 29. April 1785 bis zum 10. Dezember 1851 lebte und in der zweiten Hälfte des Jahres 1813 seine Laufmaschine zum Patent anmeldete. Im Dezember führte er seine Neuentwicklung dem Zaren Alexander von Russland vor, der »daran Wohlgefallen fand«. Unter Berücksichtigung der schlechten Straßenverhältnisse und des vielen Kopfsteinpflasters in und um Karlsruhe entwickelte Drais seine Maschine weiter und bot sie schließlich in mehreren Varianten, als »einfache Maschine«, als »Maschine mit

Einrichtung zur Höhenverstellung des Sitzes«, mit »zwei Sitzen hintereinander« oder als »drei- und viersitzige Maschine« zum Kauf an. Aber trotz aller Verbesserungen erlosch das Interesse an der Neuentwicklung schnell. Statt dessen spottete man über den Erfinder: »Trab – trab – trab, mit Drais, da geht´s bergab!« Ein Engländer nannte das Gerät sogar in aller Öffentlichkeit abfällig »Knochenschüttler« (bone-shaker), was zu tätlichen Auseinandersetzungen zwischen den beiden Männern führte.

Drais starb verarmt in Karlsruhe. Als man in seiner Werkstatt ein altes Laufrad fand, erbarmte sich die Stadt Karlsruhe, das Gerät zu übernehmen. Heute ist dieser Vorläufer des Fahrrades in einem Museum ausgestellt und erinnert an den Erfinder. Während seine Rolle als Fahrradpionier nur wenigen geläufig ist, lebt sein Name in der Draisine weiter, die eigentlich ein Abfallprodukt seiner Erfindungen ist. Der »Brockhaus« erklärt dieses Gefährt so: »Ein leichtes vierrädriges, durch Menschenkraft oder Verbrennungsmotor angetriebenes Eisenbahnfahrzeug, das hauptsächlich bei der Bahnunterhaltung benutzt wird.«

Die allerersten so genannten »Rollräder« verfügten noch über keinen Antrieb und mussten geschoben werden. Als dann Pedale oder ein über eine Wippe anzutreibender Exzenter für den nötigen Schwung sorgten, nannte man sie Draisinen. Der Fahrer musste die Wippe nach vorne stoßen und wieder zurückziehen, um voranzukommen. Das war noch ziemlich kraftraubend. Deshalb konstruierte man bei der Handhebel-Draisine die Wippe später so, dass man sie im Stehen nach unten drücken konnte und dabei das eigene Körpergewicht nutzte. Im Laufe der Zeit baute man immer zahlreichere Varianten. Darunter waren Schienenfahrräder mit drei oder vier Rädern, mit Sitzen neben- oder hintereinander, mit Sitzbank, Dach oder Verdeck. Die später entstandenen Motor-Draisinen dienten im immer größer werdenden Schienennetz als Inspektionsfahrzeuge und verfügten ab 1960 auch über eine kleine Ladefläche.

Draisinen kann man an vielen Orten bestaunen. So in Bad Nauheim, wo die Deutsche Draisinensammlung über 90 Fahrzeuge präsentiert, und in Friedberg in der Wetterau oder in Fricktal. Seit einigen Jahren kann man die landschaftlich überaus reizvolle, stillgelegte Bahnstrecke zwischen Fürstenberg und Templin in der westlichen Uckermark (Brandenburg) mit Draisinen befahren.

Dass die Fortbewegung mit Draisinen durchaus komische Aspekte aufweist, machen sich zahlreiche Filme zunutze. »Der General« von und mit Buster Keaton ist zweifellos nicht nur in dieser Hinsicht ein Meisterwerk. Darin gibt es eine Fahrt mit einer Handhebel-Draisine, die rasant, aber kurz ist und belegt, wie robust diese Fahrzeuge sind. Das bekam auch ein Tischler aus Zwettl zu spüren, wie die örtliche Zeitung meldete. Danach wurde »der Kombi eines Tischlers aus Zwettl durch den Zusammenstoß mit einer Draisine zur Seite geschleudert und total beschädigt. Der Tischler wurde mit Verletzungen unbestimmten Grades ins Krankenhaus Zwettl eingeliefert. Die Insassen der Draisine blieben unverletzt.«

»THE DUCHESS« – DER ROLLS-ROYCE SILVER GHOST VON RUDYARD KIPLING

Welcher Nobelpreisträger sonst hat seinem Auto schon ein Gedicht gewidmet? Nach Angaben von Romanautor Philipp Vandenberg, dem derzeitigen Besitzer des »Duchess« genannten Rolls-Royce Silver Ghost, tat das nur der englische Autor Rudyard Kipling, der mit dem 1894 erschienenen Roman »Das Dschungelbuch« weltberühmt wurde und unter anderem dafür 1907 den Nobelpreis für Literatur erhielt.

Kipling war schon immer ein Freund schöner und exklusiver Dinge und außerdem ein Automobilfan. Um die Jahrhundertwende nannte er ein Dampfauto namens Locomobile sein eigen, danach ließ er sich in einem Lanchester, den er »Amelia« nannte, chauffieren, der mit einer besonderen Blattfederung ausgestattet war, um Kiplings lädierten Rücken zu schonen.

Zu verdanken ist das Interesse Kiplings an dem Rolls-Royce übrigens Claude Johnson, einem der Direktoren der damals noch jungen Firma, die von sich behauptete, das »beste Automobil der Welt« zu bauen. Als Kipling im Jahr 1913 gerade seinen Club verließ und nach einem Taxi rief, bekam Johnson zufällig mit, dass seine »Amelia« zur jährlichen Inspektion war. Also bot ihm Johnson spontan einen »Silver Ghost« nebst Chauffeur zur Überbrückung an. Kipling war durchaus angetan von dem Fahrzeug und erwarb am 3. November 1913 einen Rolls-Royce.

Auch beim Kauf kam Johnson dem berühmten Autor sehr entgegen. Als Kipling zunächst anmerkte, dass er sich den »Silver Ghost« vermutlich gar nicht leisten könne, nahm man den Lanchester für 1.050 Pfund Sterling statt der angemessenen 500 Pfund in Zahlung. Und da der »Silver Ghost« zur damaligen Zeit gerade mal 1.245,17 Pfund kostete, griff der als geizig geltende Kipling bei diesem Schnäppchen zu. Man muss allerdings anmerken, dass es bei dieser Summe sicher nicht geblieben ist, denn für diesen Preis bekam man zwar einen Rolls-Royce, aber nur das so genannte »rolling chassis«. Das »coachwork«, also der Aufbau des Wagens, dürfte nach Meinung von Experten nochmals ungefähr dieselbe Summe verschlungen haben – ganz besonders, weil Kipling auf die spezielle Federung des Lanchester nicht verzichten wollte und die Firma Rolls-Royce auf seinen Wunsch die Federung seines vorherigen Wagens in das neue Fahrzeug einbauen musste. Sie wurde zwar außen und dadurch für jedermann sichtbar angebracht, doch das störte Kipling nicht.

Seine Neuerwerbung taufte Kipling »The Duchess«, also »die Herzogin«, und ließ der edlen Dame eine besondere Ausstattung zuteil werden. Das Chassis 27 NA wurde mit einer Roi-des-Belges-Karosserie der Firma Hoopers ausgeliefert. Der Name geht zurück auf einen Sonderwunsch des Königs Leopold II. von Belgien, der diesen Aufbau für seine Geliebte fertigen ließ. (Der Wagen selbst trug übrigens ursprünglich nur die schlichte Typenbezeichnung »40/50«, doch seit der 13. Kunde des Hauses sich sein Gefährt mit silbernen Lampen und Armaturen hatte ausliefern lassen, hatte das Fahrzeug seinen Namen weg.)

Als Kipling den Wagen, der übrigens nicht silberfarben war, sondern in der damals, nach dem Tode Edwards VII. im Jahr 1910, populären Trauerfarbe purpur-violett ausgeliefert wurde, in Besitz hatte, ließ er sich nicht nur durch seine Heimat, das englische Sussex, sondern auch immer wieder einmal an die französische Côte d´Azur kutschieren. Rolls Royce sollte von diesen Ausflügen nicht unbeträchtlich profitieren, denn Kipling veröffentlichte seine Erlebnisse in britischen Automobilmagazinen und zog viele Leser mit dieser neuen Form der Berichterstattung in seinen Bann. Selbst die für Rolls-Royce so schmeichelhafte Legende vom einzigartigen Service überall auf der Welt stammt aus dieser Zeit. Am 23. März 1921 hatte Kipling mit dem Wagen auf einer Fahrt über die kurvigen Straßen rund um Avignon einen Federbruch erlitten, bei dem auch der Auspuff in Mitleidenschaft gezogen wurden. Im Hotel im französischen Hyères erkundigte sich der Autor nach der nächstgelegenen Rolls-Royce Station, aber da Nizza 180 und Paris gar 800 Kilometer weit entfernt waren, machte man ihm wenig Hoffnung, dass der Schaden bald behoben werden könne. Doch als Kipling am nächsten Morgen ein Telegramm nach England aufgeben wollte, konnte ihm der Portier frohgemut mitteilen, dass bereits alles erledigt sei. Noch in der Nacht war ein Serviceteam aus Nizza aufgebrochen und hatte bis zum frühen Morgen den Schaden behoben. Der hocherfreute Kipling publizierte diese Begebenheit, was ungeahnte Reaktionen zur Folge hatte. Neben solchen verbürgten Geschichten kursierten schon bald erfundene Anekdoten, welche die Zuverlässigkeit der Wagen und den unübertrefflichen Service der Firma Rolls Royce zum Gegenstand hatten. Sie waren so zahlreich, dass später sogar ein Buch die Legenden, die sich um die Marke ranken, versammelte.

Bereits 1921 – war er am Ende doch nicht so zufrieden mit dem Wagen? – verkaufte Rudyard Kipling, der am 18. Januar 1936 in London starb, die »Duchess« wieder. Danach wechselte sie mehrfach den Besitzer, ehe sie bei einem britischen Bäcker landete, der sie einem seiner beiden Söhne vererbte. Denn der Bäcker hatte 21 Filialen, die schwer durch zwei zu teilen waren. Also bekam der eine Sohn elf, der andere zehn und das Auto. Dann galt der Wagen 30 Jahre lang als verschollen, ehe er 1985 in den Londoner Ausstellungsräumen des englischen Auktionshauses Coys of Kensington wieder auftauchte.

Auf diese Gelegenheit machte der örtliche Rolls-Royce Club eines seiner bekanntesten Mitglieder aufmerksam. Der Autor Philipp Vandenberg, durch Bücher wie »Der Fluch der Pharaonen«, »Das fünfte Evangelium« oder »Der Schatz des Priamos« bekannt geworden, besaß bereits mehrere Fahrzeuge mit der »Emily« genannten Kühlerfigur. Er unternahm mit einem befreundeten Nachbarn eine Probefahrt in der »Duchess« durch London und erwarb sodann das Stück. Als technisch versierter Mann und glänzender Rechercheur trug er im Laufe der Jahre viele Informationen und Anekdoten über den Wagen Kiplings zusammen. »Anlassen ist eine mittlere Katastrophe«, so beschreibt Vandenberg eine der vielen Eigenarten der alten Dame. »Wir unterhalten uns und besprechen uns. Mittlerweile beherrsche ich sie, nicht sie mich.« Und er findet es durchaus angemessen und zuträglich, dem fast 90 Jahre alten Stück Reisen in die Alpen zuzumuten. »Wir fahren relativ viel, auch mit etwa 80 km/h die Autobahn München-Salzburg, aber als wir auf dem Großglockner waren, beschimpften uns Frauen, dass dieses Auto nicht hierher gehört.« Das lange und abwechslungsreiche Leben der »Duchess« schreit geradezu danach, bedichtet zu werden. Aber Vandenberg winkt ab: »Kiplings Zeilen sind unerreicht.«

»DUDU« – DER VW KÄFER AUS DER DEUTSCHEN FILMSERIE

»Der tolle Käfer«, genannt → »Herbie«, den Walt Disney Productions kreierte und 1969 auf die Leinwand brachte, animierte Nachahmer aus Deutschland dazu, auch eine mäßig komische Filmserie rund um das Wunderauto »Dudu« aufzulegen. Dessen überaus lässiger Fahrer »Jimmy Bondi« (ha, ha!) besteht zwischen 1971 und 1978 mit dem VW Käfer fünf Filmabenteuer. Immerhin gelang es den Machern um Regisseur Rudolf Zehetgruber, bekannte deutsche Akteure wie etwa Hans-Joachim Fuchsberger oder Walter Giller zur Mitwirkung zu überreden. Die Filmreihe, der erste Teil hieß »Ein Käfer geht aufs Ganze«, lebte ganz von den erstaunlichen Dingen, die der Käfer zustande bringt, während die Geschichten die Kinobesucher eher durch ihre tödliche Langatmigkeit in den Sesseln festhielten. Der Wagen konnte per Hubschrauberrotor in die Luft gehen, seitwärts in eine Parklücke hineinfahren und per Riesenmagnet an ein anderes Auto andocken, um Sprit zu sparen. Per Düsenantrieb konnte es sich bei einem vorausfahrenden Fahrzeug aufs Dach heben und dort festsaugen, auch ließen sich die Räder um 90 Grad schwenken und ausfahren, so dass der Käfer wie ein Kaminkletterer zwischen zwei Hausmauern nach oben steigen konnte. Die mit diversen technischen Geräten wie Oszillograph, Bildschirm und separater Stromversorgung aufgemotzte Inneneinrichtung konnte zum Nahkampf eingesetzt werden. Mittels einer Hydraulik konnte er im Stand drehen, außerdem schwimmen, spucken und um sich schlagen.

Die Kritik schlug zurück und fiel hämisch über den missglückten Klon des tollen Vorbilds her. Zu Recht, wie man sagen muss, denn die Tricks waren ziemlich hanebüchen und die Szenen mit dem Auto steckten voller Anschlussfehler. Da wechselte nicht nur unvermittelt das Kennzeichen von M-EX 300 auf DU-DU 925, sondern die Wagen veränderten auch in verschiedenen Szenen ihr Aussehen. Ein 1300er Käfer mutierte plötzlich zu einem Modell 1302 oder 1303, anscheinend je nachdem, was man gerade so zur Verfügung hatte. »Flaue, geschmacksunsichere Unterhaltung mit Massenkarambolagen«, »bescheidene Unterhaltungsansprüche« oder eine »einfältige und alberne Fortsetzung der Volkswagenserie« bescheinigte etwa die »Katholische Filmkritik« den Filmen. Egal ob es an den bescheidenen Budgets oder an der Ideenarmut der Autoren lag – der deutsche »Dudu« war in einem ungleichen Rennen gestartet, das nur »Herbie« gewinnen konnte.

E

DIE »EAGLE«

Die Landefähre von → »Apollo 11«, mit der die beiden Astronauten Aldrin und Armstrong den Mond erreichten. Mit dem Wiederaufstiegssystem der »Eagle« flogen sie zur »Columbia«-Kapsel zurück. Der untere Teil der »Eagle«, das Landesystem, steht heute noch auf dem Erdtrabanten herum.

»EASY RIDER« – DIE HARLEY DAVIDSONS AUS DEM FILM

Zwei kleine Drogendealer, die gerade ein Geschäft erfolgreich abgeschlossen haben, machen sich auf ihren beiden Harley-Davidson-Motorrädern von Los Angeles aus nach Osten auf – quer über den Kontinent. Billy und Wyatt – die berühmten Westernhelden Billy the Kid und Wyatt Earp lassen grüßen – treffen dabei auf Hippie-Kommunen, durchqueren das Monument Valley, riesige Städte, verlassene Dörfer, blitzsaubere Citys und verlauste Provinzen. Sie wollen das Land der unbegrenzten Möglichkeiten erkunden und das Gefühl der Freiheit und müssen doch feststellen, dass der große Traum zu einem Alptraum geworden ist. Der ständig alkoholisierte Kleinstadt-Anwalt George Hanson, gespielt von Jack Nicholson, der sich ihnen unterwegs anschließt, wird von dumpfen Rednecks erschlagen. Und auf einer Landstraße in Louisiana erwischt es dann auch die beiden aufrechten Ritter der Landstraße. Die Schrotladungen aus der Flinte eines Landarbeiters, der das einfach nur so tut, ohne Grund, reißen sie von ihren Sitzen hinter dem Hochlenker.

»Easy Rider«, das war für viele Kinobesucher der Jahre 1968 und 1969 *die* zeitgemäße Umsetzung des amerikanischen Traums. Nie wieder haben zwei moderne Helden die Ideale und Zweifel einer ganzen Generation so auf den Punkt gebracht wie Dennis Hopper und Peter Fonda. Ihr

Amerika, dieses Land der Freiheit, wird bevölkert von einem Haufen kleingeistiger, gewalttätiger Provinzieller. Dennis Hopper, damals gerade 32 Jahre alt, drehte mit »Easy Rider« seinen ersten Spielfilm. Das mickrige Budget von 300.000 Dollar brachten Peter Fonda und er durch ihre Gagen aus früheren Filmen auf. Fonda hatte mit schnell herunter gekurbelten Filmen über Motorradbanden etwas Geld verdient und glaubte an die Zukunft von Motorrad-Storys. Gemeinsam hatten sie bereits den Film »The Trip« zu einem kleinen Erfolg geführt. »Easy Rider« kam genau zum richtigen Zeitpunkt. Mit diesem Film mischten Fonda und Hopper die verkrusteten Hollywood-Studios auf und verschafften den so genannten Independents Respekt.

Die Story beruht auf einer wahren Begebenheit. Dennis Hopper war ein Zeitungsausschnitt in die Hände gefallen – sein Bericht über zwei Motorradfahrer, die man, erschossen neben ihren Maschinen liegend, im Straßengraben gefunden hatte. Der Titel »Easy Rider« hat übrigens nichts mit den schweren und keinesweg leicht zu fahrenden Harleys zu tun, deren langer Radstand und extrem aufrechte Sitzposition den beiden Hauptdarstellern nur Schwierigkeiten bereiteten. »Ein ›easy ride‹ war eine Hure, mit der alle ihr leichtes Spiel trieben«, erinnert sich Dennis Hopper an die Namensgebung. Und Peter Fonda erklärte in einem Interview mit dem amerikanischen Magazin »Rolling Stone«: »›Easy Rider‹ nennt man im Süden der USA den Geliebten einer Hure, also nicht ihren Zuhälter, sondern den Burschen, der mit ihr geht, weil er einen ›easy ride‹ (die Gratisnummer) kriegt. Nun, genau das ist Amerika zugestoßen, Mann. Die Freiheit ist zur Hure geworden. Wir alle genehmigen uns einen ›easy ride‹.«

Das Aussehen der Motorräder bestimmte Peter Fonda. Er hatte auf einer Auktion gebrauchter Maschinen bei der Polizei zwei Panheads der Baujahre 1950/51 und zwei von 1952 erworben, die er von Cliff Boss, einem Mitglied der Motorradgang, der er selbst auch angehörte, nach seinen Wünschen umgestalten ließ. Sie sollten die damalige Zeit repräsentieren, den Protest der Jugend, die Vorliebe für Comics, die Rebellion gegen das Establishment, und so kreierte Boss das Modell »Captain America« mit seiner extrem langen Gabel ohne Vorderradbremse, was den motorraderfahrenen Fonda nicht weiter störte. Wo immer möglich verchromte man die Teile, so auch die in die Länge gezogenen Fischschwanz-Auspuffrohre. Der kleine, nur knapp acht Liter fassende Tank trug die Farben der US-Flagge, ebenso wie Peter Fondas Helm. Für Hopper, der nicht so ein erfahrener Fahrer war, baute Boss das so genannte »Billy Bike« mit einer nicht so langen Gabel. Er lackierte das Motorrad in einem Orangeton und schmückte den Tank mit roten Flammen. Nachdem er die Motorräder fertig hatte, fuhr Fonda längere Zeit in Los Angeles damit herum, um ihnen ein gebrauchtes Aussehen zu verpassen.

Der Film war von Anfang bis Ende improvisiert. Oft wusste man nicht, wie es weiterging. Ein Drehbuch existierte nur in Ansätzen und Fragmenten. Viele Dialoge ergaben sich spontan. Schauspieler, die nur einen kleinen Part hatten, engagierte man »on the road«. Nicht immer die besten Ideen entstanden, wenn die beiden Macher ganz in Ruhe an einer Straßenecke einen Joint rauchten und dabei über die nächsten Drehtage faselten. Auch war es nicht einfach, die Fahrszenen richtig ins Bild zu setzen. Der Kameramann Laszlo Kovacs brauchte ja auch schöne Landschaftsbilder, weshalb die Biker nicht schneller als 30 Meilen pro Stunde (rund 48 km/h) fahren durften, was dazu führte, dass die Harleys schnell überhitzten.

Eigentlich entsprachen die Dreharbeiten aber ganz dem Thema des Films: Es geht ja nicht um Start und Ziel, sondern um die Reise selbst. Um so erstaunlicher ist es, dass die »Drehbuchautoren«, denen der professionelle Autor Terry Southern immer dann aushalf, wenn gar nichts mehr ging, dafür auch noch eine Oscar-Nominierung erhielten. Eine Verbeugung wohl auch vor dem immensen finanziellen Erfolg des Filmes, der schon nach kurzer Zeit 22 Millionen Dollar einspielte und es als so genannter »Longseller« bis zum Jahre 1977 auf insgesamt 35 Millionen Dollar brachte.

Jack Nicholson war ursprünglich gar nicht für die Rolle des Anwalts George Hanson vorgesehen. Erst war Rip Torn im Gespräch, dann Bruce Dern, doch der wollte zu viel Geld haben. Also übernahm Nicholson, der sich wirklich gerne an den Film erinnert, da ihm sein Kurzauftritt den internationalen Durchbruch bescherte, den Part. Seine Darstellung galt als preiswürdig und er wurde als bester Nebendarsteller für den Oscar nominiert. »Easy Rider« war für ihn die letzte Nebenrolle seiner Karriere. »Als ich die Geschichte las, wusste ich, dass der Film so etwas wie die ›Höllenfahrt nach Santa Fe‹ (ein Western) unter den Motorradfilmen werden könnte.« Die Rolle des Anwalts hatte Dennis Hopper ganz bewusst in den Film eingebaut. Er sollte als Identifikationsfigur für all die

Kinogänger dienen, denen langhaarige, schmuddelige Biker zuwider sind und die in einem Anwalt ein ehrenwertes Mitglied der Gesellschaft sehen – selbst wenn der sich in seinem 20-Minuten-Auftritt vom Whiskytrinker zum Marihuanakiffer entwickelt und am Ende noch vor den Dealern umgebracht wird. Mit seinem Football-Helm sieht er überdies ziemlich lächerlich aus.

»Mein Film handelt nicht von der Freiheit, sondern vom Mangel an Freiheit«, fasst Peter Fonda die Essenz des 94-Minuten-Trips zusammen. Und ein solcher Mangel erweist sich nun mal am besten im Umgang mit Störenfrieden wie Kleindealern auf bollernden Harleys. Fonda war übrigens beileibe kein Harley-Fan. Er bevorzugte für seine privaten Ausflüge eigentlich eine BMW, wie er in einem Interview anlässlich eines Besuchs in Deutschland gestand: »Eine Harley, die braust los, knattert laut und ist in den ersten Runden immer schneller als die gute Gummikuh. Aber irgendwann geht ihr die Luft aus, die Schrauben schütteln sich los und sie muss in die Werkstatt. Dann dreht sich der Harley-Pilot erstaunt um, und sieht die BMW an sich vorbeiziehen. Gleichmäßig, wenn auch nicht schnell, zieht sie ihre Runden, aber sie fährt und fährt und fährt.«

Gegen Ende der Dreharbeiten wurden drei der vier Bikes aus einer Garage geklaut. Sie tauchten nie wieder auf. Nur eine »Captain America« blieb erhalten. Sie brannte bei der finalen Unfallszene zum Teil ab. Dan Haggerty, neben Tex Hall einer der beiden Stuntmen des Films, baute das ziemlich ramponierte Bike wieder auf, behielt es bis 1996 und ließ es dann versteigern. Heute ist die Harley im Alamo Car Museum im texanischen New Braunfels ausgestellt.

1993 kamen auf den Filmfestspielen in Cannes Gerüchte auf, wonach Hopper eine Fortsetzung seines Kultfilms plante. Er machte sich sehr darüber lustig. Sicher wäre nur, dass auch ein Remake nicht auf die Motorräder von Harley Davidson verzichten müsste. Die Motorradschmiede feiert 2003 ihren 100. Geburtstag, steht wirtschaftlich gesünder da denn je und erfreut sich daran, Teil der Legende zu sein, zu der der Film »Easy Rider« keinen geringen Beitrag geleistet hat.

DER EIN-MANN-DÜSENRUCKSACK »JET-PACK«

Die Beschäftigung mit technischen Neuerungen war eines der Hobbys des kanadischen Filmproduzenten Harry Saltzman. Als er davon hörte, dass die US-Armee einen Ein-Mann-Düsenrucksack testete, kam ihm die Idee, so etwas im vierten James-Bond-Film »Feuerball« einzusetzen. Wendell F. Moore von der US-Firma Bell Aerosystems hatte das Aggregat 1961 für sein Unternehmen entwickelt. Es taugte nur zu Luftsprüngen von 21 Sekunden Dauer, nur zehn Sekunden davon blieben für den Steigflug. Der Düsenrucksack besteht aus einem tragbarem Triebwerk, dessen Antriebsgase seitlich an den Schultern ausströmen. Flugrichtung und Schubkraft werden mit Drehgriffen gesteuert, die etwa denen eines Motorrads entsprechen. Bei den Weiterentwicklungen von Bell kam der kleinste Düsenmotor der Welt zum Einsatz, der mit Kerosin betrieben wird. Ein kühlender Luftstrom sorgt dafür, dass die Verbrennungshitze vom Rücken des Fliegers und von den Treibstofftanks ferngehalten wird.

Bei den Dreharbeiten zu »Feuerball« im Februar 1965 am Château d´Anet außerhalb von Paris bekam Connery den Raketenrucksack zwar einige Male umgeschnallt, fliegen musste er damit jedoch nicht. Die Aufnahmen mit Connery entstanden, indem ein Kran ihn samt Gerät in die Luft hievte. Richtig in Action war der Raketenrucksack ausschließlich mit dem Piloten Bill Suitor. Er überflog das ehrwürdige Gemäuer mit einer Weiterentwicklung des ersten Flugaggregats, das bereits Luftsprünge von vier Minuten Länge ermöglichte und in Höhen von 300 bis 600 Fuß (ca. 91 bis 182 Meter) vordringen konnte. Als Regisseur Terence Young von ihm verlangte, ohne Helm zu fliegen, lehnte Suitor das kategorisch ab. Er konnte es sich erlauben, denn außer ihm gab es nur noch einen einzigen Menschen auf der Welt, der den Rucksack fliegen konnte. Das war der »Raketenmann« Kinnie Gibson, der zum Star der Olympischen Sommerspiele 1984 in Los Angeles wurde, als er mit einer Neuentwicklung von Bell während der Eröffnungsfeier ins Stadion schwebte. Deutsche Karikaturisten machten auf einen praktischen Verwendungszweck der Maschine aufmerksam. Eine Zeile unter einer Karikatur lautete: »Anfragen aus der DDR, wie weit man mit dem Ding fliegen kann.«

»EMMA« – DIE LOKOMOTIVE VON LUKAS UND JIM KNOPF

»Die Lokomotive hieß Emma und war eine sehr gute, wenn auch etwas altmodische Tender-Lokomotive. Vor allem war sie ein bisschen dick.« Mit diesen Worten führt Michael Ende »Emma« in die Geschichte »Jim Knopf und Lukas der Lokomotivführer« ein. Lukas zog mit »Emma« seine Kreise durch das Lummerland, eine Insel im »weiten, endlosen Ozean«, und hielt mit ihr immer an einer kleinen Bahnstation am Fuße des Berges an. Dann ging es auf dem »kurvenreichen Eisenbahngleis durch fünf Tunnels«. Aber eines Tages mussten sie das geliebte Lummerland verlassen und in die weite Welt außerhalb der Insel ziehen. König Alfons der Viertel-vor-Zwölfte hatte nämlich verfügt, dass auf Lummerland zu wenig Platz sei für eine Lokomotive. Gemeinsam mit dem kleinen schwarzen Jungen Jim Knopf gelangten sie in das Kaiserreich Mandala und befreiten Li Si, die Tochter des Kaisers, in der Drachenstadt Kummerland aus den Händen der bösen Frau Malzahn. »Liebe Emma!«, begann der Kaiser von Mandala seine Dankesrede. »Es gibt heute keinen glücklicheren Menschen als mich, weil ich meine kleine Tochter wiederbekommen habe. An deinem verbeulten Gesicht sehe ich, dass du für sie große Gefahren erduldet und Kämpfe ausgestanden hast. Ich weiß zwar nicht, ob Lokomotiven großen Wert auf Orden legen. Aber ich möchte gern, dass in Zukunft alle Leute sehen sollen, was für eine besondere Lokomotive du bist.« Und dass er damit recht hat, daran besteht kein Zweifel. »Emma« schwimmt und schämt sich auch mal, sie leidet und schaut auch mal ganz böse und am Ende des ersten Romans wird sie sogar Mutter, denn aus dem kleinen Kohlentender kommt »Molly« heraus, eine junge Lokomotive, die später einmal von Jim Knopf gefahren wird.

1954 schrieb der damals 25-jährige Michael Ende für einen befreundeten Illustrator »zwei, drei Seiten für ein Bilderbuch«. Er begann mit dem Satz: »Das Land, in dem Lukas der Lokomotivführer wohnte, war nur sehr klein«, und wusste dann erst mal nicht mehr weiter. Doch zehn Monate später legte er ein 600 Seiten umfassendes Manuskript vor, das zunächst kein Verlag haben wollte. Erst 1958 wagte sich Lotte Weibrecht vom Karl Thienemann Verlag an den Schmöker und machte gleich zwei Bücher daraus. Am 9. August 1960 erschien der erste Band mit dem Titel »Jim Knopf und Lukas der Lokomotivführer«, zwei Jahre später der Folgeband »Jim Knopf und die Wilde 13«. Beide Bände wurden in bisher 25

Sprachen übersetzt und mehr als drei Millionen Mal verkauft. 1962 interessierte sich der Hessische Rundfunk für eine Umsetzung der Geschichten und nahm mit der Augsburger Puppenkiste Kontakt auf. Es ist dem Regisseur Manfred Jenning zu verdanken, dass das 1948 als »Augsburger Marionettentheater« von Walter Oehmichen gegründete Haus damit seinen großen Durchbruch feierte, denn Jenning erkannte sofort das Potenzial der Geschichten. Oehmichens Frau Hannelore Marschall-Oehmichen baute die Puppen und Rose Oehmichen schneiderte die Kostüme. Da die nur zwei mal einen Meter große Bühne der Puppenkiste nicht genug hergab, wurde eine reine Fernsehproduktion daraus, die der HR im Foyer des Theaters drehte. Die bis 1976 in Schwarzweiß, danach in Farbe verfilmten Abenteuer von Emma, Lukas und Jim traten nun ihren Siegeszug durch die Fernsehprogramme an. Die Figuren wurden so populär, dass selbst die Deutsche Bahn eine Zeit lang mit »Zugreisen zu Jim-Knopf-Preisen« warb. Zudem kamen ein Musical mit Liedern von Konstantin Wecker, Liederbücher, Videos und im Jahr 2000 auch ein Zeichentrickfilm heraus. Selbst Stefan Raab schmiss sich auf den von Emma gezogenen, längst abgefahrenen Zug und konnte mit einer Popversion des »Lummerlandlieds« noch einen Hit landen: »Eine Insel mit zwei Bergen in dem tiefen, weiten Meer, mit viel Tunnels und Geleisen und dem Eisenbahnverkehr…« Heute stehen die Hauptdarsteller der TV-Produktion im Museum der Augsburger Puppenkiste.

DIE »ENDURANCE«

»Fortitudine Vincimus«, was auf deutsch so viel heißt wie »mit Ausdauer zum Sieg«, lautet das Familienmotto des Forschers Sir Ernest Shackleton. Das Schiff, mit dem er und seine Männer im Dezember 1924 zu einer Expedition ins ewige Eis aufbrachen, taufte er auf den Namen »Endurance«, was übersetzt »Durchhaltevermögen« bedeutet.

»Suche Freiwillige für gefährliche Reise. Niedriger Lohn, bittere Kälte, lange Stunden in vollständiger Finsternis garantiert. Rückkehr ungewiss. Ehre und Anerkennung im Fall des Erfolges.« Mit diesem Text warb Shackleton per Anzeige und Aushang 1907. Und tatsächlich fanden sich 27 Mann, die sich auf das gefährliche Abenteuer einlassen wollten. Die britische Regierung hatte Shackleton beauftragt, als eines der letzten Ziele der Menschheit die komplette Durchquerung der Antarktis in Angriff zu nehmen, nachdem der Norweger Roald Amundsen, der später bei der Suche nach der → »Italia« ums Leben kam, den Wettlauf zum Südpol gegen Robert F. Scott gewonnen hatte. Also rüstete Shackleton seine »Endurance« aus und machte sich im August 1914 von London aus in südlicher Richtung über Madeira, Montevideo und Buenos Aires, wo der australische Fotograf Frank Hurley und zusätzliche Ausrüstung an Bord kamen, auf den Weg. Zu Anfang machte der Dreimaster, der so gebaut war, dass er dem Eis widerstehen konnte, bis zu zehn oder elf Knoten, was einer Tagesstrecke von 150 bis 200 Seemeilen entsprach, doch schon im Dezember sank die Tagesleistung auf etwa 30 Meilen, und bald kam das Segelschiff nur noch mühsam zwischen Eisschollen voran. Shackleton begegnete der aufkommenden Langeweile an Bord mit musikalischen Abenden und Fußballspielen. Aber am 19. Januar 1915, mitten im antarktischen Sommer, gab es kein Entkommen mehr. »Genau auf 77 Grad südlicher Breite, in der Nähe des südlichen Endes der Weddellsee, wurde die ›Endurance‹ während meiner Wache vom Packeis eingeschlossen. Die Packeisschollen gefroren zusammen, so dass wir nicht mehr in der Lage waren, das Schiff daraus zu befreien. Und so drifteten wir während des Sommers bis hin zum Winter mit dem Eis etwa 1.000 Meilen nordwärts«, schrieb Frank Worsley, einer der Teilnehmer der Expedition, 1931 in dem Buch »Shackleton´s Boat Journey«. Zunächst ging man davon aus, dass das Schiff zu retten war. Shackleton ordnete den Rückzug in den Bauch des Schiffes an. Man musste die Zeit ab Mai 1915 überstehen, da dann für drei Monate kaum helle Tage kamen und Temperaturen bis zu 26 Grad unter Null bevorstanden. Doch auch als dic Sonne mit Beginn des arktischen Frühlings wieder zurückkam, besserte sich die Situation nicht. Im Gegenteil, denn jetzt geriet das Eis in Bewegung. Vorsorglich ließ Shackleton am 27. Oktober alle Mann von Bord gehen – eine weise Entscheidung, wie sich zeigte, denn am Abend zerquetschten die Eisschollen die »Endurance«. Verschiedenen Quellen zufolge wurde das Schiff dabei wie eine Ziehharmonika zusammengeschoben. 327 Tage dauert die Expedition nun schon. Jetzt mussten die Forscher mit drei Rettungsbooten im Schlepptau zu Fuß weiter. Sie verbrachten Weihnachten auf einer Eisscholle, mussten einmal über drei Monate an einem Punkt aushalten, da kein Weiterkommen möglich war, und erreichten erst am 498. Tag, am 15. April 1916, Süd-Shetland. Es dauerte noch bis August, ehe die ganze Crew in Sicherheit war. Aber kein Opfer war zu beklagen. Nicht nur die 28 Mann, sondern auch die Katze Mrs. Chippy und das Rettungsboot »James Caird« überstanden die knapp 22 Monate dauernde Odyssee. Das Rettungsboot kann im American Museum of Natural History in New York besichtigt werden. Dort wird auch der »Imax«-Film »Endurance – The Movie« gezeigt. Doch bei diesem Kurzfilm soll es nicht bleiben. Regisseur Wolfgang Petersen (→ »Das Boot«) will Anfang 2003 mit einem Spielfilm über die »Endurance« beginnen. Die Vorbereitungen dazu dauern schon über zwei Jahre. Shackletons Familienmotto »Fortitudine Vincimus« gilt eben immer noch.

DIE »ENOLA GAY«

Der Name war sorgsam auf die Bordwand des Flugzeugs unterhalb des Pilotensitzes gepinselt worden. Als Namensgeberin fungierte die Mutter von Colonel Paul Warfield Tibbets, jenem Piloten, der am 6. August 1945 die erste Atombombe der Welt über Hiroshima abwarf.

Das Flugzeug, das die Bombe transportierte und so sicher ins Ziel brachte, war eine Boeing B-29 Super Fortress, während des 2. Weltkriegs die komplizierteste und teuerste Waffe der Vereinigten Staaten von Amerika im Luftkrieg.

Für den Krieg im Pazifik mit seinen großen Distanzen zwischen den Flughäfen baute die Firma Boeing rund 4.000 B-29 Bomber, die von der Glenn L. Martin Company im US-Bundesstaat Omaha in Nebraska ausgerüstet wurden. Für den Vortrieb sorgten vier Motoren mit je 2.200 PS Leistung, die Flügelspannweite betrug 43 Meter, vom Boden bis zur Leitwerkspitze maß die B-29 neun Meter. Mit zehn Besatzungsmitgliedern transportierte sie eine Bombenlast von bis zu 20 Tonnen über 5.000 Kilometer weit. Die Höchstgeschwindigkeit betrug 576 km/h.

Nachdem Colonel Tibbets mit der Mission betraut wurde, die erste Atombombe über Japan abzuwerfen, wählte er am 9. Mai 1945 eine dieser Maschinen mit der Seriennummer B-29-45-MO-44-86292 auf dem Gelände der Firma Martin in Omaha aus. Der damals kommandierende Pilot Robert Lewis, der später als Co-Pilot neben Tibbets im Cockpit sitzen sollte, überführte sie zu einem Flugplatz in Utah und von dort aus am 27. Juni mitsamt seiner elfköpfigen Besatzung in den Südpazifik. Am 6. Juli erreichte er die Insel Guam, wo die Maschine umgebaut wurde, um die Atombombe aufnehmen zu können. Dann flog die Crew zu den Tinianinseln auf den Marianen, wo sie eine Reihe von Tests absolvierte. Dazu zählten Bombenabwürfe über Rota, Guguan und Marcus Island sowie Tag- und Nachtflüge. Am 5. August schließlich wurde das Flugzeug auf den Namen »Enola Gay« getauft. Auch wurde die 4,5 Tonnen schwere und »Little Boy« genannte Uranbombe an Bord gebracht. Der Kommandant meldete den reibungslosen Verlauf der Vorbereitungen nach Washington und fügte hinzu, dass er sich auf die »großartige Show« am nächsten Tag freue.

Die »Enola Gay« startete um 2.45 Uhr morgens von Tinian in Richtung Japan. Um 8.15 Uhr Ortszeit klinkte die Besatzung die Atombombe über Hiroshima aus. Heckschütze Caron schilderte seine Eindrücke später so: »Es war, als hätte sich der Ring um irgendeinen weit entfernten Planeten gelöst und käme von unten auf uns zu.« Die Maschine schoss wegen des plötzlich fehlenden Gewichts der Bombe sofort stark nach oben und wurde kurz danach von den Druckwellen der Explosion erfasst. Dann kam nichts mehr. Caron sagte: »Ruhe bewahren!« Die Maschine drehte ab und landete nach etwa zwölfstündigem Flug um kurz vor 15.00 Uhr wieder auf dem Ausgangsflughafen.

Der atomare Blitz zerstörte etwa 80 Prozent der Stadt. Von den ungefähr 350.000 Menschen, die sich zu der Zeit in Hiroshima aufhielten, starben 90.000 sofort. Tibbets äußerste kurz nach dem Abwurf, er sei »schockiert über das Ausmaß der Zerstörung«. Seine dienstliche Meldung, dass das Ziel »nach Sicht mit guten Ergebnissen bombardiert« worden sei, verriet davon nichts.

Am 9. August warf die Crew der »Enola Gay« unter Kommandant George Marquardt über Nagasaki die zweite Atombombe ab, diesmal eine Plutoniumbombe mit dem Namen »Fat Man«. Zwischen 60.000 und 70.000 Menschen kamen sofort ums Leben. Noch viel mehr sollten lange Zeit danach an den Spätfolgen der atomaren Verseuchung sterben.

Nachdem Japan am 2. September 1945 kapituliert hatte, flog die »Enola Gay« am 6. November von Tinian nach New Mexico zum geheimen Luftwaffenflughafen in Roswell. Es folgten weitere geheime Nukleartests, die Colonel Tibbets im April und Mai 1946 auf den Kwajaleininseln durchführte, doch bereits kurz danach wurde beschlossen, das Flugzeug einzumotten. Das Smithsonian Institute in Washington akzeptierte die Maschine als Ausstellungsstück. Am 21. Juli 1961 wurde sie über Land zum Magazin des Nationalen Luftfahrtmuseums nach Suitland in Maryland nahe Washington gebracht. Da auch Ausstellungsstücke altern, begann am 5. Dezember 1984 eine Restaurierung, die erst zehn Jahre später, im November 1994, abgeschlossen wurde. Dann zeigte man das Vorderteil der Maschine samt Cockpit wieder im National Air and Space Museum. In der kurz zuvor über dieses Faktum informierten Öffentlichkeit entbrannte eine kontroverse Debatte darüber, ob die Ausstellung der Maschine überhaupt sinnvoll und zeitgemäß sei. Mit dem Ergebnis, dass am 18. Mai 1998 der Teil der Ausstellung, der Fragmente der »Enola Gay« zeigte, geschlossen wurde. Seitdem war das geschichtsbeladene Flugzeug nicht mehr öffentlich zu sehen.

Paul Warfield Tibbets verließ 1966 die Armee und flog Lear Jets, zuerst in Europa, dann wieder in den USA. Noch heute wird er von einigen als Held verehrt. Am 20. April 2001 zeigte er sich im National Air and Space Museum in Washington, um sein jüngstes Buch zu signieren. Der Titel lautet: »The Return of the Enola Gay«.

DIE »ENTE« (CITROËN 2 CV) AUS »IN TÖDLICHER MISSION«

Dass Enten, ganz besonders wenn sie auf der Flucht sind, zu durchaus spektakulären Abflügen neigen, bewiesen Techniker und Stuntmen 1980 bei den Dreharbeiten des James-Bond-Films »In tödlicher Mission«. Hilfreich dabei war, dass diese besondere Ente ihre Existenz nicht einem Techtelmechtel von Erpel und Ente verdankte, sondern dem Genie von Pierre Boulanger, dem damaligen Generaldirektor von Citroën. Er hatte bereits im Jahr 1936 seine Techniker mit der Aufgabe betraut, »vier Räder unter einer Art von Schirm zusammenzusetzen, die eine Ladung Eier über ein unebenes Feld transportieren könnten, ohne auch nur ein einziges zu zerbrechen.« Eier zumindest waren also bei der Geburt auch dieser »Ente« mit im Spiel.

Ursprünglich hatten die Drehbuchautoren Richard Maibaum und Michael G. Wilson beim Schreiben ihrer Verfolgungsjagd einen Lotus Esprit vor Augen, aber als man die kurvigen Straßen am Drehort Korfu genauer inspizierte, verwarf man diese Idee. Als ein Gangster Bonds Lotus Esprit Turbo aufzubrechen versucht und dabei samt Auto in die Luft fliegt, bleibt Roger Moore alias James Bond also nichts anderes übrig, als auf den Wagen von Melina, gespielt von Carole Bouquet, zurückzugreifen – eine knallgelbe Ente.

Rein äußerlich war das im Film verwendete Vehikel nicht von den anderen, millionenfach gebauten Kultgefährten zu unterscheiden. Doch um der Ente Flügel zu verleihen, hatte man ihr ein neues Herz eingepflanzt. So verfügte sie nun über ein Citroen GS-Triebwerk, einen Vierzylinder-Boxermotor mit 1015 cm^3 und 54 anstatt der sonst üblichen 29 PS. Der größere Motor machte Umbauten am Chassis sowie Modifikationen an Getriebe und Kupplung erforderlich und verhalf der Ente zu erheblicher Rasanz. »164 km/h Höchstgeschwindigkeit haben wir gemessen«, verriet Konstrukteur Ken Sheppard der Zeitschrift *auto motor und sport*. Um unkontrollierte Abflüge zu verhindern, installierte man wie beim Modell »2 CV Cross« Spezial-Stoßdämpfer. Besonders steife Stabilisatoren unterdrückten die natürliche Lust der Ente am Schaukeln und begrenzten die Seitenneigung. Ein Überrollbügel und Hosenträgergurte schützten die Stuntmen. Ein Spezialauspuff brachte die ententypischen Rappel- und Heulgeräusche zurück, die mit dem Einbau des stärkeren Motors verlorengegangen waren. Auch in weiteren Details zeigte sich, dass die Fitness-Kur nicht spurlos an den Enten vorübergegangen war, wie Auto-Tester Klaus Westrup feststellte, als er am 25. November 1981 eine der Bond-Enten durch Köln bewegen durfte. Er schrieb: »Wo ist der Anlasser? Nach zwei Minuten werde ich fündig: Die Zündung lässt sich mit einem links unter dem Armaturenbrett postierten Zugschalter anknipsen, der Anlasser setzt sich nach zufälligem Drücken jenes Knopfes in Bewegung, mit dem üblicherweise die Bremsflüssigkeit überwacht wird. Über einen Durchbruch in Höhe der Armaturenbrett-Ablage, durch den das Gestänge nach vorn in Richtung Plattformrahmen verschwindet, sieht man ins Freie.«

Insgesamt vier identische Modelle, präpariert von der britischen Citroën-Niederlassung in Slough, kamen zum Filmeinsatz. Gedreht wurde ausschließlich auf der griechischen Insel Korfu, auch wenn ein Teil der Handlung nahe Madrid in Spanien spielt und ein der Ente entgegenkommender Bus entsprechend beschriftet ist. Für die Sprünge baute das Stuntteam von Remy Julienne Rampen, den Überschlag drehte man in dem kleinen Ort Pagli. Remy selbst und sein Sohn fuhren die Ente, seine

Kollegen machten ihm bei einer spannenden und gleichzeitig drolligen Verfolgungsjagd mit mehreren schwarzen Peugeot 504 das Leben schwer.

Nach ihrem actionreichen Einsatz in »freundlicher Mission«, wie es in einem Artikel hieß, wurden die gerupften Tierchen, die alle das identische Kennzeichen M 1026 A trugen, nach Slough nahe London zurückgebracht. Zwei wurden repariert, wieder aufgebaut und anonym verkauft. Ein Wagen blieb in England, einer ging an den Hersteller in Frankreich und steht inzwischen im Werksmuseum. Übrigens: Preiswerter war es nie, sich wenigstens ein bisschen wie James Bond zu fühlen. Citroën Cars Ltd. beglückte Entenliebhaber mit einer limitierten Auflage von 300 knallgelben Enten inklusive 007-Aufklebern und aufgeklebten Einschusslöchern. Die Extras aus den Filmfahrzeugen waren nicht erhältlich, aber schließlich zahlte man ja auch nur den ganz normalen Entenpreis.

DIE »ESSEX«

Walfänger, der als Vorbild für die → »Pequod« aus Hermann Melvilles Roman »Moby Dick« diente.

EVEL KNIEVELS MOTORRÄDER

Genug ist genug, sagte sich Evel Knievel nach 35 Knochenbrüchen, 14 Operationen, einem Koma und unzähligen Unfällen 1981 und beendete seine 16 Jahre dauernde Karriere als Motorradartist. Er konnte auf ein (unfall-) reiches und bewegtes Lebenswerk zurückblicken. Unzählige Motorräder hatte er zu Schrott gefahren, war mit der Motorradgang »Hells Angels« aneinandergeraten, hatte zahllose Rekorde (und Gliedmaßen) gebrochen und dabei besonders auf drei Marken vertraut: Honda, Triumph und Harley Davidson.

Als Robert Craig Knievel am 17. Oktober 1938 in Butte im US-Bundesstaat Montana zur Welt kam, deutete zunächst nichts auf seine späteren Höhenflüge hin. Eigentlich recht spät startete seine Karriere in den 60er Jahren, als er damit begann, für Vertragshändler des Herstellers

Honda im Staat Washington kleinere Stunts vorzuführen – sozusagen als Verkaufsförderungsmaßnahme. Da den potenziellen Kunden Sprünge durch brennende Reifen bald nicht mehr genügten, beschloss er, vor zahlendem Publikum hohe und weite Sprünge zu wagen. Eine der ersten größeren Aktionen dieser Art ging dann auch gleich gründlich schief. Knievel, unterstützt von seinem Partner Darrell Triber, wollte auf einem Rennkurs in Moses Lake über eine lange Reihe sargähnlicher Kisten springen, die mit Klapperschlangen gefüllt waren. Der lokale Zoo hatte seine Unterstützung zugesichert, so dass man außerdem noch zwei Löwen an dem Kistenstapel postieren konnte. Das Ganze wirkte richtig gefährlich und wäre es beinahe auch wirklich geworden, denn Knievel sprang zu kurz und landete mitten zwischen den Kisten. Die Schlangen schlängelten frei herum und »ich raste auf dem Motorrad so schnell wie möglich davon«, wie Knievel später erzählte.

Nach ein paar nicht ganz so spektakulären Episoden mit Norton-Motorrädern, auf denen er auch Rennen bestritt, schloss Knievel sich einer Motorradtruppe an, die ab 1965 unter dem Namen »Bob Knievel and His Motorcycle Daredevils« durch das Land zog. Das Unternehmen warf aber nicht genug ab, und so war er bald pleite. Was nicht so schlimm war, denn da er sich zuvor bei seinem ersten größeren Unfall den rechten Arm gebrochen hatte, musste er sowieso pausieren. Knievel gab nicht auf, änderte seinen Namen in Evel Knievel und vollführte 1966 seinen ersten erfolggekrönten Riesensatz, als er auf dem »Ascot Speedway« in Gardena, Kalifornien, über 16 Autos sprang. Er wechselte die Marke, blieb aber England treu und legte sich zunächst eine Triumph T-120 zu, dann eine 650er Bonneville. Mit der plante er einen sensationellen Sprung, der ihm viel Aufmerksamkeit einbringen sollte. Am 31. Dezember 1967 übersprang er mit einer Triumph, die er zuvor auf über 100 km/h beschleunigt hatte, die Springbrunnen des »Caesars Palace« in Las Vegas. In der Luft verlor er die Kontrolle über sein Motorrad, knallte mit dem Kopf auf die Landerampe, brach sich die Wirbelsäule und das Becken und lag anschließend 29 Tage im Koma.

Wenn auch auf äußerst schmerzhafte Art und mit beinahe tödlichem Ausgang: Sein Wunsch, große Aufmerksamkeit zu erregen, war in Erfüllung gegangen. Er lebte, er war nicht gelähmt, warum also aufhören? Kaum aus dem Koma erwacht, protzte er schon wieder damit herum, dass dies »die größte Menschenmenge war, die jemals in Las Vegas zusammengekommen ist. 25.000 Menschen schauten zu. Frank Sinatra hätte das nicht geschafft, wenn er nackt vom Hoteldach gesprungen wäre.« Und sobald er wieder einigermaßen auf dem Motorrad sitzen konnte, hob seine Karriere zu nie geahnten Höhenflügen ab. 1971 stellte er mit einem Sprung über 13, dann über 19 Autos einen neuen Weltrekord auf. Alle Welt kannte Knievel – da wundert es nicht, dass auch Hollywood ihn entdeckte. Der erste von zwei Spielfilmen entstand. Spielzeugmodelle von Knievel und seinem Motorrad verkauften sich millionenfach. Der Sensationsdarsteller füllte mit seinen Sprüngen über Trucks und Greyhound-Busse die Arenen und war mittlerweile nicht nur reich, sondern auch ziemlich geschäftstüchtig geworden. »Triumph wollte mir nichts dafür zahlen, dass ich mit ihren Maschinen fuhr«, verkündete er selbstbewusst. »Also schloss ich einen acht Jahre dauernden Vertrag mit Harley Davidson. Die Firma baute in den 70er Jahren einfach keine Maschinen, mit denen sie den Mitbewerbern Paroli bieten konnten, also beschlossen sie, sich mit mir zu verbünden und haben mich wunderbar behandelt«. Knievel wählte eine XR-750, die mit ihren 90 PS wesentlich mehr Leistung hatte als die 650er Triumph mit 49 PS und die außerdem, man mag es kaum glauben, mit ihren 320 Pfund Gewicht exakt 103 Pfund leichter war als die englische Maschine. Gleichzeitig änderte er sein Outfit, verbannte das schwarze Leder, das er plötzlich »hasste«, in die Truhe und zog sich fortan eine weiße Uniform mit Sternenapplikationen an den Beinen und vor der Brust über. Nicht allen gefielen seine groß inszenierten Auftritte, und so geriet er bei einer Vorführung im Cow Palace in San Francisco mit den »Hells Angels« aneinander. Einer von ihnen warf einen Reifen auf Knievel, als er sich gerade auf den Sprung vorbereitete. Knievel rächte sich, indem er den Hells Angel anschließend mit seinem Motorrad »anrempelte, bis er umfiel«, wie er selbst das ausdrückte. Zu weiteren Eskalationen kam es nicht.

Im Sommer 1974 stellte er mit einem Sprung über 13 Trucks einen neuen Rekord auf. Am 8. September versuchte er, den Snake River Canyon zu »überfliegen«, schaffte es jedoch nicht ganz. Immerhin waren die Verletzungen diesmal nicht ganz so schlimm. Diesen Trost hatte er nicht, als er im Mai 1975 im Londoner Wembley-Stadion wegen zu niedriger Geschwindigkeit auf dem letzten Bus landete, den er eigentlich partout hätte verpassen sollen. Schmerzgepeinigt verkündete er, nie wieder springen zu wollen. Doch schon im Oktober ließ er sein Motorrad wieder fliegen.

Seine Erfolge verhinderten nicht, dass es bald zu Auseinandersetzungen mit Harley Davidson kam. »Ich sprang auf einer Harley weiter als jeder andere Mensch in der Welt, aber der Hersteller wollte sein Engagement zurückschrauben«, sagte Knievel. »Ihre Maschinen waren wieder erfolgreich. Mir scheint, dass sie die vergessen haben, die ihnen zuvor geholfen haben«, beschwerte sich Knievel. »Ich habe mein Herz und meine Seele in die Harleys gesteckt, aber sie scheinen das nicht anerkennen zu wollen, also werde ich das auch nicht mehr.«

1976 drehte er noch den Film »Viva Knievel – Der Tod springt mit!«, in dem er sich selbst spielte. Die hanebüchene Geschichte drehte sich um ein Komplott gegen Knievel, der in Mexiko fünf sensationelle Stunts durchführen soll, die mit jeweils 100.000 $ Gage honoriert werden. Knievel soll während eines Stunts umgebracht werden, damit man in seinem Sarg und in den Überresten seines Motorrads Drogen im Wert von 50 Millionen Dollar schmuggeln kann. Der Film schaffte nicht einmal den Sprung über drei Matchboxautos – sprich: er wurde ein Flop.

Nach einer großen Australientournee im Jahr 1979, die er gemeinsam mit Stuntmen aus der ganzen Welt bestritt, zog Knievel sich Anfang der 80er Jahre tatsächlich vom öffentlichen Geschehen zurück. Danach unterrichtete er seinen Sohn Robbie im Motorradfahren.

1994 erwarb das Smithsonian Institute in Washington eine seiner speziell für ihn nach Maß gebauten Harley Davidsons – eine der wenigen, die die Sprünge überstanden hatten. Außerdem widmete das Institut Knievel eine mit Spielzeug und Nippes sowie einer sternengespickten Lederkluft bestückte Vitrine in der so genannten »Road Transportation Hall« des Museums, um an seine Leistungen und seine Bedeutung zu erinnern. Auch das amerikanische Allen Vintage Motorcycle Museum besitzt eine XR-750. Sie wurde von dem Enthusiasten Jeff Reiser detailgetreu nachgebaut, verchromt und mit 24 Karat Gold überzogen. Schenkt man manchen Presseartikeln Glauben, dann hat sich Knievel jeden Knochen seines Körpers zumindest einmal gebrochen und besteht überwiegend aus metallischen Bauteilen. Ungebrochen ist indes sein Lebenswille. Nachdem er 1999 dank einer Spenderleber seinen Leberkrebs überstand, tritt er wieder bei Shows und in Werbespots auf. Im Jahr 2003 will er einen neuen Rekordsprung versuchen. Auch Hollywood plant schon wieder. Ein dritter Film ist in Vorbereitung. Der Arbeitstitel lautet: »Pure Evel«.

DIE »EXODUS«

Als 1958 der Roman »Exodus« von Leon Uris und zwei Jahre später der gleichnamige Film von Otto Preminger herauskam, geriet ein beinahe vergessenes Drama wieder in den Blickpunkt der Öffentlichkeit. Ein Schiff mit Namen »Exodus« hatte 1947 nach einer langen Irrfahrt über die Meere 4.500 jüdische Flüchtlinge nach Palästina gebracht.

Das Schiff war im Februar 1928 in Baltimore bei der Baltimore Steam Pached Company vom Stapel gelaufen und von der Nichte des Eigners auf den Namen »President Warfield« getauft worden. »Ihr hoher, schlanker Schornstein, ihre weißen mehrstöckigen Aufbauten und ihre leicht geschwungene Linienführung verliehen ihr insgesamt die Eleganz eines prächtigen Gartenhauses im Kolonialstil«, schreibt der Autor Horst Siebecke. Der 118 m lange Dampfer wurde als Musik- und Vergnügungsschiff eingesetzt und kreuzte 14 Jahre lang zwischen Baltimore und Norfolk. Mit seiner Maschine, die 2.800 PS leistete, machte er bis zu 18 Knoten Fahrt. Meist vertrieben sich die 300 bis 500 Passagiere die Zeit in den Tanzsälen und Bars, in denen Chrom, Messing, dicke Teppiche, schwere Stores und Mahagoni für ein luxuriöses Ambiente sorgten. 1940 feierte die Reederei auf dem Schiff ihr hundertjähriges Bestehen. Das sollte die letzte große Party auf der »President Warfield« sein.

1941 requirierten die Briten das Schiff, da viele Teile ihrer Flotte von deutschen U-Booten versenkt worden waren. Die »President Warfield« galt fortan als Kriegsschiff. Der weiße Anstrich wich tristem Grau, eine 75mm-Kanone diente als Bewaffnung. Die Luxuseinrichtung wurde demontiert und durch Kojen und Spinde für die abgekämpften Soldaten ersetzt. Der Name, wiewohl passend für den neuen Verwendungszweck, wurde mit einer militärischen Registrierungsnummer übermalt. Im Sommer 1942 nahmen die Briten das Schiff offiziell in Besitz. Am 12. September 1942 lief es in Richtung Neufundland aus, überstand einen Überfall, was das Schiff zum Gegenstand britischer Lobeshymnen machte, und erreichte Belfast. In der Folgezeit tat der ehemalige Vergnügungsdampfer an der Küste von Devon Dienst als Trainings- und Überwachungsschiff. Im Juni 1943 gaben die Briten den Dampfer an die Amerikaner zurück, die ihm sogleich den alten Namen wiedergaben. Als »President Warfield« begleitete er die 1. US-Division bei der Invasion in Frankreich und brachte Nachschub aus Großbritannien. Dann kehrte das Schiff nach Baltimore zurück und wurde zunächst vergessen.

1945 gab die jüdische Selbsthilfeorganisation Haganah ihrem Mitglied Zeev Schind den Auftrag, in den USA nach brauchbaren Transportschiffen zu forschen. Er entdeckte den ausrangierten Dampfer und erwarb ihn für 60.000 Dollar von der Weston Trade Company. Nach Angaben von Zeitzeugen war das Schiff in einem erbärmlichen Zustand. Angeblich hätten »das antiquierte Oberdeck, ein Mischmasch aus Holz und Eisen, all die erkennbaren hässlichen Umbauten und der hässliche Schornstein« bei denen, die das Schiff zum ersten Mal sahen, »Entsetzen« ausgelöst. Allerdings weckte der geringe Tiefgang von nur 2,40 Metern bei den Käufern erhebliches Interesse, und auch der Preis stimmte. Im Januar 1947 begannen die für die Seetauglichkeit des Schiffes dringend notwendigen Reparaturarbeiten. Die »President Warfield« war dazu ausersehen worden, die Blockade der Briten zu durchbrechen und jüdische Flüchtlinge von Europa nach Palästina zu bringen.

Am 24. Februar 1947 lief der generalüberholte Dampfer von Baltimore aus, geriet am Cap Hatteras in ein atlantisches Sturmtief, war bald manövrierunfähig und musste nach Norfolk geschleppt werden. Das eingedrungene Seewasser hatte den gesamten Proviant vernichtet. Als ein Reporter der *New York Times* an Bord kam und die Umbauten sah, schrieb er einen Artikel über das neue Flüchtlingsschiff, der die Briten aufhorchen ließ und gleich zu ersten internationalen Verwicklungen führte. Am 29. März 1947 stach der Dampfer nach erfolgter Reparatur wieder in See und nahm Kurs auf Marseille. Bei einem Zwischenhalt auf den Azoren bekam die Besatzung eine feindselige Haltung zu spüren, die in Parolen wie »kein Diesel für die Juden« zum Ausdruck kam. Der Kapitän musste den Transport des Treibstoffes aus dem Hinterland mit Hilfe von Lastwagen organisieren. Am 10. April erreichte der Dampfer Marseille, das er gleich wieder in Richtung Westen verließ. Nach den Häfen Port-de-Bouc und Genua erreichte er am 25. April Portovenere, wo weitere Umbauarbeiten vorgenommen wurden. Man verstärkte die Stahlwände, sicherte die unteren Aufbauten mit Stacheldraht und überzog den Maschinenraum mit Drahtnetzen, um sich vor Tränengasbomben zu schützen. Außerdem wurden Kojen installiert. Nach einer weiteren Inspektion unter der Aufsicht des Kapitäns eines italienischen Kanonenbootes nahm das Schiff Flüchtlinge an Bord und Kurs auf den Hafen von Sète, den es am 9. Juli im Schutze der Dunkelheit erreichte. Hier sollte die große Flüchtlingsoperation beginnen. Eine schier endlose Reihe von Lastwagen brachte die Menschen von Marseille an die Pier, wo sie nachts heimlich an Bord gingen. Einer der Flüchtlinge erinnerte sich später an die Aktion, die »vorbildlich, militärisch, aber bei großer Hitze« ablief: »Für uns war die ›Warfield‹ ein Rettungsboot. Alle bestiegen das Schiff ganz schnell, und alle befolgten genau die Anweisungen. Wir saßen dann einen ganzen Tag eng gedrängt und spürten, dass etwas nicht in Ordnung ist. Vier Schlafkojen brachen unter der Last zusammen. 800 reguläre Plätze gab es unter Ausnutzung aller Möglichkeiten auf dem Schiff. Aber wir waren 4.500 Personen.«

Eine am Vormittag des 11. Juli 1947 erstellte Liste erfasste exakt 4.554 Menschen an Bord, davon 1.282 Frauen und 1.672 Kinder, die bei Temperaturen von teilweise über 40 Grad im Rumpf des Schiffes zusammengepfercht waren. Die Marineverwaltung von Marseille, der das Unternehmen nicht verborgen geblieben war, drängte die Kollegen in Sète, die Aktion zu unterbinden, aber gegen 1.00 Uhr morgens des folgenden Tages legte das total überladene Schiff dennoch ab. Noch während des Ablegemanövers verfing sich eine Leine in der Schraube. Das Schiff krachte gegen eine Kaimauer und saß dann kurz auf einer Sandbank fest, konnte sich aber aus eigener Kraft wieder befreien und seine Fahrt fortsetzen. Auf See weihte Ike, der Kapitän der »President Warfield«, seine Mannschaft in seine Pläne ein. Um dem Schicksal anderer Flüchtlingsschiffe zu entgehen, deren Besatzungen in Haifa verhaftet und deren Passagiere in ein Lager der Briten deportiert worden waren, wollte er das Schiff an der palästinensischen Küste auf Grund setzen, um den Menschen auf diese Weise die Flucht an Land zu ermöglichen. »Ich wollte das Schiff mit voller Fahrt so dicht unter Land bringen, bis es aufläuft«, sagte er später. »Es war kaum anzunehmen, dass es auseinander bricht und die Passagiere gefährdet. Zugegeben, das war reine Theorie, aber das Risiko mussten wir eingehen.«

Auf offener See eskortierte die britische Fregatte »Mermaid« das Flüchtlingsschiff. Dazu aufgefordert, den Bestimmungshafen zu nennen, gab der Kapitän lapidar an, man wolle »nach Hause« fahren. Die Antwort überzeugte die Briten nicht, die daraufhin drei Zerstörer, die »Chequers«, »Childers« und »Cheviot«, an die Seite der »President Warfield« beorderten. In der Zwischenzeit hatte die Zentrale der Haganah in Paris, einem alten Brauch folgend, beschlossen, dem Schiff einen neuen, hebräischen Namen zu geben. Da die Vorschläge der Passagiere auf keine Gegenliebe stießen, verfügte man den Namen »Exodus 47«. Zwar hieß das Schiff so nur in den letzten vier Tagen seiner Existenz, aber unter diesem Namen sollte es weltbekannt werden.

Die Briten kommandierten weitere drei Kriegsschiffe ab, um das Vorhaben zu vereiteln oder das Schiff zumindest zur Fahrt in den britisch kontrollierten Hafen von Haifa zu zwingen. So hefteten sich nun auch die »Charity« und die »Chieftain« an das Kielwasser der »Exodus 47«, und der leichte Kreuzer »Ajax«, der bereits an der Versenkung des deutschen Panzerschiffs → »Admiral Graf Spee« beteiligt gewesen war, übernahm die Führung. Viele Passagiere waren aufgrund der großen Hitze und der schlechten hygienischen Bedingungen an Bord inzwischen erkrankt. Zum Teil wateten die Menschen in ihren Exkrementen. Die »Exodus 47« passierte Kreta und nahm am sechsten Tag der Fahrt, am 17. Juli 1947 auf der Höhe von El Arish Kurs auf Gaza. »Das Schiff bot einen phantastischen Anblick, als es mit Höchstgeschwindigkeit durch die Nacht dampfte«, wird ein Zeitzeuge zitiert. »Zwei riesige Fahnen mit dem Davidsstern flatterten am Masttop, von unseren 20-inch Suchscheinwerfern beleuchtet. Mit der jammernden Sirene erweckte das Schiff den Eindruck einer verwundeten Kuh, die vor irgendeinem unbekannten Schrecken flieht.«

Die Lage spitzte sich zu, als die »Childers« und die »Ajax« das Schiff in die Zange nahmen und die Besatzung der »Childers« versuchte, die »Exodus« über eine Rampe zu entern. In einem erbitterten Kampf, bei dem sich die Flüchtlinge mit Konservendosen als Wurfgeschossen wehren und die britischen Soldaten mit kochend heißem Dampf empfingen, der ihnen aus allen Rohren entgegen spritzte, behielten die Flüchtlinge die Oberhand. Drei Tote waren zu beklagen, 17 Briten wurden gefangengenommen bei dem Versuch, das Ruderhaus zu besetzen, aber niemand dachte daran aufzugeben. Ein weiterer Angriff zwang den Kapitän zu einer riskanten Kursänderung, bei der viele Passagiere aus ihren Kojen flogen und verletzt wurden. Schließlich erreichte die »Exodus 47«, bedrängt von sechs Kriegsschiffen, tatsächlich Haifa und damit palästinensische Hoheitsgewässer. Da erst drehten die Briten ab, die »Exodus« wurde in Schlepp genommen und legte um 16.30 Uhr mit aufgerissener Backbordseite am Kai an. Der damalige Berichterstatter Salomon schilderte den Zustand des Schiffes: »Unseren Augen bot sich ein grauenhaftes Bild. (...) Die eine Seitenwand war in einer Länge von ca. 20 Metern wie wegrasiert. Holzfetzen hingen herunter und Haufen von Schutt erschwerten die Sicht in den sonst freiliegenden Schiffsbau. Das 3. Deck war unbeschädigt, ebenso das Deck, wo sich das Hospital befand. In den Fenstern waren noch Glasscherben zu sehen. Das Ganze machte den Eindruck eines von einer Bombe schwer beschädigten Hauses.«

Nachdem man die Flüchtlinge an Land gebracht hatte, schleppte man die »Exodus 47« in ein Nebenbecken des Hafens von Haifa. 36 Stunden später befreite ein Reinigungstrupp die drei Juden Ike, Yossi und Azriel aus ihrem gut gesicherten Versteck im Schiffsrumpf und brachte sie heimlich in die Stadt. Alle anderen Passagiere aber wurden auf so genannte Liberty-Schiffe eskortiert und nach Zypern gebracht. Sie konnten erst Monate später nach Palästina kommen. Die »Exodus 47« verschwand aus dem Licht der Öffentlichkeit. Erst Autor Leon Uris setzte ihr 1958 durch seinen Roman ein Denkmal. Und auch der Film mit Paul Newman wob weiter an der Legende. Die Distanz, die zwischen Hollywood und Haifa klafft, hat ein Mitglied der Schiffsbesatzung mit Namen Elfenbein einmal so charakterisiert: »Lassen sie mich schnell sagen – für Filmkenner – niemals habe ich auf der ›Exodus‹ einen Paul Newman gesehen. Die einzige Liebesgeschichte, die ich an Bord erlebte, war die Liebe von 4.500 Menschen zu Israel. Diese Liebe machte die Reise erträglich.«

F

FERRARI DAYTONA SPYDER

Wagen aus der TV-Serie »Miami Vice«, der in Wirklichkeit eine Replik auf Basis einer Chevrolet Corvette war. Siehe → Ferraris von »Miami Vice«.

DER FERRARI DINO VON TONY CURTIS IN »DIE 2«

»Irgendwie gab es gerade keinen amerikanischen Wagen, der zu einem amerikanischen Playboy gepasst hätte, also nahmen wir einen Ferrari.« So erklärte Robert Baker, der Produzent der TV-Serie »Die 2« den Einsatz des roten 246 GT, der nach Enzo Ferraris verstorbenem Sohn »Dino« genannt wurde und den automobilen Gegenpart zum → Aston Martin DBS von Roger Moore in der Serie spielt. Die italienischen Autobauer in Maranello – bestimmt nicht unglücklich über die Wahl – ließen sich nicht lumpen und stellten der Produktion kostenlos einen der 195 PS starken Wagen für die in Südfrankreich, Norditalien, Rom, England und London stattfindenden Dreharbeiten zur Verfügung. Gedreht wurde vom 18. September 1971 bis zum 14. Juni 1972. »Der Motor des Dino bereitete uns immer mal wieder Probleme, wenn wir ihn abstellten um ein neues Bild einzurichten«, erzählte Baker später. »Man musste ihn die ganze Zeit laufen lassen.« Auch Hauptdarsteller Tony Curtis, der von Lew Grade, dem Initiator der Serie, erst mühsam überzeugt werden musste, den Part anzunehmen und zum ersten Mal überhaupt in einer TV-Serie mitzuwirken, war mit seinem feuerroten Spielmobil nicht rundweg zufrieden: »Er blieb immer mal stehen und sprang nicht wieder an«, erzählte er vor einigen Jahren auf den Filmfestspielen in Cannes.

Der Wagen mit dem Kennzeichen »221400 MO« für Modena verschwand übrigens nach Ende der Aufnahmen und tauchte nie wieder auf. 2.487 Exemplare des kleinen Ferraris wurden zwischen 1969 und 1974 gebaut.

FERRARI 308 GTS

Das ist der rote Flitzer italienischer Provenienz, in den sich der von Tom Selleck gespielte Detektiv Thomas → Magnum in der gleichnamigen TV-Serie mindestens einmal pro Folge hineinfaltet.

DIE FERRARIS F1-2000, F1-2001 UND F1-2002

Typbezeichnungen jener nicht im freien Handel erhältlichen und ohnehin unerschwinglichen → Ferraris von Michael Schumacher, mit denen der Kerpener dreimal hintereinander Formel-1-Weltmeister wurde.

DIE FERRARIS VON »MIAMI VICE«

Knittersakkos, T-Shirts, Leinenhosen, alles Klamotten aus gutem Hause, legere Umgangsformen, ein schnoddriger Ton. Kein Zweifel: Die Cops von »Miami Vice« kreierten einen neuen Stil, und das war ihr Markenzeichen. Als James »Sonny« Crockett, gespielt von Don Johnson, und Ricardo Tubbs, dem Philip Michael Thomas Figur und Stimme lieh, am 16. September 1984 bei NBC mit dem Pilotfilm zur Fernsehserie »Miami Vice« das Licht der Mattscheibe erblickten, fanden sie umgehend Beachtung und viele Fans, die ihre neuen Helden bald imitierten oder gar kopierten. Und das gilt nicht nur für ihre durchgestylten Auftritte und die modische Kleidung von Cerutti, Boss und Versace, sondern auch für ihre extravaganten Schlitten, die nach Miami passten wie die Faust aufs Auge, denn sie waren nicht so echt, wie sie auf den ersten Eindruck schienen.

Es ging eigentlich immer um Korruption, Drogen- und Waffenschmuggel und die traurige Gewissheit, dass die Kriminalität längst die Oberhand gewonnen hat. Aber die beiden Geheimpolizisten, Mitglieder

der Sondereinheit Vice-Squad, kratzten zumindest an der Oberfläche, auch wenn sie das Kartell aus Gangstern und korrupter Administration nie zerschlagen konnten. Für ihre aufreibende Arbeit benötigten sie natürlich die passenden fahrbaren Untersätze. Ihre italienischen Klamotten schrien geradezu nach einem Ferrari. Das war den Drehbuchautoren völlig klar. Auch, dass es ein seltener und sehr teurer Ferrari sein sollte, der Daytona Spyder. Dumm daran war nur, dass die Produktionsfirma den Wagen hätte kaufen müssen, denn der Autohersteller war nicht gewillt, einen der raren, 352 PS starken Boliden zur Verfügung zu stellen, von denen zwischen 1968 bis 1973 insgesamt nur 124 Stück gebaut wurden. Also behalf sich die Produktion mit einem Nachbau auf Basis des Chassis einer Chevrolet Corvette. Eine glatte Fälschung also, die aber hervorragend mit den Piaget-Uhren made in Hongkong und den Lacoste-Hemden aus Kuala Lumpur harmonierte.

Der Erfolg des neuen Serienkonzepts ließ nicht lange auf sich warten. Bald wimmelten Heerscharen von coolen Typen in heißen Autos über die Bildschirme. Ferrari war nicht besonders glücklich darüber, dass viele davon mit gekonnten Fälschungen ihrer Autos herumfuhren und der falsche Daytona Spyder so viel Aufmerksamkeit auf sich zog. Also boten sie den Produzenten von »Miami Vice« zwei Exemplare ihres neuesten Modells vom Typ Testarossa an. Die Drehbuchautoren, die ja, wie man weiß, blitzschnell in Ungnade gefallene oder ausstiegswillige Schauspieler aus jeder Serie herausschreiben können, machten erst recht kein Aufhebens um ein altes Auto und ließen den schwarzen Corvette-Ferrari-Zwitter von Gangstern in die Luft jagen. Seine nunmehr reinrassigen Nachfolger, die Testarossa, waren zunächst ebenfalls schwarz lackiert. Da diese Autos wegen der vielen Nachtaufnahmen kaum zu sehen waren, lackierte man sie aber um. Nun waren sie weiß. Da die edlen Stücke für Stunts nicht zur Verfügung standen, erhielt die Firma Roberts Motor & Co. den Auftrag, eine Testarossa-Kopie zu liefern, die man verheizen konnte. Firmenchef Carl Roberts kombinierte Teile eines DeTomaso Pantera und eines Cleveland Ford und stülpte dieser Konstruktion die Fiberglaskarosse eines Testarossa über. Dieser »Detfordossa« verfügte über einen Rammschutz aus Spezialstahl an den Seiten, eine besondere Federung und spezielle Bremsen. Für die Innenaufnahmen konnte man das Lenkrad abnehmen.

Dieser Aufwand trieb die Kosten für einige Folgen in exorbitante

Höhen. Bis zu 1,6 Millionen Dollar sollen manche der Filme gekostet haben. Von solchen Summen konnten die echten Miami-Vice-Cops – es gab sie ja wirklich – nur träumen. Sie hatten damals gerade mal 600.000 Dollar zur Verfügung – pro Monat. Irgendwann standen Aufwand und Ertrag der TV-Serie – sprich Quote – nicht mehr in einem passenden Verhältnis zueinander. Und so kam nach 111 Folgen im Herbst 1989 das Aus.

DIE FERRARIS VON MICHAEL SCHUMACHER

Schneller hat keiner es geschafft. Als am 21. Juli 2002 beim 11. Grand Prix im französischen Magny-Cours die Zielflagge fiel, stand der Kerpener Michael Schumacher nach seinem achten Saisonsieg bereits als Formel-1-Weltmeister fest. Mit seinem insgesamt fünften Titelgewinn stellte Schumacher den Rekord von Juan Manuel Fangio ein. Die ersten beiden Male hatte er den Titel auf einem Benetton eingefahren. Und nun war er dreimal hintereinander mit Ferrari Weltmeister geworden, auf einem F1-2000, einem F1-2001 und zuletzt auf dem F1-2002, wobei anzumerken ist, dass Schumacher zu Anfang der Saison 2002 noch mit seinem »Gebrauchtwagen«, wie er ihn selbst nannte, aus dem Vorjahr unterwegs war.

Nachdem Schumacher 1994 und 1995 mit Benetton Weltmeister geworden war, suchte er nach neuen Herausforderungen und unterschrieb einen Vertrag beim italienischen Rennstall Ferrari, dessen große Erfolge geraume Zeit zurück lagen. Eine ganze Weile fuhr Schumacher seinen Konkurrenten Damon Hill und Jacques Villeneuve nur hinterher, ehe er am 2. Juni 1996 in strömendem Regen endlich seinen ersten Grand-Prix-Sieg auf Ferrari feierte: den Großen Preis von Spanien. Das gelang ihm dann außerdem noch mit seinen Siegen in Spa-Francorchamps und Monza, was jedoch nichts daran änderte, dass der Engländer Damon Hill Weltmeister wurde. Schumachers dritter Platz ließ die Konkurrenz immerhin schon einmal aufhorchen. 1997 gewann er zwar schon fünf Mal, wurde aber disqualifiziert und zurückgestuft. Diesmal hatte Jacques Villeneuve die Nase vorn. In den nächsten beiden Jahren musste Schumacher sich dann jedesmal knapp dem Finnen Mika Häkkinnen geschlagen geben. Aber die sechs 1998 gewonnenen Rennen stimmten ihn zuversichtlich für die Saison 1999, in der ihn dann jedoch ein schwerer Unfall zurückwarf. Im englischen Silverstone raste er ungebremst in die Streckenbegrenzung und brach sich Schien- und Wadenbein. Damit war die Saison für ihn gelaufen. Immerhin wurde Ferrari, auch dank der guten Leistung des Teamkollegen Eddie Irvine, mit exakt vier Punkten Vorsprung vor den favorisierten McLaren Konstrukteursweltmeister. Zweifellos befanden sich die Ferraris im Aufwind.

Im Jahr 2000 legte Schumacher einen fulminanten Start hin und wurde, trotz einiger Probleme in der Mitte der Saison, schließlich mit neun Siegen erstmals auf Ferrari Weltmeister. Die vielen Testkilometer und Verbesserungen am F1-2000 hatten sich ausgezahlt. Der Wagen verfügte über einen V 10 Motor mit 2977 ccm Hubraum und rund 770 PS Leistung. Mehr als die schiere Leistung aber zählte der Zuwachs an Zuverlässigkeit. Dafür sorgte nicht zuletzt das kreative und bestens eingespielte Team um Chefdesigner Rory Byrne, den Technischen Direktor Ross Brawn und Rennleiter Jean Todt, die seit 1997 zusammenarbeiten. Motorenchef Paolo Martinelli ist sogar schon länger bei Ferrari mit von der Partie.

Im Jahr 2001 konnte Ferrari bei der Vorstellung des neuen Wagens lediglich eine rollende Hülle des neuen Formel 1-Boliden präsentieren. Der V10-Motor mit der Typenbezeichnung 050 befand sich da noch in der Testphase. Drei Tage später atmeten die Verantwortlichen auf, denn bei Testfahrten auf der Hausstrecke in Fiorano zauberte Schumacher mit dem rund 850 PS starken Wagen mit 58,890 Sekunden einen neuen Rundenrekord auf den Asphalt. In dieser Saison entschied er 9 von 17 Rennen für sich, wurde fünf Mal Zweiter und startete zwölfmal von der Pole Position. In Ungarn, vier Rennen vor Schluss, stand fest, dass er es wieder geschafft hatte.

Am 6. Februar 2002 stellte Ferrari im Werk den weiter entwickelten F1-2002 mit einem V10-Motor vor, der, wie Beobachter schätzen, rund 870 PS auf die Antriebswellen bringt. Die Gangwechsel, die nur noch wenige Tausendstel Sekunden dauern, besorgt ein Sieben-Gang-Getriebe aus Titanguss. Seit März 2001 hatte man an Verbesserungen gearbeitet, einen Wagen mit einem schlankeren Heck und weiteren aerodynamischen Veränderungen präsentiert, wozu auch eine neue Nasenform zählte, die manche Spötter als »Geierschnabel« bezeichneten. Doch da der Wagen zum Rennauftakt am 3. März in Australien noch nicht ausgereift war, fuhr Schumacher zunächst mit dem F1-2001 weiter. Allein der Vorsprung, mit dem er dieses Rennen gewann, löste bei der Konkurrenz tiefgreifende Verunsicherung aus. Beinahe Panik aber verursachte der Umstand, dass er den Sieg auf einem »alten« Auto herausfuhr. Die Befürchtungen der Konkurrenz sollten sich bewahrheiten. Sie hatte die ganze Saison über kaum etwas zu melden und stritt sich hinter Schumacher und Barichello um die Plätze. Das Duo schaffte neun Doppelsiege, und Schumacher fuhr bei jedem der siebzehn Saisonrennen einen Podiumsplatz heraus.

Satt scheint er aber dennoch nicht zu sein. Er will mindestens bis Ende 2004 weiter fahren. Schlechte Aussichten für die anderen, gute Aussichten für Ferrari.

FITZCARRALDOS SCHIFF »MOLLY AIDA«

Wer einmal in seinem Leben Klaus Kinski in der Rolle des »Aguirre, der Zorn Gottes« – so der Titel des Films von Werner Herzog – gesehen hat, wird ihn nie mehr vergessen. Denn zweifellos war Kinski der Schauspieler gewordene Zorn Gottes, jederzeit und in jeder Rolle. Auch in der des Kautschukbarons Fitzcarraldo, der in Amazonien ein Schiff über einen Berg hieven lässt und der die Oper über alles liebt. Wieder führte Kinskis glühend gehasster Lieblingsregisseur Werner Herzog Regie.

Das Drehbuch basiert auf einer Geschichte, die José Koechlin von Stein seinem Freund, dem Regisseur, Ende der 70er Jahre erzählt hatte. Da gab es einen Kautschukbaron namens Fitzcarrald, der als übler Ausbeuter bekannt war und über eine 5.000 Mann starke Privatarmee herrschte. Eher beiläufig hatte José Koechlin von Stein erwähnt, dass jener Fitzcarrald auch ein Schiff auseinandernehmen ließ, um es über Land von einem Fluss zu einem anderen bringen zu lassen und dort wieder aufzubauen. Diese Episode war der zündende Funke für Herzog und für sein Drehbuch:

So um die Jahrhundertwende herum träumt der Opernliebhaber Fitzcarraldo davon, am Oberlauf des Amazonas ein Opernhaus zu errichten, in dem Enrico Caruso singen soll. Doch dafür muss er zunächst Erfolg im Kautschuk-Business haben. Um ein neues Zapf-Areal erschließen zu können, lässt er, unterstützt von einigen hundert Indianern, den Flussdampfer »Molly Aida« mit ein paar Seilwinden auf Eisenbahnschienen von einem Flusslauf zum andern über einen Berg ziehen.

Werner Herzog realisierte den Film 1981 unter schwierigsten Bedingungen mit einem Budget von elf Millionen Mark in Peru. »Es war eine Ausnahmesituation, denn wochenlang ließ sich das Schiff nicht den Berg hinauf bewegen«, schreibt Kameraassistent und Standfotograf Beat Presser über die anstrengenden Dreharbeiten in seinem Buch. In der Nähe von Camisea wurde der Dampfer vertäut und schließlich über Land gezogen. In Kinskis Erinnerungen »Ich brauche Liebe« heißt es dazu: »Ich schlage mir mit dem Buschmesser einen Pfad durch die Pflanzenwände bis zu der Stelle, wo ich über den Fluss sehen kann und wo am steil abfallenden, gegenüberliegenden Ufer das 350 Tonnen schwere Schiff an einer einzigen Stahltrosse hängt – als führe es steil hinauf in die rosa und veilchenblauen Wolken des Himmels.«

Für die Dreharbeiten an zwei verschiedenen Drehorten benötigte man zwei Schiffe, die bei der Werft SIMAI im peruanischen Iquitos gefertigt wurden. Vorbild für die Schiffe war das 38 Meter lange und 7,35 Meter breite kolumbianische Dampfschiff »Narino«, das 1904 in Glasgow gebaut worden war. Im Januar 1981 taufte die Crew in Iquitos das so genannte »Flussschiff«, das dann den Río Camisea entlang fuhr, auf dem die Fahraufnahmen des Filmes entstanden. Das zweite Schiff wurde für den Kraftakt der Bergüberquerung eingesetzt.

Der Flussdampfer lief nach zehn Tagen auf eine Sandbank. Bei den Bemühungen, ihn wieder flott zu machen, bekam die Kupplung der Schraubenwelle etwas ab, und man musste abwarten, bis die Ersatzteile aus Miami eingeflogen worden waren. Danach schränkte der niedrige Wasserstand die Bewegungsmöglichkeiten des Schiffes ein, und schließlich mussten sämtliche Aufnahmen auf den Schiffen wiederholt werden, weil die drei Hauptdarsteller Mario Adorf, Mick Jagger und Jason Robards entweder andere Verpflichtungen hatten, krank wurden oder das Interesse verloren und den Dienst quittierten. Ab April waren die Schiffe dann unter Kapitän Kinski wieder im Einsatz, aber die Wasserstände von Río Camisea und Río Urubamba waren weiterhin so niedrig, dass beide auf Sandbänken festsaßen. Nachdem man endlich ein Schiff wieder flott bekommen und sicher – von Tauen gehalten – durch die ersten Stromschnellen manövriert hatte, rissen 14 Stahltrossen auf einmal. Das Schiff trieb führerlos durch die Strudel und krachte so hart gegen die

Felswände, dass sich der Anker durch die Bordwand bohrte. Glücklicherweise sank es aber nicht, sondern lief auf einer Kiesbank auf Grund. »In einer Szene, bei der Fitzcarraldo aus seiner Kabine stürzt und bemerkt, dass sich das Schiff schon mitten in den Stromschnellen befindet«, so der Regisseur, »prallten wir so fürchterlich gegen eine Felswand, dass es den Kameramann Thomas Mauch und mich, die wir mit einer Handkamera drehten, zu Boden schleuderte, die Optik von dem Aufprall aus der Kamera riss und Mauch eine erhebliche Verletzung an der Hand erlitt.« Anfang Juni lief das Flussschiff erneut auf eine Sandbank und steckte bis zur nächsten Regenzeit im November fest.

Auch mit dem Bergschiff gab es Probleme. »Eine weitere Verzögerung gab es dadurch, dass wir an unserer topografisch vermessenen Ideallinie für den Transport des Schiffes über den Berg, an der steilsten Stelle eine Art Erddurchstich machten, den wir dann aufgeben mussten, weil wir auf Grundwasser stießen, das unseren Caterpillar für Tage im Schlamm versinken ließ«, schrieb Werner Herzog in einem Tagebuch. Schließlich schlug das Team eine zweite Trasse in den Berg, aber auch dort steckte das Schiff wegen ergiebiger Regenfälle gleich fest. »Im Nachhinein gesehen war das für mich selbst wie auch für alle anderen Beteiligten die schwierigste Zeit überhaupt«, konstatierte der Regisseur entnervt. »Am Schluss glaubte niemand mehr, dass wir das Schiff je über den Berg bekommen würden, und es gab Diskussionen, ob man, von dem bisherigen Konzept ganz abweichend, den Hang noch viel stärker abflachen sollte.« Doch Herzog glaubte an seine Vision, auch wenn ihn manchmal Zweifel beschlichen, ob eine Steigung von immerhin 40 % für das mehrere hundert Tonnen schwere Schiff überhaupt zu bewältigen war. Das hatte vorher noch nie jemand geschafft. »Wir haben versucht, das wirklich durchzurechnen«, sagte Herzog später in einem Gespräch, aber erst der Bremer Professor Uli Graf wies mit seinen Berechnungen nach, dass dieses Unternehmen prinzipiell durchführbar war, und zwar unter Einsatz von mehreren Seilwindensystemen. Herzog erklärte später: »Hätten wir das Schiff nicht über den Berg gebracht, dann wäre der Film gescheitert.«

Aber dazu kam es nicht. Man brachte die eine der beiden »Molly Aidas« zum 900 Meter entfernten Plateau am anderen Fluss und ließ sie ohne weitere Rückschläge auf Holzstämmen in das Wasser zurückgleiten. Mit dem Schiff war auch der Film über den Berg.

DAS FLIEGENDE AUGE – »BLUE THUNDER«

Er ist der wahr gewordene Alptraum – oder sollte man besser sagen: Wunschtraum? – eines jeden Paranoikers. Denn er ist überall einsatzfähig und kann mit seinen leistungsstarken Computern, die mit allen Datenbänken des ganzen Landes verbunden sind, Informationen über jeden Bürger, jedes Haus abrufen. Außerdem kann er auf Knopfdruck bis zu 4.000 Schuss pro Minute abfeuern, wobei ein computergesteuertes Zielsuchgerät die sechs 20mm-Kanonen exakt ausrichtet. Mit seinen extra starken Suchscheinwerfern macht er die Nacht zum Tage und ist doch selber unverwundbar dank seiner mattblauen gepanzerten Außenhülle.

Die Rede ist von einem Spezial-Hubschrauber, den der Filmverleih als »Superwaffe des Jahres 2000« ankündigte und der bereits 1982 unter dem Titel »Blue Thunder« über die amerikanischen und als »Das fliegende Auge« über die deutschen Kinoleinwände donnerte. Der mit Millionenaufwand gedrehte Action-Reißer bildete den Auftakt einer ganzen Reihe von Filmen und TV-Serien wie → »Airwolf«, die hochmoderne Kampfhubschrauber in den Mittelpunkt der Handlung stellten.

Immer ging es um die totale Überwachung aus der Luft – natürlich aus Gründen der Verbrechensprävention. In diesen Filmen entpuppt die Staatsmacht sich als Ober-Paranoiker, der seinen Bürgern alles Schlechte zutraut und davon besessen ist, über dieses Chaos die Kontrolle zu behalten.

Der Polizeihubschrauber-Pilot Frank Murphy beobachtet bei seinen nächtlichen Flügen über Los Angeles Morde, Vergewaltigungen oder Überfälle und lauscht selbst durch die dicksten Wände der Wolkenkratzer hindurch. »Der Höhepunkt meines Films«, so Regisseur John Badham, »ist eine gigantische Luftschlacht über Los Angeles zwischen dem Helikopter und Kampfjets. Wir sind bis zu 150 Meter tief zwischen Häusern und unter Brücken geflogen.« Als der von Roy Scheider gespielte Murphy eine Staatsverschwörung aufdeckt und herausfindet, dass sein »Blue Thunder« Werkzeug eines Komplotts ist, zerstört er die Maschine. Aber die Unterhaltungsmaschinerie des Fernsehens, die selbst tote Serienhelden wieder auferstehen lassen kann und erst recht zerstörte Hubschrauber, verwertete den großen Kinoerfolg in einer elfteiligen TV-Serie, die von Januar bis April 1984 von ABC ausgestrahlt wurde.

Als Basis für den Film-Hubschrauber diente eine turbinengetriebene Maschine des französischen Hersteller Aérospatiale vom Typ »Gazelle« mit der Registrierungsnummer N77GH, die das Unternehmen Hughes Helicopters mit zahlreichen Auf- und Umbauten in den »Blue Thunder« verwandelte. Man brauchte die exzellente Manövrierfähigkeit der »Gazelle« zum Beispiel, um einen 360-Grad-Looping, wie er im Film zu sehen ist, durchzuführen. Für den Schauspieler Malcolm McDowell, der unter Flugangst litt, waren die Flugaufnahmen naturgemäß nicht die reine Freude. »Immer, nachdem er ausstieg, übergab er sich sofort«, erinnert sich Regisseur Badham. »Er hatte fürchterliche Angst, war aber so professionell, dass er sofort wieder einstieg.« Um den Verkehr in Los Angeles nicht mehr zu beeinträchtigen als notwendig, drehte man die Flugaufnahmen nur an Wochenenden und sperrte nicht mehr als zwölf Häuserblocks ab.

Nachdem er für Film und Promotionstour brav seine Pflicht getan hatte, verkaufte die Produktion »Blue Thunder« an einen Luftfahrtfan mit Namen Mike Groovy aus Clovis in New Mexico. Der wiederum lieh ihn an eine Filmgesellschaft aus, die den TV-Film »Amerika« produzierte. Danach baute er ihn auseinander und verkaufte die Teile. Ein Fan erstand die Überdachung und die nicht funktionsfähige Waffe, die aber später von einem Anhänger fiel und zerbrach.

DAS FLIEGENDE FAHRRAD VON »E.T.« AUS DEM GLEICHNAMIGEN FILM

Es war ein magischer Moment der Filmgeschichte: Der zehnjährige Elliott radelt eine Straße in Los Angeles entlang. Vor ihm im Lenkerkorb, verborgen unter einem Tuch, sitzt »E.T.«. Elliott und ein paar Kumpels aus der Schule wollen den Außerirdischen in Sicherheit bringen vor den herannahenden Regierungsbeamten und Polizisten. Da bauen sich vor ihnen schwere Limousinen auf und versperren die Straße. Aus! Elliott schließt die Augen. Als er sie wieder öffnet, radeln er und seine Freunde durch die Luft und fliegen – das ist das Bild, das um die Welt ging und später zum Logo von Steven Spielbergs Produktionsfirma Amblin Entertainment wurde – malerisch am Mond vorbei.

Die Szenen hatte Melissa Mathison ersonnen, Drehbuchautorin und

Ex-Gattin von Harrison Ford. Sie entstanden im September 1981 in den Wohnsiedlungen von Tujunga und Northridge außerhalb von Los Angeles. Für das Abheben sorgte Trickspezialist Bill George, der sehr darauf achtete, dass »die Effekte so unauffällig wie möglich wirkten.« Die akustische Untermalung stammt von Komponist John Williams: »Als ich E.T. zum ersten Mal sah, da gab es das Fahrrad vor der Mondsilhouette nicht, denn der Effektshot war noch nicht fertig«, erzählte er später. »Für die Flugsequenz holte ich tief Luft und fühlte dann die Freiheit und die Bestätigung dieser Vision, dass man mit einem Wesen gemeinsam fliegen kann, das nicht von unserer Art ist, aber doch von unserer eigenen geistigen Offenheit. Und dann können wir über den Mond hinausfliegen. Das ist eine fantastische Idee, die großartige Musik braucht und ein großartiges Gefühl von Freiheit.«

Die Botschaft des Films steckt genau in dieser Szene vom fliegenden Fahrrad und wurde weltweit verstanden, wie die ersten Testvorführungen im Mai 1982 in Houston und bei der Premiere auf den Filmfestspielen in Cannes zeigten. Die Zuschauer jubelten und trampelten vor Begeisterung. Auch »Krieg der Sterne«-Erfinder George Lucas war begeistert, wie sich Steven Spielberg anlässlich einer Jubiläumsvorstellung im Frühjahr 2002 befriedigt erinnerte: »Und dann, gleich nachdem die Kinder mit ihren Fahrrädern vom Boden abheben, lehnte sich George zu mir hinüber und sagte: ›Okay, du kannst für eine Weile die Nummer Eins sein. E.T. wird der größte Kinoerfolg aller Zeiten werden‹«. Lucas sollte Recht damit behalten, und außerdem gewann der Film auch noch vier Oscars – unter anderem für die besten visuellen Effekte und die Musik.

Als man das Meisterwerk 2002, zwanzig Jahre nach seiner Entstehung, restaurierte und wieder in die Kinos brachte, bearbeitete man auch den Fahrradflug neu. Jetzt flattern die Kleider der Kinder im Wind, was sie vorher nicht taten. Und man entschärfte die Szene, in der die Verfolger versuchen, die Kinder auf ihren Fahrrädern zu stoppen. Aus den Schusswaffen der Männer wurden Walkie-Talkies.

DER FLIEGENDE HOLLÄNDER

»Befrag die Meere aller Zonen,
befrag den Seemann, der den Ozean durchstrich!
Er kennt dies Schiff, den Schrecken aller Frommen:
den Fliegenden Holländer nennt man mich.«

Richard Wagner persönlich leitete die Uraufführung seiner romantischen Oper in drei Akten »Der fliegende Holländer« am 2. Januar 1843 in Dresden. Ein Seemann, der den Beinamen »der fliegende Holländer« trägt, hat einen Pakt mit dem Teufel geschlossen und muss nun auf seinem Geisterschiff mit einer Geisterbesatzung so lange auf allen Weltmeeren umhersegeln, bis eine Jungfrau ihm Treue bis zum Tod schwört. Richard Wagner soll angeblich mehrere Vorlagen für das Opernlibretto gekannt haben. 1837 beispielsweise las er die Romanfassung einer Sage vom fliegenden Holländer von Heinrich Heine. Natürlich kannte er auch die Sage selbst. Und als Wagner 1839 auf dem Segelschiff »Thetis« von Riga nach London reiste, geriet das Schiff in einen schweren Sturm und musste in einem norwegischen Fjord Zuflucht suchen. Der Anblick der Naturgewalten und die Gesänge der Matrosen sollen Wagner schwer beeindruckt haben.

Verschiedenen Quellen zufolge geht die Sage des fliegenden Holländers auf eine Schiffsreise zurück, die entweder Ende des 16. oder Anfang des 17. Jahrhunderts stattgefunden hat. Danach segelte ein Schiff von Amsterdam nach Batavia, dem heutigen Jakarta auf Java, Indonesien. Als es vor dem Kap der guten Hoffnung in einen mächtigen Sturm geriet, trotzte der Kapitän den Elementen und schwor sie zu besiegen. Da erschien der Allmächtige an Bord, was den Kapitän indes so wenig beeindruckte, dass Gott ihn mit dem Fluch belegte: Niemals solle er Ruhe finden und verdammt sein bis in alle Ewigkeit, und das Schiff solle auch jenen Unglück bringen, die ihm begegnen. Und so segelte der Kapitän mit einer völlig skelettierten Besatzung auf dem verwunschenen Schiff für immer über die Weltmeere.

Es fanden sich immer wieder Zeugen, die steif und fest behaupteten, den fliegenden Holländer gesehen zu haben, wie er trotz Windstille segelte oder auch mal in einem seltsamen roten Licht strahlte. Zu ihnen gehörte auch der damals 16-jährige Prinz und spätere König George von Großbritannien, der das Schiff am 11. Juli 1881 gesichtet haben will.

Da der Name für Mystik und Schnelligkeit steht, werden immer wieder gerne Segeljachten und Schnellzüge auf ihn getauft. Eine ganze Sportsegelklasse von 2-Mann-Jollen heißt »Flying Dutchman«, und auch die holländische Fluggesellschaft KLM hat ihrem Vielfliegerprogramm nicht ganz zu Unrecht diesen Namen gegeben.

»DAS FLIEGENDE KLASSENZIMMER«

Geflogen ist »Das fliegende Klassenzimmer« nie. Und die Klasse, also die Schüler selbst, durfte erstmals 1973 in der zweiten Verfilmung des Romans, den Erich Kästner 1933 geschrieben hat, abheben. Denn da spendiert der reiche Vater eines der Internatsschüler des Johann-Sigismund-Gymnasiums zu Kirchberg zwecks »Vollbildung«, wie es heißt, tatsächlich eine Reise. In dem Roman von Kästner aber unternehmen Klasse und Klassenzimmer ihre Bildungsreise am Boden.

In Kästners Kinderbuch ist es Jonathan Trotz, der ein Weihnachtsstück mit dem spannenden Titel »Das fliegende Klassenzimmer« verfasst hat. »Es bestand aus fünf Akten«, so fasst Kästner im Buch zusammen: »Im ersten Akt fuhr ein Studienrat samt seiner Klasse im Flugzeug los, um den Geographieunterricht jeweils an Ort und Stelle abzuhalten.« Für die Schüleraufführung musste als Flugzeug ein Bühnenbild aus Pappe ausreichen, das »an einen Barren angezweckt« war. »Es hatte drei Propeller und drei Motoren und eine aufklappbare Tür, durch die man in das Flugzeug (also eigentlich in den Barren) steigen konnte.«

Im zweiten Akt landet das Flugzeug samt Klasse am Kraterrand des Vesuv. Im dritten Akt geht es nahe der Pyramiden von Gizeh nieder, im vierten Akt besuchen die Schüler den Nordpol und im fünften und letzten Akt kommen sie schließlich im Himmel an. Sechs Jungen proben das Stück im Internat und bringen den Barren, zumindest in der Phantasie der Zuschauer und Leser, zum Fliegen.

DAS »FLIEWATÜÜT«

Es kann **flie**gen wie ein Hubschrauber, auf dem **Wa**sser schwimmen wie eine Ente und auf der Straße fahren wie ein Auto, das ja bekanntlich öfter mal **»tüüt«** macht. Was also liegt näher, als diese drei Betätigungsbereiche des Fahrzeugs zu einem sinnfälligen und schönen Namen zusammenzufassen. So dachte sich wohl auch der am 7. August 1922 in Keitum auf Sylt geborene Autor Boy Lornsen. In seinen 1967 erschienenen Kindergeschichten »Robbi, Tobbi und das Fliewatüüt« und »Das Geisterschloss« ist der Tobbi genannte Tobias Findteisen, der die dritte Klasse der Volksschule besucht, der Erfinder des Fliewatüüts und sein Freund Robbi der Erbauer. Robbi ist, wie der Name schon sagt, ein Roboter, der gerade die dritte Klasse der Robotschule absolviert. Um die kniffligen Prüfungsaufgaben, die er dort gestellt bekommt, lösen zu können, ist eine gewisse Mobilität unumgänglich, und so begeben sich Robbi und Tobbi im »Fliewatüüt«, dem »mattrot schimmernden Riesenei«, auf die Reise. Im ersten Abenteuer werden sie von einem Radarturm für Außerirdische gehalten und von Flugzeugen verfolgt, können sich aber am Boden im Schilf verstecken und kommen dank des Wasserantriebs weiter. Wieder in der Luft, finden sie den »gelbschwarz geringelten Leuchtturm«. Dank Tante Paulas Himbeersaft – ein sehr spezieller Treibstoff – läuft das urige Fahrzeug, das zum Teil an einen oval geformten Hubschrauber erinnert, wie geschmiert. Als ihnen der Himbeersaft ausgeht, hilft der Flipper Fridolin ihnen aus der Patsche. Sie erreichen den Nordpol, tanken mit Lebertran voll, der auch »viel sparsamer ist als Himbeersaft«, fliegen nach Schottland, besuchen kurz das Ungeheuer von Loch Ness, lösen das Rätsel der dreieckigen Burg, reparieren eine qualmende Propellerwelle und landen mit den Lösungen der Aufgaben im Gepäck heil wieder in Tütermoor bei Tante Paula.

Die erste bildliche Darstellung des »Fliewatüüt« besorgte der Buchillustrator Franz Josef Tripp. Als der WDR 1972 und 1973 aus »Robbi, Tobbi und das Fliewatüüt« einen Puppentrickfilm in vier Teilen machte, bauten der Stuttgarter Puppenspieler Albrecht Roser und seine Weilheimer Kollegen Hildegard und Karl-Heinz Drescher nach seinen Entwürfen ein Modell des »Fliewatüüt«. Lange war es neben den Figuren von Robbi und Tobbi im Puppentheater-Museum in Kaufbeuren zu sehen, seit Mai 2002 ist es im Museum der Augsburger Puppenkiste zu Hause.

Das Filmfahrzeug schimmerte allerdings weißgrau und nicht rot, wie von Lornsen erdacht. In den gleichen Jahren sorgte ein japanischer Zeichentrickfilm dafür, dass das »Fliewatüüt« auch in Fernost bekannt wurde. Für seine Geschichten erhielt Lornsen 1974 den Preis der japanischen Schulbibliothekare. Die Bücher wurden in zwölf Sprachen übersetzt und dienten als Vorlage für ein Hörspiel, das 1974 herauskam. Die Grundschule in Schaalby trägt den Namen des Autors.

FLUGFÄHIGE AUTOS AUS »DER MANN MIT DEM GOLDENEN COLT«

Heute würde man diese Sequenz höchstwahrscheinlich an den computerisierten Schneidetischen der Postproduction bearbeiten oder einer auf Animations- und Trickeffekte spezialisierten Firma überlassen. Damals, Anfang der 70er Jahre, als das 007-Abenteuer »Der Mann mit dem goldenen Colt« gedreht wurde, das 1974 in die Kinos kam, mussten noch ehrliche Stuntmen Kopf und Kragen riskieren, ehe die folgende Szene im Kasten war: Bond und Sheriff Pepper verfolgen in Bangkok den Bösewicht Scaramanga und dessen kleinwüchsigen Assistenten, den Giftzwerg Schnick-Schnack. Fast schon haben die Widersacher sie abgehängt und sind dabei, auf der anderen Seite des Flusses zu entkommen. Bond muss über den Fluss, aber wie? Eine verfallene Brücke, von der nur noch die ramponierten Rampen an beiden Ufern übrig sind, bietet sich an für ein schier wahnwitziges Unterfangen. Bond setzt seinen Wagen ein Stück zurück, gibt Gas, setzt per 360 Grad Spiralsprung über den Fluss und nimmt am anderen Ufer wohlbehalten die Verfolgung wieder auf. Augenzeuge Christopher Lee: »Ich konnte es nicht fassen. Es sah so leicht aus, dass jemand vorschlug, es gleich noch mal zu machen, aber das ließ man dann doch lieber sein.«

Die Idee zu diesem Irrsinns-Sprung stammt aus einer Stunt-Show des New Yorkers Jay Milligan. Der Sensationsdarsteller hatte Wind davon bekommen, dass William Milliken, einer der Direktoren der Cornell University, an einem spektakulären Sprung-Experiment arbeitete. Das Institut von Milliken sammelte für das US-Büro für öffentliche Straßen Daten über Autozusammenstöße, Straßenführungen, Bodenbeläge und Kurventechniken. Anhand dieser Unterlagen berechnete der Computer nun alle Details, um das Experiment zum Erfolg zu führen. Die Rampen mussten aus Teak-Holz sein, der Abstand von Rampe zu Rampe wurde auf exakt 15,86 Meter festgelegt. Das Auto samt Fahrer sollte exakt 1460,06 kg wiegen, womit auch eine Entscheidung über das ideale Fahrzeug für derartige Versuche gefallen war. Man nahm einen → AMC Hornet Hatchback Special des US-Autoherstellers American Motors Corporation. Als optimale Absprunggeschwindigkeit ermittelte der Computer 64,36 km/h.

Milligan arbeitete den Stunt in eine seiner Shows ein. Der Fahrer Chick Galliano führte den Sprung in Houston, Texas, erstmals vor. Alle sieben Probesprünge klappten ohne Probleme. Als Bond-Produzent Broccoli von der Geschichte hörte, kaufte er Milligan die Nutzungsrechte an der Idee für zwei Jahre ab. In dieser Zeit durfte er den Stunt nicht durchführen. Gleichzeitig engagierte er ihn als Stuntberater.

Der Stuntman Loren »Bumps« Willert steuerte stellvertretend für Bond den Wagen während der Szene, die von sechs Kameras aufgenommen wurde. Die Sicherheitsvorkehrungen waren vorbildlich: Zwei Froschmänner planschten im Wasser herum, ein Notarztwagen und ein Kran standen bereit, aber alles klappte wie am Schnürchen. Den ursprünglichen Plan, auch die verfolgenden Polizeifahrzeuge über die Brücke springen und dabei spektakulär zu Bruch gehen zu lassen, verwarf man wieder. Die Zeit war zu knapp geworden und man wollte die Premiere nicht verschieben.

Ein weiterer AMC, diesmal allerdings vom Typ »Matador Coupé«, war Basis für das Klappflugzeug im gleichen Film. Das komplette Gerät war mit dem Flugleitwerk 9,15 m lang, 12,80 m breit und 3,04 m hoch. Im Film fliegt es von Bangkok bis zu einer Insel im chinesischen Meer, aber in Wirklichkeit konnte es nur etwa 500 Meter zurücklegen und wurde daher bei einem Teil der Aufnahmen durch ein etwa ein Meter langes, ferngesteuertes Modell ersetzt.

Der Anblick dieses Autoflugzeugs brachte den ehemaligen Marineoffizier Moulton Taylor aus Kalifornien dazu, eine bereits in den 50er Jahren schon einmal verwirklichte Idee wieder aufzunehmen. Er konstruierte ein Auto mit ausfahrbaren Tragflächen und Propellerantrieb, das innerhalb von fünf Minuten zu einem Flugzeug umgerüstet werden kann. Zu einer Serienproduktion kam es jedoch nicht.

FORD ANGLIA

Mit einem dieser hübsch-hässlichen Fahrzeuge englischer Produktion folgen Harry Potter und sein Schulfreund Ron Weasley in Joanne K. Rowlings zweitem Buch »Harry Potter und die Kammer des Schreckens« dem → »Hogwarts Express«, den sie in London verpasst haben.

FORD MUSTANG GT

Kaum wiederzuerkennende Basis für die beiden fantasievollen Vehikel → »Koach« und »Drag-u-la« aus der amerikanischen TV-Serie »The Munsters«.

DER FORD MUSTANG AUS »BULLITT«

Bis heute genießt die knapp zwölf Minuten dauernde Verfolgungsjagd durch die Straßen von San Francisco bei Kennern höchstes Ansehen. Der Autonarr Steve McQueen prügelt darin streckenweise höchstpersönlich einen dunkelgrünen Ford Mustang 390 GT Fastback die steilen Straßen der Stadt hinunter und liefert sich mit zwei Verfolgern in einem schwarzen Dodge Charger 440 Magnum eine wilde Jagd.

Wenn Steve McQueen mal gerade nicht drehte, fuhr er Autorennen und sammelte Rennwagen. Dank seiner Kinoerfolge wie → »Kanonenboot am Yang Tse Kiang« und »Thomas Crown ist nicht zu fassen« hatte er freie Hand bei der Auswahl seiner Filmrollen und -produktionen. Der Roman »Mute Witness« von Robert L. Pike hatte es ihm angetan. Er produzierte den Film selbst und verlegte die Geschichte von New York nach San Francisco. Als Regisseur engagierte er den Engländer Peter Yates, dessen Autojagd in dem Film »Überfall« aus dem Jahr 1967 ihm gut gefallen hatte und der zeitweise als Berater für den berühmten englischen Rennfahrer Stirling Moss tätig war. Das Drehbuch machte aus dem Polizeileutnant Clancy jenen Frank Bullitt, einen kaltschnäuzigen Polizisten, der einen Gangster aus Chicago beschützen soll, bis er seine Aussage als Kronzeuge vor dem Senat gemacht hat. Doch der Mann wird erschossen und Bullit wittert – nicht zu Unrecht – ein übles Komplott, das er nach und nach aufdecken kann.

Eine 25.000 Dollar-Spende für eine geplante Schwimmhalle sicherte McQueen die volle Unterstützung der Stadtoberen bei den geplanten Außenaufnahmen. Die Produktion beschaffte je zwei identische Ford Mustang und Dodge Charger. Die Wahl war auf die Mustangs gefallen, weil sie zu einem Polizisten der damaligen Zeit zu passen schienen und weil es ohnehin eine Kooperation zwischen dem Studio Warner Brothers und Ford gab. Die Dodges erwarb man bei einem Händler in Glendale in Kalifornien, da Chrysler, zu deren Konzern auch die Marke Dodge gehörte, keine Wagen zur Verfügung stellen wollte. Der Spezialist Max Balchowski präparierte die Autos und rüstete sie mit verstärkten Stoßdämpfhalterungen, stärkeren Federn und einem Überrollkäfig aus. Die Blattfedern der Hinterachse schweißte man zusammen, um zu verhindern, dass das Heck zu sehr in die Höhe springt, außerdem montierte man größere Räder. Mit 160 Sachen rasten die Wagen an den Kameras vorbei. Zwei von der Stadt für die Dreharbeiten abgestellte Polizisten sorgten für die Absperrungen und kümmerten sich um die am Straßenrand geparkten Autos, was dazu führte, dass man wieder und wieder denselben VW Käfer am Fahrbahnrand sieht. Besonders in den extremen Totalen wirken die Autos gelegentlich ein bisschen komisch, so als würden sie wie Frösche über die Hügel hüpfen. Bei den brutal harten Landungen verloren sie auch ein paar Teile, die für Folgeszenen erst wieder montiert werden mussten. Nachahmern sei diese Fahrweise deshalb ausdrücklich nicht empfohlen. Denn die beiden Mustangs gingen schon während der Dreharbeiten so sehr zu Bruch, dass man sie nicht weiter benutzen konnte und das Team zwei neue Wagen benötigte. Trotz dieses Aufwandes blieb das Budget mit circa 4,5 Millionen Dollar überschaubar.

In wie vielen der Szenen McQueen denn nun tatsächlich selbst am Steuer gesessen hat, ist nicht rekonstruierbar. Jedenfalls hat er während der Aufnahmen mehrfach die Bordsteinkanten mitgenommen und außerdem den Motor überhitzt, weshalb er den Stuntdriver Bud Ekins ans Steuer lassen musste. Ärger bekam Steve McQueen auch mit seiner damaligen Frau Neile. Als sie erfuhr, dass ihr Mann sich nur gelegentlich doubeln ließ, war sie außer sich vor Zorn und warf ihm und dem Team Verantwortungslosigkeit vor. Den Dodge fuhr übrigens Bill Hickman. Wenn die beiden Wagen am Ende auf dem Guadalupe Canyon Parkway nebeneinander herfahren, hängen sie an Stahlseilen, um störungsfreie Aufnahmen zu garantieren. Die Szene, in der der Charger mit zwei Dummies an Bord in eine Tankstelle rast, ist leider nicht wie geplant gelungen, denn der Wagen schoss an seinem Ziel vorbei. Aber der Zuschauer merkt davon nichts, weil die gewaltige Explosion rechtzeitig ausgelöst wurde und alles in einen Feuerball hüllt.

Im Anschluss an die Dreharbeiten wurden die Mustangs an Mitarbeiter von Warner Brothers, eine Sekretärin und einen Büroboten, verkauft. Stuntman Bud Ekins erinnerte sich, dass man den Wagen der Sekretärin für nachträgliche Tonaufnahmen mietete. Dann verliert sich die Spur. Steve McQueen selbst forschte später ohne Erfolg nach dem Mustang, den er so gerne in seine Kollektion eingereiht hätte. Am 7. November 1980 erlag der wortkarge Star seinem Krebsleiden.

Für die Filmtechnik von heute stellen verstorbene Schauspieler und verschwundene Fahrzeuge kein Problem dar. Das beweist ein Ende der 90er Jahre gedrehter Werbespot, in dem Dennis Hopper an dem Mustang mit Steve McQueen am Steuer vorbeizieht. Originalszenen aus »Bullitt« machten es möglich.

FORD TRUCK

Basis für den → »Leslie Special« genannten Wagen aus dem Film »Das große Rennen rund um die Welt«.

FORD V 8

Das spektakulär perforierte Fahrzeug, in dem → Bonnie und Clyde am 23. Mai 1934 im US-Bundesstaat Louisiana ihr Ende fanden.

DIE FUNKSTREIFE ISAR 12

Ab 1961 waren Wachtmeister Resch, gespielt von Karl Tischlinger, und Hauptwachmeister Dambrowski (Wilmut Borell), ein Bayer und ein Preuße, rund um München im Einsatz, um die bösen Buben in Schach zu halten. Das Team bekam den polizeilich klingenden Namen »Funkstreife Isar 12«, und so hieß auch die Fernsehserie der Bavaria-Produktion. Bei ihrer anstrengenden Tätigkeit unterstützte die Streifenpolizisten ein Streifenwagen der Marke BMW. Die Typen 501 und 502 waren voluminöse, mit ausschweifenden Rundungen versehene Gefährte, denen der Volksmund schon bald den Namen »Barockengel« verpasste. Weil die Polizei auch damals schon sparen musste, durften die beiden Wachtmeister nicht den damals schon verkauften BMW vom Typ 502 mit Achtzylinder-Motor fahren, sondern mussten sich mit dem von 1954 bis 1958 gebauten Vorgänger vom Typ 501 begnügen. »Vermutlich wollten die Behörden sparen«, sagt Walter Zeichner von der Abteilung »Mobile Tradition« bei BMW, »und sie nahmen eine kleine Auflage von 50 bis 60 Fahrzeugen mit Sonderaufbauten, die zum Ende der Produktion gebaut wurde.« In der Fahrzeugsammlung des Münchner Unternehmens steht ein rekonstruierter Wagen, der im Jahr 2000 auch an einer großen Parade in New York teilnahm. Das Original gilt als verschollen.

Im Typ 501 werkelte ein Sechszylinder-Reihenmotor mit 1971 ccm Hubraum und einer Leistung von 72 PS. Geschaltet wurden die vier Gänge am Lenkrad. BMW verkaufte damals rund 6.800 Autos zum Preis von immerhin 14.180 Mark. Einige davon bekamen eine Polizeiausstattung, also Funktelefon, Sirene, mit widerstandsfähigem Kunstleder bezogene Sitze und die Farbe »polizeigrün«. Und einer davon wurde zur »Isar 12«, auch wenn die Farbe im Fernsehen nur zu ahnen war, denn damals drehte man in Schwarzweiß. 35 Folgen zu 25 Minuten inszenierte Michael Braun zwischen 1961 bis 1964, ehe die Serie eingestellt wurde. Die Mischung aus Kriminalhandlung und heilem Familienleben der Polizisten Resch und Dambrowski diente durchaus als Vorbild für jüngere Serien wie »Großstadtrevier«. Die Delikte, um die es ging, waren eher Bagatellsachen, wie auch die Kümmernisse der Protagonisten. Große Verfolgungsjagden hatte der BMW zum Glück nicht zu bestehen – bei 145 km/h Höchstgeschwindigkeit wäre dem 501 die Puste ausgegangen.

G

»THE GENERAL« – BUSTER KEATONS LIEBLINGSLOKOMOTIVE

Johnnie Gray, ein zierlicher Eisenbahner, der selten lacht, hat zwei große Lieben: Annabelle Lee und seine Lokomotive namens »The General«. Als ihm in den Wirren des amerikanischen Bürgerkriegs zeitweilig beide abhanden kommen, macht er sich unbeirrbar auf den Weg durch die feindlichen Linien und bringt ganz nebenbei einen Großangriff der Nordstaaten zum Scheitern, bevor er seine Lokomotive wieder hat und seine größte Liebe in die Arme schließt: Annabelle.

1926 verfilmte Buster Keaton mit sich selbst in der Hauptrolle die Geschichte eines denkwürdigen Lokomotivraubs. Die Erzählung »The Great Locomotive Chase« von William Pittenger aus dem Jahr 1868 war zunächst unter dem Titel »Daring & Suffering: A History of the Great Railroad Adventure« veröffentlicht worden. Der zugrunde liegende Vorfall hatte sich 1862 ereignet, als Captain James J. Andrews und einige Unionssoldaten in Zivilkleidung in Marietta, Georgia, die »General«, eine Dampflokomotive der Western and Atlantic Railroad, stahlen. Den düpierten Südstaatlern mit Captain W. A. Fuller an der Spitze gelang es jedoch nach einer längeren Verfolgungsjagd, die Entführer gefangen zu nehmen. Captain Andrews und sieben seiner Leuten wurden gehängt. »The General« überstand das Abenteuer unbeschadet und dampfte noch 30 Jahre lang ohne Zwischenfälle von Louisville nach Nashville und zurück. 1892 entdeckte der Fotograf E. Warren Clark auf einem Nebengleis in dem Ort Vinings in Georgia die Lokomotive. Er wollte sie bei der »World Columbian Exposition« in Chicago 1893 präsentieren. Ob es dazu kam, ist nicht bekannt.

Wie bei Filmadaptionen üblich veränderte Buster Keaton auch hier das Ausgangsmaterial teilweise erheblich und baute den spektakulären Absturz eines Zugs von einer brennenden Brücke mit ein. Es war ihm gelungen, für die Dreharbeiten in Tennessee die beiden Originallokomotiven »General« und »Texas« aufzutreiben. Als den dortigen Behörden jedoch bekannt wurde, dass die überlieferte Episode für eine Komödie herhalten sollte, widerriefen sie, wahrscheinlich in patriotischem Übereifer, sämtliche Genehmigungen. Keaton war also gezwungen, in Oregon zu drehen. Ein Glücksfall, wie sich herausstellen sollte, denn so konnte er die kurz vor der Stilllegung stehende Eisenbahnlinie der Oregon Pacific & Eastern in Cottage Grove benutzen, auf der hauptsächlich Holz verladen wurde. Er drehte mit drei Lokomotiven dieser Gesellschaft, die er zuvor auf Holz verbrennende Maschinen der Firma Anderson & Middleton umrüsten ließ. Bei den Dreharbeiten ließ Keaton dann die »Old Four Spot« genannte Lokomotive, die den »General« immer mal wieder doubelte, von der Holzbrücke stürzen. 42.000 Dollar kostete die Szene, teurer war noch nie zuvor eine Filmsequenz gewesen. Die schwer beschädigte Lok, einstmals gebaut von Cooke in Patterson im US-Bundesstaat New Jersey, diente nach den Dreharbeiten noch über 15 Jahre lang als Ausstellungsstück, ehe man sie während des 2. Weltkriegs verschrottete.

»The General« hingegen ist noch heute zu besichtigen. 1961 wurde sie von der Louisville & Nashville Railroad Company (L&N) für die Feiern zum 100. Jahrestag der Bürgerkriegsereignisse restauriert. Inzwischen ist sie im Kennesaw Civil War Museum in Georgia ausgestellt, einem Ort, der sich ausschließlich der Geschichte des Bürgerkriegs widmet.

Buster Keatons Film – die Uraufführung fand am 22.12.1926 in New York statt – spielte seine für die damalige Zeit immens hohen Kosten von fast einer Million Dollar zunächst nicht ein. Dennoch hat Keaton mit »The General« ein Meisterwerk der Filmkunst geschaffen. Als in den 50er Jahren das New Yorker Museum of Modern Art den Film im Rahmen einer Retrospektive zeigte, würdigte das junge Publikum die Leistung des Regisseurs voller Begeisterung. 30 Jahre nach der Premiere reiste der Film wieder um die Welt und füllte die Kinosäle. Animiert von diesem Erfolg verfilmte nun auch Walt Disney Productions die große Lokomotivjagd, aber dieses Mal als ernsthaftes Abenteuer. 1956 kam der wenig bemerkenswerte, deutsch »In geheimer Mission« betitelte Streifen in unsere Kinos.

Buster Keaton, der zwischenzeitlich ziemlich in Vergessenheit geraten war und sein Comeback nicht zuletzt der Begeisterung europäischer Filmemacher für sein Werk verdankte, starb am 1. Februar 1966. »The General« sollte für immer sein Lieblingsfilm bleiben. In einem Interview sagte er einmal: »Wenn man mir eine Lokomotive gibt und ein paar Dinge, mit denen ich spielen kann, dann finde ich ein paar Gags und Lacher. Schienen und Lokomotiven sind tolle Requisiten. Damit kann man ein paar ganz wilde Sachen machen.«

DER GLACIER EXPRESS

Unter Eisenbahnfans gilt er nicht nur als der schönste, sondern auch als der langsamste Expresszug der Welt, weil es Streckenabschnitte gibt, auf denen der Schweizer Glacier Express nur im Schritttempo vorankommt, um die Zahnräder in einer Mittelschiene einzuhängen, falls extreme Steigungen oder Gefälle das erforderlich machen. Aber das atemberaubende Panorama, das eine Fahrt von St. Moritz nach Zermatt unterwegs bietet, macht das schließlich wieder wett.

Exakt 270 Kilometer misst die Strecke, die der Glacier Express zurücklegt, aber unterwegs, auf der etwa sieben bis acht Stunden dauernden Fahrt, schleicht er auch über 291 Brücken, durch 91 Tunnels, über den 2.033 Meter hohen Oberalppass und hinter Ilanz an der Rheinschlucht vorbei – dem Schweizer Grand Canyon. Riesige Panoramafenster ermöglichen es den Reisenden, den Blick nach allen Seiten auf die prächtige Bergwelt zu richten. Und wer nicht nur schauen, sondern auch verdauen will, kann sich im rollenden Restaurant namens »Gourmino« fleischlichen Genüssen hingeben und die Nussbaumtäfelung bestaunen.

1886 gaben zwei Bankenhäuser in Basel und Lausanne bekannt, dass sie beabsichtigen, eine Schmalspurbahn von Visp nach Zermatt zu unterstützen, die zunächst nur im Sommer genutzt werden sollte. Aufgrund der extremen Steigungen entschied man sich für zwei parallele Systeme, bestehend aus einem Adhäsions- und einem Zahnradantrieb. Am 27. November 1888 begann in Visp der Bau, und knapp drei Jahre später, am 18. Juli 1891, fuhr der erste Zug. Im Laufe der Jahre kam es zu steigenden Fahrgastzahlen, aber auch herben Rückschlägen, weil die Betreiber nach dem Ausbruch des 1. Weltkriegs Verluste schrieben. 1927 entschied man sich für einen elektrischen Antrieb. Als die benachbarte Furka-Oberalp-Bahn in Konkurs ging, übernahmen sie die Betreiber der Visp-Zermatt Bahn und erschlossen den Streckenabschnitt Brig. Auch die Rhätische Bahn schloss sich der Unternehmergemeinschaft an, und am 3. Juli 1926 fuhr der erste durchgehende Zug von St. Moritz nach Zermatt – der Glacier Express war geboren. Ab 1933 fuhr man auch das ganze Jahr über, was die Fahrgäste entsprechend honorierten. Nach dem 2. Weltkrieg verzehnfachte sich die Zahl der Gäste. 1990 waren es rund 2,7 Millionen Menschen, die den Glacier Express nutzten, der seit den 80er Jahren dank der Panoramawagen ein besonderes Schauspiel bot. Auch sorgten hochmoderne Elektrolokomotiven für Komfort.

Aber es geschahen auch Dramen. 1987 wurde die Furkabergstrecke in Mitleidenschaft gezogen, weil der Fluss Furkareuss über die Ufer trat. Vier Jahre später begrub ein Berg vor dem Örtchen Randa einen Weiler, Straßen und Gleise unter sich. 105 Tage lang konnte die Bahn nicht fahren. Von noch größeren Katastrophen ist der Express bisher verschont geblieben. Ist er schließlich in Zermatt angekommen, hat der Zug wieder einmal die mit 31 Metern höchste Brücke überwunden und die mit 125 Promille höchste Steigung. Somit kann die eingangs erwähnte Formulierung auch kaum als Kritik verstanden werden, sondern eher als Kompliment.

GOETHES POSTKUTSCHEN

»Das Fortreisen ist eine recht gute Sache, wenn nur das Wiederkommen nicht wäre!« Mit diesen Worten hat Johann Wolfgang von Goethe (1749 – 1832) sich einmal generell über seine Reiselust geäußert, die ihn mehrfach in die Schweiz, nach Frankreich und nach Italien geführt hat. Berühmt geworden ist vor allem die Italienreise des deutschen Dichters von 1786-1788. Goethes bevorzugtes Fortbewegungsmittel war die Postkutsche; nur zu den Schlachtfeldern der Revolutionskriege reiste er mit seiner eigenen Kutsche, einer sogenannten »Halbchaise«, die er von Großherzog Carl August geschenkt bekommen hatte.

»Niemandem hat er ein Wort gesagt. Er packt nur das Nötigste, setzt sich nachts um drei in die Postkutsche und ist aus Karlsbad verschwunden«, notiert ein Zeitzeuge den Beginn von Goethes erster Italienreise am 3. September 1786, die ihn nach Verona, Padua, Venedig, Florenz, Rom, Neapel und bis nach Sizilien führt. »Ich warf mich ganz allein nur einen Mantelsack und Dachsranzen aufpackend, in eine Postchaise«, schrieb Goethe selbst in seinem Reisebericht über die »Italienische Reise«, den er allerdings erst 30 Jahre später verfasste. Diese Postchaise war ein zweirädriges Gefährt, bei dem der Wagenkasten mit Riemen über der Achse aufgehängt war, so dass zwei oder drei Gäste bequem darin sitzen konnten. So kam Goethe auf den damals sehr rauen Straßen besser voran als in den vielfach üblichen vierrädrigen Kutschen. Dennoch musste er innerhalb der ersten Wochen mehrfach aussteigen und zu Fuß wandern, weil die Kutsche der schlechten Strecke nicht gewachsen war. Dies ist über Goethes Reise mit der »Halbchaise« nicht bekannt geworden. Bei diesem Vehikel war der Wagenkasten halbiert, und nur der hintere Teil bot zwei Personen auf einer Bank Platz. Das Gefährt kam aus Böhmen, wo man in bezug auf den Kutschenbau einen guten Ruf genoss, und verfügte über ein hochklappbares Lederverdeck. Ein nur ansatzweise vergleichbares Modell steht im Goethemuseum in Weimar, ist aber mit Glasscheiben, elastischer Aufhängung und sehr bequemen Sitzen ausgestattet. Was aus Goethes Original-Halbchaise geworden ist, ist nicht überliefert. Sie verschwand vermutlich genauso wie die zahlreichen Postkutschen dieser Welt eines Tages im inkognito – und das passt gut zu Goethe, denn genau so reiste der Dichter auch gelegentlich.

DAS GOGGOMOBIL

Zweirad oder Vierrad? Diese Frage stellte sich die automobile Gesellschaft in den 50er Jahren, als das so genannte Wirtschaftswunder auch dazu führte, dass die nach dem 2. Weltkrieg schwer leidenden Deutschen sich wieder etwas leisten konnten. Im Jahr 1954 kündigte der Dingolfinger Roller-Hersteller Hans Glas einen Vierrad-Roller mit Rolldach an, was sowohl die Roller- als auch die Autofahrer aufhorchen ließ, denn der findige Tüftler hatte mit seinen ab 1951 gebauten Goggorollern große Erfolge erzielt und in den folgenden drei Jahren 46.181 Motorroller und 485 Lastenroller gebaut. Doch jetzt überraschte der ehemalige Landmaschinenhersteller die Fachwelt. Das Goggomobil, das er 1954 auf der Automobilmesse zeigte, bot einen Motor mit 250 ccm Hubraum und konnte daher mit dem alten Führerschein der Klasse IV und damit von jedem Motorradfahrer gefahren werden. Das Auto war spartanisch ausgestattet, hatte nur einen Scheibenwischer und Schiebefenster. Modifikationen wie Kurbelfenster und stärkere Motoren mit bis zu 400 ccm und 20

PS Leistung gab es erst ab 1957. Aber offensichtlich schienen die Autofahrer das Gas-Ölgemisch des Zweitakt-Motors und die Höchstgeschwindigkeit von etwas über 80 km/h aus 13,6 PS nicht zu stören, und der Goggo wurde sofort ein großer Erfolg. Nur 4,4 Liter verbrauchte das robuste, 420 kg leichte Mobil. Seine Bezeichnung ging auf einen Spitznamen »Goggi« zurück, den die frühere Haushaltshilfe der Familie Glas, Therese Pape, dem mittleren Spross mit Namen Andreas gegeben hatte, was Hans wiederum so lustig fand, dass er daraus Goggo machte. »Ich muss nicht ganz ›beieinand‹ gewesen sein«, sagte sie im Jahr 2000 in einem Interview. Sie selbst avancierte aber nicht nur zur Namensgeberin, sondern auch zum Versuchskaninchen. Nach ihren Maßen wurden bei den Rollern »Höhen, Größen und Lenkeinstellung« abgestimmt.

Mit einem Preis von unter 3.000 Mark traten die Fahrzeuge aus Dingolfing bald ihren Siegeszug durch die ganze Welt an. Schon 1956 wurden die Goggomobile in 26 Länder exportiert. Verschiedene Varianten wie eine Limousine, ein Coupé, ein Pick-Up und ein Goggo-Transporter für bis zu 300 Kilogramm Nutzlast folgten. Besondere Hilfe leistete dabei die Post, die bei Glas ein Fahrzeug zur Briefkastenentleerung mit Schiebetüren in Auftrag gab. Allein 2.000 der 3.667 gebauten Transporter verließen das Werk in gelber Farbe. In Australien veredelte die in Sidney ansässige Firma Buckle Motors sogar einen Goggo zum Modell »Dart« auf dem Chassis aus Dingolfing und verkaufte von 1958 bis 1960 rund 700 Stück. Schutzzölle verhinderten eine größere Stückzahl. Nur das 1957 vorgestellte Cabrio blieb ein Prototyp. Über 270.000 Autos verließen bis zum 30. Juni 1969 die Werkshallen südöstlich von Regensburg und machten das Goggomobil zum erfolgreichsten deutschen Kleinwagen. Dies war ein Indiz dafür, dass die mobilen Deutschen sich entschieden hatten: vom Zweirad zum Vierrad.

DIE GONDELN IN VENEDIG

Während die trüben Wasser der Lagune nur gelegentlich die 120.000 Einwohner fassende Stadt überfluten, überrollt die Welle der rund zwölf Millionen Besucher jährlich diese einzigartige Ansiedlung zu allen Jahreszeiten. Zu Fuß und in motorisierten Ausflugsbooten erkunden die Touristen die Stadt der Kanäle, Brücken und Paläste. Die einzige wirklich stilvolle, wenn auch mittlerweile beinahe unerschwingliche Art der Fortbewegung aber ist und bleibt eine Fahrt in der Gondel.

Nur 404 Gondolieri gibt es, denn es ist nicht einfach, die Boote zu steuern, die Ausbildung ist langwierig und teuer, und die Boote sind es auch. Mehr als 25.000 Euro kann eine neue Gondel durchaus kosten, nach oben ist die Preisskala offen. Sie alle werden in vier kleinen Handwerksbetrieben gefertigt, Familienunternehmen, deren Hauptkapital, ihr Können und ihre Erfahrung, von Generation zu Generation weitergegeben wird. Denn eine Gondelbauschule hat es nie gegeben. So eine Gondel besteht aus über 300 Teilen, die aus acht verschiedenen Holzsorten gefertigt sind. Sie ist rund zehn Meter lang, maximal eineinhalb Meter breit und wiegt etwa 700 Kilogramm. Der Rumpf muss asymmetrisch geformt sein, um die einseitigen Ruderbewegungen des Gondoliere auszugleichen. Drei- bis viermal pro Jahr sollte eine Gondel gewartet werden, da das verschmutzte Wasser die Konstruktionen schwer belastet.

Noch ist der Beruf des Gondoliere eine reine Männerdomäne. Möglicherweise fällt aber bald auch diese Bastion, denn die seit fünf Jahren in Venedig lebende Deutsche Alexandra Hai bemüht sich beharrlich um eine der raren Lizenzen. Wie alle anderen Gondolieri musste auch sie zunächst eine zweijährige Ausbildung absolvieren. Und das heißt: Täglich ohne Bezahlung zwischen 7.45 Uhr und 19.30 Uhr eine Gondelfähre über den Canale Grande steuern sowie theoretisches Wissen über die Kultur und Geschichte der Gondel erlangen. Bereits zweimal ist sie bei der Fahrprüfung durchgefallen, weil sie an Brücken und anderen Booten hängenblieb. Nicht wenige behaupten allerdings, dass die Prüfungskommission ihr besonders schwere Aufgaben gestellt habe, um diesen Einbruch in die Männerdomäne zu verhindern.

Selbst wenn sie eines Tages in den erlauchten Kreis der Gondolieri aufgenommen wird, heißt das noch lange nicht, dass sie überall Touristen aufnehmen kann, denn manche Liegeplätze, wie etwa der am Markusplatz, können Ablösesummen bis zu 130.000 Euro kosten. Alle Gondeln sind ganz bestimmten Haltestellen zugeordnet, und die Bootspartien werden nach Nummern verteilt. Die Touristen zahlen etwa 80 Euro pro Tour. Die Sangeskunst der Gondelführer schlägt mit nochmals bis zu 100 Euro zusätzlich zu Buche. Streng überwacht der Interessenverband »Ente Gondola«, der vor 30 Jahren gegründet wurde, das ausgeklügelte

Regelwerk. In dem übrigens auch festgehalten ist, in welchen Sprachen ein Gondoliere »Amore« sagen können muss.

DIE »GORCH FOCK«

»Seefahrt ist not!« lautet der Titel eines Romans, den der niederdeutsche Dichter Johannes Kinau unter dem Pseudonym Gorch Fock verfasste und der 1913 erstmals erschien. Darin erzählt der 1880 in Finkenwerder bei Hamburg geborene Kinau von dem Fischerjungen Klaus Mewes und seiner Liebe zum Meer und zur Seefahrt, die so groß ist, dass er es schließlich schafft, Kapitän eines Cuxhavener Austernkutters zu werden. Der Roman wurde ein Bestseller. Heute ist der Namensgeber nur noch in Schifffahrtskreisen bekannt, das nach ihm benannte Segelschulschiff jedoch in der ganzen Welt.

Am 23. August 1958 lief das knapp 90 Meter lange, zwölf Meter breite und vom Kiel bis zur Mastspitze über 45 Meter hohe Schiff vom Stapel, das auf der Hamburger Werft von Blohm & Voss gebaut wurde und in Kiel beheimatet ist. Die »Gorch Fork« ist eine Bark und verfügt über 23 Segel mit einer Fläche von ursprünglich 1.952 qm, die sich später auf 2.037 qm erhöhte, als man weitere Segelgarnituren anfertigen ließ. Die Baukosten beliefen sich auf immerhin 8,5 Millionen Mark. Mit knapp 70 Mann Besatzung und rund 160 Marineschülern an Bord geht die »Gorch Fock« meist auf große Fahrt. Über 100 Auslandsreisen hat sie seit dem Stapellauf und der Jungfernfahrt, die am 1. August 1959 nach Teneriffa führte, absolviert sowie über 300 Häfen angelaufen. 1992 kreuzte sie elf Monate lang um die Welt, aber eine noch längere Reise hatte sie bereits 1966 über Lissabon, Las Palmas und die Bermudas zur Weltausstellung nach New York zum Besuch der Steuben-Parade und dann über Island und Norwegen zurück nach Kiel geführt. Der Matrose Fred Theel, der damals dabei war, kann sich noch gut an das Schiff und die beengten Platzverhältnisse erinnern: »Da waren die Hängematten so eng, dass man nicht rausfallen konnte. Und wenn einem mal übel wurde, hatten die anderen auch was davon ... «

Im Juli 1976 hat die »Gorch Fock« als schnellstes der fünf Schwesterschiffe während der 200-Jahr-Feier in New York die »Five Sisters Trophy« gewonnen – nur einer der zahlreichen Preise, die sie im Laufe der

Jahre einheimste. Die ganze Zeit über waren keine schweren Unfälle zu verzeichnen gewesen. Doch im Juni 2002 kam ein junger Soldat ums Leben, als er während einer Ausbildungsfahrt aus der Takelage auf das Deck stürzte.

DIE »GOTHA«

Bomber aus dem 1. Weltkrieg, dessen Motor im ersten → »Chitty Chitty Bang Bang«-Wagen von Graf Louis Vorow Zborowski Verwendung fand.

H

»HANNIBAL 8« AUS »DAS GROSSE RENNEN RUND UM DIE WELT«

Die Guten und die Bösen sind in dem Film »Das große Rennen« wirklich kinderleicht zu unterscheiden. Da haben wir auf der einen Seite einen meist ganz in Weiß gekleideten Leslie alias Tony Curtis, der bei jeder sich bietenden Gelegenheit Zähne und Augen blitzen lässt. Er bestreitet das Rennen von New York nach Paris in einem → »Leslie Special«, einer eleganten Sonderanfertigung. Sein Widersacher, der sinistre, stets schwarz gekleidete und vom Konkurrenzneid zerfressene Professor Fate, gespielt von Jack Lemmon, hingegen tritt mit seinem Eigenbau »Hannibal 8« an, so düster wie sein Erfinder und ebenso verschlagen und voller übler Tricks steckend. Unterstützt von seinem Faktotum Max (Peter Falk vor seiner »Columbo«-Zeit) versucht er mit allen Mitteln, den Helden aus dem Rennen zu werfen.

Die Strecke New York – Paris ist zu bewältigen, und zwar über die Bering-Straße im Norden Amerikas und über Moskau. Gelegenheit genug für Fate, die perfide ersonnenen Accessoires seiner Eigenkonstruktion zur Anwendung zu bringen. So die Kanone, den sich drehenden, auf Knopfdruck glühenden Dorn, der sogar Eis zum Schmelzen bringen kann, oder seine Vernebelungsanlage. Der Clou ist jedoch eine Vorrichtung, mit der die Karosserie bei Bedarf um etwa drei Meter angehoben werden kann – ideal für Wasserdurchquerungen oder um im selbst versprühten Nebel die Übersicht zu behalten.

Bei einer derartigen Ausstattung war die Motorisierung eher Nebensache. Zwar lassen die Lüftungsschlitze am Heck des »Hannibal 8« auf das Vorhandensein von zwei Motoren schließen, doch tatsächlich bestückte der Ausstatter das Filmfahrzeug lediglich mit einem Volkswagenmotor sowie einem Getriebe in Transaxle Bauweise, das nur über einen Vorwärts- und einen Rückwärtsgang verfügte. Mit dem Käfermotor erreichte das sechsrädrige Gefährt eine Maximalgeschwindigkeit von 32 km/h. Die Vorderräder stammten von einem Motorrad und hatten Chromspeichen, die vier Hinterräder wiesen die massiven zwölf Holzspeichen eines Ford-T-Modells auf. Der Wagen, wie auch der »Leslie« ein Rechtslenker, hatte Türen, die jedem Versuch, sie zu öffnen, standhielten, weil sie nämlich auf das schwarz lackierte Metall lediglich aufgemalt waren. Das Instrumentenbrett war übersät mit Schaltern, mit denen der Professor die Destruktionssysteme auslöste.

Vier Wagen vom Typ »Hannibal 8« wurden gebaut. Zwei verfügten über die Karosseriehebevorrichtung, einer davon war ohne Motor. Der komplette Wagen mit der hydraulischen Karosserie wog über drei Tonnen. Alle Wagen überstanden die Dreharbeiten unbeschadet. Einen der Hubkarossen-Wagen erstand der kalifornische Sammler David Simon aus dem Besitz des Vaters von Schauspieler Val Kilmer. Er war in schlechtem Zustand und musste jahrelang restauriert werden, bevor er ihn ausstellen konnte. Ein weiterer Wagen ist in einem dänischen Automuseum zu sehen, die restlichen zwei sind untergetaucht – wer weiß, was der Professor damit noch im Schilde führt.

HARLEY DAVIDSON PANHEAD

In dem Film → »Easy Rider« kamen vier Motorräder dieses Typs aus den Baujahren 1950 bis 1952 zum Einsatz.

HARLEY DAVIDSON XR-750

Mit einem Motorrad dieses Typs, der von 1970 bis 1980 gebaut wurde, stellte → Evel Knievel einige seiner Rekorde auf.

»HERBIE« – DER »TOLLE KÄFER«

Dass Mäuse und Enten in der heutigen Zeit ein überwiegend positives Image haben und gelegentlich schon als ernsthafte Anwärter für Präsidentenposten in Frage kamen (»Donald for President«) verdanken sie einem einzigen Mann auf der Walt – pardon: Welt, nämlich Walt Disney. Und natürlich seinen wunderbaren Zeichnern, allen voran der legendäre Carl Barks, der den Entenkosmos schuf, in dem viele von uns ihre Jugendjahre verbrachten. Die Menschheit verdankt Walt Disney indes nicht nur abendfüllende Zeichentrickfilme, gut gemachte Familienunterhaltung und Comics, sondern auch bahnbrechende Marketingkonzepte. Schon im Jahre 1933 verkaufte Disney im Weihnachtsgeschäft 350.000 Mickey-Mouse-Lokomotiven und festigte so die Popularität seiner Figuren. Seine Film- und Comicfiguren verhelfen nach wie vor – gebührenpflichtig, versteht sich – allen erdenklichen und dann auch tatsächlich erdachten Gegenständen, Vergnügungsparks und Werbekampagnen zum Erfolg.

Ab den fünfziger Jahren produzierte Disney verstärkt Filme mit Darstellern aus Fleisch und Blut. Zum Beispiel 1954 eine Adaption des Romans »20.000 Meilen unter dem Meer« von Jules Verne mit der → »Nautilus«, oder später »Mary Poppins«, in dem Julie Andrews und ein → Regenschirm die Hauptrolle spielten. Erfolgreich war Disney auch mit seinen Dokumentationen, etwa mit dem Film »Die Wüste lebt« von 1953, der den Zuschauern die überraschend menschlich agierende Tierwelt der Wüste nahe bringt. Vor diesem Hintergrund wundert sich niemand, dass Disney sich eines weiteren Krabbeltierchens annahm und seinen Ruf mehrte. Die Rede ist vom Volkswagen Käfer, in den USA »Beetle« genannt, der bereits Kultstatus genoss, als 1969 der Film »Ein »toller Käfer« (so der deutsche Titel) entstand.

Ein Jahr zuvor war dem Autor Gordon Buford der Geistesblitz gekommen, einen Film über das Auto zu machen, doch das Drehbuch des Films stammt von Bill Walsh und Don Da Gradi. Dass der Volkswagen im Film alles konnte, was die beiden sich ausgedacht hatten, dafür war Danny Lee, der Chef der Abteilung für Spezialeffekte der Walt-Disney-Studios verantwortlich. Lee, der übrigens 1971 für die Spezialeffekte des Filmes »Die tollkühne Hexe in ihrem fliegenden Bett« einen Oscar bekam, nahm sich erst einmal den bekannt schwachatmigen Käfermotor zur Brust. Er entfernte ihn kurzerhand und transplantierte einen Porsche-Motor, der den Käfer immerhin 185 km/h schnell machte. Im werkseigenen VW-Museum in Wolfsburg steht allerdings eine »Herbie-Standardausführung«, die nach Angaben von Dr. Wiersch, dem Leiter des Museums, nur mit dem handelsüblichen Vierzylinder-Boxermotor bestückt ist, der aus 1192 cm^3 Hubraum bescheidene 30 PS herausholt – also keines jener rasenden Exemplare, die während des Filmrennens so starke Konkurrenten wie Jaguar E, Ferrari Lusso, Austin Healey 3000, AC Cobra, Chevrolet Corvette, Ford Thunderbird und Mustang sowie Triumph Spitfire abhängt. Porsche-Bremsen, Koni-Stoßdämpfer und Stabilisatoren bändigten die Power des Porsche-Motors. Außerdem verbreiterte man die hintere Spur und zog breite »Schlappen« auf: Indianapolis-Rennreifen auf tief geschüsselten Leichtmetallfelgen. Mit dieser Ausstattung bestand der auch optisch getunte Rennkäfer mit der Nummer 53, der eine kalifornische Zulassung mit dem Kennzeichen OFP 857 führte, ziemlich haarsträubende Situationen.

Um abzukürzen, bretterte er querfeldein und bei Abfahrten mit nahezu 30 Prozent Gefälle über Stock und Stein. Seine Starts waren so rasant, dass die Vorderreifen abhoben, und dank einer perfekten Verstauungstechnik passte der Wagen hochkant in einen Fahrstuhl. Auch allzu Menschliches war dem Käfer nicht fremd. So quittiert er eine Sabotageaktion mit Irish Coffee mit einem unüberhörbaren Rülpsen und verschafft sich Erleichterung an einem Konkurrenten. Obwohl er trotz übermächtiger Anstrengungen, ihn während der Fahrt wieder zusammenzuschweißen, beim letzten Rennen auseinander bricht, bleiben dank zweier Motoren in Front und Heck beide Teile fahrtüchtig, so dass »Herbie« gleichzeitig den ersten und den dritten Platz belegt.

An den Rennszenen, die auf den Rennstrecken von Laguna Seca, Las Vegas, Tulare, Monterey und Riverside gedreht wurden, waren 127 Fahrer beteiligt. Zumeist auf Autostunts spezialisierte Stuntmen und Sensationsdarsteller, aber auch bekannte amerikanische Rennfahrer und Veteranen stiegen für den Film in ein Auto. Die Karambolagen, Überschläge und Überholmanöver wurden generalstabsmäßig mit Modellen aller beteiligten Autos ausgetüftelt, bevor man vor Ort drehte. Wie viele Autos »Herbie« doubelten, ist nicht genau bekannt. Produzent Bill Walsh behauptet zwar steif und fest: »Es gibt nur einen Herbie«, aber in Wirklichkeit waren zwischen 26 und 30 Käfer in Aktion.

Die normalen Straßenszenen entstanden in San Francisco und Umgebung. Der Versuch, mit einem Sprung von der berühmten Golden Gate Bridge das Käferleben zu beenden, wurde jedoch im Studio gedreht. Zuständig für die »Special Photographic Effects«, wie es genau heißt, war übrigens ein Mann, der später als Schöpfer von → »Raumschiff Enterprise« berühmt werden sollte: Peter Ellenshaw. Die Tricks von damals wirken für heutige Verhältnisse ziemlich einfach gestrickt. Manches war einfach noch nicht realisierbar und man behalf sich mit so genannten Rückprojektionen. Dazu gehört auch die berühmt gewordene Szene, in der »Herbie« zwei Räder verliert und durch die geschickte Gewichtsverlagerung der Beifahrerin Michele Lee und des Mechanikers Buddy Hackett am Rande des Abgrunds in der Balance gehalten wird. Ein bekannt gewordenes Motiv des Films, das später auch diverse Spiele, Quartette und Plakate zierte.

Auch auf der Leinwand wurde »The Love Bug«, wie der Originaltitel lautete, ein Dauerrenner, was natürlich sofort die Sequel-Produzenten und auch Nachahmer auf den Platz rief. Dem deutschen Ableger → »Dudu« war indes zu Recht nur ein geringer Erfolg beschieden.

Der zweite Film der Reihe entstand 1973 und kam unter dem Titel: »Herbie groß in Fahrt« in die deutschen Kinos. »Herbie« war zwar wieder dabei, andere vertraute Charaktere aber tauchten hier nicht mehr auf. Die Story: Herbie hilft einer alten Dame und ihrer erwachsenen Adoptivtochter beim Kampf gegen einen rücksichtslosen Bauspekulanten, der das Haus der Lady dem Erdboden gleichmachen möchte, bot genügend Gelegenheit, das ungewöhnliche Talent des Autos voll auszuspielen. So drückt »Herbie« einen Gegner von der Straße, fährt durch das Restaurant des Sheraton Palace Hotels in San Francisco, macht einen Abstecher auf die Halteseile der Golden Gate Bridge, schwimmt, verfolgt von einem Hai, durch die Bucht von San Francisco, springt über eine Reihe parkender Autos und klettert an der Außenwand eines Wolkenkratzers bis in den 28. Stock.

Absoluter Höhepunkt des Films ist ein Massenauflauf alter Käfer, die nachts durch die amerikanische Stadt an der Westküste rasen, um die Bagger des Spekulanten zu vertreiben und für Nr. 53 ein »Käferspalier« zur feierlichen Hochzeit der Hauptdarsteller zu bilden, wobei die Autos auf den hinteren Stoßstangen stehen.

Danny Lee, der wiederum mit der Realisierung der Tricks betraut war, bezeichnete die Ideen von Drehbuch-Autor Bill Walsh als eine »verdammt knifflige Sache«, räumte aber ein, »dass es immer wieder Spaß macht, diese verrückten Erfindungen in die Tat umzusetzen.« Eine Spezialmotorisierung wie im ersten Teil war dieses Mal nicht notwendig. Stattdessen verhalf in drei Szenen ein Busmotor »Herbie« zu einem artgerechten Dragsterstart. In einer Traumsequenz, in der sich der kleine Roadrunner an vergangene Rennzeiten erinnert, kamen Originalausschnitte aus Teil 1 zu neuen Ehren. Die allzu tränenrührige Geschichte des Films kam jedoch beim Publikum nicht so gut an, weshalb man sich bei der dritten Folge, »Der tolle Käfer in der Rallye Monte Carlo«, auf »Herbies« eigentliche Qualitäten besann: Rennen fahren und überlegene Gegner frech überlisten. Für die Ausreise nach Europa bekam der berühmteste VW der Welt als erstes Auto überhaupt von der amerikanischen Einwanderungsbehörde einen Reisepass ausgestellt.

Zu den Höhepunkten dieses Films zählt sicherlich die aufsehenerregende Jagd von 18 Rennwagen vorbei an allen Wahrzeichen der Stadt quer durch Paris. Obwohl die Wagen von Profis gesteuert wurden, kollidierten zwei Porsche während der Aufnahmen. Vielleicht hätte man besser einheimische Sonntagsfahrer nehmen sollen. Dass die gar nicht so schlecht Auto fahren, belegt eine Anekdote von den Dreharbeiten: Für eine Szene musste »Herbie«-Fahrer Dean Jones die verkehrsreichen Place de Jena kreuzen. Da er davon ausging, die Autos um ihn herum würden von Stuntmen gefahren, trat er kräftig aufs Gaspedal, stürzte sich »volle Kanne« in den Verkehr und schnitt nach Herzenslust andere Autos. Nachdem die Szene im Kasten war, erfuhr er, dass die vermeintlichen Stuntmen ganz normale Pariser Autofahrer waren, die allerdings ziemlich flexibel auf den wild gewordenen amerikanischen »Beetle« reagiert hatten. »Ce sont foux, les americains« werden sie sich gedacht haben.

Zur Premiere des Films gewährte man dem VW sogar eine besondere Ehre. Er durfte sein Profil in den berühmten Zement vor Graumans Chinese Theatre in Los Angeles drücken und ist nun neben bekannten Filmgrößen wie Marilyn Monroe und Humphrey Bogart zu finden. Dem Film war ein außerordentlicher Erfolg beschieden. Nicht zuletzt dank Dean Jones, dem Rennfahrer schon des ersten Teils, spielten die drei Filme ein Kinobrutto von 210 Millionen Euro ein. Also beschloss man, noch eine Fortsetzung zu drehen.

Dabei störte auch nicht der Umstand, dass am 19. Januar 1978 der letzte in Europa gebaute Käfer in Emden vom Band lief. Man setzte weiterhin auf die knuffige Form des Oldies sowie die tollen Tricks von Danny Lee und schickte den Wagen dieses Mal sogar durch den Panama-Kanal: »Caramba – Caracho – Banana – Herbie dreht durch«, betitelte der deutsche Verleih höchst albern das vorläufig letzte Kino-Abenteuer eines Käfers, der sich auch hier als Vielzweckwaffe präsentieren kann. Wieder geht es um ein Rennen, den »Grande Premio do Brasil«. Zusätzlich bot das alles in allem recht konfuse Drehbuch des neuen Autors Don Tait eine Schmuggelgeschichte mit alten Inka-Schätzen und eine romantische Liebesstory auf. Danny Lee – mal wieder für die Spezialeffekte zuständig – hatte bei den Vorbereitungen für diesen Film mit einem besonderen Problem zu kämpfen: Die Käfer waren vom Aussterben bedroht. Die europäische Produktion war eingestellt, in Mexiko, Brasilien, Nigeria und Südafrika liefen Käfer jüngerer Baureihen vom Band. Also fahndete er auf örtlichen Schrottplätzen nach den klassischen 63er Modellen. Danny Lee erinnert sich: »Damals einen alten Volkswagen zu finden, war nicht ganz einfach. Wir haben Anzeigen in Tageszeitungen gesetzt, aber es dauerte Wochen, bis wir alle zusammen hatten.« Acht Techniker waren damit betraut, die Fahrzeuge für die einzelnen Szenen vorzubereiten und sicherzustellen, dass keine technischen Pannen die Dreharbeiten verzögerten. 26 Doubles waren schließlich im Einsatz – überwiegend bereits ausrangierte Modelle, die von der Produktion mühsam wieder hergerichtet wurden und pro Stück etwa 6.000 Euro kosteten.

Damit der Käfer in einigen Sequenzen des Films auch schwimmen konnte, verschweißte man die Karosserie luftdicht, montierte genau berechnete Luftkissen unter dem Boden und hängte Bleigewichte daran, damit er im Wasser nicht kenterte. Auf den Einbau eines Schraubenantriebs verzichtete man und zog stattdessen die Karosse einfach an einem Kabel hinter dem Kamera-Boot her. Für die Bewegungen des Steuerrades sowie des Schalthebels sorgten Fernlenkmotoren und optische Tricks.

Der Film wurde ein ziemlicher Flop. Danny Lee wusste, warum: »Der Drehbuchautor schrieb eben alles in die Story hinein, was ihm so einfiel. Es war eine Ansammlung von Effekten, die wir dann realisieren mussten. Er wusste wohl auch, dass das Wort ›unmöglich‹ in unserem Wortschatz nicht vorkam, aber die große Familienunterhaltung war es wohl dann nicht mehr.«

Walt Disney Productions verkaufte schließlich die Rechte an Warner Bros. Television, die daraus eine Fernsehserie machten, die nie den Weg nach Deutschland gefunden hat. Einige der übrig gebliebenen Film-Käfer wanderten in Privatsammlungen und Automuseen. »Herbie«, also der Wagen mit dem bekannten Kennzeichen OFP 857, bekam noch einen Gastauftritt in dem 1970 entstandenen Film »Die Millionen Dollar Ente«. Nur ein paar amerikanische »Herbie«-Fans hielten den alten Renner mit der liebgewordenen 53 in Ehren. Sie staffierten ihre Lieblinge getreu dem Vorbild aus. Vor allem die Nummer durfte da nie fehlen.

HIGHRISER

Originalbezeichnung der Fahrräder, die später als → Bonanza-Rad bekannt wurden.

DIE »HINDENBURG«

Als am 9. Oktober 1936 am frühen Nachmittag in New York ein gewaltiges Hupkonzert ertönte und das deutsche Luftschiff »Hindenburg« das Empire State Building umrundete, bevor es kurz danach auf dem Flughafen in Lakehurst festmachte, da wusste man noch nicht, wie brandgefährlich fliegende Zigarren sind. 73 überaus wichtige und finanzkräftige Männer aus Politik und Wirtschaft waren an Bord. Sie sollten sich selbst davon überzeugen können, dass es sinnvoll und lukrativ sei, die Luftschifffahrt mit großen Zeppelinen zu unterstützen und in sie zu investieren. Vom Komfort und der ausgesprochen luxuriösen Ausstattung des Zeppelins hatten sie sich bereits ein Bild gemacht: Er verfügte über 70 moderne Einzelkabinen, sechs Toiletten und einen Duschraum, einen Salon, einen großen Speisesaal und zwei Aussichtsdecks.

Das Luftschiff LZ 129, die »Hindenburg«, war mit einer Länge von knapp 250 Metern das bis dahin größte Luftschiff der Welt. Erbaut 1935 in einer Werft in Friedrichshafen, war es auf den Namen des Oberbefehlshabers, Generalfeldmarschalls und Reichskanzlers Paul von Hindenburg (2.10.1847 – 2.08.1934) getauft worden. Angetrieben wurde es von vier Daimler-Benz-Dieselmotoren mit jeweils 1.100 PS Leistung, die ihm zu einer Geschwindigkeit von 135 Stundenkilometern verhalfen. Das mit leicht entzündlichem Wasserstoff gefüllte Luftschiff galt als seinerzeit sicherstes Verkehrsmittel der Welt. Deshalb war es bei Lloyds in London auch nur mit einem Prämiensatz von fünf Prozent bei einem

Schätzwert von 500.000 Pfund sehr günstig versichert. Die »Hindenburg« war das 118. Luftschiff vom Typ Zeppelin. Im März 1936 flogen die ersten Passagiere damit, bis zu der Brandkatastrophe absolvierte es elf Atlantikflüge. Douglas Fairbanks mit Frau reisten mit der »Hindenburg«, Lady Ashley und Max Schmeling, der auch für die letzte Fahrt gebucht hatte, aber aus Termingründen stornieren musste.

Als die »Hindenburg« am 6. Mai 1937 gegen 19.21 Uhr die beiden Ankertaue warf und in etwa 25 Metern Höhe am Landemast in Lakehurst in New Jersey festmachen wollte, gab es heftige Windströmungen und Turbulenzen. Um 19.25 Uhr beobachteten Zeugen am Boden, wie Feuer aus der Oberseite des Luftschiffs schoss, und schon nach etwas mehr als einer halben Minute sank es in sich zusammen und brannte in wenigen Minuten völlig aus. An Bord waren 39 Passagiere und 61 Mann Besatzung. Insgesamt 36 Menschen, 13 Passagiere, 22 Besatzungsmitglieder und ein Mann vom Bodenpersonal, kamen ums Leben. Der Radioreporter Herbert Morrison aus Chicago hatte die »Hindenburg« kurz zuvor noch als »großen schwebenden Palast« und »einen silbernen Wal« bezeichnet. Seine 15 Minuten dauernde Live-Reportage vom Absturz ging ebenso um die ganze Welt wie das Bild des Fotografen Murray Becker von Associated Press, das zeigt, wie das brennende Heck der Hindenburg auf dem Boden aufschlägt.

Die Ursache der Katastrophe ist bis heute unklar. Die Sicherheitsvorkehrungen für Passagiere und Mannschaft waren enorm streng. So mussten die Fahrgäste sämtliche Streichhölzer und Feuerzeuge abgeben; allerdings gab es an Bord einen (mit Feuerschutztüren gesicherten) Raucherraum. Teile der Gänge waren mit Gummimatten überzogen, damit es nicht zum Funkenflug kommen konnte. Der Techniker Michael Fiore Man, Mitglied der sofort eingesetzten Untersuchungskommission, vermutete, dass statische Elektrizität den Funken ausgelöst haben könnte, der den Zeppelin mit seinen 16 Gaszellen und den 190.000 Kubikmetern Wasserstoff in Brand gesetzt hatte. Es hielten sich aber auch hartnäckige Gerüchte, dass Sabotage im Spiel war.

Der Absturz bedeutete das Ende der großen Luftschiffe und auch der »Deutschen Zeppelingesellschaft.« Adolf Hitler ließ im März 1940 die »Graf Zeppelin« und ein namensgleiches Modell mit der Typenbezeichnung LZ-130 abwracken. Am 6. Mai wurden die großen Luftschiffhallen in Frankfurt gesprengt.

Angeregt von den nicht abebbenden Spekulationen um den Absturz haben Roman- und Sachbuchautoren, aber auch Filmemacher sich des Themas mehrfach angenommen. So schrieb der spätere Pulitzer-Preisträger John Toland in einem Band über »Die große Zeit der Luftschiffe«, dass trotz seiner umfangreichen Recherchen über den Absturz »die wahre Ursache im Dunkeln« bleibt. Der deutsche Autor A. A. Höhling versuchte mit einer Reihe von Indizien zu belegen, dass eine von Nazigegnern installierte Zeitbombe die Hindenburg explodieren ließ. Auch der Amerikaner Michael M. Mooney versuchte in seinem 1972 erschienenen Buch »Die Hindenburg«, die Spionage- und Sabotagetheorie zu untermauern, doch der frühere Luftschiffoffizier J. Gordon Vaeth konnte in einer genauen Analyse nachweisen, dass ihm schlüssige Beweise fehlten und über 40 sachliche Fehler unterlaufen waren. Dennoch diente der Bericht von Mooney als Basis für den aufwändigen Film »Die Hindenburg«, den Robert Wise 1974 mit George C. Scott, Anne Bancroft und Roy Thinnes in den Hauptrollen drehte. Der Film wurde für fünf Oscars nominiert und erhielt zwei Trophäen für die visuellen und akustischen Effekte. Seit dem Jahr 2002 arbeitet der deutsche Regisseur Roland Suso Richter an einer Neuverfilmung. Welcher vermeintlichen Absturzursache er den Vorzug gibt, ist noch nicht bekannt.

HISPANO-SUIZA

Einen Wagen dieses englischen Herstellers fuhr John Steed in der TV-Serie »Mit Schirm, Charme und Melone« zeitweilig. Überwiegend jedoch vertraute er sich einem → Bentley an.

DIE »HMS BETHIA«

Nach den Wünschen des Kapitän Bligh umgerüsteter Dreimaster, der nach dem Umbau den Namen → »Bounty« erhielt und zum Schauplatz einer denkwürdigen Meuterei wurde.

DIE »HMS CHALLENGER«

Britisches Marineforschungsschiff, das um 1870 durch den Atlantik und den Pazifik segelte. Einer der Namensvettern der Raumfähre → »Challenger«.

DIE »HMS CURACOA«

Das britische Eskortenschiff kollidierte am 2. Oktober 1942 mit der → »Queen Mary« und sank. 329 Mann Besatzung starben.

DIE »HMS VICTORY«

Das britische Admiralsschiff → »Victory« unter dem Kommando von Lord Nelson hatte 1805 entscheidenden Anteil am Sieg über die französisch/spanische Flotte in der Seeschlacht bei Trafalgar.

»HOGWARTS EXPRESS« VON HARRY POTTER

Wer noch nicht auf dem Zauberbesen reiten kann, muss eben den Zug nehmen. Dass auch das nicht immer einfach ist, diese Erfahrung macht der Zauberlehrling Harry Potter, als er am 1. September, genau einen Monat nach seinem elften Geburtstag, um kurz vor 11.00 Uhr vormittags auf dem Bahnsteig $9^{3}/_{4}$ des Londoner Bahnhofs Kings Cross den »Hogwarts Express« besteigen will, der ihn zur Zauberschule Hogwarts in England bringen soll. Denn dieser Bahnsteig ist natürlich nicht so leicht zu finden. Nach Gleis 9 kommt üblicherweise Gleis 10. Aber mit Hilfe der Familie Weasley, deren Zwillingssöhne Ron und George auch nach Hogwarts fahren, gelingt es ihm dann doch, die für Menschen, die hier »Muggles« genannt werden, unsichtbare Barriere zwischen Gleis 9 und 10 zu überwinden und den Bahnsteig $9^{3}/_{4}$ zu erreichen. Fast den ganzen Tag fahren sie mit dem Schnellzug, der sich nur in einer winzigen Kleinigkeit von anderen, gewöhnlichen Zügen unterscheidet: Die Muggles können ihn nicht sehen. Kurz bevor die Dunkelheit einbricht, erreichen sie die Zauberschule.

Der »Hogwarts Express« ist nicht das einzige skurrile Transportmittel, das sich die englische Autorin Joanne K. Rowling für ihre Harry-Potter-Geschichten, deren erster Band »Harry Potter und der Stein der Weisen« 1997 erschien, hat einfallen lassen. Als Harry und sein Schulfreund Ron in der Fortsetzung »Harry Potter und die Kammer des Schreckens«, die ein Jahr später erschien, den Hogwarts-Express verpassen, sind sie gezwungen, dem Zug mit einem fliegenden Auto vom Typ Ford Anglia zu folgen.

DIE »HOOD«

Ein Opfer der → »Bismarck«, die das englische Schlachtschiff am 21. Mai 1941 versenkte. Von den 1.421 Mann Besatzung überlebten nur drei.

DER HUBSCHRAUBER DES SANDMÄNNCHENS

»Sandmann, lieber Sandmann, was hast du mitgebracht?« Wenn dieser Vers ertönte, dann war allen Kindern in der DDR klar, wer jetzt einschwebte und ihnen im Fernsehen eine Gute-Nacht-Geschichte erzählte. Am 22. November 1959 hatte der kleine Kerl sein Bildschirmdebut gegeben. Die Idee zu der Figur stammte von dem Puppengestalter und Trickfilmregisseur Gerhard Berendt. Sein Kollege Harald Serowski, ein Bühnenbildner des DDR-Fernsehens, baute für ihn nicht nur den Hubschrauber, sondern auch andere Transportmittel wie U-Boote, fliegende Fahrräder, Mondmobile, Surfbretter und natürlich → Trabbis in verschiedenen Varianten. Bald umfasste der Fuhrpark des Sandmännchens mehr als 200 verschiedene Einsatzfahrzeuge, aber der Hubschrauber – Traum vor allem jener DDR-Bürger, die das Arbeiter- und Bauernparadies am liebsten nur als Touristen erlebt hätten – ist eines der bekanntesten geworden. Er ist auch weiterhin im Einsatz. Die Konkurrenz zwischen dem Ost- und dem West-Sandmännchen schien sich mit der Wende zunächst erledigt zu haben. Doch der 1992 gegründete Ostdeutsche Rundfunk Brandenburg (ORB) bestand darauf, die niedliche Figur weiter schweben und den Kindern Sand in die Augen streuen zu lassen.

Seitdem erscheint der kleine Mann jeden Abend um kurz vor 19.00 Uhr im Kinderkanal und kündigt so die nachfolgende Geschichte an. Eine der zahlreichen aus Kunststoff, Keramik und Textilien gefertigten Figuren, die für die Serie entstanden, ist samt Hubschrauber im Deutschen Historischen Museum in Berlin gelandet.

Zu DDR-Zeiten wurden die kleinen Filmchen im Puppenstudio des DFF in Berlin gedreht. Regisseur Berendt inszenierte mehr als 300 Stück davon. Er wollte der Figur und seinen Fahrzeugen »etwas Kindliches« aber auch »Weisheit und Würde« geben. Anders als den DDR-Bürgern stand dem Sandmännchen die ganze Welt und noch mehr offen. Mit seinen exotischen Vehikeln tauchte er im ewigen Eis, in Ägypten, Indien oder auf dem Meeresgrund auf. Sogar den Weltraum hat er besucht – allerdings nicht im Hubschrauber. 1978 begleitete ein 100 Gramm schweres Sandmännchen in der Rakete Sojus 31 den ersten Deutschen, Sigmund Jähn, ins All. Derartige Höhenflüge wären im Zeitalter der kommerziellen Raumfahrt heute kaum noch erschwinglich.

DIE »HULL 534«

Produktionsnummer des Luxusliners, der am 26. September 1934 von der englischen Königin auf den Namen → »Queen Mary« getauft wurde.

DER ICE »WILHELM CONRAD RÖNTGEN« VON ESCHEDE

Am 3. Juni 1998 verließ der ICE 884 »Wilhelm Conrad Röntgen« planmäßig um 5.47 Uhr den Hauptbahnhof München mit dem Ziel Hamburg Altona, wo er am selben Tag um 12.06 Uhr eintreffen sollte. Den Zielbahnhof erreichte er jedoch nie. Denn um 10.58 Uhr fand seine Fahrt bei Eschede, 100 Kilometer südlich von Hamburg, ein schreckliches Ende. Bei der größten Zugkatastrophe der deutschen Bahngeschichte starben 101 Menschen.

Der ICE 884 war am 2. Juni 1991 in Betrieb genommen worden, nachdem er zuvor vier Jahre lang als so genannter »Intercity Experimental« gründlich getestet worden war. Kurze Zeit danach benutzte das Vorstandsmitglied der Deutschen Bahn AG, Roland Heinisch, diesen Zug. Dabei fiel ihm auf, dass der ICE »beängstigende Geräusche« machte. Nicht zuletzt die Maßnahmen, welche die Bahn damals ergriff, um die Ursachen für die Geräusche abzustellen, trugen zu der Katastrophe bei. Das zeigte sich am 3. Juni 1998, als sich rund sechs Kilometer vor der 4.000 Einwohner zählenden Stadt Eschede in der Lüneburger Heide bei Tempo 200 ein Radreifen am hinteren Drehgestell des ersten Waggons von ICE 884 löste, im Gleisbett verkeilte und den Waggon zum Entgleisen brachte. Der Waggon rammte den Pfeiler einer Autobrücke, die sofort zusammenbrach und auf einen weiteren Waggon stürzte. Wie eine Ziehharmonika schoben sich die hinteren Waggons an der versperrten Stelle ineinander. Neben den vielen Toten waren auch 90 zum Teil Schwerstverletzte zu beklagen. Einer der Waggons war nach dem Unglück nur noch 60 Zentimeter hoch.

Schnell wurde ein gebrochener Radreifen als entscheidender Verursacher des Unglücks ausgemacht. Warum aber brach er? Als Ursachen dafür kommen Abnutzung, Materialfehler oder konstruktive Mängel in Frage. Wie sich herausstellt, handelt es sich um eine Kombination mehrerer Faktoren, und nicht zuletzt sind der Bahn schwere Versäumnisse im Bereich Wartung vorzuwerfen.

Roland Heinisch hatte 1991 seine Erkenntnisse nicht für sich behalten, sondern dafür gesorgt, dass die Bahn sich mit dem Geräuschproblem auseinander setzte. Die Ingenieure glaubten, die Ursache für die Rumpelgeräusche und das Rattern der Räder in den dahin eingesetzten »Monoblock«-Rädern aus Stahl gefunden zu haben. Deshalb wurden die Züge fortan mit einer neuen Konstruktion ausgerüstet, bei der das massive Stahlrad mit einem als Dämpfer fungierenden Gummiring ummantelt ist, auf den dann wiederum ein Stahlreifen, eben jener unglücksträchtige Radreifen, montiert wird. Doch obwohl der Hersteller die Standhaftigkeit des neuen Rades mit so genannten »Dauerschwingversuchen« getestet hatte, waren nicht alle Experten von dieser Technik überzeugt, zumal die Testmethode Zweifel aufkommen ließ. Nach verschiedenen Gutachten rüstete die Bahn ihre ICE-Flotte im Herbst 1992 dennoch auf die neue Technik um. Die »fehlende Langzeiterfahrung, insbesondere bei dünnen Radreifen« sollte »durch laufende Kontrollen im Betrieb kompensiert werden«. Doch die unterblieben oft, was sich als folgenschwerer Fehler erwies.

Für die Bahn ist die Katastrophe von Eschede ein »tragischer Unglücksfall«. Das ist es zweifellos, aber auch an solchen Ereignissen können Menschen eine Mitschuld tragen. Im August 2002 begann der Prozess gegen drei Mitarbeiter der Bahn und mutmaßliche Verantwortliche vor der auswärtigen Kammer des Landgerichts Lüneburg mit Sitz in Celle. Das den Unfall auslösende Bauteil lagert inzwischen im Keller einer Kaserne des Bundesgrenzschutzes. Und Teile des ICE 884 »Wilhelm Conrad Röntgen« rollten am 31. Januar 2002 nochmals durch Eschede. Zwei Waggons, etwa einhundert Meter Gleise und rund 22 Drehgestelle wurden da von einer Bundeswehr-Halle in Celle-Wietzenbruch in eine Kaserne in Wesendorf bei Gifhorn gebracht, wo sie bis zum Ende des Prozesses bleiben sollen.

DER »ICO GLOBAL CHALLENGE«

So hieß der Heißluftballon, mit dem Steve Fossett, Richard Branson und Per Lindstrand rund um die Erde fahren wollten. Das Vorhaben scheiterte. Fossett schaffte es aber später mit dem Ballon → »Spirit of Freedom« alleine.

DIE »IRMA«

Dem norwegischen Schiffsverzeichnis entliehener Tarnname für die → »Seeadler« von Kapitänleutnant Felix Graf Luckner, die im 1. Weltkrieg als Kaperschiff die Meere unsicher machte.

DIE »ITALIA« – GENERAL NOBILES ZEPPELIN

Am 12. Mai 1926 regnete es über dem Nordpol Landesfarben. Aus lauter Freude nämlich warf der italienische Pilot Umberto Nobile die Flaggen Italiens, Norwegens und der USA – aus diesen Ländern stammte seine international besetzte Mannschaft – aus dem Zeppelin »Norge« auf das Eis. Über 16 Stunden hatte der Flug von Spitzbergen aus zum Pol gedauert. Das faschistische italienische Regime feierte den Mann gebührend und beförderte ihn zum General. Nobile hat, aber das weiß er noch nicht, den Zenit seines Ruhmes erreicht. Denn als er fast auf den Tag genau zwei Jahre später mit dem Schwesterschiff »Italia« im Poleis Schiffbruch erleidet, wird er für immer gedemütigt heimkehren – aus dem Helden wird ein gebrochener Mann.

Wie schon die »Norge« wurde auch die »Italia« von der italienischen Firma Stabilimento Costruzioni Aeronautiche gebaut. Sie verfügte über drei Maybach-Motoren mit je 250 PS Leistung, war 104 Meter lang und hatte einen Umfang von 18,5 Metern. Beide zählten zu den so genannten »halbstarren Kiel-Luftschiffen«, ein Zwitter sozusagen zwischen einem starren Luftschiff und einem Prallluftschiff, dem sogenannten Blimp. Das feste Gerüst unter der Luftschiffhülle machte die »Italia« wesentlich formstabiler als andere Modelle. In diesem Stahlskelett befand sich ein Laufgang, auf dem man Güter hin und her bewegen konnte. Die Gondel selbst hing am Kielgerüst, die Motoren wiederum waren an separaten Motorgondeln befestigt, was die Übertragung von unliebsamen Schwingungen verminderte. Immerhin 71 km/h waren möglich sowie eine Reichweite von etwa 5.000 Kilometern.

Nobile hatte die »Italia« 1927 in Auftrag gegeben. Anfang 1928 nahm er sie in Empfang, startete am 15. April zu seiner zweiten Polüberquerung – dieses Mal, der unbefleckten nationalen Ehre wegen, mit einer rein italienischen Mannschaft – und landete am 6. Mai 1928 in King´s Bay in Spitzbergen. Schlechtes Wetter machte ihm zunächst einen Strich durch die Rechnung. Die Zeit nutzte er für ein paar Reparaturen. Am 23. Mai um 4.28 Uhr konnte sein Luftschiff starten. Die Fahrt zum Pol, den er am 24. Mai um 0.24 Uhr erreichte, verlief ohne Zwischenfälle, aber auf dem Rückflug zwangen Stürme, Nebel und die starke Vereisung Nobile dazu, eine Notlandung zu riskieren. Als das Heck des Luftschiffes das Eis berührte, wurden zehn Besatzungsmitglieder, verschiedene Ausrüstungsgegenstände und vor allem das wichtige Funkgerät aus dem Zeppelin geschleudert. Sechs Mann stiegen mit der schlagartig leichter gewordenen »Italia« wieder auf. Geistesgegenwärtig warf der Italiener Arduino schnell noch Lebensmittel, Benzin und weitere nützliche Dinge ab. Die »Italia« entschwand und blieb samt Arduino und den anderen fünf fortan verschollen. Die aufs Eis geschleuderten Männer errichteten das weltberühmt gewordene »Rote Zelt«, das 1968/69 einem Spielfilm den Titel gab.

48 Tage lang mussten Nobile und seine Crew 60 Meilen nördlich von Spitzbergen auf dem Eis ausharren, ehe dank eines zufällig aufgefangenen Funkspruchs Hilfe aus der Luft kam und ein schwedischer Pilot Lundberg zunächst einmal Nobile selbst und ein paar weitere Luftschiffer retten konnte. 18 Schiffe sowie 22 Flugzeuge mit rund 1.500 Personen beteiligten sich an der Suche nach den Überlebenden der »Italia«. Der prominenteste Helfer war der norwegische Polarforscher Amundsen; er kam dabei ums Leben.

Nobile wurde nach seiner Rückkehr der Prozess gemacht. Man warf ihm vor, das Unglück durch ein falsches Manöver verursacht zu haben. Benito Mussolini griff ihn scharf an, weil Nobile seinen Foxterrier »Titina« rettete, »von dem die Männer noch ein paar Tage länger hätten leben können.« Man kreidete Nobile an, dass er sich vor allen anderen habe retten lassen. Er verwies darauf, dass die anderen Männer ihn darum gebeten hatten, aber es nützte ihm nichts. Das italienische Gericht sprach ihn schuldig, ohne ihn angehört zu haben. Aus Protest gegen das Urteil nahm er seinen Abschied aus der Armee, baute von 1931 bis 1936 selber Luftschiffe und wurde erst nach Kriegsende rehabilitiert, als offenkundig wurde, dass Nobile das Opfer einer Intrige von eifersüchtigen faschistischen Luftwaffenoffizieren geworden war. Von dem Honorar, das er später als Berater der Filmproduktion erhielt, stiftete er ein Denkmal für die Toten, das im nordnorwegischen Ort Tromsø steht. Nobile starb am 30. Juli 1978 im Alter von 92 Jahren in Rom.

J

JAGUAR E-TYPE (BZW. JAGUAR XKE)

Überaus begehrter, wenn auch wegen seiner bisweilen tückischen Fahreigenschaften nicht immer leicht zu handhabender englischer Sportwagen der 60er und 70er Jahre, den u.a. → Jerry Cotton als Dienstwagen und Harold in dem Film »Harold und Maude« als → Leichenwagen nutzte.

DER JAGUAR-E LEICHENWAGEN AUS »HAROLD UND MAUDE«

»Das Heck eines Datsun-Kombis passte genau, und nach den Schweißarbeiten baute ich das Dach eines schwarzen Maugahyde oben drauf.« Mit diesen Worten versucht der exzentrische Harold seiner ebenso unkonventionellen Freundin Maude stolz den Umbau eines Jaguar XKE zum Leichenwagen zu veranschaulichen. Und weiter heißt es in Colin Higgins Roman »Ich liebe dich, ich liebe dich«: »Dann ging es nur noch um Kleinigkeiten – Chromleisten von einem Ford Thunderbird, Fenster, Vorhänge und natürlich die schwarze Farbe.«

Harold Chasen ist 19 und hat ein Faible für Schockeffekte und das Düstere im Leben. Er geht gerne zu Beerdigungen und er vertreibt die potenziellen Freundinnen, die seine Mutter ihm zuführt, mit blutigen Inszenierungen von Verstümmelungen oder Selbstmorden. Kein Wunder, dass er wenig begeistert ist, als die Mutter seinen geliebten Cadillac, einen monströsen Leichenwagen, wegschaffen lässt und ihm stattdessen eines Tages mit den Worten: »ein hübscher kleiner Schlitten, nicht wahr?«, einen grünen Jaguar XKE Roadster als Präsent in die Auffahrt stellt. Doch da hat sie leider die Vorliebe ihres Sohnes, der umgehend den Schneidbrenner und die große Schutzbrille herausholt, für alles Abartige und natürlich den Tod gründlich unterschätzt.

Der amerikanische Autor Colin Higgins erdachte die ungewöhnliche Liebesgeschichte zwischen dem jungen Mann und der 79-jährigen Maude. Er war es auch, der 1970/71 das Drehbuch zu dem schlicht »Harold und Maude« genannten Film mit Bud Cort und Ruth Gordon verfasste, der zu einem der Kultstreifen der 70er Jahre avancierte. Wie immer in solchen Fällen weicht der Film in einigen Details vom Roman ab. Aus einem grünen Jaguar E wurde ein mausgraues Modell der Serie 2, und woher Harold das Heck seines Aufbaus bezog, war der Erwähnung nicht wert. Das Ende ist allerdings gleich geblieben. Todtraurig rast Harold in seinem Wagen aus dem Krankenhaus davon, in dem Maude auf den Tod wartet, nachdem sie sich an ihrem 80. Geburtstag selbst vergiftet hat. Mit hoher Geschwindigkeit prescht er über die Highways außerhalb von San Francisco am Golden Center National Cemetery vorbei. Der Wagen schießt nahe Pacifica über die Klippen und landet total zerstört auf dem Dach. Und wieder einmal ist Harold, der Banjo spielend von dannen zieht, eine schöne Inszenierung gelungen.

Da dass minimale Budget von 1,2 Millionen Dollar keine Wiederholung der Aufnahme erlaubte und die Tricktechnik noch nicht so weit war, dass man sich mit einem Modell behelfen konnte, musste tatsächlich ein Jaguar für die Aufnahmen dran glauben. »Er flog über die Klippe, drehte sich im Fallen, schlug dann auf die Felsen auf und verwandelte sich sofort in ein Flammenmeer«, heißt es im Buch, aber auf das Feuer hat Regisseur Hal Ashby weise verzichtet. Das hatte man schon zu oft gesehen.

JAMES BONDS ASTON MARTIN DB 5

Der englische Sportwagenhersteller Aston Martin war in dem James-Bond-Roman »Goldfinger« von Ian Fleming mit einem Modell DB Mark III erstmalig präsent. Als 1964 der Film zum Buch entstand, kam aber ein → Aston Martin DB 5 zum Einsatz, der mit diversen Modifikationen versehen wurde.

DIE »JAMES CAIRD«

Eines der drei Rettungsboote der → »Endurance«, mit dem die 28 Männer 1916 aus dem ewigen Eis der Antarktis zurückkehrten. Die »Endurance« wurde vom Eis zerquetscht und sank.

JAMES DEANS PORSCHE SPYDER

Nachdem er es offenbar kaum noch ausgehalten hatte, konnte James Dean am 21. September 1955 im Autohaus Competition Motors in Hollywood endlich seinen silbernen Porsche 550 Spyder mit der Seriennummer 550-0055 in Empfang nehmen. Er hatte für den »Neuen«, der rund 7.000 Dollar kostete, seinen Porsche 356 Speedster in Zahlung gegeben und noch 3.000 Dollar drauflegen müssen. So vernarrt war er in den neuen Porsche, dass er sich bereits fünf Tage vor dem Übergabetermin in der Nacht des 16. September auf dem Gelände des Autohauses herumdrückte, um sich den Wagen im Schaufenster anzusehen. Ein besorgter Anwohner hatte die Polizei verständigt, und so war James Deans Leidenschaft aktenkundig geworden.

Vom Porsche 550 Spyder waren 1955 lediglich 90 Wagen produziert worden, von denen 78 in den Handel gelangten. Der Autohändler John von Neumann hatte fünf davon in die USA importiert. Der 700 kg leichte Wagen hatte eine Aluminiumkarosserie über einem Trapezrahmen und erreichte mit einem luftgekühlten Vierzylinder-Mittelmotor eine Höchstgeschwindigkeit von 190 Kilometern pro Stunde. Direkt vom Autohaus fuhr Dean abends zur Villa Capri, einem seiner Lieblingsrestaurants in Los Angeles, um sich dort mit seiner neuesten Errungenschaft zu zeigen. Ein paar Tage später brachte er den Porsche zu dem Autotuner George Barris nach Compton, der ihm die Startnummer 130 für sein nächstes Rennen aufklebte und den Schriftzug »Little Bastard« quer über das Heck malte, denn diesen Namen hatte Dean seinem Wagen verpasst – einmal Rebell, immer Rebell. Kurze Zeit später hatte der Schauspieler eine Karambolage mit dem Wagen einer Frau. Den kleinen Blechschaden ließ er bei Competition Motors reparieren. Dean wollte am 1. Oktober an einem Rennen in Salinas teilnehmen. Die dafür obligatorische Untersuchung bei einem Sportmediziner ergab, dass er »körperlich in der Lage war, Autorennen zu fahren«. In den Tagen vor dem Rennen fuhr er kreuz und quer durch Los Angeles und besuchte unter anderem auch die Studios von Warner Brothers, wo gerade die letzten Aufnahmen zu dem Film »Giganten« entstanden. Stolz führte er den Wagen dem Regisseur George Stevens vor: »Er erzählte mir, er habe den Wagen gesehen und sich sofort in ihn verliebt und ihn gekauft«, erzählte der später. »Er war so niedrig wie eine Badewanne. Ich setzte mich zu ihm rein und er machte mit mir eine Runde. Als wir wieder zurück waren, strömten alle raus und umstanden den Wagen. Auch die Studiowächter hatten sich zu uns gesellt und sagten: ›Sie können mit diesem Wagen nicht auf dem Gelände herumfahren, sie könnten einen Schauspieler oder sonst jemanden töten‹.« Danach kurvte Dean zwischen seiner Wohnung in Sherman Oaks, dem Restaurant Villa Capri und den Behausungen seiner Freunde herum. Außerdem besprach er sich mit dem Porsche-Mechaniker Rolf Wütherich, der für »Competition Motors« arbeitete und den Dean wegen seiner Autokenntnisse sehr respektierte. Der erklärte ihm, dass der Wagen mindestens 800 Kilometer auf dem Tacho haben müsse, bevor er damit ein Rennen fahren könne, da erst dann der Motor eingefahren sei. So beschloss Dean, den Wagen selbst nach Salinas zu fahren und Wütherich mitzunehmen.

Am 30. September 1955 um die Mittagszeit starteten sie. Der mit Dean befreundete Stuntman Bill Hickman und der Fotograf Sandy Roth, der eine Reportage für das Magazin »Collier´s« machen wollte, folgten den beiden in einem Ford Kombi, der auch den Anhänger für den Porsche zog. Sie hielten an einer Tankstelle, es gab ein kurzes Fotoshooting mit Dean, dann fuhren sie noch ein Stück, bis sie Hunger bekamen, den sie in einem Diner stillten. Danach folgten sie der Route 99 in Richtung Norden und wurden kurz vor Bakersfield von einem Polizisten wegen zu schnellen Fahrens angehalten. Sowohl Dean als auch der nachfolgende Hickman bekamen ein Strafmandat aufgebrummt. Da in Kalifornien auf einem Strafzettel auch Wetterverhältnisse und der Straßenzustand aufgeführt werden, wissen wir, dass das Wetter »klar« und die Straße »in gutem Zustand« waren. Hinter Bakersfield bogen die beiden Wagen auf den Highway 466 ein. An einer Raststätte trafen sie zufällig Lance Reventlow (Revson), den Sohn von Barbara Hutton, in seinem grauen Mercedes 300 SL. Dean gab schwer damit an, dass er ein Strafticket bekommen hatte und mit dem Porsche über 200 km/h gefahren sei. Kurze Zeit später, als es bereits zu dämmern anfing, überholte James Dean ein langsameres Fahrzeug so riskant, dass er damit den Fahrer eines entgegenkommenden Pontiac zwang, in den Straßengraben zu fahren, um einen Crash zu vermeiden. Danach rasten er und Wütherich auf die Kreuzung der Highways 466 und 41 zu, als sie einen schwarz-weißen Ford sahen, der ihren Weg kreuzen wollte. Angeblich soll Dean noch gesagt haben »Der Typ muss uns doch sehen! Er muss doch anhalten!«, doch das tat der Typ nicht. Deans Versuch, den Wagen herumzureißen, misslang, so dass der Porsche sich mit voller Wucht in die Beifahrerseite des Ford bohrte und anschließend überschlug. Wütherich wurde herausgeschleudert, man fand ihn mit gebrochenen Armen und Beinen und ausgeschlagenen Zähnen. Dean hatte sich das Genick gebrochen. Der Krankenwagen brachte die beiden in das War Memorial Hospital von Pas Robles, wo nur noch Deans Tod infolge Genickbruchs festgestellt werden konnte, den der Arzt später auf 17.45 Uhr am 30. September 1955 datierte. Die genaue Unfallstelle wurde mit »eine Meile östlich von Cholame, an der Kreuzung der Highways 41 und 466« protokolliert. Der Fahrer des Ford, Donald Turnupseed, trug nur kleinere Verletzungen und ein paar blaue Flecken davon und gab immer wieder zu Protokoll: »Ich habe ihn nicht kommen sehen«. Das mochte durchaus der Wahrheit entsprechen, denn Dean fuhr ohne Licht, und da der Himmel in der Abenddämmerung eine graue Färbung angenommen hatte, hob sich der flache silbergraue Porsche Spyder kaum vom Hintergrund ab. Hinzu kam, dass Dean definitiv zu schnell fuhr – vermutlich zwischen 130 und 160 km/h anstatt der erlaubten 90. Wütherich starb erst sechsundzwanzig Jahre später am 20. Juli 1981 nahe Heilbronn, als er auf regennasser Fahrbahn gegen einen Baum raste.

Schon kurz nach Deans Tod begannen sich Legenden um den Unfall und um seinen Porsche zu ranken. So behaupteten Fans, er wäre bei dem Unfall nicht umgekommen, aber so entstellt worden, dass er es vorzog, unerkannt an einem unbekannten Ort weiterzuleben. Andere Gerüchte besagten, der Unfall sei in Wahrheit ein Selbstmord gewesen, da kein vernünftiger Mensch sonst so rasen würde, wie er es getan hatte. Das Wrack seines Wagens wurde geborgen und zu einem Schrottplatz geschafft, wo die Polizei es gründlich untersuchte. Anschließend zeigte man den zerstörten Porsche in mehreren Highschools in Los Angeles den Schülern als abschreckendes Beispiel. Später kaufte ihn der Autofan

Dr. William Eschrich für 1.000 Dollar. Er baute Teile des Motors in seinen eigenen Wagen ein, den er seinem Freund Dr. McHenry lieh, der im Oktober 1956 bei einem Rennen ums Leben kam.

1956 drehte Robert Altman den biografischen Film »The James Dean Story«, der jedoch ein Flop wurde. Auch für den Film »Race with Destiny« rekonstruierte man den tödlichen Unfall außerhalb von Chalome in Kalifornien. Autotuner George Barris stellte dafür mehrere Repliken des Fahrzeugs her. Für den Crash montierte man kleine Roller unter die Räder und vertäute diese mit Seilen, um so die Drehung und die Richtung, die der Wagen nehmen sollte, zu beeinflussen. In dem 1996 entstandenen Spielfilm »Crash«, den David Cronenberg nach dem 1973 entstandenen Roman von J.G. Ballard inszenierte, stellt eine Gruppe autoverrückter Menschen berühmte Unfälle nach. Dazu gehört auch Deans Todesfahrt.

DER »JATHO« MOTORDRACHENFLIEGER

»Der erste Luftsprung bei ganz stillem Wetter, 18 Meter, 3/4 Meter Höhe, große Freude.« Mit diesen Worten notierte am 18. August 1903 der Hannoveraner Karl Jatho seinen ersten kurzen Flug mit dem selbstkonstruierten Motordrachenflieger »Jatho 1« in der Vahrenwalder Heide in seinem Tagebuch. Rund vier Monate früher als die Gebrüder Wright mit ihrer »Flyer I« hatte Jatho es geschafft, mit Motorkraft zu fliegen und – zu starten. Denn anders als die beiden Amerikaner, die dafür die Hilfestellung eines Katapults benötigten, war er auch mit Motorkraft gestartet. Dennoch versagen ihm die Annalen der Luftfahrtgeschichte bis heute die gebührende Anerkennung. Denn für diesen Flug fehlen die notwendigen Beweise und Aufzeichnungen. Es gibt sogar ein Abkommen zwischen dem Deutschen Museum in München und dem Smithsonian Institute in Washington, nicht Jatho als den ersten Flieger zu erwähnen, sondern die Amerikaner.

Jatho war hauptberuflich als Inspektor im technischen Revisionsbüro der Stadtverwaltung tätig und beschäftigte sich nur nebenberuflich seit 1893 mit dem Gleitflugmodellbau. Als er sich im Laufe der Jahre mehr und mehr der Fliegerei widmete und eigene Fluggeräte konstruierte, bekam er Probleme mit seinen Verwaltungskollegen, die ihm vorhielten, sich nicht genug um seine Arbeit zu kümmern. Seine Erfolge riefen missgünstige Neider auf den Plan. Sein erster großer Wurf war die Konstruktion des »Jatho 1« genannten Motordrachens, der von einem französischen Buchet-Motor mit 12 PS Leistung angetrieben und als so genannter Dreidecker bezeichnet wurde. Er verfügte über einen Stahlrohrrahmen, fünf Räder, die Tragflächen bestanden aus Eschenholz und waren mit Stoff bespannt. Bis 1914 baute Karl Jatho mehr als ein Dutzend Weiterentwicklungen seines Motordrachens, von denen der »Stahltaube« genannte Eindecker, mit dem er Rundflüge über Hannover durchführte, am bekanntesten wurde. Angeblich hat Jatho das Prinzip des gegenläufigen Propellers entwickelt und auch die kombinierten Höhen- und Seitensteuer erfunden. 1913 gründete er die Hannoverschen Flugzeugwerke, ging aber bereits ein Jahr später bankrott. Er starb am 18. August 1933, exakt 30 Jahre nach seinem ersten »Luftsprung«. Ein Modell des »Jatho 1« in Originalgröße wird man vergebens suchen. Das gibt es in keinem Museum der Welt.

»JEREMIAS«

Diesen Kosenamen gab der Romanheld → Jerry (Jeremias) Cotton seinem Jaguar E gleich nach dem Kauf, eine Handlung, die insbesondere jene froh stimmt, die der Theorie anhängen, dass Sportwagen mit einem extrem langen Vorderbau auf unbewusste sexuelle Wünsche ihrer Besitzer verweisen und der Kompensation charakterlicher und körperlicher Defizite dienen.

JERRY COTTONS JAGUAR E

»Ich hatte meine ganzen Ersparnisse abgehoben und war damit zu einem Vertreter von ausländischen Fahrzeugen gegangen. Nach langem Palaver und unzähligen Proberunden ließ ich mir von ihm einen schwarzen Jaguar-Zweisitzer mit roten Polstern andrehen. Er schaffte 120 Meilen die Stunde und lag dabei auf der Straße wie hingegossen. Phil und ich tauften ihn mit einer Flasche echten Champagners, indem wir ihm stilgerecht ein halbes Glas vor den Kühler schütteten und uns den Rest durch die Kehle jagten. Der Jaguar erhielt den gleichen schönen Namen, den ich in der Taufe bekommen hatte. Wir nannten ihn ›Jeremias‹, aber jede Abkürzung wurde im Vorhinein streng verboten.« So steht es geschrieben im 5. Jerry-Cotton-Fall, erschienen als Bastei-Kriminalroman Nr. 83 »Ich – gegen ihn« im Jahre des Herrn 1954, und es war der Auftakt einer jahrelangen, innigen Beziehung zwischen Jerry Cotton und seinem Wagen. Nach Angaben von Peter Thannisch, dem zuständigen Lektor für Spannungsromane, wurde aus dem schwarzen »offenbar durch einen Lektoratsfehler« später unversehens ein roter Jaguar. Bis zur Einstellung der Serienproduktion des E-Type fuhr Jerry immer das neueste Modell, das sporadisch auch auf dem Umschlagbild auftauchte, so etwa in Band 1742 mit dem Titel »Sie wollte meinen Jaguar«. Darin wird auch die Werkstatt von Jaguar-Spezialist Mick Evans an der Bay Street in Staten Island beschrieben, wo der Wagen gewartet wurde: »Mickey war der Geheimtipp unter New Yorks Jaguar-Fahrern. Ich parkte den roten Renner auf der anderen Straßenseite gegenüber dem Schandfleck, den das Evans-Grundstück darstellte. Ringsherum sah es zwar auch nicht sehr erbaulich aus, aber Mickeys Zauberwerkstatt stellte alles in den Schatten. Mickey stammte direkt aus Coventry, dem Mekka aller Jaguar-Fans, das ja nur ein paar Meilen von Birmingham entfernt ist.«

Nachdem der E-Type während eines Einsatzes in die Luft geflogen war, wechselte der FBI-Agent zum Nachfolger XJ-S. Als der nach einem Unfall schrottreif war, kehrte er zum E-Type zurück, um dann ab Band 2217 im Jahr 1999 das jüngste Modell XKR zu fahren.

Seinen ersten Auftritt hatte der Special Agent des New Yorker FBI Jeremias Cotton, aus dem erst später »Jerry« wurde, im September 1954 in dem Kriminalroman »Ich suchte den Gangster-Chef«. Er kam gut an bei den Heftchenlesern in der Straßenbahn, und so wurde daraus ab März 1956 eine regelmäßig erscheinende Heftserie des Bastei-Verlags, die es bis heute gibt. In seiner Blütezeit in den 60er Jahren gingen angeblich etwa 250.000 Stück pro Woche über den Kiosktresen. 1976, das 1000. Abenteuer war erreicht, waren nach Angaben von Verleger Gustav Lübbe 250 Millionen Hefte verkauft worden. Bis heute ist diese Zahl auf über 750 Millionen verkaufte Hefte angewachsen. Sie erschienen in 16 Sprachen, aber nicht in den USA, weil das FBI in seiner Heimat keinen so makellosen Ruf genießt wie hierzulande. Die beste Polizei ist schließlich immer die, mit der man es nie zu tun bekommt.

Angeblich hatte ein Vertreter des Waschmittelkonzerns Henkel namens Delfried Kaufmann, der sich mit der Figur des »Jeremias Baumwolle« über andere Krimis lustig machen wollte, den Agenten aus der Taufe gehoben. Weil die Gefahr nicht von der Hand zu weisen ist, dass ein einzelner Autor mit dem Schreiben der Seriengeschichten überfordert oder vielleicht sogar des Wahnsinns fette Beute würde, schrieben nach Angaben des Verlages eine ganze Reihe von Autoren die Geschichten. Sie hatten strenge Vorgaben hinsichtlich der Charaktere und der Ausrüstung zu beachten. So schoss Jerry Cotton immer mit einem Revolver vom Typ 38er Smith & Wesson Special und fuhr einen Jaguar E, der über ein Telefon verfügte.

Zwischen 1965 und 1968 entstanden kurz hintereinander acht Kinofilme, in denen Jerry Cotton im Jaguar E Verbrecher jagte, die ersten vier in Schwarzweiß. Fall Nr. 7 hieß »Der Tod im roten Jaguar«. Wegen des schmalen Budgets der deutschen Produktion verzichtete man darauf, in New York zu drehen und wich auf Hamburg und Allendorf aus. Dann montierte man Bilder aus San Francisco ein und ließ den Korrespondenten Werner Becker, der damals für den NDR in den Staaten war, in New York ein paar Straßenszenen mit dem Jaguar und einigen Doubles drehen. Hauptdarsteller George Nader bewegte seinen Jaguar mit dem Kennzeichen 9Q 9511 ausschließlich durch deutsche Städte und ihr Hinterland, und die Kämpfe fanden in Hamburger oder Berliner Ateliers vor Kulissen statt. Das karge Budget und das organisatorische Kuddelmuddel ist den Filmen anzusehen. In Cottons zweitem Einsatz »Mordnacht in Manhattan« beispielsweise filmte Regisseur Harald Philipp zwei Autos in den Straßen New Yorks, deren Nummernschilder nicht mit denen der Wagen, die auf deutschen Straßen vor der Kamera standen, übereinstimmten.

Während der Dreharbeiten wurden eine ganze Menge der britischen Wildkatzen vom Typ Serie 1 zu Schrott gefahren. Nach vier Filmen hatte die Produktions- und Verleihfirma Constantin Film bekannt gegeben, dass pro Abenteuer ein Wagen zerstört wurde, aber Produktionsleiter Bernd Burgemeister korrigierte diese Zahl später: »Wir haben elf Jaguar-Modelle verbraten und die Kosten anderweitig reduziert, um das Budget einzuhalten«, gestand er den Autoren Dirk Brüderle und Christoph Tses, die ein Buch über George Nader geschrieben haben. Der Darsteller selbst war daran nicht ganz unschuldig. Während der Arbeit an »Die Rechnung

– eiskalt serviert!« zerschredderte er den Wagen in einer 90-Grad-Kurve seitlich an einer Mauer, ohne sich zu verletzen. Auf der Suche nach dem 12. Jaguar als Ersatzfahrzeug wurde die Produktion erst »bei einer Hamburger Edelnutte« fündig, wie Kameramann Franz X. Lederle erzählte. »Sie war so besorgt um ihr Schätzchen, dass wir ihr tatsächlich versprechen mussten, den Wagen zum Drehort zu schieben.«

Als die Produktionsfirma nach dem vierten Film, »Der Mörderclub von Brooklyn«, beschloss, die nächsten Abenteuer in Farbe zu drehen, womit die zuvor gedrehten Archivaufnahmen mit dem Wagen tatsächlich ins Archiv wanderten, schickte der neue Regisseur Werner Jacobs Ende 1966 ein dreiköpfiges Team nach New York, um neue Bilder mit einem roten Jaguar E zu drehen. Obwohl die Filme in den deutschen Kinos sehr erfolgreich waren, hielt man das Budget weiterhin klein. Man fügte also auch dieses Mal wieder die in New York und in Deutschland realisierten Aufnahmen zusammen und nahm dabei in Kauf, dass sie nicht wie aus einem Guss wirkten. Neue Drehbuchautoren ignorierten die tragende Rolle des roten Flitzers und sorgten dafür, dass der Jaguar im sechsten Abenteuer »Dynamit in grüner Seide« erst gar nicht auftauchte. Das hinderte die Kinobesucher aber nicht, dem FBI-Mann weiterhin die Stange zu halten. Insgesamt etwa 13 Millionen Kinogänger ließen sich die acht Jerry-Cotton-Filme nicht entgehen. Mit den immer aufwändiger werdenden Agentenfilmen anderer Länder konnten diese Streifen aber nicht konkurrieren. Als die Zuschauerkurve sank, nahm man den bereits angekündigten Fall Nr. 9, »Nummer eins wird abserviert«, wörtlich, verzichtete auf den Dreh und mottete den Jaguar ein.

Der Schauspieler George Nader mochte den Wagen sowieso nicht übermäßig. Bei den Dreharbeiten zu »Die Rechnung – eiskalt serviert!« bescherte ihm der Jaguar ein paar äußerst unschöne Momente: »Ich raste einen Hügel zum Elbufer herunter, wo ich den Wagen im letzten Moment zum Stehen bringen sollte. Ich trat auf die Fußbremse. Die funktionierte aber nicht! Ich zog sofort die Handbremse, die ebenfalls versagte. In Hollywood hatte ich von Profi-Stuntmen gelernt: Motor runterschalten und immer nach links drehen! Ich brachte den Jaguar zu einer 90-Grad-Drehung und der Wagen kam nur Zentimeter vor dem Elbufer zum Stehen. Die Crew war begeistert, und der Regisseur gratulierte mir zu meiner Improvisation. Ich stieg aus dem Wagen aus und sagte: ›Ich hatte keine Wahl. Die Elbe sieht kalt aus, und die Bremsen dieses verdammten Autos haben versagt.‹ In Wirklichkeit habe ich ein anderes Schimpfwort für den Wagen gebraucht, nämlich das populärste amerikanische Schimpfwort, das mit F beginnt, aber das lassen wir hier besser weg!«

Privat bevorzugte Nader weniger spektakuläre, dafür aber zuverlässigere Autos. Jahrelang fuhr er einen schwarzen Mercedes 280 SE, dessen Fußmatten Perserteppichen weichen mussten, sowie einen gelben Iso Grifo. Eine Zeit lang war er in den USA Repräsentant der Chevrolet Motor Company. Einen Jaguar E hat er, außer im Film und zu Werbezwecken, nie gefahren.

DER JET PACK

Der → Ein-Mann-Düsenrucksack wurde 1961 von der US-Firma Bell Aerosystems entwickelt und fand außer in dem James-Bond-Film »Feuerball« noch bei der Eröffnung der Olympischen Sommerspiele 1984 in Los Angeles Verwendung. Die Army verzichtete auf die Weiterentwicklung, und Anfragen aus der DDR wurden an den Hersteller nicht weitergeleitet und erübrigten sich später ohnehin.

DIE »JOHN ADAMS«

Neuer Name der Boeing 737, die 1977 als → »Landshut« von arabischen Terroristen entführt wurde.

DER »JOHN DEERE 66«

Mit einem Modell des amerikanischen → Rasenmähers begibt sich Alvin Straight nach einem ersten, gescheiterten Versuch auf die Reise, um seinen kranken Bruder zu besuchen, und fährt damit 350 Meilen.

K

DER »KAMPFSTERN GALACTICA«

Sozusagen als Trittbrettfahrer lockten 1978 in Deutschland auch die Abenteuer des »Kampfsterns Galactica« die Menschen in die Kinos. Ursprünglich war das Science-Fiction-Spektakel in den USA ausschließlich als TV-Serie konzipiert worden, aber weil das erste »Krieg der Sterne«-Abenteuer von George Lucas geradezu hysterische Begeisterung bei den Fans auslöste, sorgte in seinem Windschatten – soweit davon in den luftleeren Weiten des Raums überhaupt die Rede sein kann – auch der »Kampfstern Galactica« für volle Kinosäle.

Die Idee, ein mehr als anderthalb Kilometer langes Raumschiff samt etwa 1.500 Mann Besatzung mit Lichtgeschwindigkeit durchs All rasen zu lassen, stammte von dem Producer Glen A. Larson. Die Story, eine Mischung aus Arche Noah und Krieg der Sterne, ist schnell erzählt: Das Raumschiff dient als letzte Zuflucht für die Überlebenden der zwölf Menschenkolonien, die den angriffslustigen Cylonen entkommen konnten. Als die Mannschaft unter der Führung des Kommandanten Adama, den der Ex-Bonanza-Chef Lorne Greene spielt, feststellt, dass ihre Lebensmittelvorräte verdorben sind, landet der Kampfstern auf dem Planeten Carillon, der scheinbar paradiesische Zustände bietet, leider aber auch schon von den Cylonen unterwandert ist. Es kommt zur entscheidenden Schlacht, bei dem nach zähem Ringen der Kampfstern obsiegt.

Ein großer amerikanischer Computerhersteller ließ es sich nicht nehmen, für die Technik und die Inneneinrichtung der »Galactica« zu sorgen und sie mit elektronischen Einrichtungen im Wert von über drei Millionen Dollar auszurüsten. Boeing und American Airlines stellten ihre Flugsimulatoren zur Verfügung, um der Illusion eine möglichst authentische Anmutung zu geben. Ein ganzes Team von werkseigenen Technikern achtete darauf, dass die Geräte auch richtig bedient wurden. Produzent Larson, der später auch den Erfolg des sprechenden Autos

→ »K.I.T.T.« verantwortete, war von seinem Werk ziemlich begeistert. Er sah in der »Galactica« »eine Stadt im Weltall, die zehn Mal größer ist als der größte Flugzeugträger, die unsere gesamten militärischen Vorstellungen überschreitet. Beim Angriff der Kriegsschiffe der Cylonen auf die ›Galactica‹ werden Turbinen-Druck-Systeme in Gang gesetzt und der gesamte Kampf wird vom Computer gesteuert. Jeder Knopf, jede Skala und die ganze Bildschirmanlage funktionieren wie in einem wirklichen Raumschiff.« Bei den Dreharbeiten in einem Studio im kalifornischen Van Nuys kam selbstverständlich ein äußerst detailliert ausgearbeitetes Modell zum Einsatz, das an unsichtbaren Fäden hing und vor einem kosmischen Hintergrund durch das All schwebte.

Nach 34 Folgen kam in den USA das Aus für die TV-Serie. Als Ableger davon kamen aber in Deutschland noch zwei Spielfilme mit den Titeln »Mission Galactica: Angriff der Cylonen« und »Das Ende einer Odyssee« in die Kinos, die nichts weiter waren als geschickte Zusammenschnitte einiger Fernsehfolgen. Akustisch waren sie insofern bemerkenswert, als sie im sogenannten »Sensurround«-Verfahren projiziert wurden. Ein paar Tonspuren mehr und ein paar gewaltige Basslautsprecher in den Kinos sorgten für einen zwerchfellerschütternden Sound und ließen die Zuschauer beim Einschlag feindlicher Geschosse in den Kampfstern wahrhaftig mitzittern.

DAS KANONENBOOT »SAN PABLO« VOM YANG TSE KIANG

Das amerikanische Kanonenboot »San Pablo« war 1926 abkommandiert worden, um im chinesischen Bürgerkrieg amerikanische Bürger zu schützen und die Handelsinteressen der USA zu wahren. Diese historische Episode erzählte Mitte der 60er Jahre ein Film von über drei Stunden Länge nach. Die Filmstory konzentrierte sich dabei auf die Erlebnisse des Bootsmaats und Maschinisten Jake Holman, dem Steve McQueen sein attraktives Knittergesicht lieh. Einer der Höhepunkte des Filmes sind jene Szenen, in denen das Boot während seiner gefährlichen Fahrt auf dem Yang Tse Kiang eine Blockade chinesischer Dschunken durchbricht.

Gedreht wurde – China ist China – in Taiwan unter der Regie von Robert Wise, und zwar bei miserablem Wetter, weshalb aus den veranschlagten neun oder zehn Wochen letztendlich sieben Monate wurden. Das Budget explodierte von 8,5 auf 11 Millionen Dollar. Einen großen Teil davon verschlang das etwa 4,6 Meter lange Modell des Kanonenbootes, das damit den zweifelhaften Ruf genoss, eine der teuersten Requisiten Hollywoods zu sein. Es wurde in Hongkong gebaut und nach Ende der Dreharbeiten nach Süd-Vietnam verkauft. Während die Arbeiten mit dem Modell der »San Pablo« problemlos voran gingen, konnte auf dem großen Vorbild immer nur in großen Abständen gefilmt werden, da am Drehort Keelung das Wetter häufig so extrem umschlug, dass die Temparatur von einem auf den anderen Tag von über 30 Grad auf Werte unter Null sank. Einmal lag das Boot gut im Wasser, und am nächsten Tag auf Grund.

Hauptdarsteller Steve McQueen kam mit den widrigen Umständen gut zurecht und führte mit seiner Frau Neile und den beiden Kindern, die ihn begleiteten, ein einigermaßen geregeltes Leben. Ebenso wie der Regisseur Wise als Coproduzent war er am Gewinn oder Verlust des Films beteiligt. Wie Wise später erklärte, erschien Steve McQueen immer bestens vorbereitet zu den Aufnahmen und interessierte sich für alles Technische. »Es war erstaunlich, wie er mit der Schiffsmaschine umging«, sagte Wise einmal. McQueens Kenntnisse stammten nicht von ungefähr, hatte er doch seinen Wehrdienst zum Teil in den Docks von San Diego abgeleistet und dort in den Maschinenräumen großer Schiffe geschuftet. Manche Biografen vermuten sogar, dass er sich den Krebs, an dem er am 7. November 1980 gestorben ist, bei dieser Gelegenheit geholt hat, weil er dabei mit Asbeststaub in Berührung kam und kein Mensch damals eine Schutzmaske trug.

DIE KANONENKUGEL VON MÜNCHHAUSEN

Baron Hieronymus Freiherr von Münchhausen erhielt von seinem Feldmarschall den Auftrag, Erkundungen in der Festung des Gegners durchzuführen. Da die Widersacher durch Vorposten und Wachen gut gesichert waren, kam der forsche Soldat auf eine besonders clevere Idee: »So glühend brannte mein Mut und so durchdrungen war ich von meiner Pflicht, dass ich im Hui auf eine Kugel sprang, die eben ein Kanonenrohr in Richtung der Festung verließ.« Nachdem er genug gesehen hatte, stieg der waghalsige Münchhausen unterwegs auf eine in die entgegengesetzte Richtung fliegende türkische Kanonenkugel um, wobei ihm das Umsteigen »dank seiner großen Reitkunst ohne Zwischenfall gelang«. So steht es zumindest geschrieben in den von Gottfried August Bürger 1786 rückübersetzten und erweiterten Münchhausen-Erzählungen, die zuvor R. E. Raspe gesammelt und ins Englische übertragen hatte.

Die Kanonenkugel war im Übrigen nicht das einzige ungewöhnliche Transportmittel, dessen Münchhausen sich bediente. So brachten ihn einmal die Ranken schnellwachsender Bohnen zum Mond, ein andermal gelangte er mit einem vom Sturm emporgetragenen Schiff dorthin. Auch verband er einmal einen Schwarm Enten so geschickt miteinander, dass sie ihn über die Dächer trugen. Nach Angaben von Börries Freiherr von Münchhausen, einem Nachfahren des Lügenbarons, hat sein Altvorderer namens Hieronymus tatsächlich von 1720 bis 1797 gelebt und war zu seiner Zeit nicht nur ein Held gewesen, sondern auch ein zurückhaltender Mann von Adel, der gar nichts davon hielt, dass man über ihn schrieb, und der schon gar keine Lügengeschichten über sich lesen wollte. Aber ohne diese Geschichten wären er und seine Heimatstadt Bodenwerder an der Weser heute wohl ziemlich unbekannt.

Zwei kongeniale Verfilmungen seiner Abenteuer gibt es. 1942/1943 schwebte Hans Albers in den Studios von Berlin Babelsberg durch die Lüfte, und 1987/88 trat John Neville in der prächtigen Neuverfilmung »Die Abenteuer des Baron Münchhausen« seine Kugelreise an.

DIE »KB 7 INTERNATIONAL«

Zwei mit → Nitroglyzerin beladene Laster dieses Typs transportieren in dem Roman »Lohn der Angst« von Georges Arnaud, zuerst erschienen 1950 in Paris, später von Clouzot packend verfilmt, Sprengstoff zu einem brennenden Ölfeld im guatemaltekischen Hochland.

»K.I.T.T.« AUS DER SERIE »KNIGHT RIDER«

»Diese Serie wird der größte Hit der nächsten Jahre, Daddy. Sie handelt von einem sprechenden Auto.« Derart erschöpfend informierte der amerikanische Schauspieler David Hasselhoff seinen Vater Joe im Frühjahr 1981 darüber, dass er die Hauptrolle in der TV-Serie »Knight Rider« erhalten hatte. Und der antwortete auch ganz richtig: »Du bist verrückt, die Rolle anzunehmen.« Wie so oft schob auch dieser Sohn den guten Rat seines Vaters beiseite und spielte fortan in den 110 Folgen der Serie, die zwischen 1981 und 1986 in Los Angeles entstanden und ab Februar 1982 in den USA erstmals ausgestrahlt wurden, eine der beiden Hauptrollen.

Die andere war dem »K.I.T.T.« vorbehalten. Das Kürzel steht für »Knight Industries Two Thousand«, nennt also Hersteller und Typbezeichnung des sprechenden Autos. Außer über einen leidlich humorbegabten Sprachcomputer verfügt der schwarze Trans Am über einen Turbo Boost, der ihn über 480 km/h schnell macht, sowie Röntgenaugen, die Autos oder Häuser zu durchdringen vermögen. An Bord ist weiterhin ein kleines kriminaltechnisches Labor, mit dem Substanzen chemisch analysiert und Personen aufgrund ihrer Stimme identifiziert werden können. Im Wagenbug ist ein Scanner eingebaut, der Geschwindigkeit, Entfernung und sogar die Automarke anderer Fahrzeuge erkennen kann und es dem »K.I.T.T.« möglich macht, durch Menschen hindurch und um die Ecken zu sehen. Über eine viertel Million Euro verschlangen alleine die technischen Spielereien das schwarzen Trans Am. Dazu kamen die Umbauten am Fahrzeug selbst. Es wurde tiefer gelegt, erhielt andere Scheinwerfer und ein komplett neues Armaturenbrett, das den Erkenntnissen der Ergonomie Hohn lachte. Ein wirres Gewimmel von Computerbauteilen, leuchtenden Anzeigen, Messgeräten und versteckten Schaltern gruppiert sich da um einen Bildschirm herum. Natürlich konnte das Filmfahrzeug im Studio oder auf der Straße nicht alles, was es später im Film konnte. Aber wozu gibt es Tricktechniker? »Wenn ›Turbo Boost‹ im Drehbuch stand, habe ich einfach nur auf irgendwelche Knöpfe gedrückt. Die Geräusche dazu sind erst später dazu synchronisiert worden«, erläutert David Hasselhoff die schauspielerischen Herausforderungen, die er mit dem Auto zu bewältigen hatte. »Auch die Computerbildschirme waren immer dunkel: Das Bild hat erst im nachhinein ein Team für Spezialeffekte dazu gezaubert!« Auch die Dialoge mit dem Auto waren zunächst sehr einseitig. Eine Stimme bekam »K.I.T.T.« erst in der Nachbearbeitung.

Für jede Folge standen vier Fahrzeuge für spezielle Aufgaben zur Verfügung. Produzent Glen A. Larson, der auch → »Kampfstern Galactica« ersann, wurde von General Motors, deren Modellpalette der Trans Am entstammte, großzügig beliefert. Für Stunts gab es ein rahmenverstärktes Auto mit Überrollbügeln, für Innenaufnahmen ein anderes, dessen Armaturenbrett speziell ausgestattet war, für schnelle Fahrszenen ein besonders starkes Fahrzeug und dann noch einen Wagen, der stets blitzblank poliert war und immer dann ins Bild kam, wenn Hasselhoff ein- oder ausstieg. Ein halbes Auto für weitere Innenaufnahmen und ein etwa ein Meter großes Modellauto für Trickszenen komplettierten den Fahrzeugpark. Hasselhoff erinnert sich, dass das nicht immer ausreichte: »Von den meisten Modellen haben wir auch ein Ersatzauto gebraucht. Schließlich ist immer wieder eines kaputt gegangen.« Nicht zuletzt brauchte man für die Szenen, in denen »K.I.T.T.« scheinbar führerlos durch die Gegend fährt, noch einen Spezialumbau, der zwischen Fahrersitz und hinterer Bank Platz für einen Stuntman ließ. Dieser Fahrer konnte, unsichtbar für Betrachter von außen, mit seinen Füßen die Pedale erreichen und durch einen Sehschlitz auf die Straße schauen. Den Wagen unter diesen Umständen präzise zu steuern war nicht einfach, weshalb es kaum längere Szenen gibt, in denen der Wagen führerlos unterwegs ist.

Eine Folge der Serie war besonders verbrauchsintensiv. Von den 17 dabei eingesetzten Autos waren nach Ende der Dreharbeiten neun schrottreif. Überhaupt wurden die gefährlichen Stunts immer mehr zu einer Zugnummer der Serie, die auf ein eingefleischtes Publikum bauen konnte. Für manche Fans verwischten sich dabei offenbar die Grenzen zwischen Fiktion und Wirklichkeit. So versuchte einer, nach Serienvorbild mit seinem Wagen über einen Zug zu springen, wobei er zu Tode kam. Dieser Vorfall bewog General Motors dazu, von seinem Vorhaben, eine limitierte Sonderausgabe des Trans Am »K.I.T.T.« aufzulegen, Abstand zu nehmen.

Nach 110 Folgen endeten die Abenteuer von »Knight Rider« und »K.I.T.T.« 1986. Zuletzt waren den Autoren die Ideen ausgegangen und die Drehbucheinfälle immer skurriler geworden. »Unsere Produzenten wollten ›K.I.T.T.‹ immer mehr zum Superauto machen und machten ›Knight Rider‹ dadurch unglaubwürdig«, beschwerte sich Hasselhoff in einem Interview. Immerhin blieb den Zuschauern eine Szene erspart, in der das Auto durch zwei Häuser hindurch fliegt und in einem Morast landet, dort mit einem Krokodil spricht, sich dann selbst reinigt und den Sumpf verlässt.

Nach ein paar Jahren aber hatte sich wohl sein Unmut wieder gelegt, denn Hasselhoff spielte in dem 1991 entstandenen TV-Film »Knight Rider 2000« mit einem rot lackierten Trans Am der damals letzten Baureihe wieder die Hauptrolle. Ein geplanter Kinofilm wurde indes abgesagt.

Offenbar blieben die Dreharbeiten den Mitwirkenden durchaus in so erfreulicher Erinnerung dass sich die etwa 100 Personen starke Crew seitdem einmal jährlich zu einer großen Party einfindet. Den »K.I.T.T.« im Miniaturformat, den David Hasselhoff 1986 von seinen ehemaligen Mitarbeitern geschenkt bekam, hat er bei Wettfahrten im Garten schon zweimal in seinem Swimming Pool versenkt. Tja, wenn das Auto nicht mitdenkt ...

DER »KOACH« UND DER »DRAG-U-LA« DER »MUNSTERS«

In den 60er Jahren kamen die US-Fernsehserien nur ganz selten mal ohne skurrile Autos aus – was einen ganz neuen Blick auf die Verrücktheiten der Hippie- und Flower-Power-Bewegung erlaubt, denn deren Angehörige hatten als Jugendliche diese Serien geschaut. Als im Herbst 1964 der Pilotfilm »The Munsters« gute Quoten erreichte und damit das Interesse der Zuschauer an einer Serie über diese ungewöhnliche Familie bekräftigte, fragte die Produktionsfirma Universal bei dem auf Umbauten spezialisierten George Barris an, ob er nicht in kurzer Zeit ein passendes Auto für die skurrilen Grufties bauen könne. Der Hinweis »kurze Zeit« war durchaus ernst zu nehmen, denn man gab Barris maximal 30 Tage Zeit. Gewünscht war ein langes, außergewöhnliches Fahrzeug. Drei Tage später akzeptierte Universal Barris' Entwürfe, und er konnte mit dem Bau beginnen. Rund um die Uhr werkelte er mit seinen Kollegen an dem Wagen und schaffte es tatsächlich, das »Koach« genannte Fahrzeug pünktlich abzuliefern. Als Basis für das 20.000 Dollar teure Auto diente ihm ein langgestreckter Hot Rod mit einer 289-Ford-

Cobra-Maschine aus einem 1966er Ford Mustang GT; der schwarze Aufbau bestand aus drei hintereinander gesetzten Ford-Modell-T-Karossen aus dem Jahr 1927. Der Motor thronte unverkleidet und für jedermann sichtbar hinter einem monstrosen Kühler, eine gewaltige Hupe verschaffte dem Fahrer Respekt, sofern das bei diesem Auto überhaupt noch nötig war. Innen sorgten blutroter Stoff und gelbe Vorhänge vor den verzierten Fenstern für ein wohnliches Ambiente. Details wie Gaslaternen, Sarggriffe an Motor und Türen, ein Acht-Spur-Tonband-System, ein Sony-Fernseher, zwei antike französische Telefone und Spinnennetze auf den Lampen gehörten einfach zum noblen Stil der in Mockingbird Heights an der Mockingbird Lane Nummer 1313 lebenden Familie Munster. Zwar hatte Herman, der ganz bewusst an das von Boris Karloff gespielte Monster in »Frankenstein« erinnern sollte, aufgrund seiner Körpergröße Probleme beim Einsteigen, aber der stets weiß geschminkte Grandpa, offenbar ein Vetter Draculas, die Vampirdame Lily, der Sohn Edward Wolfgang Munster, der gerade in der Pubertät zum Wolfsjungen steckte, und die rein äußerlich betrachtet völlig normale, blonde Marilyn, sozusagen das »schwarze Schaf« der Familie, waren hellauf begeistert, als sie mit dem Serienstart auch im »Koach« richtig Gas geben konnten. An die Maße der Karosse von knapp sechs Metern Länge und 2,13 Metern Höhe gewöhnten sich die Besitzer schnell. Allerdings nicht an die zahlreichen Macken der Maschine. »Hin und wieder mussten wir den Wagen an einem schwarzen Kabel ins Bild ziehen«, erzählte Darsteller Al Lewis später. »Ich sag's wirklich nicht gern, aber die Karre ist eigentlich nie richtig gelaufen.«

Das tat der Popularität des »Koach« freilich keinen Abbruch. Die immer größer werdenden Fanpostberge und Zuschaueranfragen veranlassten die Produzenten, den Wagen häufiger in die TV-Folgen zu integrieren und sogar Verfolgungsjagden einzubauen. Universal musste für die vielen PR-Termine noch zwei weitere Fahrzeuge in Auftrag geben. Auch ein Spielzeugmodell und Modellbausätze entstanden.

Für die zweite Staffel der Serie baute Barris ein neues Modell. Diese Kombination aus Hot Rod, Sarg und Dragster hieß »Drag-u-la« und brachte den Opa auf glatte 160 Meilen pro Stunde. Der Bau dieses Fahrzeuges wäre beinahe am fehlenden Sarg gescheitert. Barris erzählt: »Ich war in einigen Beerdigungsinstituten, denn ich wollte für diesen Wagen einen echten Sarg verwenden, aber die verkaufen einem Särge erst, wenn man tot ist. Endlich sahen wir in einem Laden einen beschädigten Sarg in einer Ecke stehen. Aber der Bestatter wollte ihn nicht verkaufen. Ich bat einen Freund, Geld in einen Umschlag zu stecken und ihn auf den Tisch zu legen, während ich mit dem Bestatter in seine hinteren Geschäftsräume ging. Meine Jungs griffen den Sarg und verschwanden damit. Es war im wahrsten Sinne des Wortes ein gespenstisches Unternehmen.« Man trennte ein Ende des Fiberglas-Sargs ab und verlängerte das ganze Behältnis um etwa 90 Zentimeter. Angetrieben von einem 350 PS starken 289-Ford-Mustang-V-8-Motor bot der 2,75 Meter lange rasende Sarg, verziert mit antiken Goldblattornamenten, nur einer Person Platz unter einer Glaskuppel. Grandpa-Darsteller Al Lewis über seine erste Fahrt: »Ich stieg ein, fuhr los und ... erschrak zu Tode. Der Wagen war unten offen ...! Die Kuppel füllte sich mit Abgas, Staub und Sand. Ich klappte die verdammte Haube auf und sagte: ›George, ich bring' dich um! Das Ding ist zwar schnell, aber ich bin fast erstickt.‹«

Der clevere Barris verkaufte seine Wagen nie, sondern vermietete sie an Universal. So verdiente er immer mit, wenn es darum ging, die ungewöhnlichen Vehikel auszustellen. Die Serie lief nur zwei Jahre, von 1964 bis 1966, aber das Interesse an »Koach« und »Drag-u-la« blieb wach, so dass man 1966 den Spielfilm »Munster, Go Home« (dt. Titel: »Gespensterparty«) nachschob. Mitte der 80er Jahre folgte dann ein zweiter Film mit dem Titel »Here Comes the Munsters«, der bei uns jedoch ebenso wenig zu sehen war wie das 1995 ausgestrahlte TV-Special »Munsters Today«. Nach Informationen von Buchautor Stephen Cox besitzt Barris noch jeweils ein Exemplar der beiden Fahrzeuge, die bei ihm in Los Angeles stehen. Ein weiterer »Drag-ul-a« ist in Toronto, je ein »Koach« in Niagara Falls und in New York ausgestellt.

DIE »KON-TIKI« VON THOR HEYERDAHL

»Ich war mir sicher, aber andere hielten mich für verrückt«, so kommentierte der Norweger die Reaktionen auf seine These, derzufolge Indianer mit Flößen aus Balsaholz über den Pazifik gefahren seien und Polynesien somit von Südamerika aus besiedelt worden sei und nicht von Asien aus. Da niemand ihm glauben wollte und angesehene Völkerkundler seine Theorien anzweifelten, stellte er ein Team zusammen, ließ nach von spanischen Konquistadoren überlieferten Darstellungen ein Floß bauen, das er nach dem Sonnengott »Kon-Tiki« benannte und stach am 28. April 1947 in See.

Als Heyerdahl seine Idee erstmals der Öffentlichkeit vortrug, waren viele sich einig darin, dass es sicherer Selbstmord sei, den stürmischen Pazifik auf einem Floß zu überqueren. Doch der damals 32-Jährige glaubte an seine Vision, zog in ein New Yorker Seemannsheim und scharte fünf Männer um sich, die ihn auf seiner Reise begleiten wollten. Heyerdahl legte Wert darauf, dass sie keine Seeleute waren, aber stark genug, um die Reise zu überstehen. Dann entwarf er sein Floß. Die Crew schlug die Balsaholzstämme am Fuße der Anden in Ecuador und flößte sie dann bis zur Flussmündung des Palenque am Stillen Ozean herunter. Heyerdahl bestand auf Balsaholz, obwohl Experten der Meinung waren, dass dieses Holz mit der Zeit porös werden, sich dann vollsaugen und das Floß zum Kentern bringen könnte. In der Stadt Calleo in Peru bauten die Männer das Floß nach überlieferten Methoden der Vor-Inka-Zeit zusammen. Die neun Stämme verbanden sie mit etwa 300 Stücken Tauwerk und errichteten auf Deck eine etwa drei mal fünf Meter große Kajüte. Als seine finanziellen Mittel zur Neige gingen, veranlasste Heyerdahl über irgendwelche diskreten Kanäle das Pentagon, eine Pressemitteilung über das Unternehmen zu veröffentlichen, worauf sich ein Verleger meldete, der ein Buch über das Abenteuer vorfinanzierte und bei Heyerdahl eine Artikelserie für eine Nachrichtenagentur bestellte. Nachdem sie die Konservenkisten mit Harz versiegelt und frische Lebensmittel an Bord verstaut hatten, waren die fünf Norweger, ein Schwede und Papagei Lorita bereit, um von Peru aus nach Polynesien zu reisen. Das Zeichen des Sonnengottes »Kon-Tiki« hatten sie auf das Segel gemalt. Bevor sie jedoch von der ecuadorianischen Marine die Erlaubnis erhielten, Anker zu lichten, musste Heyerdahl eine Erklärung unterzeichnen, die die Marine von jeglicher Verantwortung für das Floß entband.

Am Morgen des 28. April taufte die Sekretärin des Teams das Floß mit einer Kokosnuss. Die ersten Tage waren mühsam. Der raue Humboldtstrom hatte hohe Wellen aufgetürmt und die Männer wurden seekrank. Aber nach einigen Tagen lernten sie die ruhigen Seiten des Pazifik kennen. Jeden Tag nahmen sie das Floß genau unter die Lupe, um zu prüfen, ob das Balsaholz hielt. Befriedigt nahmen sie dann zur Kenntnis, dass der Saft in den frisch gefällten Stämmen offenbar ein Vollsaugen verhinderte. Das Floß sank nicht tiefer und das bis zu 26 Grad warme Wasser, das ständig über das Floß schwappte, war ja durchaus angenehm temperiert. Den Kontakt zur Basis in New York hielten sie über einen Funkamateur in Los Angeles, der die Nachrichten von der »Kon-Tiki« weiterleitete. Mit dem kleinen, nur sieben Watt starken Sender schafften sie es sogar, dem norwegischen König zum 75. Geburtstag eine Glückwunschbotschaft zu übermitteln. Die zuweilen beschaulich anmutende Überfahrt unterbrach ein dramatischer Zwischenfall, als einer der Floßfahrer ausrutschte und über Bord ging. Doch beherzte Kameraden zogen den Mann an Bord, ehe gefräßige Haie sich an ihm delektieren konnten. Ein Fregattvogel kündigte schließlich nahendes Land an. Am 7. August 1947 erreichte die »Kon Tiki« das Raroia Riff. Zwölfmal warf die gefährliche Brandung sie gegen die Felsen, ehe es gelang, das schwer beschädigte Floß zu vertäuen. Wenig später eilten schon Bewohner nahegelegener Inseln herbei und nahmen sich der Mannschaft an. Ein Frachter schleppte das Floß dann nach Papeete, der Hauptstadt von Tahiti, wo Heyerdahl und seine Männer vom Gouverneur empfangen wurden. Mit dem norwegischen Frachter »Thor 1« fuhren sie dann nach San Francisco zurück.

Zwar war es Heyerdahl gelungen, seine Theorie zu untermauern, die wissenschaftliche Anerkennung blieb ihm dennoch zunächst versagt. Und auch finanziell geriet er wieder in Schwierigkeiten, denn die enormen Liegegebühren für das Floß zehrten das ohnehin schmale Budget auf. Aber das Blatt wendete sich bald, denn der Forscher konnte die Fotos von der Expedition an das US-Magazin »Life« verkaufen. US-Präsident Truman empfing Heyerdahl und seine Crew. Der Forscher selbst präsentierte den großen Filmstudios das unterwegs gedrehte Filmmaterial, machte dann daraus eine Dokumentation und begab sich auf eine einhundert Tage dauernde Vortragstournee durch die USA.

In der Zwischenzeit war die »Kon-Tiki« dank der großzügigen Unterstützung einer norwegischen Reederei nach Oslo gebracht worden. Im Herbst 1948 erschien das Buch »Kon-Tiki Ekspedisjonen« (dt. Titel: »Kon-Tiki. Ein Floß treibt über den Pazifik«), das in über 70 Sprachen übersetzt und zum Weltbestseller mit Millionenauflagen wurde. Aus diesem Reisebericht destillierte Heyerdahl seine wissenschaftliche Aufarbeitung des Experiments. Der Hauptakteur der Fahrt, das Floß selbst, verrottete nach und nach im Trockendock von Oslo, ehe aus Spenden der Bau eines eigenen Museums in der norwegischen Stadt finanziert werden konnte. Das Interesse an dem Balsa-Floß ist nach wie vor enorm und übertrifft selbst die kühnsten Erwartungen, denn pro Jahr kommen immer noch zwischen 300.000 und 400.000 Besucher, um sich das Gefährt anzusehen. Zur Bekanntheit des Floßes wie des Forschers hat sicher auch der Film »Kon-Tiki« beigetragen, der im Januar 1950 in die Kinos kam und ein Jahr später sogar den Oscar für die beste Dokumentation gewann.

Seit 1947 hat es 13 ähnlich geartete Unternehmungen gegeben. Das damalige Crewmitglied Erik Hesselberg hat ein eigenes Buch geschrieben, Ausgrabungen in Peru und auf den Osterinseln förderten tatsächlich Darstellungen von Flößen zu Tage. Heyerdahl sah sich damit nun endgültig in seiner Theorie bestätigt, aber es gab immer noch genügend Leute, die in ihm bis zu seinem Lebensende am 18. April 2002 nur einen Spinner sahen.

DER KREMLFLIEGER

Von der Boulevardpresse verliehener Kampfname des damals 19-jährigen Piloten Matthias Rust, der 1987 mit einer → Cessna auf dem Roten Platz in Moskau landete

DIE »KURSK«

U-Boote fahren unter Wasser, um kein Aufsehen zu erregen. Nach hinten los geht diese Strategie allerdings, wenn sie infolge eines Unglücksfalles unter Wasser bleiben. Diese einfache Wahrheit hat die Kremlführung lange ignoriert und sich beim Untergang der »Kursk« selbst wie ein havariertes U-Boot verhalten. Sie ist auf Tauchstation gegangen und hat nur ab und zu Blasen von sich gegeben. Die Wahrheit kam bis heute so bruchstückhaft ans Licht wie anfangs die Überreste des Wracks, das mittlerweile aber zum größten Teil geborgen wurde.

Das Unglück ereignete sich am 12. August 2000, aber was genau geschah, ist nach wie vor nicht restlos geklärt. Die russische Marineführung informierte die Weltöffentlichkeit und das russische Volk darüber, dass das Atom-U-Boot »Kursk« mit 118 Mann Besatzung nach einer Explosion in der Barentssee gesunken war. Es galt als das modernste Schiff mit der besten Besatzung der Nordmeerflotte, und ihr Untergang kann als Symbol für den Niedergang der russischen Marine, ja der russischen Weltmacht generell, gesehen werden.

Am 10. August 2000 war die 155 Meter lange und 18.000 Tonnen schwere »Kursk« von Murmansk aus zu einem großen Manöver in die Barentssee ausgelaufen. Es war geplant, dass sie ein Übungstorpedo auf das Flaggschiff »Peter der Große« abschießen sollte. Am Samstag, dem 12. August, erschütterte etwa eineinhalb Minuten vor dem geplanten Abschuss eine Explosion das Boot, der etwa zwei Minuten später eine noch kräftigere folgte, die den Bug der »Kursk« praktisch wegsprengte. Die meisten Besatzungsmitglieder starben sofort. Nur 23 von ihnen überlebten zunächst in einer hinteren Sektion des Boots, aber auch sie hatten keine Chance und ertranken. Am frühen Sonntagmorgen machten Begleitschiffe den Havaristen aus. Von diesem Zeitpunkt an ist die Katastrophe eine Tatsache. Eine Tatsache, über die die Angehörigen und die Öffentlichkeit von der Staatsführung nur mangelhaft informiert werden, wenn man sie nicht gar dreist belügt. Da ist von Rettungsversuchen ist die Rede, von angeblichen Klopfzeichen, davon, dass man die Überlebenden mit Brenn- und Sauerstoff oder gar Lebensmitteln habe versorgen können. Die traurige Gewissheit, dass alle Männer an Bord ums Leben gekommen sind, wird lange verheimlicht. Auch über den Hergang des Unglücks werden irrelevante Nachrichten verbreitet. Von angeblichen Feindkontakten ist die Rede, davon, dass eine Kollision mit Schiffen der NATO oder einem britischen U-Boot stattgefunden habe oder dass der russische Kreuzer »Pjotr Weliki« (Peter der Große) irrtümlich eine Rakete auf die »Kursk« abgefeuert habe. Es dauert lange, skandalös lange, bis die eigentliche Ursache der Explosion bekannt gegeben wird: Ein Torpedo war bereits in der Torpedokammer detoniert und hatte – gleichsam als Initialzünder – eine wesentlich größere zweite Explosion ausgelöst. Zum Teil ist die völlig misslungene Informationspolitik der russischen Offiziellen auf den Umstand zurückzuführen, dass für diese neu entwickelten Torpedos die höchste Geheimhaltungsstufe gilt. Sie sollen außergewöhnlich schnell und treffsicher sein. Wenn allerdings die Fehlfunktion eines dieser Supertorpedos symptomatisch für die neue Waffe sein sollte, dann müssen die Russen sie mehr fürchten als jeder Gegner.

Am 21. August 2001 untersuchte der norwegische Taucher Jon Are Hvalby das Wrack. Wenig später gelang es ihm und seinem englischen Kollegen, die Rettungsschleuse des U-Bootes zu öffnen. Aber auch sie konnten nur bestätigen, was alle bereits vermuten: Die 118 Mann an Bord hatten keine Überlebenschance. Vom Bug, dem so genannten »Torpedo-Sektor 1«, sind nur noch Trümmer übrig. Vor der Bergung sägte man die Reste des Bugs ab und ließ sie in der eisigen See 108 Meter unter dem Meeresspiegel auf dem Grund liegen. Sie sollen später gehoben werden – dann allerdings ohne ausländische Hilfe. »Nichts, was wir unten am Wrack gesehen haben, spricht für einen Torpedotreffer«, gab Wally Wallace aus Aberdeen in Schottland von der norwegischen Bergungsfirma »DSND Subsea« zu Protokoll. Er arbeitete für eine der drei Spezialfirmen, die den Rumpf der »Kursk« am 8. Oktober 2001 hoben. Vertäut mit 26 Stahltrossen unter dem Pontonschiff »Giant 4« schleppte man ihn zum nördlich von Murmansk gelegenen Hafen Roslyakovo. 65 Millionen Dollar verschlang die Bergung.

Es hätte durchaus noch schlimmer kommen können, denn das U-Boot verfügte über einen Atomantrieb. Doch war bei einem Toten ein Zettel gefunden worden, auf dem stand: »Die Reaktoren sind ausgeschaltet«. Jetzt müssen nur noch die 22 Marschflugkörper und die zahlreichen anderen Raketenwaffen geborgen und die beiden Kernreaktoren demontiert werden. Keine leichte Aufgabe, wie der norwegische Vizeadmiral Einar Skorgen erklärte: »Noch niemand auf der Welt hat ein voll bewaffnetes Atom-U-Boot geborgen, das ein Jahr im Meer lag.« Grund genug, sich bei der Arbeit nicht sehr auf die Finger schauen zu lassen: Dock Nr. 50, wo die »Kursk« sich derzeit befindet, ist komplett verhüllt worden.

KUTSCHE

Das Reisefahrzeug schlechthin vor der Erfindung der Eisenbahn wird unter → »Goethes Postkutschen« behandelt.

DIE KUTSCHE DES EISERNEN GUSTAV

Eigentlich ist nicht sie es, die weltberühmt wurde, sondern der Kutscher. Aber was ist ein Kutscher schon ohne Kutsche? Ein Nichts! Und deshalb soll hier von einer Pferdedroschke die Rede sein, die 1928 in den Blickpunkt der Öffentlichkeit geriet, samt dem Mann, der sie lenkte. Er war auf den Namen Gustav Hartmann getauft worden, bekam aber vom Volksmund den Beinamen »Der eiserne Gustav«.

Gustav Hartmann war 1859 in Magdeburg zur Welt und später nach Berlin gekommen, wo er ab 1885 mit seiner Droschke Nummer 7 vor dem Bahnhof Wannsee auf Kunden wartete. Da ihm das Wetter anscheinend nichts anhaben konnte, er von 7.00 Uhr früh bis 2.00 Uhr nachts und auch bei Sturm und Regen seinen Dienst tat, erhielt der Mann bald den Beinamen »Der eiserne Gustav« und wurde zur lokalen Berühmtheit. Regelmäßig fuhr er prominente Kunden wie den Verleger Langenscheidt, den Industriellen Siemens, den Bankier Oppenheim und den Maler Max Liebermann zu ihren Villen im Stadtteil Wannsee. Doch auch ihm gruben die motorisierten Taxis langsam das Wasser ab. Hartmanns Familie machte deshalb den Vorschlag, das Pferd, einen »Grasmus« genannten Fuchswallach, der eigentlich »Erasmus« hieß, zu verkaufen und aus den Stallungen eine Autogarage zu machen. Aber »Justav« hatte anderes im Sinn. Um auf die katastrophale Situation der Droschkenkutscher aufmerksam zu machen und auch um, wie er selber später sagte, »die deutsch-französische Freundschaft zu fördern«, klemmte er sich im Alter von 69 Jahren auf den Kutschbock und verließ am 1. April 1928 Berlin Richtung Paris, wo ihn am 4. Juni auf den Champs-Élysées Tausende von Menschen begeistert empfingen. Er bekam einen Standplatz ehrenhalber an der Place de la Concorde eingeräumt, an dem er es aber nicht sehr lange aushielt, denn am 12. September 1928 zockelte er wieder in Berlin ein.

Weil Gustav ja nicht nur einfach mit der Kutsche nach Paris fahren wollte, sondern ein Anliegen hatte, begleitete die Reise eine rührige Berichterstattung, die teils von ihm selbst organisiert war, vor allem aber von der *Berliner Morgenpost* ausging. Gustav und seine Kutsche wurden weltberühmt und die Menschen jubelten ihm auf der 165 Tage dauernden Tour zu. Nach seiner Rückkehr gründete er eine nach ihm benannte Stiftung zur Unterstützung von in Not geratenen Taxifahrern und deren

Familien. 1938 starb Gustav Hartmann und wurde in Wannsee beerdigt. Seine Kutsche wanderte ins Museum. Heute erinnern ein am 19. Juni 2000 nach ihm benannter Platz in Wannsee und eine Statue in Berlin-Tiergarten an ihn. Mehrere Sachbücher und ein 1938 erschienener Roman von Hans Fallada mehrten seinen Ruhm. Der Roman diente auch als Vorlage für zwei Verfilmungen. 1958 spielte Heinz Rühmann den Gustav, sein Namensvetter Gustav Knuth tat das Gleiche in der 1978/79 entstandenen siebenteiligen Fernsehreihe.

L

DER LANCHESTER AMELIA

Wagen von Rudyard Kipling, den der englische Autor für seinen → »Duchess« genannten Rolls-Royce »Silver Ghost« in Zahlung gab.

DIE »LANDSHUT«

Am 18. Oktober 1977 um 0.38 Uhr konnten deutsche Medien erleichtert melden, dass die 86 Passagiere der deutschen Lufthansa-Maschine LH 181 »Landshut«, einer Boeing 737-230 C, wohlauf waren und das Geiseldrama beendet war. Spezialkräfte der Bundeswehreinheit GSG 9 hatten die auf dem Flughafen von Mogadischu in Somalia stehende Maschine, die sich in der Hand von arabischen Terroristen befand, im Schutz der Dunkelheit gestürmt. Die Aktion »Feuersturm«, wie sie genannt wurde, dauerte nur sieben Minuten. Ein fünf Tage dauernder Nervenkrieg und ein 9.000 Kilometer langer Irrflug waren zu Ende gegangen, in dem die Passagiere schrecklichen Drangsalierungen ausgesetzt waren und sogar der Erschießung ihres Piloten hatten zusehen müssen. Doch die Entführung der »Landshut« ist nur ein Teil eines viel größeren Dramas, das sich im Herbst 1977 abspielte, und das mit der Befreiung der entführten Maschine noch nicht zu Ende war.

Der Terror der Gruppe »Rote Armee Fraktion« (RAF) im Jahr 1977 begann mit zwei Attentaten. Am 7. April wurde der Generalbundesanwalt Siegfried Buback in Karlsruhe ermordet, am 30. Juli der Vorstandssprecher der Deutschen Bank, Jürgen Ponto. Knapp sechs Wochen später, am 5. September, entführte ein Kommando der RAF Hanns-Martin Schleyer, den Präsidenten des Bundesverbandes der deutschen Industrie und der Bundesvereinigung der Arbeitgeberverbände in Köln, wobei es dessen vier Begleiter kaltblütig ermordete, und forderte die Freilassung von elf inhaftierten Terroristen. Bundeskanzler Helmut Schmidt ging zum Schein auf Verhandlungen ein und spielte auf Zeit. Um den Druck auf die Staatsmacht zu erhöhen, entführte daraufhin am 13. Oktober 1977 eine Gruppe von Arabern im Auftrag der RAF die »Landshut«, die sich auf dem Weg von Palma de Mallorca nach Frankfurt am Main befand. Und so spielte sich die Entführung ab:

Als die Stewardess Hannelore Piegler auf lautes Stimmengewirr in der Hauptkabine aufmerksam wird und der Ursache dafür nachgehen will, wird sie zu Boden geschlagen. Zwei bewaffnete Männer rennen zum Cockpit und ziehen den Co-Piloten in den Gang, wo er von zwei Frauen mit Handgranaten bedroht wird. Danach müssen alle Passagiere Plätze im Heck der Maschine einnehmen. Die jungen und daher potenziell gefährlichen Männer unter den Passagieren werden einzeln auf Fensterplätze verbannt.

Für die 91 Menschen an Bord beginnt ein fünftägiges Martyrium. Bei der ersten Zwischenlandung in Rom lassen die Entführer die Maschine auftanken. Ihr Anführer, der sich Matyr Mahmud nennt, gibt seine Forderungen bekannt. In völliger Übereinstimmung mit den Schleyer-Entführern verlangt er die Freilassung von elf Gefangenen der RAF, außerdem noch die Übergabe zweier in der Türkei festgehaltener Palästinenser und 15 Millionen Dollar Lösegeld. Nach diesem Statement fliegt die Maschine weiter nach Larnaka, dann in Richtung Persischer Golf und, nach einem weiteren Tankstopp in Bahrein, nach Dubai. Zu diesem Zeitpunkt folgt ihr bereits die GSG-9, eine Spezialeinheit des Bundesgrenzschutzes zur Terroristenbekämpfung. Von Dubai, wo erneut getankt wird, frische Lebensmittel, Eis und Medikamente an Bord kommen, geht es in Richtung Aden weiter. Als Mahmud davon erfährt, dass eine der Stewardessen Geburtstag hat, überrascht er sie mit einer Geburtstagstorte – und damit, dass er den an ihr befestigten Plastiksprengstoff entfernt. Doch die gute Stimmung hält nicht lange an. Nur fünf Minuten später lässt er den Sprengstoff wieder anbringen, und sofort schlägt die Erleichterung der Geiseln, die bei dieser Geste sogar applaudiert hatten, in noch größere Angst um. Am 16. Oktober landet die Maschine in Aden. Mahmud schließt aus einem im Radio übertragenen Interview mit dem Verteidigungsminister von Dubai, dass der Pilot der »Landshut«, Jürgen Schumann, wichtige Hinweise über die Entführer gegeben hat, worauf er droht, ihn zu erschießen. In Aden will man der Maschine keine Landeerlaubnis erteilen und blockiert die Rollbahnen mit Panzerfahrzeugen. Da der Treibstoff aber für einen Weiterflug nicht reicht, muss Schumann das Flugzeug auf einer Sandpiste landen. Um das Fahrwerk einer Sichtkontrolle zu unterziehen, darf er die Maschine verlassen. Als er lange Zeit draußen bleibt, droht Mahmud: »Wenn er nicht wiederkommt, jage ich das Flugzeug in die Luft. Wenn er wiederkommt, werde ich ihn exekutieren.« Als Jürgen Schumann nach einer Stunde die Maschine wieder besteigt, muss er vor Mahmud niederknien und wird von ihm erschossen.

In der Nacht zum 17. Oktober startet die »Landshut« von Aden aus und kommt gegen 4.30 Uhr morgens in Somalias Hauptstadt Mogadischu an. Der Co-Pilot muss mit ansehen, wie die Leiche seines ermordeten Kollegen aufs Rollfeld geworfen wird. Das von den Entführern gestellte Ultimatum wird zunächst auf 15.00 Uhr MEZ ausgedehnt, nach weiteren zähen Verhandlungen dann bis 1.30 Uhr nachts verlängert.

Unmittelbar nach der Entführung der »Landshut« erörterte ein eilends zusammengerufener Krisenstab der Bundesregierung die Möglichkeiten, mit der Situation fertig zu werden. Hans-Jürgen Wischnewski, der das Krisenmanagement innehatte, räumte später ein, dass es auch Überlegungen gab, die Maschine mit ganz wenig Benzin auftanken zu lassen, um sie am Weiterflug zu hindern. Doch die Idee wurde verworfen. Der in Aden ermordete Kapitän Schumann leitete dem Krisenstab immer wieder verschlüsselte Botschaften zu. Als er etwa Lebensmittel bestellte, fügte er »und vier Zigarren« hinzu. Ein deutlicher Hinweis auf die Zahl der Entführer. Die Arbeiter, denen es bei einem Zwischenstopp gestattet war, die Maschine zu betreten, um sie zu säubern, waren Nachrichtenoffiziere aus den Vereinigten Arabischen Emiraten, die den Krisenstab ebenfalls mit Informationen versorgten. Die Idee, heimlich Mikrophone anzubringen um die Gespräche der Entführer zu belauschen, konnte allerdings nicht realisiert werden.

Die Verhältnisse an Bord der »Landshut« waren katastrophal. Die Temperaturen in der Kabine stiegen bis auf über 50 Grad. Ständig drückten die Entführer Fluggästen Waffen an den Kopf oder bedrohten sie mit Granaten. Dann wieder befahl der Anführer, die Passagiere mit Schnaps zu übergießen, damit sie besser brennen, wenn er sie anzündete. Dummheit, Rassismus und Aggressivität bildeten eine explosive Mischung. In Dubai beschimpfte Mahmud die Lufthansa-Angestellte Birgit Röhll als

»dreckige Jüdin«, nachdem er bei ihr einen Montblanc-Füller gefunden und das Firmenlogo, das einen schneebedeckten Berggipfel symbolisiert, für einen Davidstern gehalten hatte. Er drohte ihr die Liquidierung an und zitierte sie in die 1. Klasse, wo sie vor ihm niederknien musste. Dann ohrfeigte er sie und spuckte ihr ins Gesicht.

Schließlich erhielt der Chef der Sondereinheit GSG 9 Ulrich Wegener von der Bundesregierung den Auftrag, die Maschine zu stürmen. Unterstützt von einer Gruppe somalischer Soldaten erledigten die Männer des Einsatzkommandos am 18. Oktober 1977 gegen 0.05 Uhr, also kurz nach Mitternacht, diesen Auftrag. Drei Terroristen wurden getötet, ein Soldat wurde durch einen Halsdurchschuss verletzt. Die palästinensische Terroristin Souhaila Andrawes überlebte die Aktion verletzt. Als die RAF-Mitglieder hörten, dass ihre Aktion gescheitert war, erschossen sie Hanns-Martin Schleyer.

Die 1970 gebaute Lufthansa Maschine »Landshut« wurde nach dem Ende des Geiseldramas zunächst gründlich gecheckt und instand gesetzt. Bis Mitte der 80er Jahre war sie im Liniendienst unterwegs, ehe sie 1985 in die USA verkauft wurde und den Namen »John Adams« erhielt. Recherchen des *Spiegel* zufolge wurde sie von der Leasing-Gesellschaft Asco in den USA und in den 90er Jahren auch wieder in Europa eingesetzt. Dann flog sie mit französischer Zulassung für die Aéropostale, bevor sie 1995 in den Fernen Osten verkauft wurde. Seitdem wird sie im Auftrag der malaysischen Gesellschaft Transmile Air Service für Kurierdienste eingesetzt.

DER LASTER AUS STEVEN SPIELBERGS FILM »DUELL«

Der Handelsreisende David Mann fährt in seinem roten Plymouth Valiant vorsichtig eine amerikanische Landstraße entlang und wird ganz plötzlich von einem Truck, einem riesigen Tanklastwagen, attackiert. Wer den Truck fährt, wie der Fahrer aussieht und warum er den armen Kerl niedermachen will, das erfahren die Zuschauer nicht. Steven Spielberg führte 1971 die Regie in diesem für das Fernsehen konzipierten Spielfilm, der bei uns 1973 in die Kinos kam und erst 1983 in einer 17 Minuten längeren Fassung auch in die US-Kinos. Spielbergs dialogarmer Film ist eine exzellente Studie über die Möglichkeiten, mit den eigentlichen Mitteln des Kinos eine Bedrohung spürbar werden zu lassen. Das Drohpotenzial, das von dem schmutzig-dunklen Truck ausgeht, wird durch zahlreiche Bildelemente und Zeichen noch verstärkt. »Flammable«, also »entflammbar«, steht auf dem Heck des Tanklastwagens. So nah kommt der Truck dem Pkw zuweilen, dass der Eindruck entsteht, die Scheinwerfer seien Augen und der Kühlergrill ein gefletschtes Gebiss (tatsächlich hatte die vordere Stoßstange sogar 17 Einkerbungen). Aber am Ende hängt der Handelsvertreter doch sehr an seinem Leben. Er entwickelt eine gewisse tückische Raffinesse und lockt den Truck in den Abgrund. Da liegt er dann wie ein hilfloses Tier auf dem Rücken und erinnert an einen sterbenden Riesenkäfer.

Als Vorlage für das Drehbuch diente eine Kurzgeschichte des Science Fiction-Autors Richard Matheson, die im amerikanischen *Playboy* erschienen war. Nona Tyson, Spielbergs Sekretärin, hatte sie gelesen und dem Regisseur bei Gelegenheit in die Hand gedrückt. Spielberg war sofort fasziniert und entsann sich früherer Ängste, wenn er als 16-Jähriger in einem 57er Plymouth Cabrio seines Onkels, das aber nicht schneller als etwa 70 km/h fahren konnte, über die Highways schlich. Er ließ sich in den Universal-Studios eine ganze Reihe von Trucks zeigen und entschied sich schließlich für ein Fahrzeug mit einer markanten Motorhaube. Den Truck fuhr übrigens während der nur 16 Tage dauernden Dreharbeiten im Soledad Canyon in Kalifornien der Stuntman Carey Loftin, der schon bei der Verfolgungsjagd in »Bullitt« mit dem → Ford Mustang dabei war. »Der Lastwagen sollte das personifizierte Böse sein«, so begründete Spielberg, warum er den Fahrer des Trucks nie zeigt. Der Stuntman entging übrigens in der Schluss-Szene, bei der der Laster die Schlucht hinunter stürzt, nur knapp einem folgenschweren Unfall. Loftin schaffte es erst im allerletzten Moment, aus dem Führerhaus zu springen. Außerdem wäre er dabei beinahe durch das Kamerabild gesegelt und selbst in den Abgrund gefallen. Dann wäre die finale Szene futsch gewesen, der Truck ebenso und auch der Mann, der ihn fuhr. Aber alles ging gut und das niedrige Budget, das zwischen 375.000 und 450.000 Dollar lag, konnte eingehalten werden.

Der US-Fernsehsender ABC strahlte den Film »Duell« am 13. November 1971 erstmals aus. Mit einiger Verzögerung kam er in die europäischen Kinos, zwölf Jahre später konnten sich auch Amerikaner an einer längeren Fassung erfreuen. Auch an einer zuvor dem Schnitt zum Opfer gefallenen Szene, in der der Truck an einem Bahnübergang versucht, den Plymouth auf die Gleise in einen vorbeirasenden Zug zu schieben. Dass es sich lohnte, den Film noch so lange Zeit nach seiner Entstehung in die Kinos zu bringen, beweist nicht nur seine Klasse, sondern zeigt auch, dass er über klassische – sprich: zeitlose – Qualitäten verfügt. Mit einem solchen Film macht man sich einen Namen.

Wie tief die Bilder vom ungleichen Kampf zwischen PKW und Lastwagen sich eingeprägt haben, wird deutlich, wenn noch im Jahr 2002 der Autohersteller Audi in einem Spot für allradgetriebene Fahrzeuge die Szenerie reproduziert. Da rückt der Laster scheinbar näher und näher an den Audi heran – bis die letzte Einstellung enthüllt, dass der Truck den Pkw nicht verfolgt, sondern von ihm abgeschleppt wird.

DER »LESLIE SPECIAL« AUS »DAS GROSSE RENNEN RUND UM DIE WELT«

In der Anfangszeit des Automobilbaus veranstalteten Hersteller und Zeitungen gerne Langstreckenrennen, bei denen gut betuchte Fahrer die Zuverlässigkeit ihrer Fahrzeuge demonstrierten. So gab es 1907 ein legendäres Autorennen, das von Peking nach Paris führte. Doch »nur« auf dem Landweg zu fahren, war den Autoverrückten der damaligen Zeit nicht genug, und so dachte man sich eine neue Herausforderung aus, die schließlich 170 Tage dauerte und vom 12. Februar bis zum 30. Juli 1908 von New York nach Paris führte, und zwar über die Bering-Straße im Norden Amerikas und über Moskau. Das waren immerhin 35.000 Kilometer.

Der Filmregisseur Blake Edwards nahm ein paar Jahrzehnte später diese Idee wieder auf und arbeitete vier Jahre an Drehbuch, Vorbereitung und Finanzierung, bis ihm die Firma Warner Brothers schließlich 1964 die damals unglaubliche Summe von zwölf Millionen Dollar für seinen Film zu Verfügung stellte. Edwards hatte »eine Hommage an Laurel und Hardy« im Sinn und konzentrierte sich vor allem auf den Konkurrenzkampf zweier Teams und ihrer Autos: den »Leslie Special« mit dem großen Leslie am Steuer, der von Tony Curtis gespielt wurde, und den → »Hannibal 8«, chauffiert von dem fiesen Widersacher Professor Fate alias Jack Lemmon.

Im Film ist es die Webber Motor Company, die Leslie mit einem eigens angefertigten Wagen ausrüstet und damit beweisen möchte, dass die amerikanischen Automobile allen anderen überlegen sind. Die Studios von Warner Brothers setzten auf die Basis eines Ford Truck mit einem Ford-260-V8-Motor mit Automatikgetriebe eine elegante, weiße Karosserie aus gehärtetem Kunststoff. Nur die Schutzbleche und die Kotflügel waren aus Metall, um für etwas Steifigkeit zu sorgen und den Akteuren auch die Möglichkeit zu bieten, lässig darauf zu posieren. Rote Vinylpolster und rote Speichenräder, die pro Stück angeblich etwa 500 Dollar gekostet haben sollen, setzten farbliche Akzente. Zwischen 100.000 und 110.000 Dollar kosteten die insgesamt sieben Autos (drei Leslies und vier Hannibals), und diese Summe schloss eine Reihe von Ersatzteilen mit ein, damit man nicht während der Dreharbeiten auf unlösbare Probleme stieß. Die Summe belastete allerdings nicht den Etat des Films, sondern wurde durch einen Product-Placement-Vertrag mit dem Reifenhersteller Firestone aufgebracht, dessen Namenszug deutlich sichtbar ständig ins Bild kam.

Zwei von den drei Leslies waren voll funktionsfähig. Den dritten hatte man extrem leicht gebaut, damit man ihn gut herumschieben konnte. Beim Karosserieentwurf orientierten die Designer sich an dem Thomas-Flyer-Wagen, der das Rennen 1908 gewonnen hatte, integrierten aber auch Elemente eines Rolls-Royce-Kühlergrills oder ließen sich von der eleganten Linie eines Mercedes SSK inspirieren. So entstand eine Art »ideeller Gesamtoldtimer« mit überdimensional großen Lampen und einer schön geschwungener Hupe, mit einer außen verlaufenden Auspuffanlage und Lederriemen, die die Haube verschlossen. Dafür verzichtete man auf eine Instrumententafel, so dass der Fahrer nur hinter dem großen Holzlenkrad, Leihgabe eines Ford T-Modells, thronte und nichts seinen Blick ablenkte. Der Ford-Motor war gut für eine Höchstgeschwindigkeit von etwa 160 km/h – doch traute sich niemand, das wirklich auszuprobieren.

Nach Ende der Dreharbeiten, die alle Autos gut überstanden, verschwand einer der »Leslies« in Europa, einer wurde 1990 bei einer Auktion verkauft und steht in einer Privatsammlung im US-Bundesstaat Indiana, in der sich auch einer der → Tucker aus dem gleichnamigen Film befindet. Er war noch einmal in dem Western »Die Letzten vom Red River« zu sehen. Auch der dritte Wagen ist verschollen und wartet vielleicht irgendwo auf seine Entdeckung durch findige Spürnasen.

DER LEUKOPLASTBOMBER LLOYD LP 300

»Wer den Tod nicht scheut, fährt Lloyd«, reimte Volkes Stimme Anfang der 50er Jahre, oder auch: »Wer seinen Lloyd liebt, der schiebt«. Wie immer, wenn der Volksmund sich eines Gegenstandes mit so viel Witz und Häme annimmt, ist Liebe mit im Spiel. So war es auch bei jenem viersitzigen Kleinstauto, das der Bremer Konstrukteur Carl F. W. Borgward 1950 präsentierte, zu dessen Borgward-Gruppe auch die Lloyd Maschinenfabrik GmbH in Bremen gehörte.

Der Lloyd wurde zum sensationell niedrigen Preis von 2.800 DM angeboten und war damit ein echter »Volkswagen«, erschwinglich für viele, die endlich – das Wirtschaftswunder deutete sich schon an – vom Zweirad auf ein vierrädriges Gefährt umsteigen wollten. Mit einem Zweizylinder Zweitaktmotor mit 293 ccm Hubraum und 10 PS machte der »Lloyd LP 300«, so die genaue Bezeichnung, immerhin 75 Sachen. Er verfügte über eine 3-Gang-Lenkradschaltung und verbrauchte 5,5 Liter Gemisch auf 100 Kilometer. Die mäßig wirksame mechanische Seilzugbremse der ersten Exemplare ersetzte man später durch eine hydraulische Trommelbremse. Seine Karosserie bestand aus einem Sperrholzgerüst, das mit Kunstleder überzogen war. Darauf bezieht sich auch eine Erklärung für den Kosenamen »Leukoplastbomber«: Man konnte kleine Risse oder Löcher mit Heftpflaster, eben Leukoplast, einfach zukleben.

Das Auto für die kleinen Leute kam so gut an, dass 1953 mit dem LP 400 ein wesentlich verbesserter Nachfolger auf den Markt kam. Immerhin 18.087 Autos entstanden bis 1954. Nach und nach fertigte man immer mehr Karosserieteile aus Blech, bis schließlich 1957 der Lloyd Alexander mit Viertaktmotor und Ganzstahlkarosse schon ein richtiges Auto war.

DIE »LIEMBA«

Deutsches Kanonenboot, das als »Louisa« Eingang in den Roman und Film → »African Queen« fand.

DAS »LINCOLN FUTURA CONCEPT CAR«

Der 1955 entstandene Wagen diente als Basis für das → »Batmobile« aus der TV-Serie »Batman«, die ab 1966 zu sehen war.

»LINIE 1« – DAS MUSICAL

»Fahr mal wieder U-Bahn – Linie 1.
Tu Dir mal was Gutes an.
Fahr mal wieder U-Bahn – Linie 1.
Schau Dir mal die Menschen an.«

Diese überaus erhellenden Zeilen sind dem Lied über die Linie 1 aus dem gleichnamigen Musical entnommen, das Volker Ludwig, der Gründer und Leiter des Berliner Grips-Theaters, im Jahr 1985 getextet hat.

Dass genau diese und keine andere U-Bahn-Linie zum Bühnen- und Filmstar wurde, verweist auf ein paar Besonderheiten, die nur die Linie 1 vorzuweisen hatte: Sie verband den Bahnhof Ruhleben im äußersten Westen West-Berlins mit dem Bahnhof Schlesisches Tor hart an der Mauer. (Heute ist die Streckenführung eine andere.) Im Volksmund nannte man sie auch »Orient-Express«, weil sie die Menschen aus dem vorzugsweise von Türken und Punks bewohnten multikulturellen Stadtteil Kreuzberg im Osten Berlins in die Innenstadt brachte. Und natürlich auch wieder zurück.

Auf einer solchen Strecke gibt sich viel buntes Volk ein Stelldichein. Und es passiert eine Menge. Stoff genug für das dreieinhalb Stunden dauernde Musical, das Ende April 1986 auf der kleinen Berliner Bühne des Grips-Theaters von elf Personen in über 80 Rollen uraufgeführt wurde. Es war der Beginn einer Erfolgsstory. Das Stück ging auf Tournee und machte in Wien, Paris, London und Dublin Station. Seine Songs erzählen die Geschichte des aus der Provinz kommenden Mädchens Sunnie, das in die Großstadt Berlin reist und eines Morgens verwirrt am Bahnhof Zoo steht. Sie sucht den Rockstar Johnnie, der ihr aber eine falsche Adresse gegeben hat. Während ihrer Suche begegnet sie auf der Linie 1 Pennern, Nachtschwärmern und Punks, Sängern, »Wilmersdorfer Witwen« und anderen typischen Großstadtexistenzen. »Inhaltlich wie formal entstand ein Panorama von Großstadtgeschichten, aneinandergereiht wie die Stationen einer U-Bahn-Linie«, erläutert Komponist Birger Heymann die Struktur des Musicals. »Jede Station – also jedes Lied – erzählt eine andere Geschichte.«

1988 verarbeitete der Regisseur Reinhard Hauff mit neun der elf Theaterakteure und 55 weiteren Schauspielern und Tänzern sowie der Hilfe des Autors und des Komponisten die Vorlage zu einem 96 Minuten dauernden Film. Er drehte in einer Studiolandschaft, in einer »irritierend detailgenauen Illusion von Berliner U-Bahnen und U-Bahnhöfen«, wie Hauff das ausdrückte. Einige Songs und Charaktere fielen den notwendigen Kürzungen zum Opfer. Aber das Lied »Gegenüber«, von Ludwig getextet, ist geblieben:

»Du sitzt mir gegenüber
Und schaust an mir vorbei.
Ich seh dich jeden Morgen
Und manchmal auch um drei
Du bist'n Stückchen U-Bahn
Du bist mir scheißegal
Und bleibst du einmal weg,
Ich glaub, ich merk's nicht mal.«

»LITTLE BASTARD«

Kosename, den → James Dean seinem Porsche Spyder gab, mit dem er am 30. September 1955 auf dem amerikanischen Highway 466 auf dem Weg zu einem Rennen in Salinas tödlich verunglückte.

»LITTLE NELLIE« – DER EIN-MANN-HUBSCHRAUBER AUS »MAN LEBT NUR ZWEIMAL«

Als »fliegenden Rasenmäher« charakterisierte der Erfinder und Pilot seine Flugmaschine, und wer »Little Nellie« selbst mal erlebt und gehört hat, weiß, wie recht er damit hat. 1967 war das Ding eine technische Sensation und einer der Stars des fünften James-Bond-Films »Man lebt nur zweimal«. 8,5 Millionen Dollar, nach damaligem Kurs knapp 34 Millionen Mark, betrug das Budget des Agentenfilms, der sich in dieser Kinosaison die absolute Vorherrschaft an der Kasse erkämpfte. Zu seinen technischen Highlights gehörten neben dem Mini-Hubschrauber auch die ersten beiden Prototypen eines → Toyota Sportwagen Cabriolets.

Der »Autogyro WA-116«, so die korrekte Bezeichnung für die Wunderwaffe von 007, wurde konstruiert und geflogen von dem ehemaligen Geschwaderkommodore und Oberst a.D. der britischen Luftwaffe, Kenneth Wallis. Ursprünglich für die britische Armee auf dem Versuchsgelände im englischen Boscombe Down entwickelt, hatte das Gerät immerhin 85 Einsätze für Sean Connery zu absolvieren und war insgesamt 46 Stunden in der Luft, wovon aber nur etwa fünf Minuten im Film gezeigt werden. Da einem Bond mit Standardanfertigungen nicht gedient war, rüstete man das kleine Stück kräftig auf. Es verfügte über zwei MGs, die Brand- und Sprenggeschosse abfeuern konnten, Raketen mit Wärmeleitsteuerung, nach hinten gerichteten Flammenwerfern und einen Nebelwerfer. Außerdem an Bord: winzige Luftminen, ein Funkgerät und ein Helm mit eingebauter Kamera. Die Maschine wog 120 Kilo, erreichte dank 72-PS-Motor eine Geschwindigkeit von 210 km/h, verbrauchte 16 Liter Treibstoff pro Stunde, schaffte eine Geheimdienst-Gipfelhöhe von etwa 5.000 Metern und kostete rund 20.000 Mark. Als der Film gedreht wurde, gab es davon auf der ganzen Welt nur die 14 in Cambridge gebauten Exemplare, die allesamt keinen besonders Vertrauen erweckenden Eindruck auf die Filmcrew machten. Kein Wunder, dass Connery schärfste Bedenken kamen, und Wallis erinnert sich noch gut an seinen Kommentar, als der die Maschine das erste Mal sah: »Ein Glück, dass ich da nicht einsteigen muss!« Als der Autogyro in Japan erstmals abhob, bejubelten 6.000 japanische Zaungäste das seltene Ereignis. Im Film sieht man, wie das gute Stück in vier Koffern angeliefert wird, doch den Traghubschrauber so zu verpacken war technisch unmöglich. Connery war bei den Flugaufnahmen leicht von Wallis zu doubeln: Der Helm verdeckte ohnehin das Gesicht und so reichte es, wenn Wallis die gleiche Kleidung wie Bond trug. Die er übrigens, wie auch die vier Koffer der angeblichen Verpackung, noch heute besitzt. Bei seinen Flügen kam der Pensionär allerdings gehörig ins Zittern, wenn auch nicht vor Angst: »Ich musste in Hemdsärmeln fliegen, denn so flog Bond – im Studio. In 2000 m Höhe ist das aber entsetzlich kalt.« Für die Studioszenen mit

Connery montierte man die Maschine auf ein bewegliches Podest. Nachdem er vertragsgemäß sein Pensum an PR-Auftritten absolviert hatte, gab Wallis auf Flugschauen Demonstrationen seines Könnens. Auch in ein paar anderen Filmen schrappt er mit seinem Gerät durchs Bild. Heute ist auch »Little Nellie« im Ruhestand. Sie steht in Wallis' Garage in England – eine Replika hängt im Londoner »Planet Hollywood«.

DER LLOYD LP 300

Der deutsche Kleinstwagen ging als so genannter → Leukoplastbomber in die Automobilgeschichte ein.

DER LOTUS ELAN VON EMMA PEEL: »MIT SCHIRM, CHARME UND MELONE«

Die Serie »The Avengers«, die in Deutschland später den Titel »Mit Schirm, Charme und Melone« tragen sollte, gab es bereits seit 1961. Doch erst als 1965 Diana Rigg die Rolle der Emma Peel von Honor Blackman übernahm, war ihr weltweit Erfolg beschieden. Mit Diana Rigg änderte sich einiges. War die Vorgängerin noch auf einer Halblitermaschine vom Typ Triumph Twin unterwegs, spendierte ihr der Drehbuchautor, Produzent und Autofan Brian Clemens nun für die nächsten 43 Folgen der auf insgesamt 161 Fortsetzungen angelegten Serie ein sportliches vierrädriges Fahrzeug, das eher ihrem Charakter und der Rolle entsprach. Das weiße Lotus Elan S2 Cabriolet mit schwarzem Verdeck und dem Kennzeichen HNK 999 C war in neun Folgen zu sehen und fiel der Umstellung auf Farbmaterial zum Opfer. In den nächsten 19 in Farbe gedrehten Folgen chauffierte Emma Peel dann einen Lotus Elan S4 Special Equipment in blaumetallic (powder blue) mit dem Kennzeichen SJH 499 D. Die Kunststoff-Flunder war das automobile Gegenteil zu John Steeds → Bentley. Man hatte Emma Peel damit ausgestattet, um »ihre Unabhängigkeit zu verdeutlichen«, wie Clemens erklärte. »Der Elan war perfekt, und wir fragten auch gar nicht im Werk nach, sondern sie kamen zu uns.« Eine clevere Entscheidung von Lotus-Chef Colin Chapman, der später einräumte, dass der Auftritt in der Serie den Wagen und die

Marke weltbekannt gemacht und vor allem viele Kunden in den USA zum Kauf animiert habe. Sie bekamen einen für damalige Verhältnisse wirklich flotten Flitzer, der aus einem Hubraum von 1600 ccm 105 PS mobilisierte, die den 985 Kilogramm leichten Wagen in 9,1 Sekunden auf 100 km/h beschleunigten und für eine Höchstgeschwindigkeit von 185 km/h gut waren.

Als Diana Rigg die Rolle übernahm, konnte sie noch kein Auto fahren. Das musste ihr erst in einem Schnellkurs beigebracht werden. Sie mochte den Elan aber sehr. Probleme bereiteten ihr und der Filmcrew aber immer mal wieder die unvermittelt aufklappenden Scheinwerfer, die wie von Geisterhand gesteuert plötzlich zusammen oder einzeln anfingen zu zwinkern. Als Diana Rigg 1967 den Dienst quittierte, rückte Linda Thorson als Tara King an ihre Stelle. Sie blieb der Marke Lotus treu, allerdings fuhr sie einen hellgelben Wagen vom Typ Europa. Linda Thorson, die fünf Mal durch die Fahrprüfung rasselte, fuhr nie selbst, immer musste ein Double für sie einspringen. Der allererste, weiße Lotus Elan verschwand in Sammlerhand und tauchte erst in den 90er Jahren wieder auf – als Ausstellungsstück im Cars of the Stars Museum in Nordengland. Das blaue Exemplar von Diana Rigg sucht der Museumsleiter bis heute vergeblich.

DIE LONDON TAXIS

»Wenn man sich verirrt hatte, so wusste Kipps, brauchte man, wo immer man gerade war, zu einem Droschkenkutscher nur ›Hi!‹ zu sagen und dann ›Royal Grand Hotel‹. Tag und Nacht bringen diese verlässlichen Gefährte den umherirrenden Londoner an seinen Ausgangspunkt zurück; ohne sie wäre die gesamte Bevölkerung für immer hoffnungslos verloren – so gewaltig und unbegreiflich ist die verwirrende Vielfalt dieser großen Stadt.« Mit diesen Worten beschrieb der Autor der → »Zeitmaschine«, H.G. Wells, 1905 in seinem Buch »Kipps« die Londoner Taxis.

Rund 22.000 zugelassene Fahrer (Stand: Ende 1999) steuern etwa 18.000 Taxis durch die englische Metropole – darunter zunehmend mehr bordeauxrote Wagen und zuweilen auch ein paar cremefarbene Modelle. Das Straßenbild bestimmen jedoch weiterhin die typischen schwarzen Wagen, auch »Black Cabs« genannt, die die Firma Austin produzierte.

Sie waren allerdings nicht die ersten Fahrzeuge, die Fahrgäste durch London transportierten. Das waren Kutschen. 1620 besaß ein gewisser Captain Bailey vier Pferdekutschen, die er mitsamt dem Kutscher vermietete. Diesen so genannten »Hackney«-Kutschen folgten ab August 1897 motorisierte Fahrzeuge, die die Londoner »Electrical Cab Company« von dem Konstrukteur Walter C. Bersey erwarb. Sie wurden von Elektromotoren mit einer Leistung von 3,5 PS angetrieben. Die rund 14,5 km/h schnellen Elektrokutschen hießen im Volksmund bald Bersey-Cabs, hielten sich aufgrund der rapide zunehmenden Motorisierung aber nicht lange und wurden kurz nach der Jahrhundertwende von Fahrzeugen abgelöst, die mit einem Ottomotor betrieben wurden. Zu dem französischen Prunel gesellten sich bald Vauxhall- und Ford-Autos, die sich gegenseitig die Vorherrschaft auf dem Markt streitig machten. Nach Informationen von Historikern waren von 1905 – 1914 rund 45 verschiedene Marken im Einsatz. Während dieser Zeit, etwa ab 1907, tauchte auch der Begriff »Taxi« das erste Mal auf, da nun einige der Londoner Cabs (vom französischen Begriff »Cabriolet de Place«) erstmals mit dem in Deutschland erfundenen Taxameter ausgerüstet wurden.

Nach dem 1. Weltkrieg kamen wieder neue Marken auf, die sich bisher noch gar nicht in dem Geschäft der Personenbeförderung getummelt hatten. Der schottische Hersteller William Beardmore and Company Ltd. konkurrierte mit italienischen Fiat- und französischen Citroën-Autos, und die »London General Cab Company« brachte mit einem in Brixton hergestellten Wagen, der auf einem Citroën basierte, ein Vehikel auf den Markt, das erstmals über eine Trennscheibe zwischen Fahrer und Passagier verfügte. Auch eine Gegensprechanlage gehörte zum Lieferumfang. Ende der 20er Jahre war der »Hyper« das erste Londoner Taxi, das eine Bremse erhielt, die auf alle vier Räder zugriff. Bis dahin waren leistungsfähige Bremsen verpönt, weil man befürchtete, dass sie zu unangemessenem Rasen verführten.

Im 2. Weltkrieg wurden viele Taxis mit Leitern und Wasserschläuchen ausgerüstet und so zu Löschfahrzeugen umfunktioniert. Die circa 6.700 Taxis wurden durch die ständigen deutschen Bombardements erheblich dezimiert. Rund 2.000 Lösch-Cabs überlebten den Einsatz, etwa 100 auch den Militärdienst.

Nach dem Krieg konkurrierten wiederum mehrere Marken um die

Vorherrschaft im Transportgewerbe. Neben dem bekannten Beardmore waren dies Austin und Wolseley, aber ab Juni 1948 setzte sich der Austin FX 3 durch. Über 7.000 Autos wurden gebaut, und einige davon gingen auch in den Export, ehe zehn Jahre später der Nachfolger FX 4 erschien. Dieser mit einem 2,2-Liter-Austin-Dieselmotor ausgestattete Wagen wurde neben den roten Telefonzellen, den gleichfarbigen Doppeldeckerbussen und der → Metro zu einem Markenzeichen, das sich äußerlich bis 1997 nicht veränderte. Zwar wechselten die Maschinen (sie kamen von Austin, Rover oder Nissan), aber äußerlich blieb der FX 4 sich über lange Zeit treu.

Die Einzigartigkeit dieses Wagens bestand in der Kastenbauweise. Sämtliche Karosserieteile sind mit dem Chassis verschraubt, können bei Bedarf leicht entfernt werden und bieten so schnellen Zugang zu Motor und Getriebe. Alle Modelle boten im Fonds genügend Platz für fünf Personen, da neben der Dreierbank auch noch zwei klappbare Notsitze nutzbar waren. Auf den eingeschränkten Fahrkomfort reagierte der Hersteller bei späteren Modellen (mit der Typenbezeichnung »Fairway«) mit Lenkhilfen, neuen Hinterachsen und besseren Bremsen. Auch elektrische Fensterheber und eine Zentralverriegelung gehörten zum Lieferumfang. Vor allem die extreme Zuverlässigkeit der Fahrzeuge führte dazu, dass die Unternehmer immer wieder problemlos die jährliche Tauglichkeitsprüfung überstanden und viele Fahrzeuge immer noch im Stadtbild zu sehen sind. Erst neue europäische Richtlinien sorgten dafür, dass sich die Autobauer in Coventry vom FX 4 verabschieden mussten. 1998 brachte der Hersteller LT1 Carbodies eine neue Generation von Taxis mit der Bezeichnung TX 1 und einem 2,6-Liter-Dieselmotor von Rover auf den Markt, der nun über 60 KW Leistung verfügt. Bei dieser Gelegenheit wurde der Wagen erstmals äußerlich modifiziert, wenn auch nur behutsam. Nun konnten bis zu sechs Passagiere transportiert werden. Das Armaturenbrett wurde modernisiert, ein Kindersitz integriert und die Türgriffe verbessert. Leseleuchten bringen Licht ins Dunkel, eine Gegensprechanlage sorgt für Kommunikation und die (herausnehmbare) Trennscheibe für Ruhe und Sicherheit. Außerdem bietet eine in den Fahrzeugboden integrierte Rampe die Möglichkeit, auch Rollstuhlfahrer oder Kinderwagen mitzunehmen.

85.000 Taxis der verschiedenen FX-Varianten wurden von 1948 bis 1997 verkauft. Inzwischen sind es über 100.000 Autos – und das, obwohl die jüngsten Fahrzeuge neu ca. € 40.000.- kosten, also definitiv nicht besonders preiswert sind.

Dafür verfügt auch die aktuelle Ausgabe des Londoner Taxis über etwas, das H.G. Wells schon 1905 beschrieb: Verlässlichkeit bei Tag und Nacht, damit der umherirrende Gast nicht verloren geht. Das beweist auch die Rekordfahrt von China nach London, die der englische Taxifahrer Tony im Herbst 2002 in einem TX 1 absolvierte. Er sammelte seine beiden chinesischen Fahrgäste in Peking ein und setzte sie 13 Wochen und 16.000 Kilometer später unbeschadet am Londoner Trafalgar Square ab. Ein Mechaniker und ein Ersatzwagen waren mit dabei. Benötigt wurden sie nicht.

DER LOTUS ESPRIT, DER TAUCHFÄHIGE WAGEN AUS »DER SPION, DER MICH LIEBTE«

Ende 1975 erblickte auf der Earls Court Motor Show in London der neueste Entwurf aus dem Hause Lotus das Licht der Öffentlichkeit – der von dem Italiener Giorgio Giugiaro gezeichnete Esprit. Von diesem kantigen Prachtstück zeigte sich nicht nur die Fachwelt beeindruckt, auch Produzent Broccoli war es, als er direkt vor den Londoner Pinewood Studios über ein Vorserienmodell stolperte. Don McLauchlan, PR-Mann von Lotus, hatte schnell reagiert, als er hörte, dass die Vorbereitungen für ein neues 007-Abenteuer angelaufen waren. Und schnelle Fahrzeuge aus englischer Produktion hatten Bond ja immer gut zu Gesicht gestanden. Außerdem war der Publicity-Effekt nicht zu unterschätzen, wie McLauchlan aus sicherer Quelle wusste: »Wenn man die ganze Sache mal zusammenrechnet, so hat uns die Mitarbeit an dem Film etwa 14.000 Pfund (etwa 56.000 Mark) gekostet, und das entsprach damals etwa einer farbigen Anzeigenseite in der *Sunday Times.*«

Das Drehbuch sah eine aufwändige Verfolgungsjagd vor, bei der sich der Wagen in ein U-Boot verwandelt. Diese Idee stand in einem Drehbuchentwurf des New Yorker Comic-Autors Cary Bates, der das Auto nach der berühmten Schwimmerin »Esther Williams« taufte. Broccoli verwarf das Drehbuch, ließ das Schwimmauto aber bauen. Der deutschstämmige Produktionsdesigner Ken Adam und der Trickexperte Derek Meddings machten sich in Zusammenarbeit mit Lotus an die Verwirklichung des intern »Wet Nellie« genannten Projektes. (Der Name war eine Anspielung auf den waffenstrotzenden Ein-Mann-Hubschrauber in »Man lebt nur zweimal«.) Lotus lieferte zwei komplette Serienfahrzeuge. Die einzige Sonderausstattung bestand aus einem zusätzlich angeschweißten Blech, das Fahrwerk und Ölwanne schützen sollte. Denn die Fahrsequenzen sollten auf den rauen Straßen Sardiniens an der Costa Smeralda gedreht werden. Zusätzlich lieferte Lotus sechs weitere Karosserien an, die dann später für die jeweiligen Effekte präpariert wurden.

Dann entsandte Lotus seinen PR-Chef McLauchlan und den Chef der Testfahrer Roger Becker, der Roger Moore in den gefährlichen Szenen doubelte, nach Sardinien. Auf den kurvenreichen Sträßchen nahe San Pataleo drehte das zweite Aufnahmeteam dann die Verfolgungsjagd. Der Lotus, der von einem schwarzen Ford Taunus verfolgt wird, sollte dabei aus vier Düsen hinter dem Nummernschild Zement blasen, um dem Verfolger die Sicht zu nehmen. Bei dem Zement handelte es sich um grauen Hafermehlbrei, den ein entsprechend ausgerüsteter Lkw verteilte. Der Taunus flog, unsichtbar für den Zuschauer an einem Kran befestigt, die Böschung hinunter und landete direkt im Dach eines Hauses. Eine eigens dafür installierte Metallrutsche sorgte für den gewünschten Schlidder-Effekt. Da verschiedene Straßen gesperrt werden mussten, um die Aufnahmen reibungslos und möglichst unkompliziert in den Kasten zu bekommen, organisierte die Filmcrew einen Transportservice für die Ortsansässigen und Urlauber, die sich gerade in der Gegend aufhielten. So kamen alle zum Strand – und mancher sogar zu einer Statistenrolle.

Die Verwandlung des Lotus in ein U-Boot war nicht so einfach zu bewerkstelligen. Da das vom Drehbuch vorgesehene, universell einsetzbare Fahrzeug nicht zu bekommen war, verteilte man die verschiedenen Funktionen auf mehrere Fahrzeuge. Ken Adam koordinierte die Arbeiten und beauftragte zunächst das in Florida beheimatete Unternehmen Perry Submarines, ein Fahrzeug abzudichten. Außerdem fertigte man wasserdichte Modelle im Maßstab 1:4, um die einzelnen Phasen des Tauchvorgangs zu filmen. Für die komplette Sequenz, in der Bond mit dem Lotus ins Wasser rast, der Wagen sich in ein U-Boot verwandelt und dann schließlich als Auto wieder an einem Strand auftaucht, als wäre das völlig normal, waren letztlich eine ganze Menge Autos und Equipment nötig. Aber am besten gehen wir die Szenen der Reihe nach durch:

1. Damit der Lotus vom Pier in hohem Bogen ins Wasser rast, brachte

man das von Stahlseilen geführte Fahrzeug samt Dummy-Insassen mittels einer Kompressor-Rakete auf eine Geschwindigkeit von 70 km/h.

2. Die wundersame Verwandlung zum U-Boot vollzog ein 1,20 Meter großes Modell. Die Räder klappen nach innen, Flossen und Periskop fahren heraus. Diese Aufnahmen entstanden auf den Bahamas.

3. Der über dem U-Boot-Lotus kreisende Hubschrauber war ein ferngesteuertes Modell. Nur in der Einstellung, die den Hubschrauber auf dem Monitor des Autos zeigt, hing ein echter Hubschrauber an einem Kran am Pier in Sardinien. Aus dem wasserdichten Auto in Originalgröße kam die Rakete, die das etwa 1,50 Meter große Modell des Helikopters explodieren ließ. Auch die Unterwasserfahrten wurden mit dem wasserdichten Wagen in Originalgröße gedreht. Ein darin versteckter Taucher bediente die vier batteriegetriebenen Motoren, die eine Höchstgeschwindigkeit von maximal zehn Knoten ermöglichten. Da keine Luftblasen aufsteigen sollten, wollte man den Taucher mit so genannten »rebreathern« ausstatten, kleinen Geräten, mit denen man für kurze Zeit unter Wasser atmen kann. Aus Sicherheitsgründen verwarf man diese Lösung dann aber, und der Fahrer trug wieder seine normale Tauchausrüstung. Wenn der Lotus sich gegen Angriffe verteidigt, löst der Taucher auch die Raketen, die Farbvernebelungsanlage und die Minen von innen aus.

4. Bei der Annäherung an die Unterwasserstation »Atlantis« kam wiederum ein Modell im Maßstab 1:4 zum Einsatz. Teilweise wurde es ferngesteuert, streckenweise auf am Meeresgrund verlegten Gleisen gefahren.

5. Für die schöne Szene, in der der Lotus aus dem Wasser auftaucht und den Strand hinauffährt, zogen die Filmtechniker den Wagen mit der anmontierten Schiffsschraube auf versteckten Gleisen aus dem Meer. Dazu mussten insgesamt rund 20 Meter Gleise unter Wasser verlegt werden.

Etwa vier Monate arbeiteten Mechaniker, Techniker, Requisiteure und Zimmerleute an der gesamten Sequenz. Zwei Kamerateams, eines unter der Leitung des Unterwasserspezialisten Lamar Boren, waren dann noch einmal genauso lange im Einsatz. Die Insassen des Lotus, Barbara Bach und Roger Moore, durften nicht mit auf die Bahamas. Sie mimten ihren Kampf im abgedichteten Auto im Tauchbecken auf dem Gelände der Pinewood Studios in London.

Ken Adam, Derek Meddings und das Team wurden für den Special-Effects-Oscar nominiert, verloren jedoch gegen die starke Konkurrenz vom »Krieg der Sterne«. Derek Meddings bekam später den 1. Preis der »International Union of Cinema Technical Association« für seine Modelle und die mechanischen Raffinessen des Films zugesprochen. Das »Original-James-Bond-Auto« – das es ja so nie gab – schmückte den Eingang zum Londoner Odeon-Kino, wo am 7. Juli 1977 die Welturaufführung stattfand. Eines der beiden straßentauglichen Autos erstand später ein unbekannter Käufer. Den anderen Wagen mit dem Kennzeichen PPW 306 R nutzte der PR-Mann Don Mc Lauchlan jahrelang als Dienstwagen. Dann übernahm ihn ein Kollege, danach wurde er im Werksmuseum in England ausgestellt und später zusammen mit anderen Lotusblüten vom Londoner Auktionshaus Coys of Kensington an einen englischen Privatsammler versteigert. Er kaufte auch eines der tauchfähigen, abgedichteten Autos, das zuvor jahrelang auf den Bahamas in einem Vorgarten gestanden hatte und mit einer Lichterkette behängt war. Ein zweites Unterwasserfahrzeug hatte 1988 ein Sammler erworben, der es am 17. September 1998 vom Londoner Auktionshaus Christie´s versteigern ließ. Für das motorlose Gefährt bezahlte ein englischer Geschäftsmann 29.900 Pfund, also über 50.000 Euro – wahrhaftig kein Pappenstiel.

DER LOTUS EUROPA

Ein gelb lackierter Wagen des britischen Sportwagens löste den → Lotus Elan von Emma Peel ab, als Diana Rigg 1967 ihre Mitarbeit an der Serie »Mit Schirm, Charme und Melone« beendete und Linda Thorson übernahm.

DIE »LOUISA«

Name des deutschen Kanonenboots, das in dem Roman und Film → »African Queen« von der Barkasse versenkt wurde.

DIE »LUSITANIA«

Als die »Lusitania« am 6. Juni 1906 im schottischen Städtchen Clydebank auf der Werft »John Brown & Co.« vom Stapel lief, bejubelten über 20.000 Menschen dieses Ereignis. Der Stolz der Cunard Line war 240 Meter lang, 26,80 Meter breit und hatte eine Wasserverdrängung von über 31.500 Tonnen. Benannt wurde sie nach der gleichnamigen römischen Provinz im heutigen Portugal.

Die ersten Probefahrten brachten einen Konstruktionsmangel zum Vorschein: bei schneller Fahrt begann das Heck zu vibrieren. Also musste die »Lusitania« in die Werft zurück, wo das Heck abgetrennt und verstärkt wurde. Die Maßnahmen hatten Erfolg, denn die Jungfernfahrt nach New York im September 1907 verlief völlig reibungslos. An Bord herrschte purer Luxus. Die Schiffseigner hatten für ihre Gäste einen Palast bauen lassen mit edlen Lounges, bemalten Glasdecken, hochwertig ausgestatteten Kabinen, fließend warmem und kaltem Wasser sowie diversen Luxussuiten. Die »Lusitania« war der erste Luxusdampfer, der von Dampfturbinen angetrieben wurde. Damit sollte sie schneller sein als speziell die deutsche Konkurrenz, die mit Schiffen wie der »Deutschland« und der »Kaiser Wilhelm II.« Rekorde aufgestellt hatte und zu der Zeit das prestigeträchtige »Blaue Band« für die schnellste Überfahrt über den Atlantik in Händen hielt. Schon bei seiner zweiten Reise übertraf das britische Schiff mit einer Durchschnittsgeschwindigkeit von 24 Knoten die 23,15 Knoten der »Deutschland« und gewann das »Blaue Band«. Auch das Schwesterschiff »Mauretania« war nicht von schlechten Eltern, und fortan konkurrierten die beiden um das »Blaue Band«, was wiederum die Deutschen ärgerte. Schließlich schaffte die »Lusitania« sogar ein Mittel von 26 Knoten. Bei solchen Geschwindigkeiten dauerte die Überfahrt nur noch viereinhalb Tage.

Bei Ausbruch des 1. Weltkriegs retuschierte man das Äußere des Luxusliners zwar etwas, stellte ihn aber nicht für den Kriegseinsatz ab. Allerdings gab es ein geheimes Abkommen zwischen der britischen Admiralität und der Cunard Line von 1903, wonach die Marine den Bau von zwei Passagierschiffen finanziell unterstützte. Im Gegenzug sollten diese und sämtliche anderen Schiffe der Gesellschaft im Kriegsfalle von der Royal Navy genutzt werden dürfen. Deshalb holte man jetzt die Flagge ein, übermalte den Namen und die traditionell in Rot und Schwarz, den

Farben der Cunard Line, gehaltenen vier Schornsteine komplett mit schwarzer Farbe. Das Schiff verkehrte weiterhin zwischen den USA und dem Vereinigten Königreich, ohne dass die vielen Passagiere sich Sorgen machten. Die »Lusitania« lief am 1. Mai 1915 um 12.30 Uhr von New York in Richtung Liverpool aus. Am selben Tag gab die Deutsche Botschaft eine Warnung an alle Passagiere heraus, mit Schiffen unter britischer Flagge zu reisen. Die Warnung kam zu spät: Sechs Tage später wurde der Dampfer kurz vor der irischen Küste torpediert und sank.

Zwar hatte Kapitän Turner aufgrund zahlreicher Warnungen mehrfach den Kurs geändert – aber er hatte auch den Befehl erhalten, nicht Liverpool, sondern Queenstown anzusteuern, also geradewegs das von den Deutschen deklarierte Kriegsgebiet. Nach den amtlichen deutschen Bekanntmachungen sichtete »U 20« das Schiff um 14.20 Uhr und schoss um 15.10 Uhr einen Torpedo ab, der unter der Wasserlinie etwa auf Höhe der Kommandobrücke den Rumpf aufriss. Nur wenige Sekunden später erschütterte eine zweite, viel größere Explosion die »Lusitania«, die nicht etwa von einem zweiten Torpedo herrührte, sondern sich an Bord des Dampfers ereignete. Es wurden vielfältige Spekulationen darüber angestellt, was da explodierte, jedenfalls sank das Schiff in nur 18 Minuten. Verschiedenen Quellen zufolge soll sich unter Deck, versteckt unter Kisten und Fellen, ein riesiges Munitionslager befunden haben. Es ist aber auch durchaus möglich, dass eine Kohlenstaubexplosion in den zu diesem Zeitpunkt bereits weitgehend geleerten Kohlenbunkern die Katastrophe herbeiführte.

Da das Schiff sofort Schlagseite in Richtung Steuerbord bekam und mit dem Bug voran zu sinken begann, war es kaum möglich, die Rettungsboote abzusetzen. Das gelang nur bei acht von 22 Booten. Auf der Steuerbordseite versuchten die Passagiere, mit einem Sprung in die Boote zu kommen. An Backbord gingen viele Boote bei dem Versuch zu Bruch, sie zu Wasser zu lassen. 1.198 Menschen starben bei dem Angriff, aber nur 289 Tote konnten geborgen werden. 764 Passagiere überlebten die Attacke. Da das Meer an dieser Stelle nur etwa 90 Meter tief war, berührte der Bug bald den Meeresboden, so dass das Heck aus dem Wasser herausragte.

Warum der Kapitän von »U 20«, Walther Schwieger, den Angriff ausgeführt hat, konnte nie ganz geklärt werden. Immerhin war die »Lusitania« aufgrund der Ausrüstung und des Anstrichs als so genannter

»Hilfskreuzer« erkennbar. Am 12. Mai 1913 war sie unter größter Geheimhaltung in das Trockendock von Liverpool gekommen, wo man zwei Munitionskammern, Pulvermagazine, Halterungen für Granaten und Schnellfeuerkanonen einbauen ließ. Auch einige Wände wurden verstärkt. Als bewaffneter Hilfskreuzer war sie sodann am 17. September 1914 in das britische Flottenregister aufgenommen worden. Sie galt somit als Kriegsschiff. Dem Kapitän der »Lusitania« machte man den Vorwurf, er habe den Warnungen vor den U-Booten zu wenig Beachtung geschenkt.

128 Amerikaner hatten bei dem Untergang ihr Leben verloren, was zu einer offen antideutschen Stimmung in den USA führte und letztlich sogar, so sieht es zumindest eine Reihe von Historikern, den Kriegseintritt der Vereinigten Staaten forcierte. US-Präsident Woodrow Wilson hatte bereits deutlich gemacht, dass Deutschland »zur Rechenschaft« gezogen werde. Auch Ex-Präsident Theodore »Teddy« Roosevelt, dessen Amtszeit schon ein paar Jahre zurücklag und der den Deutschen freundlich gesonnen war, forderte jetzt zum Kriegseintritt auf. Die Bewertung der Katastrophe reichte von »Massenmord auf See« bis zu dem Urteil, es habe sich bei der Torpedierung um eine »legale Kriegshandlung« gehandelt. Nach dem Untergang der »Lusitania« schränkten die Deutschen den U-Boot-Krieg zwei Jahre lang ein und nahmen ihn in vollem Umfang erst wieder mit dem Kriegseintritt der USA 1917 auf.

1992 untersuchte der Tiefseeforscher Robert D. Ballard das Wrack des Schiffes, um zu klären, warum es so schnell sank, aber auch er konnte das Rätsel nicht lösen. Das wird wohl auch noch einige Zeit so bleiben, denn die Akten des britischen »Naval Intelligence Department«, die im Navy Records Office in Bath aufbewahrt werden und die Aufschluss geben könnten über die »Lusitania« und ihre Ladung, unterliegen auch heute noch strengster Geheimhaltung.

M

»MAGNUMS« FERRARI

Eigentlich war der Ferrari gar nicht sein Auto, sondern gehörte seinem Chef, dem Schriftsteller Robin Masters. Aber das juckte den coolen Detektiv nicht, der auf Besitz ohnehin keinen gesteigerten Wert legte. Hauptsache, er konnte ihn gelegentlich benutzen, wenn's mal wieder brannte. Dennoch wurde der rote Ferrari 308 GTS mit der hellen Innenausstattung sein Markenzeichen. Acht Jahre Lang, von 1980 bis 1988, kurvte Thomas Magnum damit über die Inseln des 50. Bundesstaates der USA im Pazifischen Ozean. Der reiche Schriftsteller hatte ihn als Sicherheitsbeauftragten für das Anwesen auf Oahu engagiert. Klar, dass er dort nicht nur wohnen, sondern auch den flotten Flitzer nutzen durfte. Mit gelegentlicher Hilfe von zwei nicht immer ganz willigen Kollegen vertrieb er sich die Zeit zudem als Privatdetektiv. Für sporadische Trübsal, aber auch gelungene Dialoge, sorgte der überaus humorlose und überaus britische Verwalter Jonathan Quayle Higgins III., kurz Higgins genannt, der ständig versuchte, den ziemlich groß gewachsenen, dennoch nicht ganz erwachsenen Magnum ein wenig zu erziehen.

Der Ferrari unterstreicht zwar die exotische Umgebung und das Playboy-Image des Helden, spielt jedoch keine Hauptrolle. Er dient als ganz gewöhnliches, wenn auch schnelles Beförderungsmittel von der Stange, das für die TV-Serie noch nicht mal um- oder aufgerüstet wurde. »Magnum P.I.« hieß die Serie im Original, von der 161 Folgen entstanden. Sie wurden zunächst vom amerikanischen Fernsehsender CBS ausgestrahlt und danach weltweit verkauft Mit ihr kam der ehemalige Athlet und Basketballstar Tom Selleck zu Weltruhm. Als ihm Ferrari aus Dankbarkeit für die imagefördernde Werbung einen 308 zur privaten Nutzung überlassen wollte, schlug Selleck das Angebot aus. Er wollte nicht überall aufgrund des Wagens erkannt werden. Selleck, der zunächst 130.000 Dollar Gage pro Folge erhielt, sich aber dann finanziell noch wesentlich steigerte, schenkte auf dem Höhepunkt seines Erfolges jedem Crewmitglied einen Porsche, aber keinen der 8.400 Ferrari GTS, die von 1977 bis 1985 gebaut wurden. Die waren ihm dann wohl doch zu teuer.

DIE »MAURETANIA«

Das Schwesterschiff des von einem deutschen Unterseeboot versenkten britischen Luxusliners → »Lusitania«.

DAS MERCEDES-A-KLASSE-MODELL »ELCHTEST«

»Treffen sich zwei A-Klasse-Fahrer. Meint der eine zum anderen: Na, hast du heute schon einen gekippt?« Witze wie dieser waren Ende des Jahres 1997 keine Seltenheit – sie brachten die Mitarbeiter von Mercedes-Benz allerdings nicht zum Lachen. Aber die hatten nun auch wirklich keinen Grund dazu. Bei einem Autotest in Schweden am 21. Oktober 1997 hatte ein Modell der neuen A-Klasse von Mercedes Benz den Ausweichtest nicht bestanden. Es war umgefallen und auf das Dach gekippt. Für den Testfahrer blieb der Ausrutscher ohne Folgen, für das Stuttgarter Unternehmen aber hatte sich damit eine Katastrophe ereignet. Erstmals in der langen und ruhmreichen Geschichte der Marke wollte man nicht in abgesteckten Claims der Ober- und Luxusklasse mit teuren Limousinen und Coupés glänzen, sondern im hart umkämpften Segment der Mittelklasse ein konkurrenzfähiges Produkt auf den Markt bringen. Und dann das! So wesentliche Begriffe wie Zuverlässigkeit, Sicherheit, Qualität oder hochwertige Verarbeitung, die nicht nur die Käufer ihrer Fahrzeuge bis dahin mit dem Unternehmen assoziierten, wurden plötzlich in Zweifel gezogen.

Zweifellos waren die Fehler, die zum Über- und Rückschlag der A-Klasse führten, hausgemacht. Um die Entwicklungszeit nochmals zu verkürzen, hatte man zeitaufwändige Testphasen reduziert und durch Computersimulationen ersetzt. Und die Art, wie die Unternehmensführung auf das Desaster reagierte und kommunizierte, zeugte auch nicht gerade von Weltklasse. Als Ende September 1997 bei Testfahrten in Dänemark Probleme auftauchten, dementierte man entsprechende Meldungen und versuchte, die Sache kleinzureden. Erfolglos. Schließlich entschloss man sich zu einer großen Rückrufaktion und verhängte einen Auslieferungsstopp. In den Monaten bis zum Februar 1998 überarbeitete man die A-Klasse gründlich und stattete sie serienmäßig mit dem Stabilitätsprogramm ESP aus. So hatte der Elchtest also auch sein Gutes. Allerdings war das Werbebudget von rund 200 Millionen Mark für die Einführung der neuen A-Klasse damit ziemlich verpufft. Hämische Sprüche wie jene Neuübersetzung des Namens: »A-Klasse steht für ›Auto kippt leicht auf Seite, siehe Elchtest‹«, hatten hingegen Konjunktur.

Der Begriff »Elchtest«, mit dem vorher nur wenige etwas anzufangen wussten, ging in den allgemeinen Sprachgebrauch über. Bücher wie: »Die A-Klasse. Elchtest, Krisenmanagement, Kommunikationsstrategie« des Dresdener BWL-Professors Armin Töpfer erschienen und setzten sich mit dem Problem in allen Aspekten auseinander. Sammlungen wohlfeiler Witze füllten Internetseiten und Taschenbücher und verlagerten die Katastrophe auf sachfremde Gebiete.

Immer wieder mal kippen Autos um, obwohl sie es doch besser nicht tun sollten. So legte sich am 16. Oktober 2001 ein nagelneuer Jeep Liberty von DaimlerChrysler bei einem Slalomtest der amerikanischen Zeitschrift »Autoweek« auf die Seite, wobei der Testfahrer Pete Albrecht Schnittverletzungen davontrug. Kein Wunder also, dass der Berliner *Tagesspiegel* im Dezember des Jahres 2001 unter der Überschrift »Berliner Autofahrer im Elchtest: Liebe auf den ersten Blick« vermeldete: »Er dürfte nach dem D-Schild der häufigste Autoaufkleber in Berlin sein: der Elch!«

DIE METRO IN LONDON

Rund 80 Minuten täglich verbringt der Londoner in der U-Bahn, und die rund 500 Züge transportieren jeden Tag etwa drei Millionen Menschen. Dass das nicht immer reibungslos abläuft, ist wohl selbstverständlich – zumal die Metro das älteste U-Bahn-System der Welt ist. Durchschnittlich 55 Störfälle gibt es pro Tag.

Infolge der rapide wachsenden Einwohnerzahlen europäischer Großstädte Ende des 19. und Anfang des 20. Jahrhunderts mussten die Verantwortlichen sich Gedanken darüber machen, wie sie dem immer größeren Bedürfnis nach einem effektiven öffentlichen Verkehrsmittel nachkommen würden. Der bereits 1829 in London eingeführte regelmäßige Pferdeomnibusverkehr war der Einwohnerzahl von über 2,5 Millionen Menschen bald nicht mehr gewachsen. Da auch das oberirdische Schienennetz und die dort verkehrende Eisenbahn den gewaltigen Strom der Menschen nicht mehr bewältigen konnte, entstand zwischen 1860 und 1863 die erste, 6,5 Kilometer lange unterirdische Eisenbahntrasse der Welt in London. Nach einer erfolgreichen Besichtigungsfahrt mit Bauloren nahm die Strecke zwischen den Stationen Paddington und Farrington Street am 10. Januar 1863 ihren Betrieb auf. Der offizielle Name der städtischen Bahngesellschaft war »Metropolitan Railway«, so dass sich schnell der Name »Metro« herausbildete. Obwohl es damals eine dampfgetriebene Lok war, die die Fahrgäste transportierte, gilt dieses erste Teilstück als Geburtsstunde der ersten U-Bahn der Welt. Der große Erfolg führte dazu, dass man das Streckennetz bald erweiterte. Dabei verfuhr man nach einem lange Jahre gültigen Prinzip namens »cut and cover« (aufgraben und wieder zudecken). Knapp 21 Kilometer Tunnelstrecke waren bis 1884 bereits erbaut worden. Nur die Unterquerung der Themse war mit diesem System nicht möglich, doch dank der beiden Ingenieure Marc Isambard und Isambard Kingdom Brunel fand sich auch dafür eine Lösung. Sie errichteten geschlossene Tunnel. Am 18. Dezember 1890 wurde der erste Abschnitt der Metro eröffnet, der vollständig geschlossen war. »Tubetrain« oder »Röhrenbahn« nannte man diese Teile der U-Bahn, und auch heute noch sprechen die Londoner vielfach von der »Tube«, wenn sie sich in den Untergrund ihrer Stadt bewegen. Der Tunnelbau bedeutete allerdings, dass der unterirdische Dampfbetrieb nicht mehr möglich war, so dass man sich für ein aus dem Bergbau bekanntes Seilsystem entschloss, das heute noch bei den → »Cable Cars« in San Francisco zum Einsatz kommt. Danach löste der elektrische Antrieb auch diese Idee ab. Keine andere Weltstadt verfügte damals über ein derartiges Untergrundbahnsystem – die ebenfalls berühmten Netze von Paris, Moskau, Berlin und New York entstanden erst später.

Heute umfasst das Streckennetz etwa 4.000 Kilometer – aber nicht jeder ist mit dem veralteten System zufrieden. Auf der Internetseite »Tubehell« sammelt ein enttäuschter Brite Beschwerden und die negativen Vorkommnisse, mit denen die U-Bahn-Nutzer rechnen müssen. Die »Tube« gilt als renovierungsbedürftig, permanent überfüllt und unkommunikativ. Als der englische Premierminister Tony Blair einmal zu Werbezwecken mit der Metro reiste und eine Sitznachbarin ansprach, bekam er keine Antwort.

Ein eigens eingerichtetes Museum an der Covent Garden Plaza gibt Aufschluss über die wechselvolle Geschichte der »Underground«. Dort erfährt man unter anderem, dass der Herzog von Wellington Mitte des 19. Jahrhunderts vor dem Bau der U-Bahn gewarnt hatte, weil er einen unterirdischen Überraschungsangriff der Franzosen befürchtete.

DAS MINI-U-BOOT »PROTEUS« AUS DER »PHANTASTISCHEN REISE«

Im Jahre 1966 erhielt der 1920 in Russland geborene Amerikaner Isaac Asimov den originellen Auftrag, aus einem Drehbuch einen Roman zu machen. Zweifellos ein Meilenstein auf dem Gebiet der multimedialen Verwertungsmethoden, bereicherte dieser Auftrag doch das Spektrum »Film zum Buch« sowie »Buch zum Film« um eine aparte Variante.

Das Werk der Autoren Harry Kleiner und David Duncan wurde zu diesem Zeitpunkt bereits unter dem Arbeitstitel »Fantastic Voyage« verfilmt. Diese fantastische Reise führt einen gewissen Charles Grant und seine vier Kollegen ins Körperinnere des berühmten Wissenschaftlers Benes, wo sie per Laserstrahl einen Tumor im Hirn des Professors beseitigen sollen (Im Buch ist es ein Blutgerinnsel, Folge einer bei einem Attentat erlittenen schweren Kopfverletzung.) Dazu muss das Tauchboot auf die Größe von 3 Mikron, also drei tausendstel Millimeter, geschrumpft werden. Nachdem das Boot in eine Arterie injiziert wurde, gelangt es planmäßig in die Halsschlagader, kommt durch eine Fistel vom Kurs ab, durchquert das Herz, das man, um die U-Boot-Fahrer nicht zu gefährden, für 60 Sekunden anhält, und wird im Innenohr von Schallwellen getroffen, da jemand im Laboratorium eine Schere fallen lässt. Zu guter Letzt aber erreicht es sein Ziel und die Männer erledigen ihren Auftrag.

Da sich die Dreharbeiten länger hinzogen als vorgesehen, kam Asimovs Roman schließlich eher in die Buchläden als der Film in die Kinos. 20th Century Fox produzierte den Film und verpflichtete dafür den Regisseur Richard Fleischer, der mit einem tauchenden Hauptdarsteller bereits Erfahrung gesammelt und einen großen Erfolg erzielt hatte, als er 1954 die Geschichte der → »Nautilus« in »20.000 Meilen unter dem Meer« adäquat umsetzte. Harper Goff, der schon die »Nautilus« baute, schuf auch das Spezialtauchboot »Proteus«. Es war 12,80 Meter lang, sieben Meter breit, wog über 8.000 Pfund und verschlang immerhin 100.000 Dollar des 6,5-Millionen-Budgets. Nach Asimovs Worten war das Boot »eigentlich für die Tiefseeforschung gedacht. Es schimmerte in sterilem Weiß, vom stumpfen, glatten Bug bis zur Doppeldüse und der Leitflosse am Heck.« Für die Verkleinerungsszenen filmte man das Tauchboot aus immer größeren Abständen, so dass es immer kleiner wirkte, und unterstützte diesen optischen Trick mit Hintergrundbildern, die vergrößerte Details des Laboratoriums zeigten.

Im Film lässt die U-Boot-Besatzung nach der gelungenen Operation das Boot zurück und schwimmt in einer Träne aus dem Auge des Patienten. Im Roman wird es von weißen Blutkörperchen angegriffen und zerstört. Asimov schrieb in seinem Memoirenband »In Joy Still Felt«, dass das Drehbuch voller Fehler war und er einige Dinge für den Roman bereinigen musste. Und er erzählt folgende Anekdote: »Als der Film zu Ende war, drehte sich meine Tochter Robyn sofort zu mir um und sagte: ›Müsste das Schiff jetzt nicht größer werden und den Mann umbringen, Daddy?‹ ›Gewiss Robyn‹, erklärte ich, ›aber das hast du nur erkannt, weil du schlauer bist als der durchschnittliche Hollywood-Produzent. Immerhin bis du ja schon elf.‹«

Trotz dieser und anderer Ungereimtheiten bekam der Film zwei Oscars und zog eine Zeichentrickserie nach sich. 1987 handelte der Film »Die Reise ins Ich« das Thema auf komödiantische Weise ab. Darin landet der Pilot Tuck Pendleton an Bord seines Mini-U-Boots statt im Inneren eines Hasen durch unglückliche Umstände im Körper eines hektischen Supermarktverkäufers, der nicht gerade ruhiger wird, als er merkt, dass er einen kleinen Mann im Ohr hat. Der Austausch von Körperflüssigkeiten per Kuss bringt Pendleton dann in die Blutbahn seiner Freundin. Er findet heraus, dass sie schwanger ist, und wird auch noch von einem anderen U-Boot gejagt, das er bekämpft und besiegt.

Die Vision der »phantastischen Reise« ist heute fast schon Wirklichkeit. Die Bio-Ingenieurin Tejal Desai von der University of Illinois in Chicago hat ein in den Blutbahnen zirkulierendes Röhrchen entwickelt, das nur einen zehntel Millimeter klein ist. Die kleine Kapsel besteht aus einer winzigen Silikonmembran, durch die Insulin abgegeben wird, ohne dass Antikörper eindringen können. Diese Technik soll in Zukunft Diabetikern das Spritzen ersparen. Und Duisburger Wissenschaftler der Firma »microTec« wollen in Kürze ein rund vier Millimeter kleines – unbemanntes – Mini-U-Boot vorstellen, das krankhafte Gewebeveränderungen aufspüren und Bilder davon übertragen soll.

DER MINI VON MR. BEAN

Wie der Automobiljournalist Paul Skilleter richtig bemerkte, ist der Mini »eines der muntersten, praktischsten und einfach wunderbarsten Spaßautos aller Zeiten«. Gar nicht zum Spaß, sondern aus ganz praktischen Erwägungen heraus hatte 1959 Alec Issigonis, Chefingenieur der British Motor Corporation (BMC), welche die Marken Austin, Morris, MG, Wolseley und Riley unter einem Dach versammelte, seine geniale Konstruktion auf die vier kleinen Rädchen gestellt. Die winzigen Kisten erfreuten sich großer Beliebtheit und genossen bald Kultstatus überall auf der Welt. Und aus Mr. Issigonis wurde ganz zu Recht Sir Alec.

Das ideale Wägelchen also für den überaus schrulligen, bisweilen ziemlich autistisch agierenden Mr. Bean, eine große Hilfe überdies in seinem immerwährenden Kampf gegen den blauen, dreirädrigen Reliant Regal 3/25, der stets unterliegt. Kein Wunder auch, dass Mr. Bean nichts mehr fürchtet als den Verlust seines fahrbaren Untersatzes. Mit einigem Erfindungsreichtum verhindert Bean, dass sein Auto in fremde Hände gerät. Mal montiert er einfach das Lenkrad ab und drückt es dem überraschten Portier eines Hotels nebst den Koffern in die Hand. Meistens sichert er den Wagen mit Vorhängeschloss und Riegel. Dann wieder blockiert er die Türen mit Schnüren.

Die 13 Folgen der TV-Serie »Mr. Bean« wurden ab Silvester 1989 erstmals im britischen Fernsehen ausgestrahlt und liefen über fünf Jahre verteilt. Der Mini war von Anfang an dabei, wurde aber erst in der 3. Folge, »The Curse of Mr. Bean«, als ein die Handlung vorantreibendes Element eingesetzt. Da versucht Mr. Bean, der es überhaupt nicht einsieht, die hohe Parkhausgebühr zu bezahlen, kostengünstig aus der Einfahrt wieder herauszukommen – was ihm auch gelingt, indem er dem dreirädrigen Widersacher die Vorfahrt nimmt, der daraufhin umkippt.

In der 5. Folge, »The Trouble With Mr. Bean«, stellt Bean die schon legendäre Geräumigkeit des Kleinwagens nach dem Motto »My car is my home« unter Beweis, indem er ihn auf der Fahrt zu einem Termin als Umkleideraum nutzt. Ein auf das Gaspedal gelegter Ziegelstein hält den Wagen auf Trab, während Bean sich hinten umzieht. Auch das morgendliche Zähneputzen muss nicht unterbleiben, wozu hat man schließlich eine Scheibenwaschanlage.

Selbst die schwersten Dachlasten verkraftet der Mini klaglos. Mal ist es ein auf das Dach geschnallter Sessel, von dem aus Bean den Mini mittels Stricken steuert und mit einem Besenstiel Gas und Bremse betätigt. Dann wieder schleppt er damit den städtischen Weihnachtsbaum ab, eine Tanne von etwa 15 Metern Höhe. Doch als sich wegen einer von Bean provozierten Vertauschung ein Panzer über das Wägelchen hermachte, war das doch zuviel des Guten für den kleinen, gelben Mini mit dem Kennzeichen SLW 267 R. Da blieben Wiederbelebungsversuche zwecklos, ein neuer Wagen musste her. Natürlich wieder ein Mini, diesmal ein roter mit dem Kennzeichen RNT 996 H.

Wenn es nach der Panzerattacke auch anders aussah: Der erste gelbe Mini mit der schwarzen Haube blieb erhalten. Die englische Firma Action Vehicles, welche die Minis für die TV-Serie lieferte, verkaufte sie nach Ende der Dreharbeiten an Karikar Kars, die sie für Shows und Wohltätigkeitsveranstaltungen verliehen. Ein Jahr lang stand der gelbe Mini im Rover Museum in Gaydon, bis ihn 1997 ein englischer Privatsammler erwarb. Den wohlverdienten Ruhestand des Kleindarstellers unterbrachen immer mal wieder Promotion-Termine, so zum Beispiel ein Auftritt mit dem Bean-Darsteller Rowan Atkinson vor dem Londoner Kaufhaus Harrods.

DAS MINENRÄUMBOOT J-826

Das Boot der britischen Marine diente nach dem Krieg als Fähre und verkehrte zwischen Malta und Gozo. Der Meeresforscher Jacques Cousteau erwarb das Schiff und baute es zur → »Calypso« um.

DIE »MIR«

Der Buchautor Matthias Gründer ist des Lobes voll über sie, denn seiner Ansicht nach war sie »so einfach wie möglich und so kompliziert wie nötig«. Die Rede ist von der russischen Raumstation »Mir«, die ursprünglich nur fünf Jahre im Orbit unterwegs sein sollte, aus denen dann aber über 15 Jahre wurden. Sie barg in ihrem Innern über elf Tonnen wissenschaftliche Apparaturen, beherbergte über die Jahre insgesamt 104 Raumfahrer aus elf Ländern und war lange Zeit das größte künstliche Objekt, das seine Kreise um die Erde zog. Mit ihrer Zuverlässigkeit war es allerdings nicht so weit her. Immer mal wieder fielen wichtige Aggregate oder Computer aus und sorgten für Aufregung. Im Laufe der 15 Jahre machte die »Mir« durch Feuer an Bord, rostige Leitungen, Lecks und verschiedene Ausfälle von sich reden. Einmal brach 21 Stunden lang der Funkkontakt zur ihr ab und sie taumelte unkontrolliert durchs All.

Anfang 1997 ging ein Andockmanöver mit einem unbemannten Frachtraumschiff schief. Die »Progress« sollte eigentlich langsam an die Raumstation ankoppeln. Sie tauchte jedoch unvorhergesehen 45 Sekunden vor dem geplanten Vorgang in einem der Bullaugen der Mir auf, verlangsamte ihre Fahrt nicht und riss beim Aufprall ein Loch ins Hauptmodul. Luft entwich, und wenn der Kosmonaut Alexander Lasutkin nicht so geistesgegenwärtig die Verbindungsluken geschlossen hätte, wären er und seine Kameraden erstickt. Später erhielt er, sozusagen als Belohnung, eine Anklage wegen Sachbeschädigung.

Im Juni 2000 verließen die letzten Kosmonauten die Raumstation. Die bis 1998 mit amerikanischen Mitteln geförderte Konstruktion, die immerhin 86.331 Mal die Erde umkreiste, war dem Untergang geweiht. Die Aktion des Rostocker Vereins »Helft MIR«, mit Spendengeldern den unbemannten Aufenthalt der »Mir« im All – sozusagen das Gnadenbrot – zu finanzieren, war gescheitert. Auch die weißrussische Bürgervereinigung hatte alle rund 300 Millionen Einwohner der früheren UdSSR dazu aufgerufen, einen Dollar zu spenden, um ihr Ende zu verhindern. Andere dachten darüber nach, ein Weltraumhotel oder eine Werkstatt für Satelliten aus ihr zu machen oder sie den Chinesen als Geschenk zu verehren.

»Der Zustand der Bordsysteme und die zahlreichen Ausfälle zeigen, dass die notwendige Sicherheit und Zuverlässigkeit der Raumstation nicht mehr gewährleistet werden können«, sagte der Chef der russischen Raumfahrtbehörde Jurij Koptew und zerstörte damit alle Hoffnungen, die »Mir« zu erhalten. In der Nacht vom 22. auf den 23. März 2001 sollte sie »kontrolliert«, wie es so schön hieß, abstürzen, dabei zum großen Teil beim Eintritt in die Erdatmosphäre verglühen und die Reste im Pazifik versinken. Nicht ohne Sorgen erwarteten viele Menschen auf der Welt diesen Termin. Doch die Russen, gewarnt durch den Absturz der Station »Saljut 7«, die 1991 im Hochland der chilenisch-argentinischen Anden zerschellte, bereiteten sich dieses Mal gründlich vor und wendeten rund 29 Millionen Euro auf, um sicherzustellen, dass die Reste der sechs Hauptmodule der Raumstation mit rund 30 bis 50 Tonnen Gewicht östlich von Neuseeland in den Pazifik fielen. Das Gebiet trägt übrigens den Namen »The Graveyard« – der Friedhof. Als die Aktion planmäßig abgelaufen und das Ende der »Mir« um 8.58 Uhr besiegelt war, legten Hunderte von Kosmonauten, Ingenieuren und Mitarbeitern des Moskauer Raumfahrtzentrums TsUP eine Schweigeminute ein.

So ganz und gar und spurlos ist die »Mir« aber gar nicht verschwunden. Ein zu Übungszwecken gebauter Doppelgänger des Raumfahrzeugs wurde im Frühjahr 2001 in Rostock und Schwerin ausgestellt und zog in einem Monat über 10.000 Besucher an.

DIE MISSISSIPPI-SCHAUFELRADDAMPFER

Hunderte dieser teilweise überaus prächtigen Schiffe befuhren im 19. Jahrhundert den Mississippi. Sie transportierten Vieh, Waren und Menschen oder boten Glücksspielern eine mobile Heimat. Eine Reise auf diesen Dampfern (engl. »Steamer«) war nicht ohne Gefahren, besonders wenn rivalisierende Kapitäne sich auf dem tückischen Fluss Rennen lieferten. Dann konnte schon mal ein überlasteter Dampfkessel in die Luft gehen oder das Schiff auf eine Untiefe oder einen Felsen laufen. Heute dienen die wenigen Schaufelraddampfer vor allem als Touristenattraktionen.

Die meist niedrigen Wasserstände des »mesepi«, wie die Chippewa-Indianer das »breite Wasser« nannten, bestimmte die Bauweise der Schiffe. Der breite, unten abgeflachte Rumpf sorgte für einen enormen

Auftrieb und nahm kaum Schaden, wenn der Dampfer auf eine Sandbank auflief, was häufig vorkam, da der Strom ständig sein Bett veränderte und selbst so erfahrene Lotsen wie Samuel Clemens Longhorne alias Mark Twain die Fahrrinne erst wieder suchen mussten. Ab etwa 1830 waren die Steamer das ideale Transportmittel, um auch die abgelegenen Gegenden im Innern des weiten Landes zu erschließen. Um die Mitte des 19. Jahrhunderts herum entsprach die Tonnage der Flussdampfer allein auf den so genannten »Western Waters«, also dem Ohio River und dem Mississippi, derjenigen der gesamten britischen Hochsee-Dampfschiff-Flotte.

Die Schaufelraddampfer brachten Baumwolle, Zuckerrohr und Tabak vom Norden des Landes zu den Häfen des Südens, über 1.000 Kilometer von Memphis in Tennessee über Jackson und Baton Rouge bis runter nach New Orleans. Manchmal waren nur noch die Schornsteine zu sehen, so hoch ließen die Schiffseigner die Baumwollballen stapeln, um einen möglichst fetten Gewinn einzufahren. An dem die Steuermänner meist beteiligt waren, denn von ihrem Können hing einiges ab. So brachten viele von ihnen es zu hohem Ansehen und einem erheblichen Vermögen.

Nicht zuerst aus sportiven und nicht zuletzt aus finanziellen Gründen – wer als Erster den Markt erreichte, erzielte oft die besten Preise – kam es zu den halsbrecherischen Rennen unter den so genannten »Steamboats«, die nicht selten im Verderben endeten. Wandernde Sandbänke, Felsen oder Baumstämme, die sich in den Rumpf bohrten, Hochwasser und Eis waren die Feinde der Schiffer. Funkenflug aus den Schornsteinen führte zuweilen dazu, dass die Ladung sich entzündete. Um dieses Risiko zu vermindern, wurden die Schornsteine immer höher – bis zu 35 Meter hoch. Sie konnten abgeklappt werden, um auch unter niedrigen Brücken durchzufahren. Allein die mit Holz oder Kohle befeuerten Dampfmaschinen, deren Kraft die seitlich (sidewheel) oder hinten (sternwheel) angebrachten Schaufelräder antrieb, bargen ein erhebliches Gefahrenpotenzial. Wenn höchste Leistung gefordert war, erhöhten die Maschinisten den Druck in den Kesseln und sperrten das Überdruckventil. Hunderte Kessel explodierten, und wenn das Ganze in der Nähe einer Stadt oder Anlegestelle geschah, wurden auch oft die Häuser in Mitleidenschaft gezogen. Verschiedenen Quellen zufolge gingen allein im Jahr 1849 550 Dampfer verloren.

Die Arbeitsbedingungen für die Steuerleute waren anfangs alles andere als angenehm, denn die Steuerhäuser waren vorne offen und der Mann am Ruder bekam den ganzen Fahrtwind ab. Nur ein direkt hinter dem Steuerstand platzierter Kohleofen sorgte gelegentlich für ein bisschen Wärme. Als etwa um 1850 das Passagieraufkommen stieg, erhielten eine Reihe von Schiffen ein oder zwei zusätzliche Decks für Kabinen. Und da gleichzeitig wegen der Eisenbahn das Frachtaufkommen zurückging, wandelte sich der Charakter der Dampfschiffe, und Luxus kehrte ein. Sie wurden mit Plüsch, vergoldeten Ornamenten, hochwertigen Hölzern, edlen Metallen, teuren Verglasungen und Möbeln, mit Bars und Theatern ausgestattet und zum Teil zu schwimmenden Casinos umgerüstet. Manche der neu gebauten Dampfer verfügten sogar schon über Wasserklosetts an Stelle von Klohäuschen oder Nachttöpfen. Animierdamen und Spitzenköche sorgten für Annehmlichkeiten, wie nicht einmal Luxushotels sie boten. Natürlich zogen solche Schiffe auch Glücksspieler und allerlei zwielichtige Gestalten an. Zwischen 25.000 und 60.000 Dollar kosteten die etwa 120 Meter langen und 20 Meter breiten Schaufelraddampfer dieser Zeit. Sie wogen zwischen 300 und 350 Tonnen.

Bei allem Komfort – es gab ruhigere Arten zu reisen, denn die Geräuschkulisse war immer noch immens. Die Dampf- und später die Dieselmaschinen wummerten vernehmlich, und wenn die Boote bei niedrigem Wasserstand über den Flussboden schrappten, war auch das kein angenehmes Geräusch. Regelmäßig ertönten die bis zu fünf lautstarken Dampfpfeifen, um andere Schiffe zu warnen oder die nahende Ankunft an einem Anleger zu signalisieren.

Der Fortschritt in Form eines dichter werdenden Eisenbahnnetzes machte den Flussschiffen, die mit ihren bis zu 150 Mann Besatzung 440 Passagiere samt Ladung beförderten, allmählich den Garaus. Heute erinnert das Howard Steamboat Museum in Jeffersonville an die Glanzzeit der Dampfer. Die Howard Shipyard war einst eine der Werften, auf denen sie entstanden. Momentan befahren nur noch drei Schaufelraddampfer den Mississippi, darunter die »Delta Queen«, das letzte dampfbetriebene und im Original erhaltene Passagierschiff. Nur mit einer Ausnahmegenehmigung des amerikanischen Kongresses darf sie, ebenso wie die »Mississippi Queen« und die »American Queen«, Passagiere aufnehmen, allerdings allein zu touristischen Zwecken. Auch die Mississippi

Steamer wurden vor einiger Zeit in die Liste der historischen Kulturgüter der USA aufgenommen – genauso wie die → Cable Cars.

MOLLY

Sprössling der Lokomotive → »Emma«, die ihr Töchterchen nach dem überstandenen Romanabenteuer »Jim Knopf und Lukas der Lokomotivführer« von Michael Ende im Kohlentender austrägt. »Molly« wird in der später erschienenen Geschichte »Von China nach Jamballa« zum Star.

DIE MOLLY AIDA

Schiff von → Fitzcarraldo, das dieser in dem gleichnamigen Film von Werner Herzog über einen Berg schaffen ließ.

MONACO SPECIAL

Sonderausführung des Dodge Monaco für Polizeizwecke, fahrbarer Untersatz der → »Blues Brothers«.

DAS »MONKEEMOBILE« DER »MONKEES«

Im September 1966 debütierte bei dem amerikanischen Fernsehsender NBC eine halbstündige Show, die aus lauter komischen Situationen bestand und die Erfolge der Retortenband »The Monkees« ins Fernsehen transportieren sollte. Der Versuch gelang, was die Fernsehverantwortlichen und Vermarkter der Band sofort zu neuen Taten anspornte: Sie ließen die vier Musiker Peter, Davy, Micky und Mike fortan in einem speziell für sie gebauten »Monkeemobile« auftreten. Die Idee dazu war George Toteff, dem damaligen Präsidenten der Firma Model Productions Corporation (MPC), gekommen, der ein Spielzeugauto haben wollte, das sich parallel zur Show verkaufen ließ. Toteff beauftragte Dean Jeffries, einen der damals angesagtesten Autoveredler, ein »verrücktes« Auto zu bauen. Ganz zufällig war Jeffries gerade bei derselben Produktionsfirma unter Vertrag, die auch die TV-Show produzierte: der Universal. Zusätzlich nahm Toteff Kontakt zu Jim Wangers auf, der bei Pontiac für die Öffentlichkeitsarbeit zuständig war. Wangers reagierte schnell und lieferte den beiden Männern zwei nagelneue rote Pontiac GTO Cabriolets, die über V-8 Motoren mit einer Leistung von 389 PS verfügten. Aus den Auseinandersetzungen zwischen dem Modellhersteller, der ein radikales Design wünschte, und dem Autohersteller, der sein Originalfahrzeug wiedererkennen wollte, hielt Jeffries sich einfach heraus; er orientierte sich an den Wünschen des Filmstudios. So schuf er in nur einem Monat einen überarbeiteten GTO mit einer veränderten Front, die eher an einen Hai erinnerte, und einem verlängertem Heck. Die Motorhaube schnitt er auf, um der verchromten Maschine vom Typ »Art Chrisman 6-71 Supercharger« Platz, Luft und Aufmerksamkeit zu lassen. Im Heck deponierte man zusätzliche Gewichte, um trotz des schweren Motors eine gute Balance zu haben. Dafür musste die Hinterachse verstärkt werden. Die Windschutzscheibe bekam eine andere Neigung sowie Chromverzierungen an den Seiten und in der Mitte, was den Eindruck verstärkte, dass der Wagen nun höher sei. Anstelle des Kofferraums baute man eine dritte Sitzreihe ein. Neue Felgen, ein Hardtop und ein verlängertes Softtop in beige, das man zusammenklappen und hinten verstauen konnte, komplettierten das Fahrzeug. Jeffries schuf zwei identische Exemplare davon.

Als sie die beiden Wagen das erste Mal sahen, waren Jim Wangers und der damalige General Manager von Pontiac, John → DeLorean, zwar nicht besonders glücklich darüber, dass sich das »Monkeemobile« so weit vom Basismodell entfernt hatte, gaben dem Abkömmling aber doch ihren Segen, indem DeLorean ihnen das Logo des GTO anheftete.

MPC verkaufte über sieben Millionen Spielzeugautos an die begeisterten amerikanischen Kinder. Mit dem »großen« Vorbild aber hatte die Band so ihre Probleme. Das Handling war miserabel, weshalb Dean Jeffries wieder Gewicht von der Hinterachse nahm und auch sonst einiges tat, um die Traktion zu verbessern.

Obwohl das »Monkeemobile« nur in einigen Episoden und im Titelvorspann der von 1966 bis 1968 laufenden Serie zu sehen war, wurde das Fahrzeug schnell ziemlich berühmt – was vor allem wohl daran lag, dass Millionen von Amerikanern das Auto beim Frühstück ständig vor Augen hatten. Denn Wangers war es gelungen, die Firma Kellogs für die Promotion einzuspannen. Jetzt prangte das »Monkeemobile« auf der Rückseite von mehr als 42 Millionen Corn-Flakes-Verpackungen.

Als die TV-Show eingestellt wurde und der Erfolg der Band, die nur drei große Hits hatte, sich nach und nach verflüchtigte, brauchte man auch das »Monkeemobile« nicht mehr. Eines der Fahrzeuge blieb nach einer Tournee in Australien einfach dort stehen. Es tauchte später in Puerto Rico wieder auf und wurde dann von einem Privatsammler für 5.000 Dollar erworben. Der hegte und pflegte es und zeigte es immer mal wieder bei Auto-Shows und Pontiac- Treffen. Das zweite Fahrzeug kaufte der Autoveredler George Barris, der es seit Jahren in seinem Museum in Gatlinberg, Tennessee, der Öffentlichkeit zugänglich macht.

N

DIE »NARINO«

Dampfschiff, das als Basis für → Fitzcarraldos Schiff »Molly Aida« diente.

DIE »NAUTILUS« – DAS TAUCHBOOT VON JULES VERNE

Weil er den dringenden Wunsch verspürte, zur See zu fahren und aufregende Abenteuer zu erleben, riss der junge Jules aus seinem Elternhaus in Nantes aus, wo er 1829 zur Welt gekommen war. Mit 35 Jahren hatte Jules Verne dann offenbar so viel gesehen und sich außerdem noch eine Menge dazu gedacht, dass er mit dem Roman »Fünf Wochen im Ballon« (Cinq semaines en ballon) die erste seiner 60 so genannten »ungewöhnlichen Reisen« (Voyages Extraordinaires) veröffentlichen konnte. Einige Romane und sieben Jahre später ließ er dann in »20.000 Meilen unter dem Meer« (Vingt milles lieuses sous les mers) den Kapitän Dakkar mit dem von ihm befehligten Unterseeboot »Nautilus« auf die Welt oberhalb des Meeresspiegels los. Dieser wackere Fahrensmann rammt Kriegs- und Handelsschiffe in Grund und Boden, um sich für erlittene Unbill zu rächen. 1870 erschien die Fortsetzung »Die geheimnisvolle Insel« (L´île mysterieuse), welche die Vorgeschichte des Kapitäns und seines Bootes enthüllt. Vernes zugleich utopische wie exotische Abenteuerromane trugen der Technikbegeisterung seiner Leserschaft Rechnung und nahmen viele technische Entwicklungen des 20. Jahrhunderts vorweg.

Bereits 1905 wurden die Abenteuer des »Nautilus« erstmals verfilmt, bisher zehn Mal kam die Geschichte in die Kinos. Unter einigen mäßigen Produktionen ragt vor allem die aufwändige und fünf Millionen Dollar teure, 1954 von Richard Fleischer für Walt Disney inszenierte Verfilmung heraus. »Das Problem, das mich am meisten interessierte und das Projekt so herausfordernd machte, bestand darin, die ursprüngliche Faszination, die von einem technischen Wunderwerk wie dem U-Boot damals ausging, einem heutigen Publikum nahe zu bringen, für das ein Unterseeboot alltäglicher Bestandteil der Technologie ist«, sagte Fleischer zu dem Auftrag. »Anfangs war ich nicht sicher, ob es zu schaffen sei, aber als ich die Skizzen und Pläne sah, war ich davon überzeugt.« Der Regisseur, der elf Jahre später in dem Film »Die phantastische Reise« ein → Mini-U-Boot in einen menschlichen Körper eintauchen ließ, setzte vor allem auf die fantastische Ausstattung der zuweilen auch »Tauchboot« genannten »Nautilus«, die verschiedene Baustile des 19. Jahrhundert zitiert. Das Boot entwarf (wie später auch das Mini-U-Boot) Harper Goff. »Im Buch hieß es, dass der »Nautilus« von Beobachtern fälschlich für ein schreckliches Seeungeheuer gehalten wurde«, so Goff. »Und da auf mich besonders Hai und Alligator einen geradezu tödlichen Eindruck im Wasser machten, bezog ich ihre physischen Merkmale in den Entwurf ein. Der stromlinienförmige Körper des Tauchboots sowie Rücken- und Schwanzflosse stammten vom Hai. Das schwere Nietenmuster auf den Platten stand für die raue Haut des Alligators, während die runden Fenster der Brücke und die Suchscheinwerfer die unheimlichen Augen darstellten.« Für die Ausstattung zeichneten John Meehan und Emile Kuri verantwortlich, die für ihre Arbeit einen Oscar erhielten. Auch die Spezialeffekte wurden mit einem Oscar honoriert.

Fleischer und Drehbuchautor Earl Felton arbeiteten die Romanvorlage um zu einer Ausbruchsgeschichte, bei der es ständig darum ging, der »Nautilus« zu entkommen. Aus Kapitän Dakkar wurde der verbitterte Nemo. Seine »Nautilus« – auf dem Weg vom Roman zum Film hatte das Schiff sein Geschlecht gewechselt –, gebaut auf der kleinen Insel Vulkania, schießt pfeilschnell durchs Wasser und kann angriffslustige Kannibalen mit Stromstößen vertreiben. Sie ist widerstandsfähig genug, sich sogar mit einer Riesenkrake anzulegen und eine Tiefe von über 5.000 Fuß zu erreichen. Als Energiequelle dient die »innerste treibende Kraft des Universums«, was sich leicht als Hinweis auf einen Atomantrieb interpretieren lässt. Nicht ganz zufällig hieß wohl deshalb auch das erste atomgetriebene U-Boot der USA »Nautilus«. Das Film-Boot verfügt außerdem über eine Art stählernen Kamm, mit dem es andere Schiffe von unten aufreißt. Zur stilvollen Einrichtung gehört auch eine große Orgel. Das Interieur entstand ebenso im Studio wie auch der obere Teil des in Originalgröße 66 Meter langen Schiffes. Für die Tauchaufnahmen verwendete man Modelle, die zwischen einem und 3,30 Meter lang waren.

Dass Kapitän Nemo, gespielt von James Mason, zum Ende hin den Satz spricht: »Ich muss sterben, und die Nautilus stirbt mit mir«, um dann die »Nautilus« senkrecht in den Grund zu bohren, scheinen andere Filmemacher nicht mitbekommen zu haben. Schon 1978 wecken zwei Taucher in der Verfilmung »Abenteuer in Atlantis« den Kapitän Nemo nach angeblich 100 Jahren Tiefschlaf an Bord des »Nautilus« wieder auf.

DER »NEW BEETLE«

Nachfolger des → »VW Käfer«, der seit 1998 in den USA produziert wird.

DIE »NIÑA«

Eines der drei Schiffe, mit denen Christoph Columbus 1492 Indien erreichen will und in der Karibik landet. Er selbst macht die Überfahrt an Bord seines Flaggschiffes → »Santa Maria« und hat zudem die Karavelle »Pinta« dabei.

DIE NITROGLYZERIN-LASTER AUS »LOHN DER ANGST«

Um aus einem dreckigen mittelamerikanischen Nest herauszukommen, riskieren es vier abgerissene Abenteurer, zwei mit hochexplosivem Nitroglyzerin beladene Lastwagen 300 Meilen weit über miserable Straßen ins Hochland zu fahren, wo der Sprengstoff zum Löschen einer brennenden Ölquelle gebraucht wird. Sie sind scharf auf die 2.000 Dollar, die als »Lohn der Angst« (Originaltitel: »Le salaire de la peur«) winken. Nur einer kommt durch und erreicht das Ziel – aber ein Happy End bedeutet das auch für ihn nicht.

Mit leichten Abwandlungen folgt die Filmstory dem Roman des Franzosen Georges Arnaud, der zum Bestseller wurde. Arnaud siedelte seine

Geschichte in Guatemala an, wo er gelebt und gearbeitet hatte. Seine Trucks, »ganz gewöhnliche Lastkraftwagen«, waren rot lackiert und verfügten über große Suchscheinwerfer und »Ketten von Glühbirnen«, die vorn und hinten angebracht waren. Die Wagen vom Typ KB 7 der Marke International haben »eine Tragfähigkeit von sieben Tonnen« und verfügen über ein Reduziergetriebe. Im Buch gibt es nur 1.000 Dollar Prämie, aber der Nervenkitzel ist derselbe wie im Film.

Die Aufnahmen entstanden von Juni bis September 1951 in der wilden Schlucht von Gardon in Frankreich. Dort simulierten die Akteure Yves Montand, Charles Vanel, Peter van Eyck und Folco Lulli ihre Fahrt über baufällige Straßen. Sie sprengen riesige Findlinge weg, überstehen nur knapp den Zusammenbruch einer Holzbrücke und kommen teilweise nur im Schneckentempo voran. Ihre Mühen jedenfalls lohnten sich: Der Film gewann bei den Filmfestspielen in Cannes 1953 die Goldene Palme und wurde anschließend weltweit mit großem Erfolg gezeigt.

Während der Dreharbeiten stürzte einer der beiden Laster vom Typ Dodge – ohne Insassen – tatsächlich in die Schlucht, und zwar so bildmächtig, wie Georges Arnaud es am Ende seines Romans beschrieben hatte: »Das Fahrzeug überschlägt sich, Teile lösen sich während des Falles, Eisenteile, die mit ihrem Hagel seinen Sturz begleiten, bevor es endgültig auf dem Gestein zerschmettert. Festgeklammert ist der Betrogene am Steuer geblieben, Opfer seiner Gier – seiner Lebensgier.«

DIE »NORGE«

Das Luftschiff war der Vorläufer der → »Italia«, mit der Umberto Nobile am 25. Mai 1928 auf dem Rückflug vom Nordpol verunglückte.

DIE »NORTHROP B-2«

Korrekte Bezeichnung für den Tarnkappenbomber der amerikanischen Luftwaffe, der mit der → Stealth-Technologie ausgerüstet ist.

DIE »NS OTTO HAHN«

Der Träger des Nobelpreises für Chemie, Otto Hahn, der die Auszeichnung 1945 für seine Leistungen um die Erforschung der Kernspaltung erhielt, war Taufpate der »NS (Nuklearschiff) Otto Hahn«, des ersten atomar angetriebenen Handelsschiffes, das unter deutscher Flagge fuhr. Als der 172 Meter lange und 23,4 Meter breite Erzfrachter, der vom GKSS-Forschungszentrum Geesthacht betrieben wurde, am 13. Juni 1964 vom Stapel lief, hatte man sich allerdings bereits gegen einen regelmäßigen Einsatz von Reaktoren auf zivilen Schiffen entschieden. Das einmal begonnene Projekt indessen setzte man fort. In den Jahren 1966/67 wurde das Schiff am Ausrüstungskai der Kieler Howaldswerke AG mit Hilfe der Firmen Deutsche Babcock AG und Interatom AG, einem Tochterunternehmen von Siemens, umgerüstet und mit einem Reaktor bestückt. Der Reaktor wurde 1968 erstmals kritisch, das heißt: er ging in Betrieb. Im selben Jahr absolvierte die »NS Otto Hahn« ihre Jungfernfahrt und wurde offiziell in Dienst gestellt.

Ihr Druckwasserreaktor, der den Dampf für die Turbine erzeugte, verfügte über eine Leistung von 38 Megawatt und war umschlossen von einem 14 Meter hohen Sicherheitsbehälter mit einem Durchmesser von 2,5 Metern. Für den Strahlenschutz sorgten Betonplatten von 50 bis 60 Zentimeter Stärke, das Gewicht der gesamten Reaktoranlage betrug 2.100 Tonnen. Um die Risiken weiter zu senken, wurde das Schiff in der Nähe des Reaktors mit einem Kollisionsschutz ausgestattet.

Die Baukosten betrugen circa 54 Millionen Mark, zu denen die europäische Atombehörde EURATOM 16 Millionen beisteuerte. Von 1968 bis 1978 befuhr die »NS Otto Hahn«, begleitet von diversen technischen Schwierigkeiten, die Weltmeere. In dieser Zeit aufgelegte Studien über nuklear getriebene Containerschiffe kamen allesamt zu dem Ergebnis, dass ein wirtschaftlicher Einsatz solcher Schiffe nicht möglich ist. Das galt auch für die »NS Otto Hahn«. Kommerziell war sie nie erfolgreich. Ausländische Häfen verweigerten ihr die Anlegeerlaubnis und sie musste auf unrentable Routen ausweichen. Blieb also die Aufgabe als nuklear angetriebenes Versuchsschiff für die Forschung. Nach der Stilllegung 1978 wurde der Atomreaktor in den Jahren 1980 bis 1982 ausgebaut. Das Schiff bekam einen neuen Namen und befuhr als Containerschiff weiter die Meere.

Während sich über die »NS Otto Hahn« der Mantel der Geschichte senkte, hielten immerhin noch einige Modellbauer dem ungewöhnlichen Fahrzeug die Treue. Allein drei Mal widmete das Fachblatt »Modellwerft« findigen Tüftlern und ihren Ergebnissen größere Artikel. Ein Bastler baute ein 1,97 Meter langes und immerhin 55 Kilogramm schweres Modell, das er 2002 fertigstellte und erstmals zu Wasser ließ. Ein sicherheitstechnisch völlig reizloser 12-Volt-Motor brachte das Gefährt auf Fahrt.

O

DIE »OLD FOUR SPOT«

Die amerikanische Lokomotive doubelte in dem Film → »Der General« die titelgebende Lokomotive beim eindrucksvoll gefilmten Sturz von einer Brücke.

OLDSMOBILE

Einen schwarzen Wagen dieses Typs fuhren auch → Bonnie und Clyde auf ihrer Flucht vor der Polizei.

DIE »OLYMPIC«

Einige Verschwörungstheoretiker, das sind Paranoiker mit wissenschaftlichem Anspruch, vermuten, dass am 14. April 1912 eigentlich die »Olympic«, das Schwesterschiff der → »Titanic« untergegangen sei. Die Reederei habe die niedriger versicherte »Olympic« auf Grund geschickt, um die hohe Versicherungssumme für das Schwesterschiff zu kassieren.

DIE »OTTO HAHN«

Das deutsche Atom- oder Nuklearschiff war von 1968 bis 1978 als → »NS Otto Hahn« auf den Weltmeeren unterwegs.

P

DER »PARAGON-PANTHER«

Nach Ian Flemings Roman → »Chitty Chitty Bang Bang« bildet der einzige Wagen, der jemals von diesem Modell gebaut wurde, die Basis für sein Wunderauto, das schwimmen und fliegen kann.

DIE »PASS OF BALMAHA«

Das 1878 gebaute Segelschiff wurde auf der Tecklenborg-Werft in Geestemünde zur → »Seeadler« umgebaut und diente Felix Graf Luckner im Ersten Weltkrieg als getarntes Kaperschiff.

DER PATERNOSTER

So heißt das »Vaterunser« auf lateinisch. Und so wird auch ein Umlaufaufzug genannt, der einst in Behörden und Kontoren Dienst tat. Sein Name bezieht sich jedoch nicht auf die Stoßgebete mancher Passagiere, die sich dem rumpligen Transportmittel anvertrauen müssen, sondern auf die vorne offenen Kabinen, die wie die Perlen eines Rosenkranzes an der Schnur an zwei endlosen Ketten hängen und relativ langsam in immer der gleichen Richtung umlaufen.

Als »ein Aufzug ohne Tür, der dauernd fährt ohne anzuhalten«, wird er zum Beispiel im »Deutschen Wörterbuch« von Wahrig bezeichnet. Der Volksmund nannte ihn je nach Transportgut, »Proletenbagger« oder »Bonzenheber«. In Hamburg wurde 1886 der erste dieser Aufzüge in das – 1967 abgerissene – Haus »Dovenhof« eingebaut. Der Kaufmann Freiherr von Ohlendorf brachte die praktische Erfindung aus England mit. Dort transportierte ein Paternoster schon ab 1876 Pakete und Briefe durch das Londoner Hauptpostamt. 1896 meldete Carl Prött aus Hagen in Westfalen die Idee des umlaufenden Aufzugs zum Patent an, und bald wurden die praktischen Hebevorrichtungen vor allem in den Hamburger Kontorhäusern eingesetzt. 1936 waren in Hamburg allein 344 der in Deutschland gezählten 679 Paternoster im Einsatz. Heute gibt es nur noch rund 40 dieser ungewöhnlichen Transportmittel in Hamburg, circa 80 in Berlin und etwa 350 in ganz Deutschland. Sie überstanden alle Bestrebungen, sie ganz abzuschaffen. Als zwei Jahre vor dem 100. Geburtstag des deutschen Paternosters das Aus drohte für die noch in Betrieb befindlichen Ruckelgeräte, konnte ein 1994 in München gegründeter »Verein zur Rettung der Paternoster« nach einer Intervention beim damals zuständigen Arbeitsminister Blüm die Stillegung abwenden.

Allerdings werden heute keine Paternoster mehr neu gebaut. Denn die Aufzugsverordnung vom 31. Dezember 1972 untersagte die Neueinrichtung von derartigen Aufzügen. Die bestehenden Anlagen, die sich als äußerst robust und zuverlässig erwiesen haben, prüft der TÜV einmal im Jahr. Nur »durch spielende Kinder oder Handwerker mit überlangen Leitern«, so Peter Galle, kommt es schon mal zu Unfällen und allerlei »Blödsinn«. Der Berliner Mitarbeiter des Fahrstuhlherstellers Otis kümmert sich seit Jahren um die Wartung der betagten Fahrzeuge und hat sich so den Beinamen »Professor Paternoster« redlich verdient. Für ihn ist vor allem die Schmierung der Tragketten eine Wissenschaft für sich, denn »die Mechanik muss laufen wie ein Uhrwerk«.

Mit 1,44 km/h zuckelt der durchschnittliche Paternoster rauf und runter in immerwährendem Kreislauf. Trotz oder gerade wegen seiner Trägheit hat er Eingang in die Kunst gefunden. Heinrich Bölls Dr. Murke philosophierte 1958 über ihr schicksalhaftes Auf und Ab. Doris Dörries »Männer« durften in ihm streiten – und sich ausziehen. Die Theaterregisseurin Sonja Weber baute ihn in ihre Version von »Agamemnon« ein. Und Studenten der Fachhochschule für Gestaltung lassen einen Paternoster voller Schauvitrinen durch das Hamburger Levantehaus kreisen.

DIE »PEQUOD« – DER WALFÄNGER VON KAPITÄN AHAB AUS »MOBY DICK«

»Überlegene Anverwandlung der zahllosen faktischen und literarischen Quellen, reiches Instrumentarium und zugleich spannende Erzählung geben dem Werk, dem der Autor selbst nichts Ebenbürtiges an die Seite stellen konnte, eine singuläre Stellung in der Weltliteratur.« Dieser Wertung, entnommen »Wilperts Lexikon der Weltliteratur« ist kaum etwas hinzuzufügen. Der amerikanische Schriftsteller Herman Melville, der von 1819 bis 1891 lebte, schrieb in den Jahren 1848 bis 1850 den Roman »Moby Dick«. Darin erzählt er von der letzten Fahrt des Walfängers »Pequod«, der sich unter der Leitung des düsteren Kapitäns Ahab auf die Jagd nach einem sagenhaften weißen Pottwal macht. Der Kapitän sinnt auf Rache für seine Verstümmelung durch »Moby Dick«. Im Pazifik kommt es zu einem dreitägigen Kampf und zum Untergang des Schiffes, den nur der Matrose Ishmael, der Ich-Erzähler des Romans, in einem von dem Polynesier Queequeg gezimmerten Sarg überlebt.

Der Name des Walfängers, »Pequod«, stammt von einem ausgestorbenen Stamm der Massachusetts-Indianer. Der Ich-Erzähler Ishmael glaubt, das Schiff sei »älter als die Arche Noah«. Weiter heißt es über das Schiff: »Von Wind und Wetter aller Klimazonen gegerbt, hatte ihr Rumpf eine wunderschöne dunkle Färbung angenommen. Die uralten Decks waren von vielen nackten Füßen blank gewetzt. Und das Schiff strotzte förmlich von Trophäen seiner Erfolge.« Pottwalzähne dienten als Belegnägel, und die Taustränge liefen über Rollen aus Meerelfenbein. Anstatt eines Steuerrads verfügte die »Pequod« über eine aus dem Unterkiefer eines Wals geschnitzte Pinne.

Melville selbst hatte 1841 für 18 Monate auf dem US-Walfänger »Acushnet« angeheuert. Viele Eindrücke aus dieser harten Zeit sind in seinen Roman eingeflossen. Und verschiedene Historiker glauben, dass auch das Schiff »Essex«, das am 12. August 1819 auslief und am 20. November 1820 westlich der Galapagos-Inseln Opfer eines Pottwalangriffs geworden war, als Vorbild für die »Pequod« diente. Nie zuvor hatte es Kunde gegeben von einer gezielten Attacke eines Wals auf ein Schiff. Owen Chase, den damaligen ersten Steuermann der »Essex«, hatte Melville in seiner Zeit auf der »Acushnet« kennengelernt und auch die Erzählung gelesen, die Chase über die Attacke des Pottwals und die Odyssee der Beiboote geschrieben hatte.

Mehrfach wurde die »Pequod« für Verfilmungen nachgebaut. 1926 entstand »The Sea Beast« und 1930 »Moby Dick«. John Barrymore spielte in beiden Filmen, die das US-Studio Warner Brothers produzierte, den Kapitän Ahab. 1956 verfilmte John Huston »Moby Dick« mit Gregory Peck. Der Film entstand mit Hilfe der Waljäger von Madeira in der irischen Stadt Youghal, nahe Cork City, außerdem in Fishguard in Wales, den Londoner Elstree-, Shepperton- und ABC-Studios, wo das Deck der »Pequod« nachgebaut wurde, und auf dem Atlantischen Ozean. Das englische Schiff »Rylands«, dessen Fahrten vor Scarborough an der Küste von Yorkshire eine Touristenattraktion waren, wurde für die Dreharbeiten komplett überholt und neu gestaltet. Weil es billiger war, baute man die neuen Maschinen und Generatoren nicht mittschiffs, sondern unter dem Heck an Achtern ein. »Der Krach war konstant und man konnte ihm nicht entkommen«, sagte Huston später. Eigentlich sollte das Schiff, der Vorlage entsprechend, mit Rahen getakelt sein, aber man fand keinen Fachmann dafür, so dass man sich mit einer ähnlich aussehenden Ersatzkonstruktion behalf, die während des Drehens Probleme mit sich brachte, da sie schlicht zu wacklig war. Für die fachliche Betreuung verpflichtete man den bekannten Kapitän Allan Villiers, der selbst Dutzende von Büchern über die Schifffahrt geschrieben hatte. Dreimal ging das Schiff fast ganz verloren, einmal brachen alle drei Masten. Der stets zu makabren Scherzen aufgelegte Huston sorgte für einen skurrilen Zwischenfall. Als sich während der Dreharbeiten auf dem Meer ein anderes Schiff näherte, befahl er sämtlichen Schauspielern, sich tot zu stellen und auf das Deck zu legen. Die Besatzung dachte, ein Geisterschiff vor sich zu haben. Als sie verunsichert ein Rettungsboot zu Wasser ließ, waren Crew und Akteure auf einmal wieder quicklebendig und winkten ihnen zu.

1998 entstand der Fernseh-Zweiteiler »Moby Dick«, in dem Patrick Stewart den Kapitän spielte. An das literarische Vorbild erinnerten bei diesem Schiff lediglich zwei immer wieder gezeigte Walzähne auf der Reling. Soweit bekannt wurden alle für die Filme gebauten Schiffe komplett zerstört. Dass wir dennoch eine wirklichkeitsnahe Vorstellung von der »Pequod« haben können, ist einer reichen Bürgerin von Nantucket, einer Insel vor der Küste Neuenglands, zu verdanken. Sie spendete 1915 für das örtliche Museum in New Bedford ein Modell eines Walfängers im Maßstab 1:2. Es trägt den Namen »Lagoda« und ist sehr stark an die von Melville beschriebene »Pequod« angelehnt.

PHÖBUS' SONNENWAGEN

Der von Hephaistos gebaute vierspännige Sonnenwagen entstammt, wie die → Argo, dem Fuhrpark der griechischen Mythologie. Er erschuf den Wagen für den Sonnengott Phöbus, dessen Sohn Phaeton an seiner göttlichen Herkunft zweifelt und von ihm ein Pfand fordert. Phöbus verspricht Phaeton, ihm jeden Wunsch zu erfüllen, woraufhin der verlangt, einmal mit dem Sonnenwagen fahren zu dürfen. Zwar warnt ihn der Vater, dass er ohne ausreichendes Wissen Unheil anrichten könnte, aber der Sohn ignoriert diese berechtigte Warnung. Als er mit den geflügelten Rossen losrast, folgt das Drama umgehend. Phaeton stößt Fixsterne an, lässt Wolken verdampfen und stürzt auf die Erde. Der außer Kontrolle geratene Sonnenwagen entzündet den Erdball, so dass Zeus in seinem Zorn Phaeton mit einem Donnerschlag erschlägt. Jüngst hat VW sein Luxusgefährt »Phaeton« getauft – sozusagen nach dem ersten Raser der Geschichte. Hoffentlich ist das kein schlechtes Omen.

DIE »PHOENIX« AUS »DER FLUG DES PHOENIX«

Es war heiß, wirklich sehr heiß. Die Temperaturen lagen bei durchschnittlich 45 Grad Celsius, und die Scheinwerfer vergrößerten diese Hitze noch. Der Sand der Dünen bei Yuma im US-Bundesstaat Arizona machte den Schauspielern zu schaffen, »und nun drehten wir auf Pattons längst verwehten Spuren einen Film, in dem es darum ging, dass sich ein Flugzeugwrack wie ein Phönix aus der Asche in den Himmel heben sollte«. So erinnert sich Hardy Krüger in seinem Buch »Szenen eines Clowns« an die Dreharbeiten zu dem Film, in dem er eine der Hauptrollen spielte. Die Produktionsfirma von Robert Aldrich, der auch Regie führte, hatte die Rechte an dem Roman »The Flight of the Phoenix« von Elleston Trevor erworben und drehte den Film 1965 mit männlicher Starbesetzung wie James Stewart, Richard Attenborough, Peter Finch,

Ernest Borgnine, Dan Duryea, George Kennedy und eben Hardy Krüger. Darin geht es um ein Flugzeug, das bei einer Notlandung in der Sahara schwer beschädigt wird. Die »Phoenix«, eine Doppelrumpfmaschine, steht in Diensten einer amerikanischen Company, die in den Ölfeldern Libyens nach Öl bohrt. An Bord sind elf Bohrspezialisten und ein deutscher Flugzeugentwickler, der allerdings, wie sich herausstellt, im Modellflugzeugbau tätig ist. Nach den vergeblichen Versuchen einiger Überlebender, zu Fuß Hilfe zu holen oder die Aufmerksamkeit eines Rettungsflugzeugs auf sich zu ziehen, entwickelt dieser von Hardy Krüger gespielte Deutsche einen ungewöhnlichen Plan. Er und die übrig gebliebenen sechs Mann wollen gemeinsam aus einer intakten Motorgondel mit Leitwerk ein Flugzeug bauen. Es soll auf Kufen starten und die Passagiere sollen sich, da im Inneren kein Platz ist, auf den Tragflächen und am Motor festbinden.

Nach Krügers Worten standen die Wetten im Filmteam 50:1, dass die »Phoenix« nicht fliegen werde. Am Tag, als die Techniker Dummys auf die Tragflächen legten, um tatsächlich einen Startversuch zu wagen, stiegen die Wetten auf 46 zu 100. Da man James Stewart, der so glaubwürdig den Piloten Frank Towns spielte, nicht den damit verbundenen Gefahren aussetzen wollte, obwohl er im 2. Weltkrieg 20 Bombereinsätze geflogen war, lag die Verantwortung bei Paul Mantz, der als exzellenter Sensationspilot galt und dessen Waghalsigkeit berühmt war. Er hatte den Bau des »Phoenix« überwacht und auch den Job übernommen, das Unikat zu fliegen. Als er die Maschine am Morgen des 7. Juli 1965 startete und kurz danach abstürzte, war das etwa 160 Personen starke Team bereits nach Los Angeles zurückgekehrt, um in den Studios der Twentieth Century Fox Innenaufnahmen zu drehen. »Einen Tag später sahen wir uns den Tod von Paul Mantz auf der Leinwand an«, schrieb Krüger in seinen Erinnerungen. »Klein und düster kam das Flugzeug in das Tal der Dünen. Sein dicker Motor vor dem schlanken Rumpf sah aus wie ein Libellenkopf. Die Dummys auf den Flächen hielten ihre Köpfe tief gesenkt. Unser Phönix und sein Schatten huschten über Dünen hin. Der Vogel flog hinter seinem Schatten her. Wollte ihn berühren. Wurde eins mit seinem Schatten. In der Umarmung trennte sich der Motor von dem Rumpf. Der Libellenkopf rollte vornüber. Es war der Motor, der einen Mann zerschlug, der auf ihm saß. Flammen schlugen hoch.« Die Aufnahmen waren zwar im Kasten, wie man so sagt, aber den Piloten hatten sie das Leben gekostet. Sieben Kameras hatten das Drama aus verschiedenen Blickwinkeln eingefangen. Ein Stuntman war aber durch einen beherzten Sprung der Havarie entkommen und überlebte mit gebrochener Hüfte.

Nach Angaben von Regisseur Robert Aldrich ist das Flugzeug zerbrochen, weil »der Rumpf aus Holz und Leinwand war. Mantz hatte das schwere Element des Motors mit der leichten Konstruktion des Rumpfes vereinen wollen«, meinte er. Und weil er bei den Probestarts die Phönix nicht in die Luft bekam, verzurrte er später schwere Gewichte im Rumpf. Zum Absturz kam es, als Mantz den Vogel nahe an den Kameras vorbei flog. Als die Kufen den Boden berührten, zerbrach die Maschine.

Die wirklich schwierigen Bedingungen während der Dreharbeiten und der Einsatz des Lebens von Paul Mantz fanden an den Kinokassen nicht die entsprechende Würdigung. »Der Flug des Phönix« wurde ein Flop.

DIE »PINTA«

Eines der drei Schiffe unter dem Kommando des Christoph Columbus, der sich 1492 aufmachte, einen neuen Seeweg nach Indien zu finden, und dabei die Karibik entdeckte. Columbus selbst machte die Reise auf seinem Flaggschiff, der → »Santa Maria«, und hatte zudem noch die Karavelle »Niña« dabei.

DER PLANWAGEN

Wer zu Anfang des 19. Jahrhunderts den amerikanischen Westen erobern und besiedeln wollte, hatte bekanntlich eine Reihe von Schwierigkeiten zu überwinden. Mal abgesehen von den Fahrwegen, die nicht mehr waren als Pfade und »Knüppeldämme«, stellte sich vor allem das Problem eines zumindest einigermaßen bequemen Fortbewegungsmittels, das sich dieser Herausforderung gewachsen zeigen und zudem noch einen ganzen Hausrat unbeschadet transportieren konnte. Es waren deutschstämmige Wagenmacher, die mit dem so genannten Conestoga-Wagen die Basis für alle weiteren Vehikel konstruierten.

Er war 7,80 bis 8 Meter lang, 3,30 Meter hoch, 1,20 Meter breit und wog leer etwa 3.000 bis 3.500 Pfund. Die Vorder- und Hinterräder waren unterschiedlich groß (105 und 140 Zentimeter Durchmesser). Vier Männer bauten etwa zwei Monate an jedem dieser Wagen. Die deutschstämmigen Konstrukteure hatten sich im Conestoga-Tal im Lancaster County bei Philadelphia niedergelassen und benannten ihr Produkt nach diesem Landstrich. Pfälzische Bauernwagen dienten als Basis für die Weiterentwicklung. Die ersten Conestoga-Wagen entstanden im frühen 18. Jahrhundert und wurden zunächst nur für den Frachtverkehr eingesetzt. Mit den bis zu 10.000 Pfund Ladung, die sie aufnehmen konnten, pendelten sie zwischen Philadelphia und den Siedlungen in der Nachbarschaft hin und her. Nachdem 1790 die erste Landstraße zwischen Lancaster und Philadelphia entstand und sich die Planwagen auch dort bewährten, mutete man ihnen größere Strecken wie etwa nach New York, Boston oder Baltimore zu. Die stolzen Erbauer hinterließen immer öfter eine Art von Brandzeichen in den Wagen, weil sich herausstellte, was für ein Qualitätsprodukt sie erschaffen hatten. Manche Conestogas liefen 40 Jahre ohne größere Probleme.

Das Besondere an den Planwagen waren nicht nur ihre Herkunft und die massive Bauweise, sondern auch die Form, denn durch das gewölbte Wagenbett lag der Beladungsschwerpunkt in der Mitte, was sich in einer guten Straßenlage niederschlug. Der Wagenkasten war, wie bei einem Schiff, durch Kalfatern wasserdicht gemacht worden. Rahmen und Seiten bestanden aus heller Eiche. Zwischen sechs und 16 eiserne Bögen wölbten sich von den Seiten ausgehend nach oben über den Kasten und waren mit Segeltuch bespannt. Unter dem Kasten befanden sich Deichsel und Achsen aus starkem Hickory-Holz. Die Radnaben waren aus Hartgummi, damit sie nicht splittern konnten. Rund um die Vorder- und Hinterräder fertigten Schmiede einen schweren Eisenbeschlag. »Die bemerkenswertesten Teile der Conestoga-Wagen waren ihre starken, nach außen gewölbten, schüsselförmigen Räder«, schrieb der Historiker Oscar Winther 1963. Zuerst waren es große Querkeile, später Schraubmuttern, die die Räder auf den Achsen hielten. Eine schwere Bremse, die aus einem kräftigen Querbalken bestand, der unmittelbar vor den Hinterrädern unter dem Wagenkasten abgebracht war, sorgte für etwas Sicherheit. Ein langer Bremshebel an der Seite des Wagens, der mit einem Seil fixiert wurde, griff auf den Balken zu, und die Bremsblöcke pressten sich gegen die eisernen Teile der Hinterräder. Zu weiteren Ausstattungsdetails dieser ersten Planwagen zählten ein Werkzeugkasten, eine Ablage und ein Wagenheber.

Nach Überlieferungen von Zeitzeugen boten die Wagen einen prächtigen Anblick, denn Fahrgestell und Räder waren leuchtend rot gestrichen und der Wagenkasten in blau. Zusammen mit dem hellen weißen Segeltuch waren dies die Nationalfarben der USA.

Sechs Pferde sorgten für den entsprechenden Vortrieb, und wenn die Straßenverhältnisse es zuließen, legten sie mitsamt der Fracht zwischen sechs und 20 Meilen pro Tag zurück. Beim großen Treck nach Westen, in dem die Siedler zum Teil über 2.000 Meilen zurücklegten, übernahmen dann Ochsen und Maultiere diese Aufgabe. Bei den frühen Wagen gab es keinen Kutschbock, sondern der Fuhrmann saß auf dem linken hinteren Pferd, stieg aber auch häufiger ab und lief nebenher, wenn das Gelände zu schwierig wurde. Nach 1865 verschwanden die Conestoga-Planwagen mehr und mehr aus dem Alltagsbild Amerikas, machten leichteren Fahrzeugen wie dem »Prärieschoner« Platz oder büßten ihre Frachtfunktion ein, weil die Schifffahrt oder die Eisenbahn an ihre Stelle trat.

PLYMOUTH FURY

Ein solches Modell der Marke Plymouth aus dem Jahr 1958 diente als Basis für das Horrorauto in dem von Autor Stephen King geschriebenen Roman → »Christine«.

PLYMOUTH VALIANT

Mit einem Wagen dieser Baureihe ist der Handelsreisende David Mann unterwegs, als ihm ganz ohne ersichtlichen Grund plötzlich ein 40 Tonnen schwerer → Laster auf die Pelle rückt und ein »Duell« der ganz besonderen Art beginnt.

PONTIAC GTO

Aus einem Umbau dieses amerikanischen Sportwagens entstand das → »Monkeemobile« der US-Popband »The Monkeys«.

POSTKUTSCHEN

Das Reisefahrzeug schlechthin vor der Erfindung der Eisenbahn wird unter → Goethes Postkutschen behandelt.

DER POSTZUG, DEN DIE »GENTLEMEN« ZUR KASSE BITTEN

In den 60er Jahren war es üblich, dass die Bank von Schottland jeden Tag einen besonderen Postzug auf die Reise nach England schickte, der nicht nur Briefe und Pakete nach London brachte, sondern auch aus dem Verkehr gezogene, abgenutzte Banknoten, die bei der Bank von England eingestampft wurden. Jeden Abend um 18.50 Uhr verließ der Postzug Glasgow und erreichte üblicherweise nach einem Zwischenstopp nachts um 3.41 Uhr die Euston Station in London. Doch in der Nacht vom 7. auf den 8. August 1963 kam der Fahrplan durcheinander.

15 Männer mit guten Manieren und Umgangsformen, weshalb der Volksmund sie später mit dem Beinamen »die Gentlemen« bedachte, hatten beschlossen, den Postzug zu überfallen. Sie wollten die schönen Scheine vor der Vernichtung bewahren und – nach einem kleinen Umweg – mit dem Erwerb von guten Waren wieder dem Geldkreislauf zuführen. Der entscheidende Tipp war von einem Angestellten der Schottischen Bahngesellschaft gekommen. Knapp ein Jahr lang plante die Herrenrunde unter der Leitung des Antiquitätenhändlers Bruce Reynolds den Coup. Es war eine lehrreiche Zeit, gewürzt mit zahlreichen Ausflügen. Die Männer kundschafteten einen geeigneten Ort für den Überfall aus, lernten Diesellok fahren, mieteten die leer stehende Leatherslade Farm in Oakley an und bereiteten den Abtransport der Beute vor. Mit Roger Cordrey, im Brotberuf Florist, war auch ein Spezialist für Signale und Gleistechnik mit dabei. Dieser Fachmann sorgte am Morgen des 8. August dafür, dass das Signal Sears Crossing südlich von Linsdale, in der

Grafschaft Buckinghamshire etwa 31 Meilen vor London, nicht auf grün, sondern auf rot stand, was den Lokführer veranlasste, den mit etwa 80 Meilen pro Stunde fahrenden Postzug abzubremsen und um 3.05 Uhr nachts zu stoppen. Nachdem sein Assistent ausgestiegen war und das Signal inspizierte, brachten die Gangster ihn und den Lokführer in ihre Gewalt. Sie koppelten die Lok und den ersten Wagen ab und fuhren etwa 300 Meter weiter zu der kleinen Bredego Brücke. Dort hielten sie die Bewacher in Schach, brachen den gepanzerten Geldwaggon auf und verluden 130 Postsäcke in drei ganz in der Nähe geparkte Fahrzeuge. Nach nur 18 Minuten war der Spuk vorbei. Der Lokführer erhielt in einem Handgemenge mit Ronald »Buster« Edwards einen Schlag auf den Schädel. Bei ihm wurden eine leichte Gehirnerschütterung und eine Platzwunde diagnostiziert.

30 Minuten vergingen, bevor die Überfallenen sich trauten, Hilfe zu suchen. Da die Gangster – auch das ein Zeichen ihrer umsichtigen Planung – sämtliche Telefonleitungen in der Umgebung gekappt hatten, dauerte es weitere 40 Minuten, ehe eine kleine Polizeistation um kurz nach 4.30 Uhr den Notruf absetzen konnte. Spezialisten von Polizei und Scotland Yard fuhren sofort zum Tatort, sicherten Spuren und nahmen die Ermittlungen auf, die schnell zu dem Ergebnis führten, dass die Täter ihren Plan sehr genau vorbereitet hatten. Die saßen mittlerweilen schon auf ihrer kleinen Farm in Oakley und freuten sich beim Kassensturz über die reiche Beute. Sie hatten 2.631.784 Pfund mitgehen lassen, was damals etwa 29,5 Millionen Mark entsprach und nach heutigem Wert etwa dem Vier- bis Fünffachen dieser Summe. Kurz danach gaben sie ihr Versteck auf und gingen getrennte Wege. Ihr Vertrauen in die britische Eisenbahn schien übrigens nicht erschüttert worden zu sein, denn einige von ihnen fuhren mit dem Zug nach London. Auch dem Postzug wurde kein Vorwurf daraus gemacht, überfallen worden zu sein. Er nahm nach Abschluss der Ermittlungen den Dienst wieder auf und verkehrte weiterhin zwischen Glasgow und London.

»The great train robbery« hat den meisten Zugräubern kein Glück gebracht. Schon eine Woche nach der Tat gab es die ersten Verhaftungen, weil einer der Fahrer dummerweise einen Fingerabdruck am Steuer seines Wagens hinterlassen hatte. Nach und nach flog die ganze Bande auf, nur die Beute, die blieb zu etwa 90 Prozent verschwunden. Der Schatzmeister der Bande, Charlie Wilson, den sie den »Schweiger« nannten, weil er vor Gericht kein Wort sagte, soll angeblich das Geldversteck gekannt haben. Aber er wurde 1990 vor seiner Villa in Marbella erschossen. Die Bandenmitglieder erhielten allesamt sehr hohe Haftstrafen von bis zu 30 Jahren, die später in den Revisionsverfahren teilweise wieder reduziert werden mussten. Zu einiger Berühmtheit brachte es Ronald Biggs. Auch er bekam 30 Jahre Haft aufgebrummt, floh aber 1965 aus dem Gefängnis und gelangte über Australien nach Brasilien, wo er – dank fehlender Auslieferungsabkommen mit England – relativ unbehelligt lebte und mit bescheidenem Erfolg seinen zweifelhaften Ruhm vermarktete. Im Jahr 2002 aber packte ihn das Heimweh und er kehrte nach England zurück, wo er gleich von der Polizei in Empfang genommen wurde.

DIE »PRESIDENT WARFIELD«

Auf diesen Namen wurde ein amerikanischer Vergnügungsdampfer getauft, als er 1928 vom Stapel lief. Später wurde daraus das Flüchtlingsschiff → »Exodus«.

DIE »PRINCE OF WALES«

Englisches Schlachtschiff, das bei einem Gefecht mit der deutschen → »Bismarck« am 21. Mai 1941 schwer beschädigt wurde.

DIE »PROTEUS«

Das → Miniatur-U-Boot aus dem Roman und Film »Die phantastische Reise«.

PT 59 + PT 109

Amerikanische → Schnellboote, auf denen John F. Kennedy während des 2. Weltkriegs diente.

Q

DIE »QUEEN ELIZABETH«

Es waren einmal zwei Schwestern. Die Ältere war nicht so lange unterwegs wie die Jüngere, die dafür mehr erlebte, schöner, größer und feuriger war, was sie am Ende auch zu Grunde richten sollte. Die Rede ist von der → »Queen Mary« und der »Queen Elizabeth«, die 32 Jahre lang die Meere befuhr, ein Jahr länger als ihre Schwester. Beide Schiffe haben eine bewegte Geschichte.

Für den britischen Reeder Samuel Cunard ging Mitte der 30er Jahre ein Traum in Erfüllung. Dank eines stattlichen Vorschusses vom Finanzministerium, das sich damit eine spätere militärische Nutzung des Schiffs sicherte, konnte er den Auftrag erteilen, seinem bereits im September 1934 vom Stapel gelaufenen Luxusliner »Queen Mary« ein Schwesterschiff zur Seite zu stellen. Auch für dieses Schiff erhielt die Werft John Brown & Co. Ltd. den Zuschlag, und am 27. September 1938 war es auch für die »Queen Elizabeth« so weit. Das Schiff trug allerdings nicht die traditionellen Farben der Cunard Line, sondern war grau gestrichen, um zunächst seinen Dienst am Vaterland verrichten und so seinen Teil des Vertrages erfüllen zu können. Am 3. März 1940 verließ sie ihren Ankerplatz in Gourock und erreichte vier Tage später New York. Am 13. September legte sie dort wieder ab, um in Singapur weiter umgebaut zu werden. Wie die »Queen Mary« auch wurde sie zum Truppentransporter umfunktioniert und mit leichten Verteidigungswaffen ausgerüstet. Fortan befuhr sie die Routen Sydney, Suez, Kanada und New York. Bis zu 10.000 Betten hatte die 300 Meter lange und 36 Meter breite Riesin an Bord, die sich deutlich von ihrer Schwester abhob: Die »Queen Elizabeth« hatte nur zwei Schornsteine, und ihr Bug war anders geformt, was ihr zu einem schnittigeren Aussehen verhalf. Wegen ihres Gewichts von fast 84.000 Tonnen galt sie bald als »größtes Schiff der Welt«.

Glücklicherweise hatte die Admiralität die Idee verworfen, aus ihr einen Flugzeugträger zu machen. So überstand sie den Krieg unbeschadet und konnte sich deshalb für ihre neue, ursprüngliche Bestimmung als Luxuspassagierdampfer schmücken lassen. Am 6. März 1946 lief sie in Southampton ein, um wieder für zivile Zwecke umgerüstet zu werden. Drei Tage später brach an Bord ein Feuer aus. Die Hintergründe sind bis heute ungeklärt, aber die Ermittler gingen seinerzeit von Brandstiftung aus. Reparatur und Renovierung zogen sich über ein halbes Jahr hin, doch am 16. Oktober waren die 823 Betten der 1.Klasse, die 662 der Kabinenklasse und die 798 der Touristenklasse endlich gemacht, und die »Queen Elizabeth« lief zu ihrer »zivilen« Jungfernfahrt nach New York aus.

Aber die Zeit der Luxusliner war schon fast vorbei. Mehr und mehr Flugzeuge überquerten immer sicherer den Atlantik, mehr und mehr bewahrheitete sich der Satz: Zeit ist Geld. So waren bei einer Atlantiküberfahrt nur 200 Gäste an Bord, die sich der Aufmerksamkeit von 1.200 Mann Besatzung erfreuten. Außerdem waren die Schiffe nicht so zuverlässig, wie sie hätten sein sollen. Immer wieder gab es Probleme und Beinahe-Katastrophen. Am 17. April 1947 lief die »Queen Elizabeth« im dichten Nebel bei Brambles Bank vor Southampton auf Grund. Im Januar 1952 brach wieder einmal Feuer aus und zerstörte eine große Zahl von Kabinen. Am 29. Juli 1959 kollidierte sie bei Nebel im Ambrose-Kanal nahe New York mit dem US-Frachter »American Hunter«.

Kreuzfahrten schienen zunächst einen Ausweg aus der Misere mit den sinkenden Passagierzahlen im Linienverkehr zu bieten. Doch auch exotische Ziele wie die Bahamas, Wintereinsätze, umfangreiche Renovierungen oder die Montage einer Klimaanlage und eines Außenpools verhinderten das finanzielle Debakel der »Queen Elizabeth« nicht. Am 5. November 1968 überquerte Cunards Luxusliner zum letzten Mal den Atlantik. Geschäftsleute aus Philadelphia hatten das Schiff für 7,75 Millionen Dollar erworben, um daraus in Port Everglades in Florida eine Touristenattraktion zu machen – auch dies eine Fehlspekulation, wie sich bald herausstellen sollte.

1971 kaufte der taiwanesische Tycoon C.Y. Tung das angeschlagene und reparaturbedürftige Stück. Er plante, daraus eine schwimmende Universität zu machen, die »Seawise University«. So lief die »Queen Elizabeth« in Richtung Hongkong aus, wo sie jedoch nie ankam. Maschinenprobleme zwangen sie dazu, vor der Insel Tsing Yi nahe Kowloon zu ankern. Am 9. Januar 1972 brach ihr letztes Feuer aus, das nicht nur das kurz zuvor eingebaute orientalische Interieur vernichtete, sondern so sehr wütete, dass das Schiff Schlagseite bekam. Es gab nur einen Verletzten, und als Ursache für den Brand wurden schlechte Sicherheitsvorkehrungen und Brandstiftung ausgemacht. Nicht mehr zu retten, lag sie nun längere Zeit im Hafenbecken, wo sie als Filmkulisse für Roger Moores zweites 007-Abenteuer »Der Mann mit dem goldenen Colt« eine Komparsenrolle spielte. Im Dezember 1973 beschlossen die Eigner, das ehemals so stolze Schiff endgültig zu verschrotten.

DIE »QUEEN MARY«

31 Jahre lang war sie der Stolz der Cunard Line, konzipiert und gebaut, um den großen Konkurrenten auf der Atlantikroute, den deutschen Schiffen »Bremen« und »Europa«, der italienischen »Rex«, der französischen »Normandie« und der amerikanischen »United States« Konkurrenz zu machen – und eine Zeit lang gelang ihr das auch.

Der Wunsch, in dem großen Wettrennen um Prestige und Profit mitzuhalten, war ausschlaggebend dafür, dass Cunard den 297 Meter langen, 36 Meter breiten und knapp 81.000 Tonnen schweren Luxusliner 1930 bei der schottischen Werft John Brown & Co. Ltd. in Clydebank in Auftrag gab. Doch die Weltwirtschaftskrise brachte Zweifel auch über dieses Vorhaben und so war lange Zeit nicht klar, ob das im Bau befindliche Schiff jemals fertiggestellt oder vielmehr in Teilen verkauft und ausgeschlachtet würde. Der geplante Fertigstellungstermin Mai 1932 verstrich, bis dank einer Finanzspritze der englischen Regierung die Arbeit im April 1934 fortgesetzt und das Schiff am 26. September getauft werden konnte. Der Bau trug bis dahin den Projektnamen »Hull 534«. Die Idee, das Schiff »Victoria« zu nennen, hatte einiges für sich, da alle Schiffsnamen der Cunard Line auf –ia endeten. Aber es kam anders, und als die Königin von England persönlich zur Taufe erschien, um beherzt eine Flasche Champagner am Bug zerschellen zu lassen, hieß der Luxusliner natürlich »Queen Mary«.

Der Dampfer enttäuschte seine Patin und die Reederei nicht. Nach der erfolgreichen Jungfernfahrt von Southampton über Cherbourg nach New York am 27. Mai 1936, an der 1.101 Gäste und Besatzungsmitglieder teilnahmen, holte sie bereits im August das prestigeträchtige »Blaue Band« für die schnellste Atlantiküberquerung. Cunard war begeistert und gab das Partnerschiff → »Queen Elizabeth« in Auftrag. Der Ausbruch des 2. Weltkriegs am 1. September 1939 überraschte die »Queen Mary« in New York. Kurze Zeit später stand sie in Diensten der Navy. Sie erhielt einen grauen Anstrich, Kojen statt Betten und wurde mit Waffen bestückt. Sie transportierte Truppen zwischen Sydney und Indien, Singapur und Suez, fuhr schließlich nach Boston und wieder nach New York. 16.683 Mann an Bord waren ihr absoluter Rekord. Die Tatsache, dass ein einziges Schiff so viele Soldaten zu ihren Einsatzorten brachte, erboste Adolf Hitler so sehr, dass er eine hohe Belohnung für ihre Versenkung auslobte. Doch mit ihrer hohen Geschwindigkeit von etwa 30 Knoten aus 160.000 PS konnte kein deutsches U-Boot mithalten. Deren Auftrag hätte beinahe das Eskortenschiff »HMS Curacoa« erledigt, als es die »Queen« am 2. Oktober 1942 aufgrund eines navigatorischen Missverständnisses rammte. Doch die 151 wasserdichten Abteilungen und über zehn Millionen Nieten der »Queen Mary« hielten. Das Schiff konnte, nachdem man den Schaden am Bug abgedichtet hatte, aus eigener Kraft einen sicheren Hafen anlaufen und später in Boston repariert werden. Nicht so gut kam die »Curacoa« weg. Sie sank und nahm 329 ihrer 430 Mann Besatzung mit auf den Grund des Meeres.

Dennoch war der Kriegseinsatz der »Queen Mary« ein voller Erfolg. Das Schiff hatte fast unbeschadet rund 600.000 Meilen hinter sich gebracht und circa 750.000 bis 800.000 Menschen transportiert. Die »Queen Mary« und die »Queen Elizabeth« nahmen nach dem Krieg ihre Fahrten über den Atlantik wieder auf und verrichteten 14 Jahre lang mehr oder weniger problemlos (siehe oben) ihren Dienst. Doch auch an der »Queen Mary« ging der Niedergang der Passagierschifffahrt nicht folgenlos vorbei. Ihre erste Kreuzfahrt machte sie im Dezember 1963, als die Reise von Southampton nach Las Palmas führte. Auch die Bahamas und das Mittelmeer hatten die Ehre, von dem Luxusdampfer mit den zwei Masten, drei Schornsteinen und 2.000 Bullaugen angesteuert zu werden. Aber zum Erfolg als Kreuzfahrer fehlte doch einiges. Platz genug war zwar in den 776 Kabinen für die 1. Klasse, 784 für die Touristenklasse und 579 für die 3. Klasse, doch ein Außenpool, mehrere Sonnendecks und eine zentrale Klimaanlage fehlten – Dinge, die bei anderen Kreuzfahrtschiffen selbstverständlich waren. So wurde sie im Oktober 1967 nach 1001 Überfahrten ausgemustert und zum Verkauf angeboten.

Die Stadt Long Beach in Kalifornien erwarb die »Queen Mary« für nur 3,5 Millionen Dollar. Der einstige Atlantikrenner wurde nun als Museums-, Hotel- und Konferenzschiff in Kalifornien an die Ankerkette gelegt. Allein 72 Millionen Dollar verschlangen die dafür nötigen Umbauten. Zwar stießen die vielen Souvenirläden an Bord auf einige Kritik, als das Schiff am 10. Mai 1971 erstmals der Öffentlichkeit zugänglich wurde, doch die Rechnung ging offensichtlich auf. Nach einem vierjährigen Intermezzo, in dem die Walt Disney Corporation von 1988 bis 1992 die Geschicke an Bord lenkte, und nach einer kurzen Schließung ist das Schiff seit Juni 1993 ununterbrochen geöffnet. Und damit liegt sie schon länger vor Anker, als sie zuvor die Meere befuhr.

DIE QE 2

Nachfolgeschiff des Luxusdampfers → »Queen Elizabeth«.

R

DIE »RA« UND DIE »RA II«

22 Jahre nachdem der Norweger Thor Heyerdahl mit seinem Boot → »Kon-Tiki« in See gestochen war, begab er sich mit dem Schilfboot »Ra« erneut auf eine Expedition ins Ungewisse. Er plante mit einem Boot aus Papyrusbinsen den Atlantik zu überqueren, so wie es seiner Meinung nach vor Tausenden von Jahren die Ägypter und die Phönizier getan hatten. Doch seine Mission scheiterte – zunächst.

Jahrtausendealte ägyptische Wandgemälde und Reliefs lieferten die Vorlage für den Bau des Schilfboots »Ra«, das Heyerdahl nach dem ägyptischen Sonnengott benannte. Heyerdahls These war, dass Columbus nicht der erste Seefahrer gewesen sein konnte, der den Atlantik bezwungen hatte. 1969 stach er mit dem 15 Meter langen Boot, das bolivianische Indianer aus zwölf Tonnen Papyrus gebaut hatten, zusammen mit sechs tollkühnen Begleitern vom alten Phönizierhafen Safi in Marokko aus in See. Schnell musste man jedoch feststellen, dass das Schiff den Anforderungen nicht gewachsen war. Die Ruder brachen, das Heck sank weg, und eine Reihe von Konstruktionsfehlern führte dazu, dass die »Ra« die 6.100 Kilometer lange Reise nicht durchhielt und 960 Kilometer vor Barbados zerbrach. Entmutigen ließ sich der Abenteurer jedoch nicht. Stattdessen ließ er das (mit zwölf Metern etwas kürzere) Nachfolgeschiff »Ra II« bauen, mit dem er 1970 erneut einen Versuch unternahm, um seine These zu beweisen. In 57 Tagen gelang es ihm und seiner internationalen Mannschaft von diesmal sieben Männern aus sieben Ländern, den Atlantik zu überqueren. Wohlbehalten erreichte das Team Barbados – die Konstruktion des Bootes erwies sich als ausreichend stabil und flexibel und liess sich auf hoher See auch gut reparieren und ausbessern.

Aber Heyerdahl, der damit auch den Beweis antreten wollte, dass es einen Kulturaustausch zwischen den beiden Kontinenten gegeben hatte,

hatte noch etwas anderes im Sinn. Er wollte auch zeigen, »dass es möglich sei, auf engstem Raum und unter Stress einträchtig zusammenzuleben, obwohl die Mannschaft weder die gleiche Hautfarbe noch die gleichen politischen Ansichten oder denselben Glauben« hat. Das ist ihm definitiv gelungen. Das Boot, das sich ebenso wie die »Kon-Tiki« in einem eigens errichteten »Kon-Tiki«-Museum in Oslo befindet, war da eher Mittel zum Zweck.

DIE »RAINBOW WARRIOR«

Es gab sie unter diesem Namen nur 10 Jahre lang, von 1977 bis 1987, aber ihre Aktionen und besonders ihr Ende haben weltweite Aufmerksamkeit gefunden. Als die Umweltschutzorganisation Greenpeace den 1955 gebauten Trawler in London entdeckte, war er zwar nicht im besten Zustand, schien aber für die Zwecke der Umweltaktivisten durchaus geeignet. Also wurde das 45 Meter lange Schiff in drei Monaten umgerüstet und umgetauft. Der Name entstammt einer alten indianischen Legende der Lakota, derzufolge der Regenbogen-Krieger, ein Häuptling, beschlossen hatte, nur noch Indianern Liebe und Vertrauen entgegenzubringen, nachdem Menschen anderer Rassen seinem Volk so viel Gewalt angetan hatten. Als er die Erde verließ und vor seinen Schöpfer trat, erkannte er, dass er zu dessen heiligem Herz nicht gelangen könne, wenn er nicht alle Menschen lieben würde. Dieser heilige Weg ist aus den vier Farben der Menschheit gemacht. Der Krieger lernte, alles Schlechte zu vergeben, worauf der Schöpfer einen Regenbogen nahm und damit den heiligen Weg vervollständigte, so dass der Lakota ihn beschreiten konnte.

Im Sommer 1978 hatte der ehemalige Trawler seinen ersten Einsatz bei der Kampagne gegen die isländische Walfangflotte. In den nächsten Jahren waren eine ganze Reihe von spektakulären Aktionen in allen Teilen der Welt mit seinem Namen verbunden. Aktionen gegen Walfänger, gegen Müllverklappung und Treibnetzfischerei folgten, Sattelrobben und Delphine wurden vor dem Fang und dem sicheren Tod gerettet.. Einmal wurde das Schiff von einem französischen Marineschiff gerammt, dann verlor es in Spanien einen Teil des Antriebs, saß fünf Monate fest, wurde in Sibirien von einem russischen Kriegsschiff verfolgt, und sogar Harpunen wurden auf die Crew abgefeuert. Im Sommer 1985 bekam das Flaggschiff von Greenpeace einen kombinierten Segel-Motor-Antrieb. Es sollte nicht mehr lange damit herumfahren können und die Interessen mächtiger Konzerne und großer Mächte stören. 1987 wollte Greenpeace mit der »Rainbow Warrior« die Protestaktionen gegen die französischen Atombombenversuche auf dem Mururoa-Atoll unterstützen. Am 10. Juli sprengten Agenten des französischen Geheimdienstes im Hafen von Auckland in Neuseeland das Schiff mittels Haftbomben, was einen Fotografen das Leben kostete.

Das Schiff sank nicht völlig, war aber nicht mehr zu reparieren. Für eine würdige Seebestattung ließ Greenpeace seinen zuverlässigen Mitstreiter in die Matauri-Bucht der Cavalli-Inseln vor Neuseeland schleppen und dort, begleitet von einer feierlichen Maori-Zeremonie, versenken. Zwei Jahre nach dem Anschlag musste die Regierung in Frankreich ihre Mittäterschaft einräumen und rund 8,2 Millionen Dollar Schadenersatz bezahlen.

Heute gilt das in 25 Metern Tiefe auf einer Sandbank liegende Schiff als beliebtes Ziel von Tauchern und hat sich als »voll entwickeltes Unterwasserökosystem«, wie einer der Reiseveranstalter das ausdrückt, einen Namen gemacht. Der Regenbogen und die weiße Taube, die die Aktivisten auf den Rumpf gemalt hatten, sind allerdings nicht mehr zu sehen. Aber Schwämme, Nacktschnecken und Anemonen sorgen für ein ebenso farbenprächtiges Äußeres. 1989 trat die »Rainbow Warrior II« in den Dienst von Greenpeace – an Bord die alte Schiffsglocke des Vorgängers.

DER RAKETENRUCKSACK DES »ROCKETEER«

In den Comics des Zeichners Dave Stevens, dessen erste Rocketeer-Geschichte 1981 erschien, ist es der exzentrische Milliardär, Pilot, Flugzeugkonstrukteur und Filmproduzent Howard Hughes, der den Raketenrucksack des »Rocketeer« 1938 erfunden hat. In den Comics trägt das phänomenale Fluggerät zunächst noch den Namen »Cirrus-X-3-Rakete«. Der Pilot Cliff Secord findet es zufällig in einem Hangar. Als er sich das Ding, das ihn bis zu 200 Meilen pro Stunde schnell macht, auf den Rücken schnallt, wird er zum »Rocketeer«. »Entweder ist das mein Ticket zur Hölle oder es wird der irrsinnigste Flug meines Lebens«, sagt er kurz vor seinem Jungfernflug. Dann startet er, knallt damit gegen die Tragfläche eines Doppeldeckers, dessen Piloten er eigentlich zu Hilfe kommen will, befreit den eingeklemmten Mann und bringt ihn heil zu Boden. Eine Bruchlandung kurze Zeit später übersteht er – Comic sei Dank – unbeschadet. Deutsche Nazi-Agenten haben es auf den Raketenrucksack abgesehen, doch Secord kann ihnen, nicht zuletzt dank einiger Detailverbesserungen des gewieften Technikers Peevy, der dem Rucksack noch ein paar Seitenflossen zwecks besserer Stabilisierung anfügt, entkommen und auch seine Freundin Betty aus den Fängen der Finsterlinge retten.

Dave Stevens knüpfte mit seiner Geschichte an die so genannten Serials an, also an Filmserien, die speziell in den 30er und 40er Jahren sehr populär waren. In der Serie »König der Raketenmänner« aus dem Jahr 1949 beispielsweise vollbrachte die Hauptfigur auch schon wahre Heldentaten dank eines Raketenrucksacks. Auch Filme wie »Radar Man from the Moon« (1951) oder »Des Satans Satellit« (1957) setzen auf Raketenmänner. Anfang der 60er Jahre experimentierte die amerikanische Luftwaffe dann tatsächlich mit → »Jet Pack« genannten Fluggeräten, wovon eines in dem vierten James-Bond-Film »Feuerball« zu Ehren kam.

1991 machte Buena Vista aus dem fünfteiligen Comic einen mit 35 bis 40 Millionen Dollar Gesamtkosten ziemlich aufwändigen Film. Die Ausstatter schufen allein 40 Jacken und Rucksäcke für die verschiedensten Flugszenen. Dafür verzichtete man auf einen Piloten für den Ein-Mann-Düsenrucksack. Für die entsprechenden Aufnahmen hing der Darsteller Bill Campbell samt Rucksack an Stahlseilen unter einem Helikopter. Die Seile wurden in der Nachbearbeitung entfernt. Der Hinweis eines amerikanischen Kritikers, der schrieb: »Ich weiß nicht, wie der Rocketeer es machte, sich mit der Rückstoßflamme seiner Rakete nicht den Hintern zu verbrennen«, war eher unberechtigt. Campbell kam mit dem rund 50 Pfund schweren Gerät auf seinem Rücken gut zurecht, denn er trug isolierende Kleidung, die ihn vor der Hitze schützte. Für eine Szene allerdings nahm man doch fremde Hilfe in Anspruch. Ein Stuntman öffnete bei einem freien Fall aus über 30 Metern Höhe den in den falschen Rucksack eingebauten Fallschirm, bevor er dem Boden zu nahe kam. Campbell hätte das nie hinbekommen. Er leidet unter Flugangst.

DIE RASENMÄHER AUS DER »STRAIGHT STORY«

Wer für eine Strecke von 350 Meilen etwas mehr als sechs Wochen braucht, ist nicht besonders schnell unterwegs. Eine solche Tour, besonders wenn sie im Jahr 1994 stattfindet, erregt für gewöhnlich kein Aufsehen, es sei denn, man ist 73 Jahre alt und mit einem etwa 10 km/h langsamen Rasenmähertraktor unterwegs. Diese wahre Geschichte rekonstruierte der Regisseur David Lynch in seinem 1999 erschienenen Film »The Straight Story«. Die Co-Drehbuchautorin Mary Sweeney war durch einen Artikel in der *New York Times* darauf gestoßen. Dem Bericht zufolgte wollte sich Alvin Straight mit seinem Bruder Lyle versöhnen, mit dem er sich vor zehn Jahren zerstritten hatte. Als er erfährt, dass sein Bruder einen Schlaganfall erlitten hat, macht er sich mit einem Rasenmäher vom Typ »Rehds« nebst Anhänger auf den langen Weg von seinem Heimatort Laurens im Norden von Iowa nach Mt. Zion in Wisconsin. Den Rasenmäher nimmt Alvin, weil er wegen seiner schlechten Augen kein Auto mehr fahren kann und auch kaum Geld besitzt. Den Anhänger bepackt er mit Benzin, Kaffee, Insektenspray und seinem Lieblingsessen Wiener Würstchen. Alle Versuche, ihn von seinem Vorhaben abzubringen, scheitern. Auch die erste Panne, die ihn bereits nach 65 Kilometern ereilt, hält ihn nicht lange auf. Zwar kehrt er nach Laurens zurück, aber nur um sich dort einen stärkeren Rasenmäher vom Typ »John Deere 66« in grün zu kaufen, der ihn 325 Dollar kostet. Die Zahl 66 steht übrigens für das Baujahr des Fahrzeugs.

Nicht nur Alvin Straight war etwas mehr als sechs Wochen lang unterwegs. Auch die Dreharbeiten zum Film im September und Oktober 1998 nahmen diese Zeit in Anspruch. Das Team suchte genau die Stationen auf, die auch Alvin bei seiner Reise ansteuerte: Laurens, New Hampton, West Bend, West Union, Clermont, Prairie du Chien und Mt. Zion. Während der Dreharbeiten meldeten sich allein vier Menschen aus vier verschiedenen Städten, die behaupteten, Alvin Straight damals den John-Deere-66-Rasenmäher verkauft zu haben. Die Wahl des Rasenmähers war übrigens reiner Zufall und resultierte keineswegs aus einer besonderen Vorliebe Alvins für dieses Modell. Wäre sein »Rehds« reisetauglich gewesen, wäre er eben damit gefahren. Für seine begrenzten Mittel hatte er dann einfach nichts anderes bekommen als den John Deere. Der übrigens auch zwei Meilen vor dem Haus seines Bruders Lyle den

Geist aufgab. Aber da war es schon zu spät, um den Besuch Alvins bei Lyle noch zu verhindern.

Letztendlich überlebte der todgeweihte Bruder noch den munteren Reisenden. Alvin Straight starb 1996, was einen Kritiker zu dem Bonmot verleitete, es gehe bei der Reise in »Straight Story« »nicht darum, einen todgeweihten Menschen noch einmal zu sehen, sondern um die Reise eines Todgeweihten, sich noch einmal sehen zu lassen.«

»RAUMSCHIFF ENTERPRISE« AUS DER SERIE »STAR TREK«

Es ist 289 Meter lang, wiegt 193.000 Tonnen und dringt mit seinem Sol-Antrieb in Galaxien vor, die nie zuvor ein Mensch gesehen hat. Das »Raumschiff Enterprise« und seine 431 Köpfe zählende Besatzung – 431 »Mann« kann man nicht sagen, weil ein Drittel der Besatzung weiblich ist und einige nicht-menschliche Wesen an Bord sind – entsprangen der Phantasie des ehemaligen Air-Force-Piloten und Drogenfahnders Gene Roddenberry. Er verfasste Anfang der 60er Jahre ein Drehbuch für eine TV-Serie, in der es vor allem um das Miteinander der Völker an Bord der Enterprise ging. Die waren für ihn nicht nur ein multikultureller Haufen von Vertretern aller Galaxien, sondern eine kleiner Vielvölkerstaat, der zwar auch nicht ohne Fehler war, in dem es aber immer Hoffnung gab. Denn Roddenberry hatte sich vorgenommen, ein »Bild der aktuellen Gegenwart zu zeichnen«. Doch der mit 630.000 Dollar Budget für eine Fernsehproduktion zu diesem Zeitpunkt extrem teure Pilotfilm »The Cage« stieß trotz langer Vorbereitung und liebevoller Ausstattung nicht auf die Gegenliebe der Verantwortlichen des amerikanischen TV-Senders NBC und wurde im Februar 1965 abgelehnt. Vor allem bei der Gestaltung der »USS Enterprise« mit dem Kennzeichen NCC 1701 hatte man sich viel Mühe gegeben und sogar Wissenschaftler hinzugezogen. Sie war so perfekt gelungen, dass sich sogar die US-Armee für die Konstruktion des Landedecks der Enterprise interessierte. Außerdem hatte man für den Film das Transportwesen revolutioniert und das → »Beamen« eingeführt.

Das alles hatte nichts genutzt und der Film wurde weggebeamt. Aber das Thema war damit nicht vom Tisch. Glücklicherweise, werden die Trekkies sagen, bestellte NBC einen zweiten Pilotfilm namens »Where

sche Militärgouverneur Lucius C. Clay ließ sich nicht beirren. Und auch der britische Außenminister sowie US-Präsident Truman machten sich stark für den Plan.

Die Frachtflugzeuge vom Typ C-54 Skymaster, gebaut 1945 von Douglas Aircraft in Santa Monica, verfügten über vier Motoren mit je 1.290 PS und eine Frachtkapazität von rund 6,5 Tonnen. Sie mussten für die Aktion aus den USA, dem Pazifik, Hawaii und der Karibik zusammengezogen werden. Die Engländer steuerten zweimotorige Flugzeuge vom Typ C-47 Skytrain bei, die bei der Royal Air Force den Namen »Dakota« trugen. Die Gefahr, aus der Luft angegriffen zu werden, schätzten die Piloten als recht gering ein, denn die Russen hatten die Unverletzlichkeit der Luftkorridore vertraglich garantiert.

Am 25. Juni 1948 startete die Versorgungsaktion, und was zunächst als verwirrendes Chaos begann, entwickelte sich schnell zu einer reibungslos ablaufenden Maschinerie. Im September 1948 brachten die Flugzeuge täglich rund 4.000 Tonnen Güter von Frankfurt oder Wunstorf bei Hannover in die Stadt. Rund 400 Maschinen waren gleichzeitig unterwegs und landeten im 15-Minuten-Takt auf dem US-Flughafen Tempelhof oder dem britischen Flughafen Gatow. Mit der Zeit entstand ein regelrechter Wettbewerb unter den Piloten und den Arbeitern, die am Boden die Flugzeuge entluden. Nach 182 Tagen waren bereits 96.640 Flüge mit 700.170 Tonnen Gütern absolviert worden, wie eine Wochenschau stolz verkündete. Ein ausgeklügeltes System verteilte 40 bis 50 der bis zu 250 km/h schnellen Flugzeuge im Luftkorridor von Frankfurt nach Berlin auf die »Slots« in unterschiedlichen Höhen. Bei guten Wetterbedingungen konnte – auch dank der radargestützten Anflugkontrolle – alle 90 Sekunden eine Skymaster oder Dakota landen. In nur viereinhalb Minuten waren die Maschinen entladen. Imbisskarren auf dem Rollfeld versorgten die Piloten zwischen Landung und Start mit kleinen Stärkungen, denn der Gang zur Kantine hätte zu viel Zeit gekostet. Um die Kapazitäten noch zu erhöhen, baute man während der Luftbrücke neue Rollbahnen und begann mit dem Bau des Flughafens Tegel. »Die Menschen wachten nachts auf, wenn plötzlich Ruhe war«, erinnerte der Politiker Egon Bahr sich später. Der amerikanische Komponist Irving Berlin – Nomen est Omen – komponierte einen Luftbrückensong.

Die Sowjets waren sich ziemlich sicher, dass die Westalliierten ihre

No Man Has Gone Before«, der binnen einer Woche und für 300.000 Dollar fertiggestellt wurde. Er bildete zwar später nicht den Auftakt der Serie, aber die Geldgeber waren zufrieden, und am 8. September 1966 hob die abenteuerlustige Crew erstmals ab.

Doch am 3. Juni 1969 war nach 79 Folgen Schluss, da das Zuschauerinteresse stark nachgelassen hatte. Immerhin sorgten die Wiederholungen bei regionalen Fernsehstationen dafür, dass sie nie völlig in Vergessenheit geriet und mehr und mehr treue Fans gewann. Diese, die so genannten »Trekkies«, machten die Serie zum Kult und ließen auch das Interesse der Fernsehgewaltigen wieder erwachen. Was folgte, war eine nicht gerade erfolgreiche Zeichentrickserie, die es 1973 auf 22 Folgen brachte, und eine Kinofilmserie, die 1979 begann und auf bisher zehn Abenteuer zurückblicken kann.

Die »Enterprise« kreuzt, mit Phasern und Photonentorpedos bewaffnet, durch das All. Unter der Leitung von Captain Kirk retten der Vulkanier Spock als Wissenschaftsoffizier, der Arzt McCoy, der Chefingenieur Scott, die Schwarzafrikanerin und Kommunikationsoffizierin Nyoto Uhura, der Japano-Amerikaner und Physiker Hikaru Sulu als Steuermann und der russische Navigator Pavel Chekov immer sich selbst und meist auch noch gleich die ganze Menschheit. Das Schiff gehört zur so genannten »Constitution-Klasse« und wird von Dilithiumkristallen angetrieben, die den Überlichtflug ermöglichen. Wegen ihrer immensen Größe kann sie nicht auf fremden Planeten landen. Man behilft sich daher mit Transportern, die an das jeweilige Ziel gebeamt werden.

Für die TV- und Kinofolgen hat man selbstverständlich niemals ein Raumschiff gebaut, das 289 Meter lang war, sondern die unendlichen Weiten der Studios mit Modellen erkundet. Später gab es dann auch in der Wirklichkeit ein Raumschiff mit dem Namen »Enterprise«. Im Jahr 1976 würdigte der amerikanische Präsident Gerald Ford die Verdienste der Serienmacher und das Engagement der Trekkies aus aller Welt, die das Weiße Haus mit einem Bombardement aus über 400.000 Briefen überschüttet hatten, und taufte das erste NASA-Space-Shuttle auf den Namen »Enterprise«.

»RAUMSCHIFF ORION«

Wir schreiben den 17. September 1966 irdischer Zeitrechnung, es ist exakt 20.15 Uhr Mitteleuropäischer Fernseh-Zeit (MEFZ): Da hebt das »Raumschiff Orion« mit seiner sechsköpfigen Besatzung von der Tiefseebasis 104 ab, steigt in einem Wasserwirbel zur Oberfläche auf und dringt mit Hyperspace-Geschwindigkeit in das Universum vor, das voller Gefahren steckt und zur besseren Orientierung in Sektoren unterteilt ist.

Das Großereignis war in mühevoller Kleinarbeit vorbereitet worden in den Studiohallen der Münchener Bavaria. Zu sehen war es im öffentlich-rechtlichen Deutschen Fernsehen, denn etwas anderes gab es zu der Zeit noch nicht. Endlich hatten auch die Deutschen mit Dietmar Schönherr und Eva Pflug würdige Vertreter im Raum stationiert. »Angriff aus dem All« hieß die erste von sieben Episoden von »Raumpatrouille – Die phantastischen Abenteuer des Raumschiffes Orion«, so der genaue Titel der Serie, die in den folgenden Wochen alle 14 Tage bis zum 10. Dezember in der ARD zu sehen war und trotz aller technischen Unzulänglichkeiten so faszinierend geriet, dass die aus Kostengründen noch in Schwarzweiß gedrehten 55 Minuten langen Folgen echten Kultstatus erlangten – und Einschaltquoten von bis zu 80 Prozent.

Die Trickaufnahmen des Raumschiffs hatte man im Hinblick auf eine mögliche Fortsetzung in Farbe gedreht. Sie bewiesen die Findigkeit deutscher Tricktechniker und hielten jedem Vergleich mit den aufwändigen Spezialeffekten aus amerikanischen Studios stand. Den Wirbel, in dem das Raumschiff zu Anfang jeder Folge abhebt, drehte man am Abfluss eines zweieinhalb Meter großen Beckens beim Ablaufen von Wasser, das man schwarz gefärbt hatte, damit es wenig Licht reflektierte. Der Schweif von Luftblasen, den die Orion beim Start hinter sich herzieht, entstand beim Auflösen einer »Alka-Seltzer«-Tablette. Die Bläschen wurden mit einer auf dem Kopf stehenden Kamera gedreht, damit sie später nicht nach oben, sondern nach unten strömen und dem Raumschiff folgen. Um die Landung auf fremden Planeten zu simulieren, war eigentlich ein Island-Trip vorgesehen. Aber nach dem Motto: Warum in die Ferne schweifen, sieh, das Gute liegt so nah! fiel diese Dienstreise in den Matsch. Man fand einen besser geeigneten und preiswerten Drehort nahe München: Eine Schutthalde im Braunkohlegebiet von Peißenberg.

Den damaligen Presseinformationen zufolge hat man sich den »schnellen Raumkreuzer Orion« wie folgt vorzustellen: »Die Orion hat eine flache runde Form und einen Durchmesser von 150 m. Die größte Höhe beträgt 32 m. Sie fliegt mit Photonen-Antrieb. Die Ausstattung der Orion besteht aus: Kommandostand. Mit 28 m Durchmesser ist dieser Raum eine kleine, schwimmende Insel im Raumschiff. Außerdem: Kampfstand, Maschinenraum, 6 Kabinen für die Besatzung, Hydrotankräume, Kälteschlafkammern.« Von der »Orion« gab es drei Modelle aus den Materialien Holz, Aluminium, Gips und Plexiglas mit einem Durchmesser von 30 bis 160 Zentimetern. Sie bestanden ihre gefährlichen Abenteuer an hauchdünnen Drähten befestigt in einem Trickstudio. Der ausfahrbare Landeaufzug, der sich teleskopartig in das Raumschiff hineinschiebt, entstand durch eine Kombination von mehreren Bildebenen, wobei der abgesperrte Münchner Königsplatz als Hintergrund und Startfläche diente. 27 Trickspezialisten bastelten allein elf Monate an den Effekten, ehe die Raumpatrouille überzeugend abheben konnte. Die Dreharbeiten mit den menschlichen Darstellern dauerten 19 Wochen.

Das intergalaktische Abenteuer kostete immerhin zwischen 3 und 3,5 Millionen Mark, und das war damals extrem viel. Aber nicht zu viel Geld für eine Kommandozentrale, die aus Chrom, Plexiglas, Schaumstoff und besprühter Pappe bestand. 3.200 Glühbirnen sorgten für wahrhaft kosmische Erleuchtungen. Und so manche Errungenschaft, die beim Wiedersehen heute immer wieder für Lacher sorgt, zugleich aber auch ein Kultfaktor ist, galt damals als hypermodern. Ausstatter Zehetbauer entwickelte für die Kommandozentrale ein echt cooles Badezimmer- und Küchendesign und integrierte darin so extrem abgefahrene Sachen wie Bügeleisen, verchromte Lüftungsrohre, Wasserhähne, Garnrollen, Plastikbecher und Bleistiftanspitzer. In der vierten Folge mit dem Titel »Deserteure« stellten auch Dosenausgießer und Spraydosen den technischen Stand des Weltraumzeitalters eindrucksvoll unter Beweis. Und was benutzt der erfahrene Raumpilot, um einen Schaden zu beheben? Natürlich einen Lötkolben! Das tatsächlich spacig und manchmal auch spaßig anmutende Interieur war indes international durchaus wettbewerbsfähig. Der Schiffsarzt aus der amerikanischen TV-Serie → »Raumschiff Enterprise«, Dr. Leonard McCoy, benutzte beispielsweise in einer Folge einen ganz ordinären Salzstreuer als medizinischen Scanner der Zukunft und verhalf so dem bekannten Zusammenhang zwischen Salzverzehr und Gesundheit zu einer neuen Dimension. Auch diese Serie kam im September 1966 erstmals auf die Bildschirme. Genau neun Tage vor dem Start der Orion hatte die Enterprise in den USA abgehoben. Diesen Wettlauf im All hatten die Amerikaner also gewonnen.

DER REGENSCHIRM VON MARY POPPINS

Ganz plötzlich und aus heiterem Himmel schwebt sie im London des Jahres 1910 in den Kirschbaumweg Nr. 17 und bringt das Leben von Hausherr George W. Banks, seiner Frau Winifred und den Kindern Jane und Michael gehörig durcheinander. Auslöser für diesen Überfall ist eine Anzeige, mit der Mr. Banks einen Ersatz für sein Kindermädchen Nanna sucht und die er in der *Times* aufzugeben beabsichtigt. Aber auch seine Sprösslinge sind nicht untätig und formulieren in einer eigenen Anzeige, die ein wenig vom Entwurf des Vaters abweicht, ihre speziellen Anforderungen an ein Kindermädchen. Erbost wirft der Vater diesen Zettel in den Kamin, aus dem ihn heiße Luft nach oben mitnimmt.

»Die Idee zu Mary Poppins ist zu mir geweht, wieder verschwunden und hat sich hin und her bewegt wie ein Vorhang an einem Fenster«, sagte die australische Autorin Pamela Lyndon Travers, die eigentlich Helen Lyndon Goff hieß, 1978 in einem Interview. Sie hat die Figur erfunden und bis zum Jahr 1988 sieben Bücher, Kurzgeschichten und diverse Sammlungen ihrer Heldin veröffentlicht. Immer ging es um das resolute Kindermädchen mit der überdimensionalen Gobelintasche, den Knopfstiefeletten und dem großen schwarzen Regenschirm. Nachdem sie im Vorgarten von Familie Banks gelandet ist, bringt sie mit ihrem Charme nicht nur das Familienoberhaupt dazu, alle Mitbewerberinnen abzuweisen, sondern schafft es auch, sich mit ihrer ungewöhnlichen Ausrüstung Geltung zu verschaffen. Der Griff ihres Schirms beispielsweise ist aus Jade, hat die Form eines Papageis und hustet auch schon mal etwas ärgerlich, wenn er mit Mary Poppins durch den Rauchfang des Kamin fliegt. Aber Mary Poppins' eigentliche Stärke besteht darin, Mr. Banks dazu zu bewegen, sich mehr mit den Kindern zu beschäftigen. Als ihr das gelungen war, »spannte sie ihren Schirm auf, hob ihn hoch in die Luft und griff die Gobelintasche fester. Schon kam ein gehorsamer Windstoß und trug sie über den Rasen, übers Gitter, über die Straße und hoch über die Kirschbäume auf der anderen Seite des Weges davon.« Ihre Mission war erfüllt.

Die Kunst, das Publikum davon zu überzeugen, dass dieser Schirm auch tatsächlich fliegen konnte, honorierte die Academy of Motion Pictures Arts and Sciences 1964, indem sie die drei Schöpfer der visuellen Effekte mit einem der fünf Oscars für den Mary-Poppins-Film mit Julie Andrews auszeichnete. Dieser Schirm inspirierte ganz offensichtlich in den 90er Jahren die Firma Spyworks Umbrellas zu einem so genannten »Mary Poppins Umbrella«. Dieser Schirm verfügt über ein Rotorsystem, das ihn zu einem Helikopter macht und in die Lage versetzt, bis zu 200 Pfund in die Lüfte zu heben. Das Batteriepaket verkraftet bis zu fünf Minuten lange Flüge mit einer Höchstgeschwindigkeit von bis zu 20 Meilen pro Stunde. Ganz billig kann so ein Schirm natürlich nicht sein. Dafür kann man für 30.000 Dollar garantiert auch über den Kirschbaumweg schweben.

REHDS

Auf einem amerikanischen → Rasenmäher dieses Typs begibt Alvin Straight sich auf die Reise, um seinen kranken Bruder zu besuchen. Leider hält das Gefährt die Strapazen nicht lange durch.

DIE RENNRÄDER VON JAN ULLRICH

Wann Jan Ullrich das erste Mal auf ein Fahrrad gestiegen ist, ist nicht bekannt, aber man weiß, dass der am 2. Dezember 1973 geborene Rostocker im Alter von neun Jahren seinen ersten Crosslauf gewann. »Danach fragte mich ein Mann, ob ich nicht Lust hätte, bei den Radsportlern mitzumachen. Er versprach mir ein Rennrad, und die Sache war entschieden«, heißt es in einem Buch über den jungen Mann. 1983, also ein Jahr später, gewinnt er sein erstes Schüler-Radrennen, worauf ihn sein Übungsleiter bei Dynamo Rostock-West an die Kinder- und Jugendsportschule nach Berlin empfiehlt – und so die steile Karriere des Jan Ullrich einleitet.

Ullrich fährt täglich etwa 100 bis 120 Kilometer und wird zunächst

Amateurradfahrer. Als so genannter »C-Amateur« gewinnt er 1992 das Rennen Syke-Okel-Syke und ist ein Jahr später schon Amateurweltmeister, als er in Oslo die gesamte Weltelite hinter sich lässt. Hauptsponsor war damals Panasonic, die auch die Räder bezahlen, aber aus dem Vertrag wieder ausscheiden, so dass Ullrich ab 1994 auf Müsing-Rädern weiterfährt. 1995 wird er Mitglied des Team Telekom und ein Jahr später überraschend Zweiter der Tour de France. Die Firma »Pinarello« sorgt für die Räder. Bei der Tour de Suisse wird seine neue, extra für das Zeitfahren der vierten Etappe gebaute Maschine allerdings verboten, weil die Jury den Konstrukteuren vorwirft, dass sie das Hinterrad und die Kette zu sehr verkleidet hätten. Doch bei der Tour de France überstehen die Räder die Abnahme durch die Jury. Nur ein vorab präsentiertes Karbon-Zeitfahrrad darf Ullrich nicht benutzen, weil die Richter der Internationalen Radsportunion eine aerodynamische Ausbuchtung bemängeln. So tritt er mit seinem »normalen« Zeitfahrrad an und muss sich Chris Boardman geschlagen geben, der zwei Sekunden schneller ist. Am 15. Juli 1997, mit dem Sieg auf der 10. Etappe, übernimmt Jan Ullrich zum ersten Mal das Gelbe Trikot des Führenden, wechselt während der 12. Etappe von der Straßen- auf die Zeitfahrmaschine und gewinnt die schwere Bergetappe in St. Etienne über den 1.201 Meter hohen Col de la Croix. Kurz vor Paris, als klar ist, dass ihm der Toursieg nicht mehr zu nehmen ist, schreibt Ullrich in sein Tagebuch: »Das ›Wunderrad‹– heute durfte ich zum ersten Mal im Rennen damit fahren. Unser Ausrüster ›Pinarello‹ hat diese Zeitfahrmaschinen extra in Treviso für uns gebaut. Es gibt nur drei maßgeschneiderte Exemplare.« Und die gingen an die Kollegen Abraham Olano vom Team Banesto, Telekomfahrer Bjarne Riis und Ullrich selbst. 100.000 Mark betrugen allein die Entwicklungskosten, für die über 20.000 Mark teuren Räder. Rahmenbauer Fausto Pinarello, der die Geschäfte von seinem Vater und Firmengründer Giovanni übernommen hatte, konstruierte ein neun Kilogramm leichtes Rad. Die Felgen sind aus Karbon gefertigt und die Sättel mit Büffelleder überzogen. »Die Konstrukteure sagen, dass man mit so einem Rad pro Kilometer eine Sekunde schneller ist«, so Ullrich weiter. »Ich glaube manchmal, wichtiger als Aerodynamik und Kraftvektoren ist der Gedanke, dass ich wirklich auf dem modernsten Fahrrad sitze, dass es gibt.« Und das trägt ihn wohlbehalten bis nach Paris, so dass der gebürtige Rostocker am 27. Juli zum ersten deutschen Tour-de-France-Sieger der mittlerweile einhundertjährigen Geschichte dieses berühmtesten Radrennens der Welt wird.

Erneut auf einem »Pinarello«-Rad wurde Ullrich 1998 hinter Marco Pantani zweiter der Tour de France. Ein Dopingskandal und der Ausstieg aus dem Team Telekom führten dazu, dass der seit einiger Zeit im Schwarzwald lebende Radrennfahrer umsteigen muss. Am 24. August 2002 sagte Jan Ullrich in einem Interview mit der ARD, dass er sich riesig freue, nach drei Monaten Pause »wieder auf mein Rad steigen zu können.« Das Arbeitsgerät bleibt eben mit ihm verbunden, auch wenn die Marken wechseln. Oder wie Ullrich es während der Tour einmal ausdrückte: »Das Rad war super. Es ist sehr stabil. Allerdings sind natürlich nach wie vor die Beine entscheidend.«

DER RO 80

»Ro 80, gekocht 160«, dieser Kalauer wurde Ende der 60er Jahre zu einem geflügelten Wort, nachdem der Autobauer NSU am 10. Februar 1967 den Vorserienwagen einer neuen Limousine vorstellte, der die Bezeichnung »Ro 80« trug und zudem noch ungewöhnlich heiß aussah. Die Verwendung eines **Ro**tationskolbentriebwerks mit 995 cm Hubraum, das nach seinem Erfinder Felix Wankel auch Wankelmotor genannt wurde, sorgte für den ersten Teil der Typenbezeichnung. Die **80** war lediglich eine interne Entwicklungsnummer, unter der ein Fahrzeug mit 80 PS und 800 Kilogramm Gewicht für 8.000 Mark entstehen sollte. Doch daraus wurde nichts. Nur die Nummer wurde übernommen. Der Ro 80, dessen Entwicklung bereits im April 1963 begann und der ab August 1967 vom Band lief, verfügte über 115 PS, wog leer 1.210 Kilogramm und war ein vergleichbar teures Auto. Er kostete damals 14.319 Mark. Das war mehr als die direkte Konkurrenz in Form eines Mercedes 230 für 11.950 Mark oder eines Opel Admiral für 12.900 Mark. Dennoch fanden sich schnell eine Reihe von Käufern, die voll des Lobes waren, und begeisterte Kritiker, die das Auto zum Teil enthusiastisch besprachen. So hieß es etwa in dem Magazin *Gute Fahrt*, der Ro 80 sei »der größte und brillanteste Wagen des gesamten Konzernprogramms, ein elegantes Auto von unerhörtem technischen Reiz.« Das Magazin *Motor Rundschau* war ebenso euphorisch und urteilte: »Steht man vor dem

Original, muss man erkennen, dass er nicht nur gut, sondern sehr gut aussieht. Er wirkt schnell und scharf wie ein zum Sprung geducktes Raubtier.« Nach Ansicht vieler Experten war der Ro 80, das erste Auto mit einer extremen Keilform, ein Vorreiter und damit seiner Zeit voraus. »An ihm wird sich die Konkurrenz orientieren müssen«, schrieb ein Kritiker direkt nach dem IAA-Auftritt, und er sollte damit Recht behalten.

Das Raubtier sollte vor allem in der oberen Mittelklasse wildern und mit seiner von Stromlinien optimierten Karosserie und seinem umfangreichen Sicherheitspaket die Kunden beeindrucken. Zur Serienausstattung zählten eine getönte Frontscheibe aus Verbundglas, eine heizbare Heckscheibe, eine Servolenkung, Nebelscheinwerfer, ein verstellbarer Fahrersitz, Scheibenbremsen mit Bremskraftverstärker sowie zahlreiche weitere Extras wie eine geteilte und umklappbare Rückbank zum Durchladen vom Kofferraum aus. So wurde der Ro 80 1967 auch gleich zum Auto des Jahres gekürt, nachdem er auf der Internationalen Automobilausstellung in Frankfurt offiziell vorgestellt worden war. Der von dem Designer Claus Luthe geschaffene Wagen überraschte dank des schmalen, vorn eingebauten Wankelmotors durch eine exzellente Laufruhe selbst bei hohen Geschwindigkeiten bis zu 180 km/h. Zwar war das Triebwerk nicht gerade verbrauchsgünstig, aber wenigstens verhinderte der exzellente Luftwiderstandswert von 0,335 Schlimmeres. Anfängliche Motorprobleme konnten schnell behoben werden, aber die Rettung der Firma NSU, die sich damals in einer wirtschaftlichen Notlage befand, konnte letzlich auch der Ro 80 nicht bewirken. Er ging ebenso wie der damals in der Entwicklungsphase befindliche → K 70 an die Firma Volkswagen über, als NSU 1969 mit Audi fusionierte. Zwar sorgten die Entwickler 1975 noch für einige optische Retuschen wie größere Rückleuchten und Gummileisten an den Stoßstangen, doch am 19. April 1977 lief der letzte Ro 80 vom Band. Immerhin rund 37.000 Autos wurden gebaut. Und: Keiner der Fahrer wurde jemals gekocht.

DER ROLLS-ROYCE »SILVER GHOST«

Eigentlich und ganz nüchtern handelt es sich um das Modell 40/50 des englischen Herstellers. Aber als sich ausgerechnet der 13. Kunde der Marke seinen Wagen mit silbernen Lampen und Armaturen ausliefern ließ, entstand der Name »Silver Ghost«. Der Name blieb, auch wenn nicht alle Wagen so silbern ausgeliefert wurden. Einer davon war der → »Duchess« genannte Wagen von Rudyard Kipling.

DIE »ROSINENBOMBER«

Abgeworfen haben sie die Rosinen nie – und auch Schokolade erst, als die Sache schon vorbei war. Denn die Kartoffeln, die Kohle, das Mehl und das Milchpulver, mit denen Berlin während der Blockade der Russen aus der Luft versorgt wurde, befanden sich in den Frachträumen von Flugzeugen, eben den so genannten Rosinenbombern, die meistens ganz manierlich auf dem Boden landeten und ihre Ladung nicht aus der Luft abwarfen. Die Luftbrücke zwischen Juni 1948 und Mai 1949, der die Amerikaner den Namen »Operation Vittles«, also »Operation Lebensmittel« gaben, war eines der größten Versorgungsunternehmen der Geschichte.

Immer wieder hatte es zwischen Frankreich, Großbritannien und den USA einerseits und der Sowjetunion auf der anderen Seite Streit darüber gegeben, wie der von den vier Siegermächten eingesetzte Kontrollrat die Stadt regieren sollte. Die Sowjets verlangten mehr Einfluss und waren unzufrieden mit der politischen Entwicklung im Westteil der Stadt. So verhinderte ihr Veto den Amtsantritt des am 24.6.1947 gewählten Oberbürgermeisters Ernst Reuter. Nach der Währungsreform 1948 zogen sie ganz aus dem Kontrollrat aus und sperrten am 24. Juni alle Land- und Wasserwege zu den Westsektoren. Als die Sowjets im November den Magistrat gewaltsam aus Ost-Berlin vertrieben und sich dort eine eigene Stadtregierung konstituierte, war die Spaltung Berlins vollendet. Aber der Versuch der UdSSR, das ganze Berlin unter ihre Kontrolle zu bringen, scheiterte am Widerstand der Westmächte und der Berliner Bevölkerung.

Um den Hunger und die Not der rund 2,5 Millionen Menschen in den von der Versorgung abgeschnittenen Stadtbezirken zu lindern, verständigten die Westalliierten sich auf eine Luftbrücke. Zwar galt der Plan, eine so große Stadt allein auf dem Luftweg zu versorgen, als undurchführbar, und manche Beobachter bezeichneten das von den USA angeführte Unternehmen gar als eine »Cowboy-Aktion«, aber der amerikani-

Luftbrücke nicht lange durchhalten würden, doch da täuschten sie sich. Zwar verschuldeten sowjetische Jäger mindestens einen Absturz einer britischen Maschine, aber Stalin hatte die Piloten der Kampfflugzeuge angewiesen, die alliierten Piloten nur einzuschüchtern und nicht anzugreifen. Der Pilot Donald Keating stürzte im russischen Sektor ab, wurde aber nur einen Tag festgehalten, verhört und dann freigelassen. Eine Maschine rutschte bei schlechtem Wetter über das Ende der Landebahn hinaus und brannte aus. Eine andere stürzte bei Nebel in ein Berliner Hochhaus. Fünf Amerikaner starben. Von derartigen Missgeschicken unbeeindruckt demonstrierten die Amerikaner lässige Ruhe. 1949 lieferte die »Operation Vittles« pro Tag zwischen 2.000 und 10.000 Tonnen Lebensmittel in die Stadt. Auf ihrem Höhepunkt waren an der Aktion 337 amerikanische Skymaster und englische Dakotas, aber auch eine Transportmaschine vom Typ C-74 Globemaster, Wasserflugzeuge vom Typ Short Sunderland, die auf Berliner Seen landeten, und der 79 Tonnen schwere C-97 Stratofreighter von Boeing beteiligt. Er konnte 26 Tonnen Fracht aufnehmen und damit zehn Mal so viel wie die zweimotorigen Dakotas.

Als schon mehr als 55 Millionen Flugkilometer – das sind über 1.000 Erdumrundungen – zusammengekommen waren, hob Stalin am 12. Mai 1949 die Blockade auf. Züge und Schiffe konnten wieder fahren, aber die Versorgung aus der Luft ging, wenn auch eingeschränkt, weiter. Der US-Pilot Gail Halvorsen avancierte zu einer Art Volksheld, weil er Schokolade vom Himmel regnen ließ. Die Tafeln schmiss er nicht einfach runter, sondern ließ sie sanft an kleinen Mini-Fallschirmen zu Boden schweben, die er aus Taschentüchern gebastelt hatte. Wenn er Berlin anflog, wackelte er an einer bestimmten Stelle mit den Tragflächen und zeigte damit den Kindern an, wo die Leckereien herunterkamen. Ein überglückliches kleines Mädchens schenkte ihm zum Dank ihren arg gerupften Teddy. Seitdem durfte das struppige Kerlchen bei Halvorsen in der Skymaster mitfliegen.

Die Flugbrücke ließ Halvorsen nie mehr los. Er und andere Flugzeugenthusiasten kauften in den 90er Jahren für 125.000 Dollar eine Skymaster, die sie auf einem amerikanischen Schrottplatz gefunden hatten, und sorgten dafür, dass sie liebevoll restauriert wurde. Die → »Spirit of Freedom« genannte Maschine, nicht zu verwechseln mit dem gleichnamigen Ballon, landete am 14. Mai 1998 zum 50. Jahrestag der Luftbrücke wieder in Berlin Tempelhof. Der damals 77-jährige Halvorsen und seine Crew waren in New York gestartet und hatten via London ihr Ziel erreicht. Halvorsen – nach wie vor topfit – erinnerte sich noch ganz genau, dass er damals beim ersten Flug 20.000 Pfund Mehl geladen hatte. Also keine Rosinen!

DIE »ROTER OKTOBER«

Tom Clancys Bestseller »Jagd auf Roter Oktober« aus dem Jahr 1984 war der erste Roman des Autors, der für das Kino adaptiert wurde. Der Film lieferte eine ziemlich zahme Version der Geschichte, die der ehemalige Versicherungsvertreter und Waffenfanatiker vor dem Hintergrund des »Kalten Krieges« zu Papier gebracht hatte. Als einige hochrangige Mitarbeiter des Pentagon den Roman lasen, war ihnen die detaillierte Beschreibung der Waffensysteme unangenehm aufgestoßen. Sie fragten sich, woher der 1947 geborene Mann, der zwar in Vietnam war, aber die neueste Waffentechnologie aus eigener Anschauung nicht kennen konnte, diese Informationen hatte.

Eine wahre Geschichte, nämlich der Versuch der Besatzung des russischen U-Boot-Jägers »Storozhevoi«, mitsamt Boot 1975 in den Westen überzulaufen, diente Clancy als Vorlage. Aber bei ihm steuert das U-Boot unter der Leitung des russischen Kapitäns Marko Ramius auf die amerikanische Ostküste zu. Die Amerikaner sind sich unsicher, ob sie es mit Angreifern oder Überläufern zu tun haben – zumal russische Kriegsschiffe dem Boot folgen, um zu verhindern, dass es den Gegnern in die Hände fällt.

Clancy beschreibt die »Roter Oktober« als »das größte und beste Boot, das Ramius je befehligt hatte, aber es hatte einen entscheidenden Nachteil. Es hatte starke Maschinen und ein neuartiges Antriebssystem, das, wie er hoffte, amerikanische und sowjetische U-Boote verwirren würde, aber es war so groß, dass es sich unter Wasser verhielt wie ein waidwunder Wal: langsam beim Auftauchen, noch langsamer beim Abtauchen.« Bei dem neuartigen Antriebssystem handelt es sich um einen so genannten Raupenantrieb, der eine nahezu geräuschlose Fortbewegung ermöglicht. Die Story vom Katz-und-Maus-Spiel unter Wasser bescherte Clancy seinen ersten Weltbestseller und dem kleinen Verlag, in dem der

Roman erschien, ein Riesengeschäft. Schon bis zum Filmstart konnte er sieben Millionen Exemplare absetzen.

Der amerikanische Filmproduzent Mace Neufeld und der Drehbuchautor Donald Stewart verschafften sich im September 1987 an Bord der »USS Rickove« vier Tage lang einen realistischen Eindruck von den Platzverhältnissen an Bord eines U-Bootes. Sie stellten fest, dass es unmöglich war, dort zu drehen, und entschlossen sich, Teile des U-Bootes nachzubauen, was das 40-Millionen-Dollar-Budget entsprechend belastete. So entstanden in der Halle 15 der Paramount-Studios in Los Angeles auf zwei zehn mal zehn Meter großen, beweglichen Plattformen sieben Meter über dem Boden die Kommandostände eines amerikanischen und eines russischen Atom-U-Bootes. Diese Kulissen wogen 16 Tonnen und konnten bis zu 36 Grad nach allen Seiten geneigt werden. Außerdem gaben die Produzenten drei U-Boot-Modelle und den originalgetreuen Nachbau eines russischen U-Bootes für Außenaufnahmen in Auftrag. Einige Szenen wurden aber auch auf dem Atom-U-Boot »USS Houston« gedreht.

Die Erfolge von Film und Roman inspirierten die Firma North American Bear Co. in Chicago, einen Teddybären namens »Red Octobear« auf den Markt zu werfen. Zweifellos ein wichtiger Beitrag zur Völkerverständigung und zur Entspannung des »Kalten Krieges«.

DIE RYAN M-2

Ein Flugzeug dieses Typs diente als Basis für einen Spezialumbau, die Ryan NYP (New York – Paris). Mit diesem → »Spirit of St. Louis« getauften Flugzeug gelang Charles Lindbergh als erstem Menschen der Welt im Mai 1927 die Überquerung des Atlantiks im Alleinflug.

S

DIE SAN PABLO

Amerikanisches → Kanonenboot, das im chinesischen Bürgerkrieg im Einsatz war, um US-Bürger zu schützen.

DIE »SANTA MARIA« VON CHRISTOPH KOLUMBUS

In der Nacht vom 24. auf den 25. Dezember 1492 wird vor der Karibikinsel Hispaniola ein spanisches Schiff von der Strömung auf ein Korallenriff getrieben und sinkt. Wo genau das geschah, darüber herrscht Unklarheit. Manche Historiker gehen davon aus, es sei in der Nähe des Dorfes des Kaziken Guacanagari passiert, andere meinen, das Schiff liege nahe des heutigen Cap Haitien auf Grund. Der Kapitän muss 39 Mann zurücklassen, die aus dem Holz des Wracks das Fort »Villa de la Navidad« (Weihnachtsstadt) und damit die erste europäische Kolonie auf amerikanischem Boden errichten. In sein Logbuch schreibt er: »Ich begriff, dass es Gottes Wille war, hier Schiffbruch zu erleiden, denn wir sollten hier eine Siedlung gründen. Es war kein Unglück, sondern ein großer Glücksfall.«

Blenden wir 20 Wochen zurück: Am 3. August 1492 verlässt der italienische Seefahrer Christóforo Colombo auf der »Santa Maria«, begleitet von den kleineren Schiffen »Pinta« und »Niña«, mit 88 Mann Besatzung den Hafen der spanischen Stadt Palos in Richtung Kanarische Inseln, um westwärts segelnd Indien zu erreichen. Von Gomera aus sticht er am 8. September 1492 mit seiner kleinen Flotte in See und landet am 12. Oktober auf einer kleinen Insel, die die Eingeborenen Guanahani nennen. Er nimmt sie für den spanischen König in Besitz und tauft sie auf den Namen San Salvador, das ist spanisch für Christus der Erlöser. Am 27. Oktober entdeckt er Kuba und am 6. Dezember Haiti, das er in Hispaniola (»spanische Insel«) umbenennt. 3 Wochen später dann läuft die »Santa Maria« auf das Korallenriff.

Kolumbus segelt später an Bord der »Niña« zurück und trifft mit ihr und der »Pinta« am 15. März 1493 wieder in Palos ein. Zwar war er weit von Indien entfernt, hatte aber immerhin – aus Sicht der Europäer – eine Neue Welt entdeckt. So sehr beeindruckte dieser Erfolg das spanische Königspaar, dass Kolumbus schon im gleichen Jahr mit nunmehr 17 Schiffen aufbrechen konnte zu seiner zweiten Fahrt, die ihn auf die Kleinen Antillen, nach Jamaica und Puerto Rico führte.

Christoph Kolumbus, spanisch Cristobal Colón, geboren zwischen dem 25. August und dem 31. Oktober 1451, das genaue Datum ist unbekannt, war das älteste von fünf Kindern eines Woll- und Tuchwebers aus Genua. Zur Seefahrt kam er ziemlich spät, eigenen Angaben zufolge erst mit 21 Jahren. 1476 ging er nach Lissabon, um seinen Plan zu verwirklichen, die seit der Antike behauptete Möglichkeit einer Westfahrt nach Indien zu erkunden. Weil er dort keine Geldgeber fand, siedelte er 1485 nach Spanien über. Sieben Jahre dauerte das Klinkenputzen und Antichambrieren, bevor 1492 die spanischen Herrscher Isabella und Ferdinand II. den Vertrag unterzeichneten, der Kolumbus zum Vizekönig der zu entdeckenden Länder machte und ihm ein Zehntel der zu erwartenden Gewinne zusicherte. Kolumbus unternahm insgesamt vier Reisen an die Küsten Zentralamerikas. Zwischenzeitlich wegen seiner Kolonialpolitik in Ungnade gefallen, wurde er aber wieder rehabilitiert. Er starb am 20. Mai 1506 im spanischen Valladolid.

Aussehen und Typus der »Santa Maria« sowie der beiden Begleitschiffe sind nicht abschließend zu klären, da die Quellen sich widersprechen. Dennoch gibt es genügend übereinstimmende Angaben, die eine einigermaßen genaue Rekonstruktion der berühmt gewordenen Fahrzeuge sowie der Umstände der ersten Erkundungsfahrt zulassen. Nachdem ein Notar am 23. Mai 1492 in der Kirche des heiligen Georg öffentlich das königliche Dekret verlesen hatte, mit dem Kolumbus zum Kommandanten einer Flotte von drei Schiffen ernannt wurde, mietete er ein galizisches Lastschiff, das er »Santa Maria« taufte. Der Besitzer, Juan de la Cosa, den Kolumbus schon vorher kannte, fuhr als Erster Offizier mit. Die anderen beiden Schiffe stellte ihm die spanische Stadt Palos zur Verfügung. Kolumbus machte die »Santa Maria« mit Pero Alonso Nino als Steuermann zu seinem Flaggschiff. Als Dolmetscher begleitete ihn Luis de Torres, um eventuelle Verständigungsprobleme in der neuen Welt zu lösen. Kapitän der »Pinta« war Martin Alonso Pinzón. Der Besitzer dieses Schiffes, Cristóbal Quintero, war als Matrose mit an Bord. Vicente Yanez Pinzón war Kapitän der »Nina«, deren Besitzer Juan Nino als Erster Offizier anheuerte. Die Namen der insgesamt 88 Männer, allein 40 von ihnen fuhren auf der Santa Maria, sind bis auf einen bekannt. Die Legende, dass an Bord fast nur Verbrecher waren, denen man die Freiheit versprochen hatte, falls sie lebend zurückkehrten, ist nachweislich falsch. Tatsache ist, dass nur vier strafrechtlich verfolgte Männer bereit waren, die Strapazen einer so riskanten Reise auf sich zu nehmen, deren Ziel Kolumbus übrigens nur vage formulierte: Man wolle Land suchen »in gewissen Teilen des Ozeans«.

Pietro Martire d'Anghiera, ein gebildeter Humanist, beschrieb Kolumbus' kleine Flotte: »Drei Schiffe, ein Lastschiff mit einem Mastkorb, und zwei leichte Handelsschiffe ohne Mastkorb, von dem Typ, den die Spanier Karavellen nennen.« Kolumbus selbst bezeichnete sein Schiff als »Vollschiff«, was auf eine massigere Bauweise als bei den beiden Karavellen schließen lässt. Dennoch waren die Schiffe nicht besonders groß. Die »Santa Maria« maß in der Länge etwa 23,5 Meter (mit einem circa 26 Meter hohen Hauptmast), die beiden anderen Schiffe waren zwei Meter kürzer. Erhebliche Unterschiede gab es in der Manövrierfähigkeit der Schiffe. Die von den Portugiesen konstruierten kleineren Karavellen konnten dichter am Wind segeln und waren damit wesentlich beweglicher als die plumpe Karracke.

Das Leben an Bord war damals äußerst beschwerlich. Nur der Kapitän verfügte über eine Kabine, alle anderen schliefen da, wo gerade Platz war. Es gab nur mittags eine warme Mahlzeit, die auf einem Herd zubereitet wurde, der sich auf der »Santa Maria« auf dem Hauptdeck hinter der Back befand. Die Nahrung bestand aus Zwieback, gesalzenem Fleisch, Fisch und Olivenöl. Die Essensvorräte, von denen ein Teil während der Fahrt verfaulte oder von Käfern gefressen wurde, sowie Wasser und Wein lagerten in Holzfässern unter Deck. Vier Stunden dauerte eine Wache. Morgens wurde das Schiffsdeck geschrubbt und ein Gebet gesprochen. Ständig mussten Taue und Segel repariert werden. Abends löschte man das Herdfeuer und sprach ein gemeinsames Gebet. Überschaubar war auch die Zahl der Navigationsinstrumente. Ein Kompass, ein Astrolabium zur Messung der Höhe von Sonne und Sternen und ein Stundenglas, mit dessen Hilfe man die Ost-West-Position ermittelte, mussten reichen. Um so erstaunlicher mutet da die Genauigkeit an, mit der die Seefahrer bekannte Landmarken ansteuern konnten.

Die Geschichte des Christoph Kolumbus und seiner Fahrten ist mehrfach verfilmt worden. 1992, zum 500. Jahrestag der Entdeckung Amerikas, lieferten sich gleich zwei Filmproduktionen, die jeweils zwischen 45 und 50 Millionen Dollar verschlangen, ein Wettrennen um die Gunst der Zuschauer. In »1492 – Eroberung des Paradieses« lieh Gérard Depardieu dem Entdecker seine massige Gestalt. Gedreht wurde hauptsächlich vor der Küste Costa Ricas auf neu erbauten Schiffen. Depardieu bestand darauf, nach den anstrengenden Dreharbeiten an Bord täglich von der »Santa Maria« aus zur Küste zurück zu schwimmen.

Vielleicht bringt es Unglück, Flugzeugen Schiffsnamen zu geben. Denn kurz vor dem 450. Geburtstag der Gründung von Santo Domingo, der Hauptstadt der Dominikanischen Republik, stürzten drei Flugzeuge mit den Namen »Santa Maria«, »Pinta« und »Niña«, die in einer panamerikanischen Mission nach Kolumbien unterwegs waren, in einem Unwetter bei Cali ab.

DER SCHNEIDER VON ULM UND SEIN FLUGGERÄT

»Wohl nie in seiner langen Geschichte war das ehrwürdige altschwäbische Ulm in eine solch fieberhafte Aufregung geraten wie am 31. Mai 1811«, schreibt Max Eyth in seinem Buch über Albrecht Ludwig Berblinger, genannt »der Schneider von Ulm«. Berblinger war ein mutiger Fantast, der sich zutraute, mit seinem Fluggerät der Marke Eigenbau abzuheben. »Er schlüpfte ohne Schwierigkeit mit den Armen in die Ringe, die, den Griffen eines Schildes ähnlich, an der Unterseite der mächtigen Schwingen befestigt waren. Die Riemen über Brust und Rücken, die sinnreiche Verbindung der Zugbänder, mittels deren er durch das Anziehen und Strecken der Beine das Heben der Flügel unterstützen konnte, all das schien wie von selbst seinen Platz zu finden.« Doch der Hängegleiter war nicht für große Sprünge ausgelegt. All die neugierigen Menschen, die sich an diesem 31. Mai an der Donau versammelt hatten, wurden deshalb Zeugen eines bedauerlichen, wenn auch bemerkenswerten Vorfalls. Assistiert von einem Stadtsoldaten und einem Turmwächter unternahm Berblinger durchaus gehörige Anstrengungen, um die Schwerkraft zu überwinden. Er nahm einen kräftigen Anlauf, doch kaum fünf Sekunden, nachdem die vier Trompeter ihre Fanfare geschmettert hatten und die Flagge zum Start hochgerissen worden war, versank er in den Fluten der Donau. »Im ersten Moment fühlte er die Tragkraft der Flügel, aber gleich darauf auch das Sinken«, stellte ein Zeitzeuge nüchtern fest. Berblinger verlor bei seiner Wasserlandung kurz die Besinnung. Die Strömung trug ihn fort, doch schon bald zog ihn ein Schiffer in sein Boot und brachte ihn ans Ufer unterhalb der Stadtmauer. Dann gab der hilfreiche Mann dem Schneider den guten Rat, sich schleunigst aus dem Staub zu machen, da mit den vor Enttäuschung zornigen Ulmern nicht zu spaßen sei. Berblinger beherzigte den Rat seines Retters und ließ sich nie wieder in Ulm blicken.

1978 drehte Edgar Reitz einen Spielfilm über den »Schneider von Ulm«. Die Hauptrolle spielte Tilo Prückner, der ein guter Schauspieler ist, aber weder lebensmüde noch ein großer Flieger. Er hatte große Probleme mit dem Fluggerät, das die Augsburger Firma Bitz nach den detaillierten Konstruktionsplänen Berblingers gebaut hatte. Nach eigenen Aussagen reichte es gerade mal für »kleine Hopser. Mehr als acht oder neun Meter waren es nie. Theoretisch könnte man 50 bis 100 Meter damit fliegen, allerdings unkontrolliert wie ein Blatt Papier. Ich bin da schon manchmal ganz plötzlich abgeschmiert.« Man drehte die Flugaufnahmen schließlich mit einer Puppe oder einem Double bei Degenfeld auf der Schwäbischen Alb. Auch der damalige Europameister im Drachenfliegen, Klaus Tänzler, doubelte gelegentlich Prückner. Der sich bei einer Nahaufnahme dann allerdings doch noch eine Kopfverletzung zuzog, als eine Windböe ihn samt aufgeschnalltem Fluggerät rückwärts von einem Podest warf.

3,4 Millionen Mark kostete das Reitz'sche Kunstwerk, dem es nicht anders erging als seinem Sujet: Es stürzte ab. Der »Spiegel« schrieb in seiner Rezension: »Einen Rekord zumindest hat der Regisseur herausgeflogen: Es ist der bei weitem langweiligste Film des Jahres.«

DAS SCHNELLBOOT PT 109 VON JOHN F. KENNEDY

Am Montag, dem 2. August 1943, rammte der japanische Zerstörer Amagiri in der Blackett Strait vor dem Eiland Gizo, das zu den Salomon-Inseln zählt, die PT 109. Der Rammstoß traf die Steuerbordseite direkt neben dem Cockpit und ließ das Boot in zwei Teile zerbrechen. Während das Heck sofort sank, hielt sich der havarierte Bugteil über Wasser. Der Kommandant befahl seinen Männern, PT 109 zu verlassen. Als er sah, dass Teile des Bootes noch schwammen, gingen er und zwei Mann wieder an Bord. Kurze Zeit später sprang der Kapitän wieder ins Meer, um zwei Männer mit schweren Verletzungen aus den Fluten zu retten. Am nächsten Morgen meldeten Aufklärer dem Stützpunkt, dass »Schnellboot eins null neun im Gefecht auf See verloren gegangen« sei.

Das Schnellboot PT 109 war im Juli 1942 auf der Schiffswerft der »Elco Naval Division« im amerikanischen Bayonne, New Jersey, vom Stapel gelaufen. Die rund 30 Meter lange Holzkonstruktion – Stahlrümpfe wären für diese Aufgabe denkbar ungeeignet – verfügte über drei Zwölfzylinder-Packard-Motoren und war mit vier Torpedorohren, Maschinengewehren und einem Flakgeschütz bewaffnet. Leutnant Larson und seine Besatzung übernahmen das Boot und brachten es von der New Jersey Bay zur New York Bay und zur Marinewerft in Brooklyn. Dort wurde das Schiff eingefahren, im Herbst nach Norfolk und weiter nach Balboa in Panama gebracht. Die PT 109, die zunächst zum 5. und dann zum 2. Schnellbootgeschwader gehörte, wurde an Bord eines Liberty-Schiffes nach Nouméa verfrachtet und dann von einem Zerstörer nach Tulagi geschleppt, um in Guadalcanal Dienst zu tun. Das Boot erledigte Patrouillen- oder Feldpostfahrten, wobei es einen Maschinenschaden erlitt und beschossen wurde.

Nachdem Leutnant Larson seinen wohlverdienten Heimaturlaub angetreten hatte, übernahm am 25. April 1943 der Leutnant John F. Kennedy das Kommando über das Boot. Für ihn war das ein Traumjob, denn Schnellboote hatten ihn schon lange fasziniert. Der Überfall auf den amerikanischen Stützpunkt Pearl Harbor auf Hawaii am 7. Dezember 1941, bei dem große Teile der amerikanischen Flotte und auch der Flugzeugträger → »USS Arizona« untergingen, hatte ihn veranlasst, sich nach Abschluss seines Studiums freiwillig zum Dienst bei der Marine zu melden. Nachdem er einen achtwöchigen Kurs im Ausbildungslager des Schnellbootgeschwaders in Melville auf Rhode Island absolviert hatte und schon nach vier Wochen vom Fähnrich zum Leutnant befördert worden war, brachte ein Truppentransporter ihn und seine Kameraden am 7. April 1943 an die Nordküste der Salomonen-Insel Guadalcanal, wo er mit viel Glück einen japanischen Fliegerangriff überlebte.

Bereits im Sommer 1941 war er im Hafen von Edgartown in Martha's Vineyard mit seinem Schwertboot »Victura« an einem nagelneuen Schnellboot vorbeigesegelt. Wie der Autor Robert J. Donovan zu vermelden weiß, war Kennedy sehr angetan von den »schnittigen Linien und der Eleganz des Bootes, und als er es besichtigte, fühlte er sich geradezu versucht, sich ans Ruder zu setzen und die Maschinen volle Kraft laufen zu lassen.« Genau das konnte er jetzt als Chef von acht Männern, von denen er sich sieben selbst ausgesucht hatte, tun. PT 109 lag vor Tulagi, einer schmalen, hügeligen Insel, die zu den Salomon-Inseln gehört. Seine erste Aufgabe bestand darin, das Schiff zu reparieren, zu reinigen und gefechtsklar zu machen, denn es war ziemlich verdreckt nach dem monatelangen Einsatz und hatte einige Schäden erlitten. Nachdem diese Arbeiten abgeschlossen waren, ging PT 109 im Mai 1943 auf nächtliche Patrouillenfahrten, die vor allem dazu dienen sollten, Überraschungsangriffe zu verhindern.

Als die US-Einheiten den Befehl bekamen, die Insel New Georgia am westlichen Teil der Salomon-Inseln einzunehmen, wurden einige Schnellboote nach Neu-Guinea und sechs, zu denen auch PT 109 zählte, zu den Russell-Inseln verlegt. Am 30. Mai 1943 brach Kennedy mit seiner Mannschaft auf und postierte sich am Südende des Sunlight-Kanals. Nach ein paar ereignislosen Tagen bekam das Schiff drei neue Motoren. Dann, in der Nacht vor dem 30. Juni, an dem der Angriff auf New Georgia stattfinden sollte, fuhr es in den Gewässern rund um die Russell-Inseln Patrouille. Auf der Rückfahrt schlugen Brecher ein großes Loch in den Rumpf. Außerdem durchbrach während der Fahrt eine Wasserbombe das Deck, explodierte aber glücklicherweise nicht. Kennedy besorgte sich von einem Zerstörer eine Lenzpumpe, um das Boot leer zu pumpen. In der Werft wurden die Schäden beseitigt, ehe PT 109 Mitte Juli 1943 zum neuen vorgeschobenen Stützpunkt in Rendova abkommandiert wurde, wo 15 bis 20 Schnellboote zusammengezogen worden waren. Die Kampfhandlungen fanden ganz in der Nähe statt und Kennedy und seine Kameraden waren Zeugen, wie andere Schnellboote bombardiert und versenkt wurden.

Am späten Nachmittag des 19. Juli wurde PT 109 zum Ziel eines Luftangriffs. Mehrere Männer bekamen Arm- und Beinschüsse ab. Schrapnellsplitter zerfetzten Teile des Boots. Dann kam der verhängnisvolle 2. August und die Nacht danach. Am Vormittag des 3. August kenterte das Vorderteil des Bootes zwar, schwamm aber kieloben weiter, so dass die elf Überlebenden sich daran festklammern konnten. JFK beschloss, die nahe gelegene Insel Plumpudding zu erreichen. Die Männer scharten sich um eine große Planke, und Kennedy nahm eine fünf Kilo schwere Batterielaterne mit, die er an einer Schwimmweste festmachte. Nach vier Stunden im Wasser erreichten sie kurz vor Sonnenuntergang die etwa 100 Meter lange und 70 Meter breite Insel. Am nächsten Tag schwammen sie hinüber zur nächsten Insel Olasana. Wieder leistete ihnen die Planke gute Dienste. Kennedy und ein Kamerad erkundeten später noch schwimmend die Nachbarinsel Naru, um nach brauchbaren Sachen zu schauen. Aber sie fanden nichts. Dann entdeckten zwei Insulaner die Männer und halfen ihnen, zu ihrer Einheit zurückzukehren. Das Wrack war von US-Aufklärern entdeckt worden. Weil es bereits so stark beschädigt war, verzichteten sie darauf, es durch Beschießung zu versenken.

John F. Kennedy wurde für seinen Einsatz mit der Tapferkeitsmedaille der Marine und des Marinekorps ausgezeichnet und diente ab September 1943 als Kommandant auf dem Schnellboot PT 59. Einige seiner früheren Kameraden meldeten sich freiwillig, um wieder unter ihm Dienst zu tun. Als Kennedy am 20. Januar 1961 in Washington als 35. Präsident der USA vereidigt wurde, waren die Überlebenden von PT 109 mit dabei. Sie fuhren an Bord eines auf einen Festwagen montierten Schnellbootes, das die Nummer 109 trug, an ihm vorbei.

DIE »SEEADLER« DES GRAFEN LUCKNER

»Kriegslist«, also die bellizistische Variante der Heimtücke – dieses Wort kommt einem in den Sinn, wenn es um die Taten des am 9. Juni 1881 in Dresden geborenen Felix Graf Luckner geht. Während des 1. Weltkriegs machte er als kaiserlicher Pirat reiche Beute und narrte sein Feinde. Weil das Schiff »Seeadler« hieß, nannte man den Kapitän bald den »Seeteufel« – und diesem Kriegsnamen machte er alle Ehre.

Das ungewöhnliche Kriegsschiff trat 1916 in den Dienst der deutschen Marine. Ein Segelschiff Baujahr 1878, die mit drei Masten bestückte »Pass of Balmaha«, wurde in den Rang eines Hilfskreuzers erhoben, weil den Verantwortlichen der Plan gefiel, die Meere unter dem Deckmantel eines harmlosen Holzfrachters mit einem Kaperschiff zu befahren und unsicher zu machen. Unter größter Geheimhaltung baute man auf der Tecklenborg-Werft in Geestemünde die Inneneinrichtung um und versteckte an Bord zusätzliche Motoren und zwei 10,5 cm Geschütze. Aus der »Pass of Balmaha« wurde die »Seeadler«, die sich zur Tarnung den Namen »Irma« zulegte und unter norwegischer Flagge fuhr. Dem damals 35-jährigen Kapitänleutnant Luckner wurde das Kommando übertragen – nicht zuletzt deshalb, weil er ebenso wie weitere 16 Mann der Besatzung (andere Quellen sprechen von 20) fließend norwegisch sprach.

Am 21. Dezember 1916 lief die »Irma« aus, um zunächst auf den stark frequentierten Schiffsrouten im Atlantik und Pazifik auf Beutefang zu gehen. Bereits nach vier Tagen stoppte ein britischer Kreuzer das Schiff. Es wurde gründlich durchsucht und durfte dann weiterfahren. Die Tarnung und die gefälschten Pässe hatten ihre Bewährungsprobe bestanden. Alles an Bord war auf norwegisch getrimmt. Im Salon hingen Fotos der Königsfamilie, norwegische Bücher und Schallplatten befanden sich in den Regalen und sogar ein echtes norwegisches Logbuch konnten die Deutschen vorweisen. Die Waffenverstecke, Geheimgänge und auch die für bis zu 400 Gefangene ausgelegten sicheren Räumlichkeiten entdeckten die Briten nicht. Derart ermuntert kaperten Luckner und seine Leute im Laufe der nächsten Monate drei Dampfer und 13 Segler mit insgesamt 20.127 Bruttoregistertonnen. Deren Kapitäne waren jedesmal komplett überrascht, wenn sie von einem Segler aufgebracht wurden. Dieses Überraschungsmoment verstärkte noch die so genannte »Lärmkanone«, ein großes Rohr, das mit Schießpulver gefüllt wurde und viel Krach machte, aber keinen Schaden anrichtete. Der Entervorgang lief immer gleich ab: Nachdem man sich per Signal bekannt gemacht hatte, setzte die »Seeadler« die Reichskriegsflagge und das Signal »Stoppen Sie Sofort«. Zur Verdeutlichung folgten ein oder mehrere Warnschüsse, und die Besatzung ging beim Gegner an Bord. Nur ein Mann kam bei Luckners Fahrten ums Leben.

Im Juli 1917 lief die »Seeadler« vor der Südseeinsel Mopelia auf Grund und nahm irreparablen Schaden. Mit dem intakten Beiboot stachen Luckner und seine Leute in See, um erneut ein Schiff zu kapern. Vergeblich. Ihre immerhin 2.300 Seemeilen lange Odyssee im Beiboot endete damit, dass Soldaten der »Armed Native Constabulary« sie auf Fidschi festnahmen.

Luckner behauptete in seinen Erinnerungen mit dem Titel »Der Seeteufel«, er sei von der großen Flutwelle eines Seebebens auf das Riff getrieben worden, aber nach Berichten von Zeitzeugen war der Untergang des Schiffes wohl auf menschliches Versagen zurückzuführen. Die Historiker sind sich ohnehin einig, dass der am 13. April 1966 in Malmö gestorbene Kapitänleutnant hier und da eine gehörige Portion Seemannsgarn in seine Erlebnisse mit eingeflochten hat. Was der Legende bestimmt keinen Abbruch tat.

DIE SIEBENMEILENSTIEFEL

Lange Zeit hielt man sie für eine Legende oder eine Ausgeburt schriftstellerischer Phantasie. Um so größer war das Erstaunen, als die deutsche Nachrichtenagentur dpa meldete, dass Studenten am Luftfahrtinstitut der russischen Stadt Ufa im Süd-Ural Siebenmeilenstiefel, die ihren Träger bis zu 35 km/h schnell machen, bis zur Serienreife entwickelt hätten.

Als Adelbert von Chamisso im Jahr 1814 in Nürnberg »Peter Schlemihls wundersame Geschichte« veröffentlichte, war an so etwas natürlich noch nicht zu denken. Chamisso studierte Medizin und Botanik und hatte die Geschichte ein Jahr zuvor auf dem Gut Kunersdorf niedergeschrieben. In elf Briefen erstattet der Protagonist dem Herausgeber Chamisso darin Bericht über seine Bekanntschaft mit einem merkwürdigen grauen Herrn, dem er für einen Sack Geld, der stets mit Dukaten gefüllt ist, ein Jahr lang seinen Schatten verkauft. Dieser Schlemihl merkt bald, dass er einen Pakt mit dem Teufel geschlossen hat, der nun hinter ihm her ist. Er entkommt ihm, als er zufällig ein paar alte Wanderschuhe findet, die sich als Siebenmeilenstiefel entpuppen. Damit bereist er dann die ganze Welt und erforscht die Natur.

Die Natur zu erforschen hatten die russischen Studenten, die sich schon seit den 70er Jahren mit den Stiefeln beschäftigten, nicht im Sinn. Profane militärische Zwecke waren für sie ausschlaggebend. Infanteristen sollten in den schnellen Schuhen mit Panzern mithalten können – sei es, um ihnen zu folgen, sei es, um sie zu zerstören. Das Projekt erlebte Rückschläge, wurde eingestellt und schließlich wiederbelebt. Bei der neuen Konstruktion schalten sich kleine Benzin- oder Dieselmotoren bei jedem Schritt kurz ein und setzen, unterstützt vom Körpergewicht, ein Federgestänge in Bewegung, das den Schuhbesitzer nach vorne katapultiert. Die Sprungschuhe sollen nur etwa 1,25 Kilogramm wiegen und bei Herstellungskosten von rund 400 Euro pro Paar durchaus erschwinglich sein. Noch hat niemand eine Betriebsanleitung für die Schuhe gelesen. Doch bestimmt findet sich darin die dringende Warnung, die Schuhe niemals in geschlossenen Räumen zu verwenden.

DIE »SILBERPFEILE«

Schlank macht schön. Was die Hersteller fettreduzierter Lebensmittel uns Tag für Tag als letzten Schrei der Wissenschaft eintrichtern, ist ein alter Hut und mindestens seit 1934 bekannt. In jenem Jahr sorgte eine Präzisionswaage im Fahrerlager für schreckliche Gewissheit: Statt der vorgeschriebenen 750 kg pro Wagen brachten die Rennfahrzeuge von Mercedes exakt 480 Gramm zu viel auf die Beine. Es war Anfang Juni, der Tag hatte schön begonnen und man befand sich mitten im Training für das so genannte »Eifel-Rennen« auf dem Nürburgring. Und jetzt das! Mit dem Übergewicht war der Mercedes nicht startberechtigt (Ganz anders als heute sorgte man sich damals also eher darum, dass die Fahrzeuge nicht zu schwer waren, während die Rennleitung heute darauf achten muss, dass die Formel-1-Boliden ausreichend Ballast haben, um nicht beim ersten Windstoß von der Strecke zu fliegen.)

480 Gramm zu viel! Einfach ein Teil abmontieren ging nicht. Da kam dem Rennleiter von Mercedes, Alfred Neubauer, die rettende Idee. Der »Dicke«, wie er genannt wurde, befahl: »Lack runter!«, und ließ seine Mechaniker die Farbe abschmirgeln bis runter auf die Aluminiumhaut. Damals trugen die Rennwagen je nach Nationalität des Herstellers eine bestimmte Farbe, auf die man sich 1900 vor dem ersten Gordon-Bennett-Rennen verständigt hatte. Teilweise besteht diese Tradition bis heute fort. Italienische Fahrzeuge hatten und haben rot zu sein, das galt für Alfa Romeo, Maserati und Lancia. (Ferrari war damals noch nicht mit

von der Partie.) Französische Wagen waren blau, die Engländer trugen grün, Mercedes und Auto-Union weiß. Zwei Kilo konnten Neubauer und sein Team durch das Abschmirgeln des weißen Lacks einsparen. Und als dann Manfred von Brauchitsch in seinem silbrig glänzenden Rennwagen vom Typ W 25, einem 3,4-Liter-Achtzylinder-Kompressor mit 354 PS, die Konkurrenz besiegte, war der erste Schritt von der Panne zum Mythos getan. Kurze Zeit danach stellte der später ebenfalls zur Legende gewordene Rennfahrer Rudolf Caracciola in einem Silberpfeil einen neuen Weltrekord über die Distanz von einer Meile auf, mit einer Höchstgeschwindigkeit von 316,62 km/h. 1935 wurde er Europameister, nachdem er neun von zehn Rennen für sich entschieden hatte – ein seitdem unerreichter Rekord. Der Mythos »Silberpfeil« war nicht mehr aufzuhalten.

Nachdem man 1936 einige Misserfolge verkraften musste, trat Mercedes 1937 mit einem weiterentwickelten, »W 125« genannten Rennwagen an, der über eine weichere Federung und stärkere Dämpfung verfügte. Der Achtzylinder-Reihenmotor leistete 646 PS aus 5,7 Litern Hubraum. Die Werksfahrer gewannen fünf von acht Grand Prix und feierten Doppel- und sogar Dreifachsiege. Im Jahr darauf konnten die Silberpfeile immerhin noch sechs Rennen gewinnen und Caracciola wurde zum dritten Mal Europameister. Bei Kriegsbeginn 1939 fielen Rennen aus. Auch ging Mercedes nicht regelmäßig an den Start. Dennoch holten die neuen »W 163« fünf Grand-Prix-Siege, und Hermann Lang löste Caracciola als Gesamtsieger ab. Mit einem Stadtrennen in Belgrad endete die glorreiche Serie der Vorkriegssilberpfeile am 3. September 1939. Tazio Nuvolari gewann auf Mercedes, während Manfred von Brauchitsch sich auf der Strecke drehte und beinahe vom späteren Sieger gerammt worden wäre. Ohne eine gute Taktik und hartes Training hätte Mercedes niemals so viele Siege erringen können. Der Rennleiter Alfred Neubauer hatte seine Mechaniker so gut gedrillt, dass sie einen Tankstopp inklusive Reifenwechsel in nur 40 Sekunden schafften – damals ein sensationeller Wert.

Es gab noch einen ruhmreichen Sieg der silbernen Renner in dieser Ära, aber in einer anderen Rennsport-Klasse. Das Rennen sollte auf dem Wüstenkurs von Melhalla bei Tripolis stattfinden und stand Rennwagen mit Motoren bis zu 1,5 Liter offen. Die Ingenieure von Mercedes stellten sich dieser Herausforderung und konstruierten in nur acht Monaten ein – wie sich herausstellen sollte – konkurrenzfähiges Fahrzeug. Üblicherweise brauchte man dafür doppelt so lang. Den »W 165« mit 254 PS steuerte Hermann Lang als Erster durch das Ziel. Der 2. Weltkrieg unterband weitere Rennen in dieser neuen Klasse. Die in Tripolis eingesetzten Wagen überstanden den Krieg in der Schweiz.

Nach dem Krieg konnten die Silberpfeile ihre Erfolgsserie zunächst fortsetzen. 1954 und 1955 wurde der legendäre Juan Manuel Fangio auf dem »W 196«, unverkennbar mit seiner neuen Stromlinienkarosserie, zweimal hintereinander Weltmeister. Als 1955 in Le Mans ein Mercedes-Renner von der Strecke flog und dabei 82 Zuschauer tötete sowie 150 Menschen verletzte, zog sich Mercedes vom Rennsport zurück. So endete die Ära der Silberpfeile, an die erst über 40 Jahre später der zweifache Formel-1-Weltmeister Mika Häkkinen wieder anzuknüpfen versuchte.

»SPIRIT OF FREEDOM«

Die letzten Kilometer ist er nach eigenen Angaben »so dahingestolpert«, aber das änderte nichts daran, dass Steve Fossett es am 3. Juli 2002 geschafft hatte. Einigermaßen sauber brachte er seinen Ballon »Spirit of Freedom« im australischen Bundesstaat Queensland auf den Boden herunter. Schon am Vortag hatte der 58-jährige amerikanische Geschäftsmann und Millionär aus Chicago sein eigentliches Ziel erreicht: Als erstem Menschen war ihm die Umrundung der Erde in einem Heißluftballon gelungen – und zwar als Alleinfahrer. Sein mit Helium und heißer Luft gefüllter, 55 mal 33 Meter großer Ballon hatte die mit Navigationseinrichtungen und Hightech vollgepackte Kapsel samt Pilot sicher um die Erde getragen. Eine große Hilfe dabei war der Comstock-Autopilot gewesen, der den Ballon in konstanter Höhe hielt, indem er per Computer die Erhitzung des Heliums steuerte. Der Treibstoff für die Wärmeaggregate befand sich in 40 Tanks mit einer Mischung aus Propan und Ethan, die an der Außenseite der Kapsel hingen. Diese Einrichtung erlaubte es Fossett, jeden Tag bis zu vier Stunden zu schlafen. Den Ballon baute übrigens Donald Cameron, Eigentümer der Firma Cameron Balloons Ltd. aus dem englischen Bristol.

Am 19. Juni 2002 war Steve Fossett im australischen Northam nahe Perth zu seiner Erdumrundung aufgebrochen. Er fuhr zunächst in Richtung Neuseeland, das er mit einer Geschwindigkeit von 90 km/h in 6.700

Metern Höhe überquerte, und trieb dann auf den Südpazifik zu. Dort musste er einem Schlechtwettergebiet ausweichen, was bei einem Ballon, der ja eigentlich nur hoch und runter fahren kann, bedeutete, dass er teilweise in nur 120 Metern Höhe über dem Meer mit gerade mal 50 km/h vorwärtskam. Kurz vor der chilenischen Küste entging er nur knapp einem Absturz, als eine Luftströmung den Ballon hinunterdrückte. Über die Anden fuhr er in einer Höhe von 7.500 Metern und nahm ungeachtet der beißenden Kälte am 28. Juni Kurs auf den Südpol. Elf Tage später schon überquerte er den afrikanischen Kontinent und erreichte den indischen Ozean. Als er schließlich den 117. Längengrad überflog, war der Rekord zwar erreicht und Fossett hätte landen können. Das verhinderten aber die ungünstigen Wetterbedingungen. Dann brach ein Feuer an Bord aus, das Fossett löschen konnte, indem er in der eiskalten Nacht aus der Kapsel kletterte. »Jedes Feuer in so einer Situation ist sehr gefährlich«, sagte er später. »Es ist, als würde man eine Bombe fliegen.« Er hatte nun auch mehr und mehr mit seiner Müdigkeit zu kämpfen und befürchtete, unsanft zu landen und sich dabei zu verletzen. Nachdem er zu guter Letzt die Schwierigkeiten, das Helium aus dem Ballon abzulassen, auch noch überwinden konnte, landete er rund 1.400 km nordwestlich von Sydney, wobei er sich auf die Lippe biss. Das blieb aber die einzige Verletzung. Fosset hatte 28.000 Kilometer zurückgelegt – sein sechster Versuch hatte den Erfolg gebracht. Den »Spirit of Freedom« will er einem Museum in Washington schenken. In derselben Stadt ist auch die → »Spirit of St. Louis« zu sehen.

DIE »SPIRIT OF ST. LOUIS« VON CHARLES LINDBERGH

»Unser Botschafter des guten Willens und des Friedens hat heute eine weitere Grenze von Zeit und Raum durchbrochen.« Mit diesen Worten beglückwünschte 1927 der amerikanische Präsident Calvin Coolidge den Luftpostpiloten Charles A. Lindbergh zu seinem Flug über den Atlantik. Als erstem Menschen der Welt war es ihm gelungen, nonstop von Amerika nach Frankreich zu fliegen.

Der französische Geschäftsmann Raymond Orteig, dem in den USA mehrere Hotels gehörten, hatte 1919 ein Preisgeld von 25.000 Dollar für denjenigen ausgelobt, der es schaffte, als erster ohne Zwischenstopp die

Strecke Paris-New York – in welcher Richtung auch immer – im Flugzeug zurückzulegen. Daraufhin war ein wahres Rennfieber ausgebrochen, das zahlreiche Piloten das Leben kostete. Auch Lindbergh hatte sich mit dem Virus infiziert. Der schlaksige, 25 Jahre alte und 1,89 Meter lange Mann aus Missouri, der Postsäcke zwischen St. Louis und Chicago beförderte, konnte ein paar Geschäftsleute aus St. Louis überreden, ihm Geld für die Konstruktion eines Flugzeugs zu geben, mit dem er das waghalsige Unternehmen angehen wollte. Im Gegensatz zu vielen anderen Piloten setzte Lindbergh auf eine leichte Maschine mit nur einem Motor und nur einem Piloten, sich selbst. Seine erste Wahl fiel auf eine Maschine vom Typ Bellanca, die von der Columbia Aircraft Corporation in New York gebaut wurde. Doch deren Generaldirektor Charles Levine bestand darauf, dass ein Werkspilot mitflog. Damit war die Sache für Lindbergh gestorben. Auch bei anderen Herstellern hatte er kein Glück. Schließlich stieß er auf die kurz vor dem Bankrott stehende Firma Ryan Airlines in San Diego und fand in Frank Mahoney einen Firmenchef und Donald A. Hall einen Designer, die seinen Ideen offen gegenüberstanden.

Im Februar 1927 begannen die Arbeiten an dem Flugzeug. Seine Partner stellten Lindbergh 15.000 Dollar für das Unternehmen zur Verfügung. Harold Bixby, der damalige Chef der Handelskammer in St. Louis, schlug als Namen für das Flugzeug »The Spirit of St. Louis« (Der Geist von St. Louis) vor, was Lindbergh sofort akzeptierte. Basis für seine Ryan NYP (New York – Paris) war eine Ryan M-2, deren Tragflächen man um drei Meter auf 14,02 Meter verlängerte. Das Cockpit wurde weiter nach hinten verlagert, um Platz zu schaffen für einen zusätzlichen Tank, der dem Piloten allerdings die Sicht versperrte. Nur durch eine Art Periskop konnte Lindbergh direkt nach vorne sehen. Doch meistens orientierte er sich durch einen Blick aus den Seitenfenstern. Die fünf Tanks fassten insgesamt 1.700 Liter Benzin, Treibstoff genug für eine Reichweite von 4.000 Flugmeilen, also weit mehr, als er für den Nonstop-Flug nach Paris brauchte. Der 237 PS starke 9-Zylinder-Sternmotor vom Typ Wright Whirlwind J-5C rückte weiter nach vorne, um einen Gewichtsausgleich zu schaffen.

Das Flugzeug wurde silbern lackiert und trug die Registrierung N-X-211 auf der rechten Tragfläche und dem Seitenruder. Zwischen Motor und Cockpit prangte der Name »Spirit of St. Louis«. Die Maschine war 8,41 Meter lang, 2,99 Meter hoch, wog leer 975 und beladen und betankt

2.330 Kilogramm. Um Gewicht zu sparen, verzichtete Lindbergh auf so nebensächliche Dinge wie ein Radio, einen Fallschirm, eine Tankanzeige oder Navigationslichter. Er nahm nur die notwendigsten Flugkarten mit, auf denen er die wichtigsten Punkte markierte. Zudem ließ er sich für den Flug besonders leichte Stiefel anmessen und statt des schweren Ledersitzes einen leichten Weidensitz einbauen. Die Maschine kostete ihn 6.000 Dollar zuzüglich der 4.420 Dollar für den Motor und die Umbauten. Lindbergh wohnte die ganze Zeit über praktisch in der Fabrik. Sein Enthusiasmus steckte die Leute an, so dass alle Mitarbeiter freiwillig Überstunden machten. Am 28. April 1927, einen Monat früher als geplant, war das Flugzeug einsatzbereit.

Lindbergh war bisher niemals weiter als 800 km geflogen und in der internationalen Flugszene weitgehend unbekannt. Seine Chancen wurden deshalb nicht besonders hoch eingeschätzt. Das änderte sich, als er nach einigen kurzen Testflügen mit der »Spirit of St. Louis« vom 10. bis 12. Mai mit nur einem Stopp in St. Louis vom kalifornischen San Diego nach New York flog und mit einer Flugzeit von 21 Stunden und 40 Minuten einen neuen transkontinentalen Rekord aufstellte. Eindrucksvoll hatte Lindbergh die Leistungsfähigkeit von Pilot und Maschine unter Beweis gestellt. Er selbst hatte ohnehin nie daran gezweifelt: »Ich habe mehr als vier Jahre Flugerfahrung, fast 2000 Stunden in der Luft verbracht und über die Hälfte der 48 Bundesstaaten bereist«, schrieb er in seiner ersten Autobiographie. »Warum sollte ich für einen solchen Flug nicht qualifiziert sein?«

Acht Tage später, er hatte vergeblich auf besseres Wetter gehofft, startete Lindbergh am 20. Mai 1927 morgens um 7.52 Uhr vom Roosevelt Field auf Long Island vor etwa 500 Schaulustigen, die das Schmuddelwetter nicht abgeschreckt hatte. Weil kurz zuvor bekannt geworden war, dass zwei Piloten verschollen waren, nannte die Presse seine »Spirit« einen »fliegenden Sarg«. In der Nacht vor dem Start hatte Lindbergh kein Auge zugemacht. Jetzt goss es in Strömen, und die Piste war total aufgeweicht. Viele waren überzeugt, dass er die Maschine gar nicht erst in die Luft bringen würde.

Aber er hob ab und nahm Kurs auf Neufundland. In den folgenden 33 Stunden und 39 Minuten kämpfte er mit seiner Müdigkeit, mit Nebelbänken und vereisten Tragflächen. Manchmal flog er nur anderthalb Meter über dem Wasser, so tief, dass er die Gischt ins Gesicht bekam. Am

21. Mai um 22.22 Uhr landete er, total erschöpft, aber glücklich, nach einem Flug über 5.809 Kilometer (3.600 Meilen) problemlos auf dem Pariser Flughafen Le Bourget, wo ihn eine riesige, beinahe hysterische Menschenmenge mit frenetischem Jubel empfing. »Es war unmöglich zu sprechen«, schrieb er später. »In dem Tumult war kein Wort zu verstehen, und anscheinend wollte auch niemand etwas hören. Ich begann aus der Kabine zu klettern, doch sobald ich einen Fuß draußen hatte, wurde ich hinunter gerissen. Fast eine halbe Stunde konnte ich den Boden nicht erreichen, denn ich wurde voller Begeisterung in jeder nur möglichen Lage auf anscheinend sehr engem Raum herumgetragen.« Doch schließlich schaffte er es, sein Flugzeug in einem Hangar in Sicherheit zu bringen, ehe er in einem Auto in die Stadt gebracht wurde.

Auf Wunsch der amerikanischen Marine wurde sein Flugzeug teilweise demontiert und am 4. Juni 1927 an Bord des Schiffes »Memphis« in die USA zurückgebracht. Dies gefiel dem Piloten überhaupt nicht, aber er beugte sich und nahm die Maschine am 10. Juni in Norfolk, Washington, wieder in Empfang. Als er kurz danach zur großen Konfettiparade nach New York fliegen wollte, musste Lindbergh die Reise allerdings in einem anderen Flugzeug antreten, da die »Spirit« nicht ansprang. Das war aber auch das einzige Malheur, das der Ryan NYP widerfuhr. Lindbergh war ein Held, und Millionen von Menschen erwiesen ihm in New York ihren Respekt. Die Regierungen überhäuften ihn mit Ehrungen und Medaillen, und die Menschen machten ihm viele Geschenke, darunter auch kleine, selbst gebastelte Spielzeugmodelle der »Spirit« aus Seife oder gar Gold. Hollywoodgrößen wie James Stewart, selbst ein begeisterter Flieger, suchten seine Nähe. Stewart spielte dann in dem 1957 entstandenen Film »Lindbergh: Mein Flug über den Ozean« die Titelrolle – und machte eine gute Figur, obwohl er da schon 49 Jahre alt war.

Dank der Vermittlung seines neuen Rechtsberaters Henry Breckinridge von der Guggenheim-Stiftung unternahm Lindbergh 1927 noch einen Rundflug durch 48 amerikanische Bundesstaaten. Dabei eskortierte ihn ein Flugzeug der Handelskammer, dessen Pilot Phil Love genauso wie Lindbergh selbst kleine fliegerische Kunststückchen oder plötzliche Sturzflüge in das Flugprogramm einbaute. Wo auch immer sie landeten, wurden sie von riesigen Menschenmengen empfangen, was zum Teil zu chaotischen Verhältnissen führte. Im Juli flog »Lucky Lindy«, wie er jetzt häufig genannt wurde, nach Ottawa, um der 60-Jahr-

Feier von Kanada beizuwohnen. Unterwegs kollidierten zwei kanadische Begleitflugzeuge, aber Lindbergh und seine »Spirit of St. Louis« waren nicht gefährdet.

Lindbergh war der Auffassung, dass seine Ryan NYP noch für weitere Rekorde gut sei. Am 13. Dezember flog er als Erster nonstop in 22 Stunden von Washington nach Mexiko City. Nach der Rückkehr wurde die Rekordmaschine dann bis April 1928 in St. Louis von der Historischen Gesellschaft von Missouri ausgestellt, ehe sie am 30. April 1928 ihren letzten Flug absolvierte. Charles Lindbergh steuerte sie von St. Louis nach Washington, um sie dem Smithsonian Institute zu schenken. Dort ist sie seitdem für jedermann zu sehen und hält die Erinnerung an die einzigartige Leistung des Mannes und seiner Maschine wach. Dafür sorgt auch der »Spirit of St. Louis« getaufte Flughafen in St. Louis, auf dem über 500 Flugzeuge ihren festen Standplatz haben.

DER STEALTH-BOMBER

Als das komplett mattschwarze Flugzeug am 22. November 1988 im kalifornischen Palmdale erstmals der Öffentlichkeit vorgestellt wurde, kam sein Auftritt einer Sensation gleich. Der vierstrahlige strategische schwere Bomber, dessen Entwicklung viele Jahre gedauert hatte, ist ein so genannter Nurflügler mit einer Spannweite von 52,43 Metern. Seine Besonderheit besteht in der konsequenten Anwendung der so genannten »Stealth«-Technologie, mit der die akustischen, optischen, Radar- und Infrarotsignale, die das Flugzeug dem Gegner bietet, auf ein Minimum reduziert werden.

Der amerikanische Präsident Jimmy Carter suchte Ende 1977 nach Alternativen zu den Bombern vom Typ B-52, die seit ihrer Einführung 1955 brav ihren Dienst verrichteten, aber eben ziemlich veraltet waren. Unter strengsten Sicherheitsvorkehrungen machten sich die an der Ausschreibung beteiligten Hersteller Northrop/Boeing und Lockheed/Rockwell an die Arbeit. Sie sollten ein Flugzeug bauen, das in der Lage sein würde, heimlich (englisch: »stealthy«) in fremde Territorien einzudringen. Den Zuschlag erhielt im November 1981 das Konsortium Northrop/Boeing, obwohl die Konkurrenten ihre Beherrschung der neuen Technologie mit der Lockheed F-117 bereits unter Beweis gestellt hatten.

Dafür war Northrop weiter in der Entwicklung von Nurflüglern. Schon 1946 hatte man ein solches Flugzeug vorgestellt.

Im April 1988 veröffentlichte die US-Luftwaffe dann erstmals eine Zeichnung des neuen Flugzeugs, im Herbst war der Roll-Out und am 17. Juli 1989 absolvierte die Northrop B-2 (82-1066), so die exakte Bezeichnung, in Palmdale ihren Erstflug. Sie landete auf dem nahe gelegenen Luftwaffenstützpunkt Edwards, wo man sie weiter erproben wollte. Einige Merkmale des Flugzeugs setzten nicht nur die Fachwelt in Erstaunen: Vier Triebwerke von General Electric verhelfen dem 21,03 Meter langen und im Rumpf nur 5,18 Meter breiten Prototyp zu einer maximalen Geschwindigkeit von 1.010 km/h und verbrauchen dabei ungewöhnlich wenig Sprit. Trotz der extrem flachen Form können die beiden Piloten sich in einem durchaus geräumigen Cockpit aufhalten, nicht ganz belanglos bei Einsätzen von durchschnittlich zehn Stunden Dauer. Drei große Bildschirme bündeln die notwendigen Informationen für die Piloten.

Fachmagazine bezeichneten die Leistungsfähigkeit des Stealth-Bombers, der über eine Reichweite von rund 10.000 km verfügt, nach ersten Tests als »spektakulär«. Dank ihrer Formgebung ist die Northrop B-2 kaum vom gegnerischen Radar zu erfassen. Ihre Rückstrahlfläche beträgt im Vergleich mit dem Vorläufer B-52 nur noch ein Zehntel.

Vom 17. Juli bis zum 22. November 1989 wurden acht Testflüge durchgeführt, wobei man alle Systeme inklusive der Luftbetankung prüfte. Nach einer gründlichen Überarbeitung folgten ab April 1990 weitere Tests. Währenddessen kam es im amerikanischen Kongress zu heftigen Diskussionen über die Finanzierbarkeit der »Tarnkappenbomber« – ein Begriff, der sich in der Öffentlichkeit immer mehr durchsetzte. Immerhin sollte jede Maschine etwa 500 Millionen Dollar kosten. Außerdem stellte die veränderte weltpolitische Lage – 1989 war die Mauer gefallen – die Notwendigkeit einer Anschaffung derart teurer und leistungsfähiger Flugzeuge in Frage. Der Kompromiss bestand schließlich darin, dass die Stückzahl von ursprünglich 132 Bombern auf 75 reduziert wurde. Im Januar 1992 kündigte Präsident George Bush sen. in seiner Rede zur Lage der Nation an, dass die Produktion nach lediglich 20 Northrop B-2 eingestellt werde – sehr zur Erleichterung mancher Kongressabgeordneter, die in dem schwarzen Bomber wegen des undurchsichtigen Finanzgebarens von Militär und Regierung eher ein »Schwarzes Loch« sahen.

DIE »STOCKHOLM«

Nach einer Kollision mit diesem schwedisch-amerikanischen Dampfer sank die → »Andrea Doria«.

DIE »STOROZHEVOI«

Die Geschichte des russischen U-Boot-Jägers, dessen Besatzung im November 1975 in den Westen überlaufen wollte, inspirierte den Autor Tom Clancy zu seinem Roman → »Jagd auf Roter Oktober«, nach dem wiederum ein Film gedreht wurde.

DER STREITWAGEN VON »BEN HUR«

Streitwagen gab es schon lange, bevor Hollywood daran dachte, den 1880 erschienenen Roman »Ben Hur« des amerikanischen Rechtsanwalts und Bürgerkriegsgenerals Lewis Wallace zu verfilmen. Sumerer, Ägypter, Assyrer, Perser, Griechen und Kelten setzten diese pferdebespannten Kriegswagen ein, bis sich um 1000 vor Christus die Kriegstechnik wandelte und man den Reitern den Vorzug gab. In dem Roman, dessen Handlung ja nach Christi Geburt spielt, fungieren sie daher auch völlig korrekt nicht mehr als Kriegs-, sondern als Sportgeräte. 1899 dramatisierte W. Young den Roman und brachte ihn auf die Bühne. Natürlich samt Pferden und Streitwagen, die auf Laufbändern über die Bühne rollten. Leider waren bei einer der zahlreichen Aufführungen in Boston die Bänder nicht in Ordnung, so dass, ganz gegen die Intentionen des Autors, Messala das Rennen gewann.

Ende des 19. Jahrhunderts hatten viele Menschen eine ausgesprochene Vorliebe für historische Abenteuerromane entwickelt. So wurde »Ben Hur« einer der größten Bestseller aller Zeiten, in den Schatten gestellt nur noch von »Quo Vadis?« des Autors Henryk Sienkiewicz. Auf Märkten und Festen waren Wagenrennen nichts Ungewöhnliches und populäre Attraktionen. 1907 hatten sogar die Pferde der Feuerwehr von Brooklyn in New York am Manhattan Beach einen Einsatz im Wagenrennen. Das Rennen wurde gefilmt. Später zeigten Kinos einen etwa 15

Minuten langen Zusammenschnitt des Rennens und beriefen sich dabei auf die Romanvorlage. Wallace und seine Berater waren darob gar nicht erbaut und sorgten dafür, dass derartige Copyright-Verletzungen umgehend geahndet wurden.

Von 1924 bis 1926 und dann noch einmal 1959 nahmen sich Filme der Geschichte um den schicksalhaften Konflikt zwischen dem Juden Ben Hur und dem römischen Hauptmann Messala an. Darin spielten die Wagenrennen mit ihren spektakulären Actionszenen eine ganz zentrale Rolle. Nach Ansicht von Fachleuten stehen sich die Actionsequenzen beider Filme in nichts nach. Der erste, von MGM realisierte Film sollte zunächst in Italien gedreht werden, doch gab es Probleme, die dazu führten, dass nur einige Teile in Europa entstanden und das Wagenrennen an der heutigen Kreuzung Venice und La Cienega Boulevard in Los Angeles gedreht werden musste. MGM köderte Rodeo-Reiter, die den Mut hatten, die Schauspieler zu doubeln, mit einer fetten 5.000-Dollar-Gage. Nicht zu wenig für das Risiko der Halbprofis. Es kam zu mehreren schweren Unfällen von Mensch und Tier. Zudem rauschten die 700 Pfund schweren Wagen häufiger gegen die Wände des nachgebauten Zirkus von Antiochia.

Ramon Novarro und Francis X. Bushman lieferten sich in diesem Streifen ein erbittertes Wagenrennen. Mehr als 30 Jahre später, von April bis August 1958, bekämpften Charlton Heston und Stephen Boyd sich in einer Kulisse auf dem Gelände der römischen Cinecittà-Studios bis aufs Messer. 78 Pferde, die man speziell zu diesem Zweck aus Jugoslawien herbeigeschafft hatte, zogen die Streitwagen, die während der Dreharbeiten haufenweise zu Bruch gingen. 8.000 Statisten waren zu dirigieren. Es dauerte Monate, bis die knapp 20-minütige Sequenz im Kasten war. Manche Quellen sprechen sogar von einem Jahr Vorbereitungszeit. Die Dauer und die schiere Größe der Produktion sorgten dafür, dass sich ständig Prominenz auf dem Set herumtrieb und auch – zumindest als Beifahrer – in den Wagen versuchen wollte. Der damals berühmte Fernsehshowmoderator Ed Sullivan ließ sich ebenso wie Kirk Douglas, Paul Newman oder Marlon Brando von Charlton Heston im Wagen herumkutschieren. »Es war das heißeste Ticket in der Stadt, einmal mit einem der Streitwagen zu fahren«, erinnert sich ein Beobachter.

Der Regisseur der Action-Szenen, der ehemalige Stuntman Yakima Canutt, unterwies Heston und Stephen Boyd, der den Messala spielte, allein zwei Monate lang darin, wie mit den Wagen umzugehen war. Zu ihrer Sicherheit installierte er eine spezielle Halterung und ein besonderes Geschirr, das seine Akteure davor bewahren sollte, aus den Wagen geschleudert zu werden. Und damit sie sich nicht so viele Schrammen zuzogen, was die Maskenbildner möglicherweise überfordert hätte, ließ er die Wagen innen auspolstern. »Sieh zu, dass du in dem verdammten Wagen bleibst, und ich sorge dafür, dass du das Rennen gewinnst«, soll Canutt einmal zu Heston gesagt haben. Besonders schwer zu beherrschen war der Streitwagen von Stephen Boyd. Dieser so genannte »griechische Wagen« trug an den Seiten eiserne Spitzen, um die Speichen der konkurrierenden Wagen zu zerstören. Eine Idee, die Produktionsdesigner Ken Adam später wieder aufnahm, als er den → Aston Martin von James Bond mit ausfahrbaren Reifenschlitzern ausrüstete.

Im Roman übrigens ist von derartigen Dingen nicht die Rede. Dort heißt es, Ben Hurs Wagen sei nach »griechischem Muster gebaut«: »Ein Vorzug, der die römische Pracht aufwog, denn er war breiter zwischen den Rädern, niedriger und stärker. Der Nachteil des größeren Gewichts wurde durch die größere Ausdauer seiner Araber ausgeglichen. Die Wagen der Griechen waren für den Krieg gebaut, die der Römer wollten Sicherheit mit Schönheit, Fertigkeit mit Grazie verbinden.« Im Film rammt Ben Hur »die eiserne Spitze an der Achse seines Wagens in das Rad des Gegners«, worauf dieses zerbrach.

Im Roman ziehen vier Füchse den Streitwagen Ben Hurs, bei Messala sind es zwei Schimmel und zwei Rappen. Im Film, wo es ja darauf ankommt, die Charaktere zu visualisieren, wurden daraus weiße (Ben Hur) und schwarze Pferde (Messala).

Heston fand, der Umgang mit den Streitwagen sei »dem Skifahren nicht unähnlich«. Mit Ausnahme einer Szene fuhr er immer selbst. In der gefährlichen Situation, als er kurz vor Ende des Rennens über zwei bereits am Boden liegende Fahrer rast und in die Luft geschleudert wird, übernahm Joe Canutt, der Sohn des Action-Regisseurs und einer von Hestons engen Freunden, seinen Part. Beinahe wäre dieser Stunt schief gegangen. Als Canutt in hohem Tempo über eine für die Kamera nicht sichtbare Rampe fuhr, wurde er aus seinem Wagen hinausgeschleudert, schaffte es aber irgendwie, sich festzuhalten. Die unplanmäßige Verschärfung der Szene begeisterte die Macher derart, dass sie beschlossen zu improvisieren. Sie überredeten Heston dazu, in einer Nahaufnahme wieder in den schleudernden Wagen hineinzuklettern. Probleme bereitete auch der ständig hochwirbelnde Sand, und Heston merkte später an, dass er »halb blind« um die Kurven raste.

Es kursierten Gerüchte, denen zufolge diese Rennszenen tatsächlich Menschen und Tiere das Leben gekostet hätten. So soll ein Zuschauer vor einen der Wagen gefallen und von ihm überrollt worden sein. Ein anderer sei zertrampelt worden. Der Produzent, der Stuntregisseur und auch Charlton Heston selbst haben derartige Berichte immer dementiert. Nach ihren Aussagen kamen schlimmstenfalls Dummys unter die Räder und nur Joe Canutt bekam ein paar Kratzer im Gesicht ab. Allerdings ging eine der 100.000 Dollar teuren 65-mm-Kameras zu Bruch, als ein Gespann direkt in sie hineinraste.

T

DER TARNKAPPENBOMBER

Gebräuchliche Bezeichnung für den Northrop B-2 Bomber der amerikanischen Luftwaffe, der mit der → Stealth-Technologie ausgerüstet ist.

DIE »TEXAS«

Die Dampflokomotive, mit der die Südstaatler die von einem Kommando der Nordstaaten gestohlene Lok → »General« verfolgten.

DIE »THETIS«

Das Segelschiff und seine Fahrt von Riga nach London haben Richard Wagner vermutlich so sehr beeindruckt, dass er es als Inspiration für seinen → Fliegenden Holländer verwendete.

DIE »THIELBEK«

Schwesterschiff der → »Cap Arcona«, die am 3. Mai 1945 nach einem englischen Fliegerangriff in der Lübecker Bucht gesunken ist.

DIE »TITANIC«

»Man wird ihnen ihre Schiffe nicht mehr glauben. Die Vorsehung antwortet drahtlos, aber anders. Sie haben Gott an die Maschine verraten.« Mit diesen Worten kommentierte der Wiener Literat und Kulturkritiker

Karl Kraus weniger den Untergang der »Titanic« selbst als vielmehr den – heute würde man sagen – sensationsgeilen Widerhall, den ›Hype‹ dieses Ereignisses in der Presse. Ein Schiff, das viele für unsinkbar hielten, war untergegangen, mehr als 1.500 Passagiere waren in den eisigen Fluten des Nordatlantik ertrunken oder erfroren.

Am 10. April 1912 um die Mittagszeit lief die »Titanic« zu ihrer Jungfernfahrt von Southampton in Richtung New York aus. Sie war das damals größte und neueste Schiff der britisch-amerikanischen White Star Line und ein neuer Versuch, der erfolgreichen deutschen Transatlantikflotte Konkurrenz zu machen. Die Werft Harland and Wolff in Belfast hatte sie gebaut. Schon frühzeitig hatten die Eigner mit ihren Superlativen geworben. Sie war 269 Meter lang, so hoch wie ein zehnstöckiges Hochhaus und damit größer als alle vergleichbaren Ozeanriesen. An Bord gab es ein türkisches Bad, erstklassige Restaurants und holzgetäfelte Raucherräume, kurz, puren Luxus – zumindest für die Passagiere der 1. Klasse. Die kärglicheren unteren Decks waren den Passagieren der 3. Klasse zugewiesen, und das waren nicht wenige der 2.207 Menschen, die sich an Bord befanden. Zusammen mit den vier reichsten Männern der Welt, die diese Fahrt ebenfalls machten, bildeten sie gewissermaßen ein getreues Abbild der Gesellschaft.

Es hatte die Ausstandsfahrt des verdienten Kapitäns Edward Smith werden sollen, der in den Ruhestand gehen wollte. Aber seine letzte Fahrt nahm einen ganz anderen Verlauf als geplant. In der Nacht zum 14. April 1912 gegen 23.40 Uhr rammte die »Titanic« etwa 400 Seemeilen vor Neufundland einen Eisberg, den ein Matrose im Ausguck viel zu spät ausgemacht hatte. Denn ein Fernglas hatte er nicht – die waren den Offizieren vorbehalten und lagen wohlverwahrt in deren Kajüten. Die Schiffsführung hatte zwar sehr schnell reagiert und ein Ausweichmanöver befohlen, aber die Kollision ließ sich nicht mehr vermeiden. Der Zusammenstoß war nicht einmal besonders heftig. »Das Schiff ächzte ein wenig. Das war alles«, berichtete der deutsche Überlebende Michael Nourney in einem 1962 gedrehten Dokumentarfilm. Und das Schiff wurde, anders als man lange geglaubt hat, auch nicht durch einen 300 Fuß langen Riss aufgeschlitzt. Spätere Untersuchungen ergaben, dass das Eis eine Serie von sechs kleinen Öffnungen in den Rumpf bohrte, durch die das Wasser einströmte. Ihren Ruf als »unsinkbar« verdankte die »Titanic« einer neuartigen Bauweise, die den Rumpf durch wasserdichte Schotte in Sektionen unterteilte. Aber die Schotte waren nicht hoch genug und das Wasser schwappte hinüber.

Ab 0.05 Uhr wurde der übliche Notruf CQD (»Come Quick, Danger«) gefunkt, später dann auch der neu eingeführte Code SOS (»Save Our Souls«). Obwohl die Besatzung es zunächst nicht wahrhaben wollte, begann das Schiff zu sinken. Um 0.45 Uhr begann man damit, Frauen und Kinder in die Rettungsboote zu setzen. Die 20 vorhandenen Boote konnten selbst bei optimaler Auslastung nur etwa 1.000 der 2.207 Passagiere aufnehmen. Als die »Titanic« mehr und mehr Schlagseite bekam, entbrannte ein heftiger Kampf um die wenigen Boote. Der Mannschaft gelang es nicht, die Ordnung aufrecht zu erhalten – und so trieben die Rettungsboote schließlich teilweise halb leer auf dem Ozean. Wer kein Boot erreicht hatte und im Wasser trieb, war dem Tode geweiht, denn mehr als ein paar Minuten überlebte niemand in dem nur zwei Grad Celsius kalten Wasser. Letztendlich konnte das britische Auswandererschiff »Carpathia« nur 512 Menschen aufnehmen. Von den Passagieren der 3. Klasse starben etwa drei Viertel. Etwa zweieinhalb Stunden nach der Kollision versank die »Titanic« im Meer, nachdem ihr Heck sich kurz steil in den Himmel gereckt hatte.

Die Gründe, die zum Untergang der »Titanic« geführt haben, sind vielfältig und bieten auch über 90 Jahre nach dem Unglück noch Anlass zu Spekulationen. Ganz sicher war es ein Fehler der Schiffsführung, die dringenden Eiswarnungen, die im Funkraum ein- und (zwischen den vielen Glückwunschtelegrammen und Freudenbotschaften an die Passagiere) untergingen, nicht beachtet zu haben. Auch dass Kapitän Smith um einer schnellen Atlantiküberquerung willen nur eine geringfügige Kursänderung befohlen hatte, als er von der Gefahr durch das Eis hörte, erwies sich als folgenschweres Versäumnis.

Aber das alles sind Fakten. Darüber hinaus bietet der Untergang der »Titanic« Verschwörungstheoretikern aus aller Welt reichlich Projektionsflächen. Die beiden Autoren Robin Gardiner und Dan van der Vat etwa behaupten, nicht die »Titanic«, sondern das Schwesterschiff »Olympic« sei aus Southampton ausgelaufen – und ganz bewusst gegen einen Eisberg gelenkt worden, kurz: das ganze sei ein gigantischer Versicherungsbetrug. Allerdings ähnelten sich die Schwesterschiffe nicht in allen Details: Die »Olympic« mit der Baunummer 400 hatte ein offenes Deck, das der »Titanic« mit der Nummer 401 war verglast.

Heftige Debatten gab es auch darüber, warum nur so wenige Menschen gerettet worden waren. So hatte zwar das deutsche Schiff »Frankfurt« den Notruf aufgenommen, aber nicht den Kurs geändert, weil es etwa 60 Seemeilen entfernt war, was zehn Stunden Fahrt bis zur Unglücksstelle bedeutet hätte. Es gibt aber Quellen, die behaupten, die »Frankfurt« sei nur 25 Seemeilen entfernt gewesen und habe die Hilfe aus Bequemlichkeit verweigert. So wie auch der im Abstand von etwa 20 Meilen fahrende US-Frachter »Kalifornien«, der eine Beteiligung an der Rettungsaktion ablehnte, weil es dem Kapitän zu gefährlich war, durch das Eis zu fahren.

Im Jahr 1985 wurde das Wrack der »Titanic« in etwa 4.000 Meter Tiefe gefunden. Es war in mehrere Teile zerbrochen, das Trümmerfeld erstreckt sich über mehrere Kilometer. Ein regelrechter Tauchtourismus setzte ein, ehe sich der Amerikaner George Tulloch mit seiner Firma RMS Titanic Inc. vor einem amerikanischen Gericht das Recht erstritt, die Überreste des Schiffes und der Passagiere zu heben. Das Gericht in Norfolk beschied, dass es sich bei den Artefakten um ein »nationales Erbe« handelt und sämtliche Teile nicht verkäuflich sind. Sie dürfen lediglich gehoben, restauriert und ausgestellt werden. Eine Ausstellung, die vom 7. Mai 1997 bis Mitte Mai 1998 in der Hamburger Speicherstadt mehrere hundert Originalstücke der über 4.000 geborgenen Artefakte aus dem untergegangenen Luxusliner zeigte, zog über 700.000 Besucher an.

Die Katastrophe der Titanic wurde mehrfach verfilmt. 1996 geriet die amerikanische Produktion »Titanic« unter der Regie von James Cameron mit einem Budget von über 200 Millionen Dollar zum damals teuersten und mit einem Einspielergebnis von über 1,8 Milliarden Dollar nach wie vor erfolgreichsten Film aller Zeiten. Im März 1998 sackte allein dieser Film elf Oscars ein. Ein neuer Kult um Mythos und Legende des Schiffs entstand, der auch ein im April 1997 in New York aufgeführtes Musical hervorbrachte. Bei den Proben dazu war es zu einem Missgeschick gekommen, als ironischerweise die für den »Untergang« der Schiffsdekoration notwendige Hydraulik nicht funktionierte. Bonmot am Rande: Die Versicherung, die dafür zuständig war und die, die die echte Titanic betreut hatte, war dieselbe: Die Chubb Corporation.

Nicht immer waren die Verfilmungen des Katastrophenthemas derart ernst und schicksalsgeschwängert. So entstand 1999 in Italien der Zeichentrickfilm »Mäusejagd auf der Titanic«, und sowohl in dem Thriller »Hebt die Titanic« aus dem Jahr 1980 als auch in der zweiten Folge der »Ghostbusters« neun Jahre später sorgten einfallsreiche Tricktechniker dafür, dass die Titanic wieder auftaucht und in den New Yorker Hafen einläuft – so wie Kapitän Smith es sich im April 1912 sicher gewünscht hatte.

DER TOYOTA 2000 GT AUS »MAN LEBT NUR ZWEIMAL«

»Wenn es dem Esel zu wohl wird, dann geht er aufs Eis.« Wenn ein Hersteller von biederen, gleichwohl erfolgreichen Familienkutschen auf die Idee kommt, einen rassigen Zweisitzer zu bauen, dann muss etwas in der Art passiert sein. Im Sommer 1964 gab es erstmals Überlegungen bei Toyota, ein Sportcoupé zu bauen, das sowohl die Leistung eines echten Gran Turismo erreichen als auch für den Renneinsatz verwendbar sein sollte. Unter der Leitung von Chefingenieur Jiro Kawano entstand ein nur 1,13 Meter hohes Fastbackcoupé, das bei seiner Premiere auf der 12. Tokyo Motorshow im Oktober 1965 ordentlich für Furore sorgte. Unter dem Kastenrahmen schlug ein Reihensechszylinder-Herz mit zwei Litern Hubraum und zwei obenliegenden Nockenwellen. Der Motor stammte aus dem »Crown« und stemmte in der überarbeiteten Version 150 PS bei 6600 Umdrehungen auf die Kurbelwelle, was dem Auto zu einer Höchstgeschwindigkeit von 220 km/h verhalf. Auch sonst geizte man nicht mit feinen technischen Details: Es gab Einzelradaufhängung an Trapezdreieckquerlenkern vorn und hinten, rundum Sumitomo-Scheibenbremsen und ein Fünfganggetriebe. 2,38 Millionen Yen (damals etwa 20.000 Mark) sollte der japanische E-Type kosten, kaum erschwinglich für einen Durchschnittsjapaner. Das Familienmodell »Crown« kostete gerade mal die Hälfte. Die Autoenthusiasten waren trotz des hohen Preises entzückt, und auch die Publikumsreaktionen fielen begeistert aus. Im Renneinsatz zeigte der elegante GT, dass er kein schlaffer Schönling war. Im Oktober 1966 wurden auf dem Hochgeschwindigkeitskurs Yatabe bei Tokio 13 nationale und drei internationale Langstreckenrekorde aufgestellt. Im Mai 1967 war der Verkaufsstart des innen wie außen bestens gelungenen Flitzers. Die zwei großen und fünf kleinen Rundinstrumente, die Rosenholzauflagen am Armaturenbrett und die serienmäßige Ausstattung mit Radio und Motorantenne sprachen vor allem die luxusverwöhnten Kunden an. Hatte es bei der ersten Präsentation noch kritische Stimmen gegeben wegen der beiden fast senkrecht stehenden Hauptscheinwerfer (eine US-Norm, die eine Mindesthöhe von 24 Zoll vorschreibt, bedingte diese Gestaltung), verstummten diese nun schnell. Allen Lobessrufen zum Trotz endete die Produktion bei einer Stückzahl von 337 (andere Quellen sprechen von 351) Autos. Nach nur drei Jahren Produktionszeit rollte 1970 der letzte Toyota 2000 GT vom Band.

Der Lebenszyklus von zwei dieser Autos war ganz besonders spannend und blieb nicht ohne Rätsel und Ungereimtheiten. Nach dem immensen Erfolg des → Aston Martin DB 5 in »Goldfinger« standen die Produzenten der James-Bond-Serie Albert R. Broccoli und Harry Saltzman unter Druck, auch im fünften Film wieder mit ähnlichen technischen Kabinettstückchen aufzuwarten – zumal die Zahl der James-Bond-Ableger ständig größer wurde und Agenten wie Jerry Cotton oder 3S3 ebenfalls erfolgreich auf der Spionagewelle schwammen.

Drehbuchautor Roald Dahl wollte ursprünglich ein speziell für den Film gebautes Auto in drei Verfolgungsjagden präsentieren. Aber man beschränkte sich dann doch auf nur eine Autojagd und zog als mögliche Fahrzeuge den Toyota und den ersten Camaro von General Motors in Betracht. Broccoli, der schon lange vor Drehbeginn in Japan weilte, entschied sich für den Toyota, aber nur unter der Bedingung, dass er als Cabrio zu haben war. Die Ingenieure des japanischen Konzerns willigten ein und bauten zwei Autos aus der Serie zum ersten japanischen Cabriolet überhaupt um. Das Aussehen des Wagens unterlag bis zur Premiere des Filmes im Juni 1967 strengster Geheimhaltung. Zuständig für die Arbeiten an den Fahrzeugen war damals Toshihiro Okada, der heute noch als einer der ältesten Mitarbeiter Produktingenieur bei Toyota ist. »Nachdem sich die Filmfirma dazu entschlossen hatte, unser Modell zu wählen, suchte mich Jiro Kawano auf und erzählte mir, dass wir nicht viel Zeit hatten, um das Auto umzubauen. Er bat mich, einige Zeichnungen anzufertigen, um sie Broccoli zu zeigen«, erzählte Okada dem Journalisten Peter Nunn. Die Japaner im »Toyopet Service Center«, einem Entwicklungsbüro in Tsunashima, machten sich fix an die Arbeit und schon nach zwei Wochen stand das erste der beiden offenen Modelle für Probefahrten zur Verfügung. »Ich erinnere mich daran, dass das Auto sehr schnell entstand. Die Frontsäulen und die Scheibe blieben erhalten, aber der hintere Teil des Autos wurde komplett verändert. Nur die Stoßstangen und die Rückleuchten wurden beibehalten. Ich war wirklich überrascht, wie schnell das alles ging«, sagte Okada. Glücklicherweise war der Rahmen des 2000 GT sehr steif, so dass die Entfernung des Daches die Konstrukteure vor keine größeren Probleme stellte. Dennoch ist es kein vollwertiges Cabriolet geworden, denn auf das Faltverdeck hat man in der Kürze der Zeit schlichtweg verzichtet.

Im Film fährt nicht Bond den offenen Zweisitzer, sondern seine Mitarbeiterin Aki, gespielt von der japanischen Schauspielerin Akiko Wakabayashi. An Bord gab es einige elektronische Spielereien, wie sie einem technikbegeisterten Japaner eben gut zu Gesicht stehen: Farbfernsehkameras, die hinter den Nummernschildern installiert waren, nahmen alles auf, was sich vor oder hinter dem Fahrzeug tat. Es gab ein Funktelefon, einen HiFi-Empfänger, ein Tonband, das sich einschaltet, sobald Stimmen ertönen, einen Videorecorder im Handschuhfach sowie einen Mini-Farbfernseher – kurz: alles was ein Elektronik-Kaufhaus heute so vorrätig hat.

Betrachtet man den fertigen Film, so stellt man fest, dass der 2000 GT nur in drei kurzen Szenen zu sehen ist, die zusammen nicht einmal sechs Minuten ausmachen. Dennoch benötigte man zwei identisch aussehende Fahrzeuge, das eine für die Außenaufnahmen in Tokio, das andere für die Arbeit in den Londoner Pinewood Studios. So ganz stimmig waren diese Szenen übrigens nicht. Man hat den Eindruck, dass die elektronischen Innereien im hinteren Teil des Wagens zu umfangreich seien, um in den kleinen Toyota zu passen. Denkbar ist also, dass für diese Aufnahmen das Interieur eines anderen Autos herhalten musste. Zum anderen war die Schauspielerin Akiko Wakabayashi des Autofahrens gar nicht mächtig und musste also für die Fahraufnahmen gedoubelt werden. Sie saß lediglich im Studio hinter dem Steuer und tat so als ob. Auch das krasse Missverhältnis von belichtetem Material und gezeigten Szenen heizte Spekulationen an. Wenn man bedenkt, dass das ganze Filmteam früh morgens in der Ginza – Tokios Prachtstraße – drehte und dafür mehrere Straßenzüge absperren ließ, später aber keine Sekunde des aufwändig produzierten Materials verwendete, dann verwundert das schon und man fragt sich, was wohl auf den Bildern zu sehen ist. Auch Toshihiro Okada war ziemlich enttäuscht darüber, wie kurz der Wagen zu sehen war. Aber er räumt ehrlicherweise auch ein, dass eine längere Präsenz im Film dem Verkauf des Serienmodells wohl auch nicht mehr genützt hätte.

Für kräftigen Rummel und gute Promotion sorgten die Wagen auf jeden Fall. Während ein Fahrzeug durch Japan und die USA reiste, tingelte das andere durch die Autosalons von London, Brüssel, Paris, Amsterdam und Genf. Am 5. August 1967 machte es sogar eine kurze Zwischenstation auf dem Nürburgring. Dort drehte Karin Dor – die im Film die Sekretärin Helga Brandt, Bonds Widersacherin verkörpert – gemeinsam mit AvD-Präsident Alfons Fürst von Metternich vor 450.000 Zuschauern eine Runde im 2000 GT. Und auch der ehemalige Bundesverkehrsminister Georg Leber zwängte sich in den Wagen. Der Große Preis von Deutschland gab einfach eine prächtige Kulisse ab für die PR-Veranstaltung des Filmverleihs United Artists. Sinnigerweise stand auf den 250.000 Handzetteln, die an die Autofahrer verteilt wurden: »›Man lebt nur zweimal‹, das behauptet er. Aber Sie sind nicht James Bond. Wir vom AvD sagen: Man lebt nur einmal. Fahre deshalb vorsichtig und mit Happy End.«

Kein Happy End gab es allerdings für die beiden seltenen Autos. Ein Modell drehte Testrunden auf dem Fuji-Rennkurs, während das andere Modell, nun blau lackiert, PR-Auftritte absolvierte, wobei es die Aufschrift: »Gebraucht von 007 in: You Only Live Twice« trug. Der Wagen geriet etwas in Vergessenheit und tauchte im Jahre 1977 in Hawaii wieder auf. Man schaffte ihn in die Toyota-Zentrale, wo man nichts Rechtes mit ihm anzufangen wusste und ihn erst Jahre später restaurierte. Er steht jetzt in der Tokioter »Kaikan« Ausstellungshalle, aber sein Zustand ist erbärmlich. Der Wagen wurde seit Jahren nicht bewegt, ist stark verschmutzt und es fehlen Teile wie etwa das komplette Handschuhfach und der Schaltknopf. Das Öffnen der Motorhaube ist auch nicht mehr möglich. Das zweite Exemplar gehört einem Sammler, der unbekannt bleiben möchte und 1987 damit einen Unfall erlitt. Ursprünglich war geplant, das Fahrzeug auf der Essener Motorshow 1988 im Rahmen einer kleinen Bond-Ausstellung zu präsentieren, doch wegen des Malheurs fehlte der Toyota.

Weil er schon mit dem Modell des → Aston Martin DB 5 aus »Goldfinger« so ein schönes Geschäft gemacht hatte, versuchte Corgi, der Hersteller von Modellautos, verständlicherweise an diesen Erfolg anzuknüpfen und stellte ein Modell des Toyota 2000 GT im selben Maßstab auf die Rädchen. Da ihnen das Original allerdings zu »friedlich« erschien und über keinerlei bewegliche Teile verfügte wie etwa der Aston Martin, verpasste man ihm einfach vier kleine gelbe Raketen, die aus dem Kofferraum des Autos herausschossen, wenn man das Modell an den vier Rädern belastete. Der Verkaufserfolg des Modellautos ließ zu wünschen übrig. Es ist aber inzwischen ein gesuchtes Sammlerstück.

DER TRABANT

»Die neue Karosserieform zeigt die Merkmale und Stilelemente zweckvoller Linienführung. Charakteristisch sind die großflächige Gestaltung und das gestreckte Profil durch gradlinige Seitenpartien und das flache Dach.« Mit diesen Worten warb ein IFA-Prospekt Anfang der 60er Jahre für den neuen Trabant P 601, der den Typ P 50 aus dem Jahr 1958 ablöste. Aber welche Bezeichnung das einstige Volksfahrzeug der ehemaligen DDR auch immer führte, weltbekannt wurde es als »Trabi« – und wenn er schneller wäre, würde man ihn »Galoppi« nennen, wie ein vielfach erzählter Witz verkündete. Es war ein Vehikel, das gleichermaßen geschätzt wie gehasst wurde, und vermutlich gibt es kein anderes Auto weltweit, welches mit einem Land so untrennbar verbunden ist wie dieses.

Im August 1953 formulierte die »Industrieverwaltung Fahrzeugbau«, der Dachverband der fahrzeugbauenden Betriebe in der ehemaligen DDR, eine Reihe von Bedingungen für ein neues Automobil, das in den nächsten Fünfjahresplan integriert werden sollte. Danach sollte es über eine »hohe Verschleißfestigkeit« und so eine »hohe Nutzungsdauer im nichtsozialistischen Wirtschaftsgebiet« verfügen, einfache Wartung und Pflege garantieren, eine »ausgewogene Basiskonstruktion« sein, genügend Platz für vier Erwachsene bieten und nur einen geringen Anteil importierter Materialien und Bestandteile benötigen.

Die Entwicklung begann im November, und bereits ein Jahr später absolvierten fünf Prototypen Testkilometer. Während beim damaligen Klassenfeind die Roller und Kleinwagen boomten, wurden Überlegungen dieser Art wieder fallen gelassen. Man vertraute auf die Vorgaben der IFA und stellte den westlichen Blechkarossen die »seit Jahren bewährte Duroplastkarosserie« entgegen, die, auch wenn man das heute kaum glauben mag, bei Crashtests genauso gut abgeschlossen hatte wie die imperialistischen Rivalen. Grund für die ungewöhnliche Materialwahl war allerdings, dass es in der DDR viel zu wenig Stahl und Blech gab, um hohe Stückzahlen an Autos damit zu bauen.

Parallel zur Entwicklung des Trabi entstand im Automobilwerk in Zwickau die Halle 178, die Geburtsstätte des Wagens. Zum 40. Jahrestag der Oktoberrevolution, am 7. November 1957, verließ der erste der 50 Wagen der so genannten »Nullserie« das Werk. Und auch der Name stammt aus diesen Tagen, denn nach einem Wettbewerb der IFA hatte man sich für »Trabant« entschieden, da die Bezeichnung für einen »Begleiter« oder »Gefolgsmann« stand und somit dem russischen »Sputnik« (auf deutsch: »Gefährte«) ähnelte, der 1957 erfolgreich in die Erdumlaufbahn geschossen worden war. »Die Bezeichnung Trabant soll Symbol eines zuverlässigen Begleiters seiner Nutzer sein«, tönte die Werksleitung entsprechend vollmundig. Die Prospekte klangen ähnlich verheißungsvoll: »Das kraftvolle, drehmomentstarke Triebwerk ist praktisch wartungsfrei ... und wenn sein Temperament gezügelt werden muss, dann greifen bei leichtem Fußdruck die neu entwickelten Bremsen hochwirksam ein«, heißt es da zum Beispiel. 18 PS lieferten allerdings nicht besonders viel Drehmoment. Der Zweitakter geriet häufiger aus dem Takt, und auch den »Einsatz pflegeleichter, abwaschbarer Materialien, behaglich, strapazierfähig rundum« wussten wohl nur DDR-Bürger zu schätzen. »Bei uns hätte er keine Chance«, hieß es in der Ausgabe 4/1960 der (westdeutschen) Zeitschrift *Roller-Mobil-Kleinwagen*. Gerade mal 800 Trabis knatterten durch den eisernen Vorhang und fanden im Westen Käufer. In der DDR allerdings war er von Anfang an ein Bestseller, dessen Lieferzeiten auch schon mal 14 Jahre erreichten. Nachdem das Modell P 601 1964 auslief, wurde an dem Nachfolger mit der Typenbezeichnung P 603 gearbeitet. Später gab es auch einen P 610 und diverse Varianten inklusive einem Wagen, auf dessen Dach man dank Zelt übernachten konnte. Über drei Millionen Stück liefen bis zum 30. April 1991 vom Band.

Heiß geliebt und zuweilen verspottet, wurde der nie rostenden »Rennpappe« auch immer mal wieder gehuldigt. So findet sich auf dem Zwickauer Georgenplatz ein Trabi-Denkmal. Es gab Kübelwagen und Cabrios, Trabis mit Nachtsichteinrichtung an der innerdeutschen Grenze und natürlich auch getunte Begleiter. In Bad Köstritz wurde ein Wagen mit Hantelstangen an den beiden Achsen versehen und dient nun dem örtlichen Sportverein als Wettkampfgerät. Ein Münchner Lederfabrikant ließ sein Schmuckstück mit MCM-Leder, Recaro-Sitzen, vergoldeten Chromteilen, Telefon und Stereoanlage ausrüsten und gab dafür 60.000 Mark aus. Manche (serienmäßigen) Wagen eroberten mit »der Kraft der zwei Kerzen« sogar die ganze Welt. 1975 wurde der hunderttausendste Trabi nach Ungarn geliefert, und die Tschechoslowakei verzeichnete eine Zeit lang 61 Trabant-Clubs mit 15.000 Mitgliedern! Auch wird heute kein Auto häufiger geklaut als der problematische Stinker, und die immer höher werdenden Versicherungsbeiträge und Ökosteuern sowie hohe Werkstattkosten machen den Liebhabern zu schaffen. Die meisten Ostalgie-Fans kaufen daher alte Wagen, wo sie können, nutzen sie als Teileträger oder betreiben mit verwendbaren Fragmenten einen schwunghaften Handel. Nach den Zahlen des Kraftfahrtbundesamtes waren im Jahr 2000 immerhin noch 228.201 Trabbis in Deutschland zugelassen. Die »besonders hervorstehenden durchgehenden Stoßstangen« faszinieren eben immer noch. Wie lautete doch so treffend die Formulierung im damaligen Verkaufsprospekt stilvoll: »Die größten Heckleuchtenkombinationen über den rechteckigen Rückstrahlern vervollständigen den modernen äußeren Gesamteindruck.«

DER TRANS AM

Der von General Motors gebaute amerikanische Sportwagen diente als Basis für das phantastische Vehikel → K.I.T.T. in der TV-Serie »Knight Rider«.

DER TRANSRAPID

Die Befürworter und natürlich das Hersteller-Konsortium sprechen gerne von einer »neuen Dimension des Reisens«. Den Wahrheitsgehalt dieses Slogans allerdings konnten bisher nur ganz wenige Menschen in der Praxis überprüfen. Denn mit Ausnahme einer 31,5 Kilometer langen Teststrecke im Emsland, auf der gelegentlich ein paar handverlesene

Gäste und potenzielle Investoren im Kreis herum fahren dürfen, ist das Streckennetz des Transrapid bisher überwiegend virtuell geblieben. Nicht ganz so virtuell sind die neuen Dimensionen der Kosten, die das Projekt bei Realisierung verschlingen würde. Nicht zuletzt deshalb beschäftigt die Idee des Transrapid seit vielen Jahren Politik, Wirtschaft und Öffentlichkeit, ohne dass man aber richtig zu Potte käme. Nun – man soll auch nichts überstürzen. Die Planungsphase dauert ja auch erst knapp 70 Jahre.

1934 meldete der Ingenieur Hermann Kemper seine »Schwebebahn mit räderlosen Fahrzeugen« zum Patent an und bewies ein Jahr später die Tauglichkeit des Systems an einem Versuchsmodell. 1969 gab der damalige Verkehrsminister Georg Leber eine »Hochleistungsschnellbahnstudie« in Auftrag. Sie sollte klären, welche Systeme dem steigenden Verkehrsaufkommen am ehesten gerecht werden könnten. Die Firma Krauss-Maffei baute ein so genanntes »Prinzipmodell«, den TR01. Zwei Jahre später stellte dann Messerschmidt-Bölkow-Blohm (MBB) das erste personentragende Fahrzeug mit elektromagnetischer Schwebetechnik vor. Es erreichte eine Höchstgeschwindigkeit von 90 km/h. Die nächste Entwicklungsstufe blieb wiederum Krauss-Maffei vorbehalten. Ihr TR02 war schon 164 km/h schnell. Die Studie kam übrigens zu der Auffassung, dass eine Schwebebahn von großem verkehrs- und volkswirtschaftlichem Nutzen sei. Bis 1977 erprobten die Firmen zwei unterschiedliche System- und Antriebs-Techniken: EDS (elektrodynamisches Schweben) und EMS (elektromagnetisches Schweben). Dann fiel die Entscheidung zugunsten des EMS. Auf der Internationalen Verkehrsausstellung in Hamburg konnte 1979 der TR05 seine Alltagstauglichkeit bei der Beförderung von rund 50.000 Passagieren erstmals unter Beweis stellen. 1980 ging es dann Schlag auf Schlag. Die TVE genannte »Transrapid Versuchsanlage Emsland« wurde gebaut, weitere Prototypen getestet und auf Initiative des Bundesforschungsministers die MVP, die Versuchs- und Planungsgesellschaft für Magnetbahnsysteme, gegründet. 1993 stellte TR07 mit 450 km/h einen neuen Geschwindigkeitsweltrekord auf.

Momentan zieht der TR08 im Emsland seine Runden. Das aus drei Sektionen bestehende Fahrzeug ist 79 Meter lang, 3,70 Meter breit, 4,20 Meter hoch und bietet Platz für 190 Reisende. Die dritte Generation der Versuchsfahrzeuge hat bisher rund 600.000 Erprobungskilometer zurückgelegt. Angetrieben wird die Schwebebahn durch ein elektromagnetisches Wanderfeld, das sich im Fahrweg befindet und die Kabine mitzieht oder abbremst. Die Geschwindigkeit wird durch eine Veränderung der Stromfrequenz bestimmt. Die Stahl- und Betontrassen verfügen über Stahlbiegeweichen und sorgen für fast geräuschloses Fahren. Der Fahrweg kann ebenerdig, aber auch in bis zu 62 Metern Höhe verlegt werden.

Vorteilen wie dem komfortablen Reisen und einer relativ energiesparenden Fortbewegung stehen die immensen Kosten des Projekts und die gewöhnungsbedürftigen Trassen gegenüber, die vor allem den Umweltschützern ein Dorn im Auge sind. Auch meinen viele Kritiker, die im übrigen nicht prinzipiell gegen die neue Technologie sind, die enormen Summen seien besser anzulegen im Ausbau und bei der Erweiterung der bestehenden Rad-Schiene-Systeme. Für die geplanten Strecken in Bayern (vom Flughafen München zum Hauptbahnhof) und in Nordrhein-Westfalen (Dortmund/Düsseldorf) kommt eine Machbarkeitsstudie zu positiven Ergebnissen, der Bundesrechnungshof jedoch hält das Projekt nach Prüfung dieser Studie für nicht realisierbar, da die angegebenen Kosten von 550 Millionen respektive 1,75 Milliarden Euro viel zu niedrig angesetzt seien. Das Bundesverkehrsministerium glaubt dagegen an eine Realisierung und sagt Investitionsmittel zu. Auch die nördlichen Bundesländer machen sich Hoffnung auf eine Trasse, die von Amsterdam über Groningen und Bremen nach Hamburg führen und eventuell 2010 begonnen werden soll.

Innerhalb von 22 Monaten wurde im chinesischen Shanghai eine Transrapid-Strecke errichtet, die den Flughafen Pudong mit der 16-Millionen-Metropole und dem Endpunkt Lo Yang verbinden soll. Die 33 Kilometer sollen in acht Minuten zurückgelegt werden. Trotz Problemen beim Bau der Trasse fuhr am 31. Dezember 2002 der erste Transrapid Chinas und beförderte prominente Gäste wie z.B. Bundeskanzler Gerhard Schröder – auch um die Chinesen davon zu überzeugen, dass der Transrapid das geeignete Verkehrsmittel für die sehr viel weitere Strecke von Shanghai nach Peking sei. Dann wären die Chinesen die ersten Menschen der Welt, die die »neue Dimension des Reisens« tagtäglich erleben dürfen – wenn sich der chinesische Premier Zhu Rongji nicht doch noch für den japanischen Hochgeschwindigkeitszug »Shinkansen« entscheidet.

DIE TRANSSIBIRISCHE EISENBAHN

Mit 9.288,2 Kilometern ist die »Transsib« die längste Eisenbahnstrecke der Welt, aber wer einmal die ganze Reise vom Moskauer Bahnhof Jaroslawl nach Wladiwostok gemacht hat, wird hinterher kaum über Langeweile klagen. Mit der Transsibirischen Eisenbahn zu fahren gilt auch heute noch, mehr als 110 Jahre nach dem Baubeginn, als eines der letzten großen Abenteuer.

Der spätere Zar Nikolai II. ehrte mit seiner Anwesenheit die Grundsteinlegung am 19. Mai (bzw. 31. Mai) 1891, als nahe Wladiwostok mit dem Bau der Eisenbahnstrecke begonnen wurde. (Die unterschiedlichen Daten sind dem Umstand geschuldet, dass Russland erst 1916 den international üblichen gregorianischen Kalender einführte.) Die Idee, eine das Riesenreich verbindende, durchgehende Bahnlinie zu bauen, erfreute sich höchsten Wohlwollens, was sofort verständlich wird, wenn man weiß, daß der Zarewitsch für seine Reise von der Grundsteinlegung zurück nach Petersburg drei Monate brauchte. Die Arbeiten begannen im Osten und im Westen an den beiden Endpunkten der Trasse und außerdem an einzelnen Teilstrecken der damaligen Eisenbahnverwaltungen. Die Westsibirische, die Amur-, die Transbaikalische und vier andere Bahnen nahmen ab 1896 zu unterschiedlichen Zeiten den Betrieb auf, bis mehr als 25 Jahre nach Baubeginn auch das letzte Hindernis überwunden war und mit der Einweihung der Amurbrücke bei Chabarowsk am 5. Oktober 1916 das Ende des Baus und die Eröffnung der Strecke gefeiert werden konnten.

Der Schienenweg verbindet zwei Kontinente und führt durch sieben Zeitzonen über 100 Längen- und 15 Breitengrade. Bei den Bauarbeiten waren teilweise bis zu 90.000 Arbeiter gleichzeitig im Einsatz. Es galt erhebliche Schwierigkeiten zu überwinden, denn die Trasse musste durch Permafrost-Gebiete und öde Wüsten und Steppen verlegt werden.

Der heute befahrene Streckenverlauf bildete sich erst in den 30er Jahren heraus, als die reguläre Nutzung der Chinesischen Ostbahn aus politischen Gründen unmöglich wurde. Seitdem verfügt die Transsibirische Eisenbahn auch über zwei Spuren. 89 größere Städte liegen an den Gleisen, 16 große Flüsse sind zu überqueren. Ihren höchsten Punkt erreicht sie am Jablonowpass bei km 6110 mit 1.040 Metern über dem Meeresspiegel. Sie durchfährt Gebiete, in denen die Temperaturen im Winter schon mal bis auf 62 Grad Celsius unter Null fallen, sie erklimmt – für Eisenbahnen – immense Steigungen von bis zu 17 %, passiert über 2,5 Kilometer lange Brücken und durchfährt einen über sieben Kilometer langen Tunnel unter dem Amur. Eines der eindrucksvollsten Teilstücke ist sicherlich die 205 Kilometer lange Fahrt entlang des Baikalsees mit einem Stopp am Bahnhof von Sljudjanka, dem einzigen in der Welt, der komplett aus Marmor gebaut wurde. Und zu den eintönigsten Abschnitten zählt zweifellos die Fahrt zwischen den Flüssen Ob und Irtysch, wo es über 610 Kilometer lang, ohne Kurve und ohne Höhenunterschiede, immer geradeaus geht.

Ab Mitte der 20er Jahre zogen deutsche Dieselloks die Züge. In den 30er Jahren wurden mehr und mehr Teilstücke elektrifiziert, so dass heute die Transsib bis auf einen Abschnitt von 353 Kilometern vollständig mit Elektroloks russischer oder tschechischer Herkunft befahren wird. Der Gast kann je nach Laune, Komfortbedürfnis und Portemonnaie zwischen fünf verschiedenen Zügen und vier verschiedenen Wagenklassen – vom Schlaf- bis zum Gemeinschaftswagen – wählen. Die Waggons werden nach wie vor in Deutschland hergestellt: von der Firma »Waggonbau GmbH Ammendorf« nahe Halle an der Saale. Nur die Typschilder in den Waggons verraten, ob man das Abenteuer, mit der Transsibirischen Eisenbahn zu fahren, gerade in einem ganz alten, einem renovierten oder einem neuen Wagen besteht.

DIE »TRINIDAD«

Flaggschiff der Flotte von Magellan, mit der er von 1519 bis 1522 um die Welt segelte und als erster die Ostwestpassage ausmachte. Aber nur das Schiff → »Victoria« kehrte nach Spanien zurück. Die »Trinidad« sank unterwegs.

TRIUMPH BONNEVILLE

Mit einem Motorrad vom Typ Triumph T 120 R Bonneville 650 aus dem Baujahr 1970 stellte → Evel Knievel einige seiner Rekorde auf.

DAS TROJANISCHE PFERD

Es war gigantisch groß, ganz aus Holz und ein Geschenk der ganz besonderen Art. Der Baumeister Epeios erbaute das Trojanische Pferd, mit dessen Hilfe der legendäre Krieg um Troja entschieden wurde. Zehn Jahre bereits kämpften die Griechen unter Agamemnons Führung gegen die Trojaner und belagerten ihre Stadt. Anlass für den Feldzug war die Entführung der schönen Helena durch Paris. Homer hat in seiner »Ilias« einige Motive des Sagenstoffes verarbeitet, insbesondere die Kämpfe kurz vor der Entscheidung, bei denen Patroklos und Hektor zu Tode kamen. Homer berichtet auch von der Eroberung der Stadt durch eine Kriegslist: Die Griechen ließen das hölzerne Pferd, in dessen Bauch sich die 30 tapfersten Helden verbargen, vor den Mauern zurück, brachen ihre Lager ab und segelten davon. Die Trojaner zogen trotz Laokoons Warnung das Pferd als Weihgeschenk an die Göttin Athene in die Stadt. In der Nacht, als die Festlichkeiten auf dem Höhepunkt waren, krochen die Helden heraus, riefen die Flotte durch Feuerzeichen herbei und öffneten die Stadttore. Troja wurde geplündert und zerstört, und nur Äneas entkam mit ein paar Bundesgenossen.

Der Forscher Heinrich Schliemann glaubte an die geschichtliche Wahrheit der Dichtung Homers und entdeckte nach beharrlichen Recherchen 1870 auf dem Hügel Hissarlik in Kleinasien die Überreste der Stadt. Das sagenhafte Pferd fand er nicht, aber dafür erhebliche Goldschätze, die er dem Museum für Vor- und Frühgeschichte in Berlin schenkte.

TSCHITTI TSCHITTI BÄNG BÄNG

Deutscher Titel des gleichnamigen Kinderbuchs von Ian Fleming und der Verfilmung von 1968. Fleming bezog seine Inspiration für die Geschichten von den → »Chitty Chitty Bang Bang«-Rennwagen des Grafen Louis Vorow Zborowski, die dieser zwischen 1922 und 1924 bauen ließ.

DER TUCKER TORPEDO

»Traumwagen« ist wohl die richtige Bezeichnung für dieses Fahrzeug, denn Preston Thomas Tucker aus Ypsilanti im US-Bundesstaat Michigan träumte schon lange von so einem Auto. Der Ingenieur und Tüftler von hohen Graden wollte es nicht kaufen, sondern bauen. Und er tat es. Er fand Geldgeber, mietete eine Fabrik, scharte Designer, Marketing-Experten, Techniker und Arbeiter um sich und stellte in den Jahren ab 1948 immerhin 50 Exemplare seines »Tucker Torpedo« auf die Weißwandreifen, bevor ein nach wie vor nicht ganz geklärtes Ränkespiel dazu führte, dass er seine Produktionslizenz verlor und Pleite machte.

Der »Tucker Torpedo« war eine – der Name deutet darauf hin – extrem windschnittige Limousine, die, angetrieben von einem 6-Zylinder-Helikoptermotor aus Aluminium, in zehn Sekunden von null auf 100 km/h beschleunigte und eine Höchstgeschwindigkeit von etwa 190 km/h erreichte. Der im Heck eingebaute Motor wies so fortschrittliche technische Details auf wie eine direkte Benzineinspritzung oder ein damals völlig neuartiges versiegeltes Kühlsystem mit Dauerfrostschutz. Die Räder der Limousine waren unabhängig aufgehängt, die Kraftübertragung besorgte zunächst ein »Tuckermatic« genanntes Automatikgetriebe, das wegen einiger Mängel später jedoch durch ein 4-Gang-Getriebe mit elektrischer Vorwählschaltung ersetzt wurde. Außerdem verfügte der Wagen als erstes Serienfahrzeug damals schon über eine Reihe von Ausstattungs- und Sicherheitsdetails, die heute Standard sind: Es gab Sicherheitsgurte, Scheibenbremsen und eine Windschutzscheibe aus splitterfreiem Glas, die bei einem Unfall nach außen wegschlug. Das Armaturenbrett war gepolstert und in der flugzeugähnlichen Nase saß wie ein Zyklopenauge ein Mittelscheinwerfer, der dem Kurveneinschlag der Vorderräder folgte.

Preston Tucker arbeitete in den 30er Jahren gemeinsam mit dem Kollegen Harry Miller für Ford an den Rennwagen für das berühmte 500-Meilen-Rennen von Indianapolis. 1939 konstruierte er einen Hochgeschwindigkeitspanzerwagen, dessen Massenproduktion abgelehnt wurde, weil er mit einer Geschwindigkeit von 120 Meilen pro Stunde zu schnell war. Mehr Glück hatte Tucker mit dem motorgetriebenen Geschützdrehturm für dieses Fahrzeug, den die Army tatsächlich übernahm und im 2. Weltkrieg einsetzte. Noch während des Krieges entwickelte er seine Auto-Idee weiter. Sein Wagen sollte die Leistungsfähigkeit eines Duesenberg mit dem Preis eines Ford vereinen und wegen seines geringen Gewichts mit wenig Benzin auskommen. Gemeinsam mit dem Geschäftsmann Abe Karatz gründete Preston Tucker die Tucker Company, die bereits 1946 einen Prototyp präsentieren konnte, der sich radikal von den Erzeugnissen der bereits wieder auf Hochtouren laufenden Autoindustrie unterschied.

Tucker konnte nicht nur Autos bauen, er verstand es auch, Fachleute und Geldgeber für sein Projekt zu begeistern. Zu seiner Crew gehörten neben Harry Miller auch der Chefmechaniker John Eddie Offutt, der auch schon in Indianapolis dabei war, der Designer Alex S. Tremulis, der vorher bei der Duesenberg-Auburn-Cord-Gruppe gewesen war und – als rechte Hand – Fred Rockelman, den früheren Plymouth-Generaldirektor und Verkaufschef von Ford. Die Produktion finanzierte er mit Händler- und Kundenanleihen, Aktien sowie Beiträgen von Geldgebern aus der Flugzeugbranche, die Tuckers Ideen aufgeschlossen gegenüber standen. 1948 präsentierte er der Öffentlichkeit den »Tucker '48«, der später als »Tucker Torpedo« angeboten wurde. Die als »das Auto von morgen schon heute« angepriesene Limousine war gegenüber dem Prototyp erheblich modifiziert worden und dadurch ein bisschen weniger revolutionär ausgefallen. Sie verfügte nun über vier Türen und auch die Mittellenkung mit den schwenkbaren Beifahrersitzen hatte man fallen gelassen. Die Null-Serie von 50 Fahrzeugen bauten die Arbeiter in den Produktionshallen der ehemaligen Dodge-Flugmotorenwerke in Chicago zusammen. Es sollten die ersten und letzten »Tucker Torpedo« sein. Auf dem Gelände an der Cicero Avenue befindet sich heute die »Ford City Mall«.

Als der »Tucker Torpedo« 1948 der Öffentlichkeit vorgestellt wurde, war er allen anderen damaligen Pkws in vielen Punkten weit voraus – und genau das war sein Schicksal. Detroits Autoriesen verfolgten Tuckers Treiben mit Argwohn und nahmen Einfluss auf die Zulieferindustrie. Die Aufnahme der Serienproduktion des Wagens musste deshalb immer wieder verschoben werden, während die Löhne für die Belegschaft große Löcher in die Kassen fraßen. Inzwischen hatten auch die amerikanischen Finanzbehörden gegen Tucker eine Untersuchung eingeleitet. Ihm wurden Betrug und Steuerhinterziehung zur Last gelegt. Am 9. Juli 1948 wurde das Werk geschlossen, 2.000 Angestellte und Arbeiter saßen auf der Straße. Es begann ein Rattenschwanz von Prozessen und Liquidationsverfahren. Tucker gewann zwar einen entscheidenden Prozess am 28. Januar 1950, als er in allen Anklagepunkten freigesprochen wurde, aber es wurde ihm trotzdem nicht gestattet, weiter seine Autos zu produzieren. 47 von ihnen existieren heute noch – einige davon stehen im Gilmore-CCCA Museum in Hickory Corners in Michigan.

22 stolze Besitzer eines Tucker Torpedo konnten 1988 die Filmemacher Francis Ford Coppola und George Lucas auftreiben und dazu bewegen, ihre Wagen für die Dreharbeiten zu dem Spielfilm »Tucker« zur Verfügung zu stellen. Auch ihre eigenen Wagen holten die beiden aus den Garagen. Weil die Zahl immer noch nicht ausreichte, ließ die Produktionsfirma vier Stück nachbauen.

Francis Ford Coppola war ein ausgesprochener Tucker-Fan, seit er im Alter von acht Jahren auf einer Autoshow einen Tucker zu Gesicht bekommen hatte. »Das Auto von Tucker unterschied sich von den anderen. Es sah aus wie ein Raumschiff«, erzählte er bei der Präsentation des Films den Reportern. Dieses (T)Raumschiff ist heute ein begehrtes Sammlerobjekt. 2.450 Dollar kostete ein Tucker damals. Der letzte öffentlich angebotene Wagen erzielte im März 1996 auf einer Auktion stolze 259.000 Dollar.

»My Car was too good.« So lautete die Überschrift eines Artikels über Preston Tucker in der Zeitschrift »Cars« aus dem März 1953. Das war er wirklich. Den wenigen Exemplaren bescheinigen die Besitzer hervorragende Fahreigenschaften und hohe Zuverlässigkeit. Preston Tucker starb am zweiten Weihnachtstag des Jahres 1956 in den USA an Lungenkrebs.

U

U-96 UND U 505

U-96 ist die genaue Bezeichnung des deutschen Unterseeboots, das Träger der Roman- und Filmhandlung von → »Das Boot« ist. Als Vorbild für die Nachbauten und Modelle hingegen dienten dem Film-Ausstatter Rolf Zehetbauer das Unterseeboot U 505 sowie ein so genanntes VII-C-Boot.

U 20

Das deutsche Unterseeboot versenkte am 7. Mai 1915 den britischen Dampfer → »Lusitania«. Bei dem Angriff starben 1.198 Menschen.

DIE »USS ARIZONA«

Das amerikanische Schlachtschiff wurde am 7. Dezember 1941 von den Japanern im Hafen von Pearl Harbor auf der Hawaii-Insel Oahu versenkt. Die Namen der 1.177 getöteten Soldaten sind auf einer Marmortafel am Wrack der → »Arizona« verewigt, die seit vielen Jahren als nationale Gedenkstätte gilt und besichtigt werden kann.

DIE »USS CAINE«

Das Minenräumboot → »Caine« wurde durch den Roman von Herman Wouk »Die Caine war ihr Schicksal« und den gleichnamigen Film weltberühmt.

DIE »USS ENTERPRISE« NCC-1701

Korrekte Bezeichnung von → »Raumschiff Enterprise« aus der amerikanischen TV-Serie »Star Trek«.

DIE »USS SALEM«

In dem 1956 entstandenen britischen Film »The Battle of the River Plate« (dt. Titel: »Panzerschiff Graf Spee«) doubelte der schwere Kreuzer »USS Salem« die → »Admiral Graf Spee«.

V

VAUXHALL 30-98

Einen solchen Wagen des englischen Herstellers fuhr John Steed gelegentlich in der TV-Serie »Mit Schirm, Charme und Melone«. Überwiegend jedoch fuhr er → Bentley.

DIE »VICTORIA« VON MAGELLAN

26 Jahre nachdem Christoph Columbus mit seinen drei Schiffen »Pinta«, »Niña« und → »Santa Maria« losgesegelt war, um den Westweg nach Indien zu suchen, machte sich der Portugiese Fernando de Magellan (1480 – 1521) im Jahre 1518 mit fünf Schiffen auf den Weg, um im Auftrag der spanischen Krone im äußersten Süden eine Ostwestpassage zwischen dem Atlantik und dem Pazifik zu finden. Die spanische Regierung hatte vor allem Interesse daran, die genaue Lage der Gewürzinseln auszumachen und diese in Besitz zu nehmen. Daher unterstützte sie das Vorhaben. Nur die 22 Meter lange und acht Meter breite Karavelle »Victoria« sollte wohlbehalten wieder zurückkehren: Sie wurde das erste Schiff, das die ganze Welt umsegelte. Magellan war allerdings nicht mehr an Bord. Er verlor unterwegs sein Leben.

Dass überhaupt Menschen von dieser gefährlichen Reise zurückkamen, grenzt an ein Wunder, denn die Schiffe, die Magellan vom spanischen König Karl I. erhielt, verdienten die Bezeichnung »seetüchtig« eigentlich nicht. Karl I. wählte Sebastiáo Alvarez, den portugiesischen Repräsentanten von Sevilla, aus, um Magellan die fünf Schiffe mit den Namen »San Antonio«, »Trinidad«, »Concepción«, »Santiago« und »Victoria« zu besorgen und kümmerte sich darum, dass sie 1518 ausgerüstet und überholt wurden. Es war die erste Inspektion seit Jahren. Die altersschwachen Schiffe mussten zum Teil von Männern in Ruderbooten zum

Hafen in Sevilla geschleppt werden. Alvarez berichtete seinem König wie folgt: »Magellans Flotte besteht aus fünf Schiffen, Sire, und zwar eines zu hundertzehn Tonnen, zwei zu je achtzig Tonnen und die beiden anderen zu je sechzig Tonnen. Ich war einige Male an Bord und ich versichere Euer Majestät, dass die Schiffskörper morsch sind wie Zunder.« Er beschrieb sie weiter als »sehr alt und geflickt« und fügte hinzu: »Mit solchen alten Kisten würde ich nicht einmal zu den Kanarischen Inseln segeln wollen.« Der Preis von 1,5 Millionen Maravedis für die kleine Flotte war dementsprechend gering. Dafür wurde sie 18 Monate lang überarbeitet. So erhielt etwa die »Victoria« neue, widerstandsfähige Eichenplanken, und die Plankengänge wurden mit einer Mischung aus Pech und Pferdehaar kalfatert.

Magellan nahm 10 Tonnen Zwieback, 6.000 Pfund gepökeltes Schweinefleisch, 51 Kisten Quittenmarmelade und 500 Fässer Wein mit auf die Reise. Die Bewaffnung der gesamten Flotte bestand aus 72 kleinen Kanonen. Nur das Flaggschiff »Trinidad« hatte »vier sehr gute Eisenkanonen.«

Erst über ein Jahr nach der Generalüberholung der Schiffe, am 20. September 1519, konnte man von Sevilla aus in See stechen. Portugiesen, Spanier und Italiener bildeten den überwiegenden Teil der Mannschaft, aber unter den über 250 Mann Besatzung befanden sich auch Deutsche, Griechen, Italiener, Malaien und ein Engländer. Dank des an Bord befindlichen italienischen Chronisten Francisco Antonio Pigafetta wurde die Reise dokumentiert, denn er war einer der 18 Überlebenden, die im Herbst 1522 mit der »Victoria« zurückkehrten. Die »Trinidad« segelte vorneweg, und Magellan gab seinen Kapitänen strikte Anweisungen, wie sie ihm zu folgen hätten. Im Heck installierte er eine Fackel, damit sie ihn nicht aus den Augen verloren. Mehrere Lichter bedeuteten verschiedene Anweisungen.

Die drei Jahre dauernde Reise war von einer Reihe tragischer Unglücke und von Kämpfen der Besatzung an Bord der Schiffe geprägt. Im Januar 1520 wollte Magellan durch die La-Plata-Mündung segeln. Als es ihm misslang, begehrten die Spanier auf, da sie dem Portugiesen Unfähigkeit vorwarfen. Die Meuterer übernahmen drei Schiffe, doch Magellan nahm Verhandlungen auf, besetzte nach einem raffinierten Plan die »Victoria«, tötete deren Kapitän und blockierte die Bucht, bis die Meuterer aufgaben.

Erst im Oktober fand der Seefahrer die gesuchte Passage, die sich nahe Puerto San Julian im südamerikanischen Patagonien befand. Sie ist heute als die nach ihm benannte Magellan-Straße bekannt. Am 28. November 1520 erreichte Magellan den Pazifik, verlor aber zwei Schiffe. Die »Santiago« sank, und die »San Antonio« kehrte nach Spanien zurück. Als erste Europäer durchquerten die Seefahrer auf den drei verbliebenen Schiffen den unendlichen Stillen Ozean und landeten schließlich auf den Philippinen. Auf der Weiterfahrt kam es zu Auseinandersetzungen mit Inselbewohnern und feindselig gestimmten Naturvölkern. Am 27. April fiel Magellan im Kampf auf der Insel Maktan (Mactan). Juan Sebastián del Cano, der Kapitän des Schiffes »Concepción«, übernahm das Kommando der Expedition, musste aber sein eigenes Schiff aufgeben und in Brand setzen, da er aufgrund von Kämpfen und Krankheiten nicht mehr genug Mannschaften hatte. Auch das Schiff »Trinidad« ging aufgrund eines Lecks verloren, so dass del Cano am 21. Dezember 1521 nur mit der »Victoria« die Heimreise antreten konnte. Der verbliebene kleine Trupp entdeckte unterwegs noch eine später als »Nouvelle Amsterdam« bezeichnete kleine Insel im südlichen Indischen Ozean und kehrte am 6. September 1522 nach San Lucar de Barrameda in Spanien zurück. Nur 18 Seefahrer und das mit 26 Tonnen Gewürznelken beladene Schiff überlebten die Weltreise. Es lebte in dem Reisebericht Pigafettas weiter. Sein Dokument »Le Voyage et Navigation faict par les Espagnolz es Isles de Molluquez« erschien 1526 und wurde in viele Sprachen übersetzt. 1938 setzte der Autor Stefan Zweig Magellan und der »Victoria« mit dem Buch »Magellan. Der Mann und seine Tat« ein Denkmal. Allerdings hatte der zeitgenössische Chronist Gonzalo Fernández de Oviedo die »Victoria« schon 1522 als das »berühmteste aller Schiffe« gepriesen. Es segelte noch dreimal über den Atlantik, ehe die »Victoria« auf der Rückfahrt von Hispaniola unterging.

DIE »VICTORY« VON LORD NELSON

Die schwimmende Festung überstand sechs große Seeschlachten und war das Flaggschiff des Admirals Nelson, der 1805 als Sieger aus dem Gefecht mit der französischen und spanischen Flotte bei Trafalgar hervorging. Die »HMS Victory« hat trotz ihrer wechselvollen Geschichte noch immer Wasser unterm Kiel und kann von jedermann besichtigt werden.

Am 23. Juli 1759 begannen auf der englischen Marinewerft Chatham die Bauarbeiten an dem Dreimaster. Das Schiff wurde sehr teuer, denn es bestand vorwiegend aus dem Holz von 2.500 über 100 Jahre alten Eichen. Bereits beim Stapellauf am 30. Oktober 1760 prangte der optimistische Name »Victory« am Rumpf. Nachdem das Schiff voll aufgetakelt auf See erprobt worden war, dauerte es noch einige Zeit, bis 1778 der erste Einsatz als Admirals- und Flaggschiff unter Admiral Keppel folgte. Es zeigte sich, dass das Schiff mit seinen 36 Segeln bei gutem Wind bis zu 10 Knoten Fahrt machte und damit allen anderen Schiffen, die es auf rund sechs Knoten brachten, weit überlegen war. Zwei Jahre später beschlug man den Rumpf des 69 Meter langen und 16 Meter breiten Dreimasters mit Kupferplatten, um besser gegen Angriffe gewappnet zu sein. Die »Victory« diente im Mittelmeer und im englisch-französischen Krieg unter einer ganzen Reihe von Kapitänen, ehe sie 1797 ausgemustert und als Hospitalschiff für Kriegsgefangene eingesetzt wurde. Nach einer großen Überholung, bei der auch die bisher offenen Heckgalerien demontiert wurden, übernahm Lord Nelson am 11. April 1803 auf der »Victory« das Kommando über die Mittelmeerflotte. Sein Flaggschiff hatte 850 Mann Besatzung und war bestückt mit 104 Kanonen, in den Pulverkammern lagerten 35 Tonnen Schießpulver und 120 Tonnen Munition. Die »Victory« trug entscheidend zum historischen Sieg über die französische und spanische Armada am 21. Oktober 1805 bei Trafalgar bei. Sie verlor im Gefecht einen ihrer drei Tannenholz-Masten und musste nach Gibraltar geschleppt werden. Admiral Nelson, der bei früheren Seeschlachten schon ein Auge und einen Arm eingebüßt hatte, erlag noch an Bord den schweren Verletzungen, die er sich im Gefecht zugezogen hatte. Sein Sieg begründete die englische Seeherrschaft, er selbst wurde einer der populärsten Helden der englischen Geschichte.

Nachdem die Schäden repariert waren, wurde der Dreimaster wieder als Admiralsschiff eingesetzt und diente von 1824 bis 1847 dem Hafenadmiral von Portsmouth. Die folgenden 21 Jahre stand die »Victory« unter dem Kommando des Oberkommandierenden der Flotte, bis sie dem Duke of Wellington übergeben wurde. Seine solide Bauweise stellte das Schiff am 23. Oktober 1903 unter Beweis, als das Kriegsschiff »Neptun« den Dreimaster rammte, der die Kollision mit geringfügigen Schäden überstand. Ab 1922 ließ man dem Sieger von Trafalgar ein gründliches Lifting angedeihen, nach dem das Schiff im Juli 1928 wieder genauso aussah wie 1805. Seitdem hat die »Victory« den Hafen von Portsmouth nicht mehr verlassen. Wer sie besichtigen will, möge sich zum Dock Nr. 2 bemühen. Da liegt sie und trotzt dem Holzwurm ebenso standhaft, wie sie einst der welschen Armada widerstanden hat.

DIE »VICTURA«

So hieß das Schwertboot, in dem John F. Kennedy an einem amerikanischen Schnellboot vorbeisegelte. JFK war so fasziniert von dem Bootstyp, dass er sich im 2. Weltkrieg freiwillig für das Kommando auf einem Schnellboot, der → PT 109 meldete.

DER VOLVO P 1800 VON SIMON TEMPLAR

Als Anfang der 60er Jahre die Abenteuer des britischen Detektivs Simon Templar für das Fernsehen adaptiert wurden, sollte er sich eigentlich standesgemäß mit einem Jaguar E-Type fortbewegen. Doch der Autobauer aus Coventry, dessen Wagen damals in aller Munde waren, zierte sich, ein paar seiner Boliden zur Verfügung zu stellen. Da entdeckte der Hauptdarsteller Roger Moore beim Spazierengehen einen Volvo P 1800. Er verliebte sich spontan in das Fahrzeug, überzeugte die beiden Produzenten Robert S. Baker und Monty Berman davon, den Detektiv damit auszustatten, und kaufte schließlich selbst einen Volvo P 1800, mit dem er dann jeden Morgen die Strecke von seinem nur 15 Minuten entfernten Heim zu den Studios im englischen Borehamwood zurücklegte. Da jedoch zunächst in Großbritannien kein weißer Wagen verfügbar war, überführte Volvo innerhalb einer Woche kurzerhand ein entsprechendes Modell per Flugzeug von Stockholm nach London. Der Wagen trug in den Filmen das (falsche) Kennzeichen ST 1, die ursprüngliche Registrierung war 71 DXC. Dieses Fahrzeug war von 1962 bis 1964 im Einsatz und wurde danach durch ein Modell der neuen Baureihe mit dem Kennzeichen 77 GYL ersetzt. In der Folgezeit stellte Volvo noch zwei Wagen mit den Kennzeichen NUV 647 E und NUV 648 E zur Verfügung, wobei der erste bei den Dreharbeiten zum Einsatz kam, während Roger Moore den anderen vorwiegend privat nutzte.

118 Folgen von jeweils 45 Minuten Länge entstanden zwischen Juni 1962 und Ende 1968. Immer mal wieder, wenn auch nur kurz, tauchte der Volvo P 1800 darin auf. Als die Abenteuer des smarten Dandys und Draufgängers in 106 Länder verkauft wurden, erfüllte das den schwedischen Autohersteller mit nicht geringer Freude. Denn früheren Versuchen, die Romane des britischen Autors Leslie Charteris, die er ab 1928 unter dem Titel »The Saint« veröffentlicht hatte, zu verfilmen, war kein so großer Erfolg beschieden gewesen. Der Sportwagen samt Detektiv polierte das Image von Volvo, der zuvor eher als Hersteller biederer, wenn auch sicherer Familienkutschen galt, mächtig auf. Einer der weißen Volvo P 1800 ist der Öffentlichkeit erhalten geblieben. Der Wagen mit dem Kennzeichen 77 GYL steht heute im Cars of the Stars Museum im englischen Örtchen Keswick – einen Jaguar E-Type sucht man dort vergebens!

Auch an der Spielzeugfront entpuppte sich das weiße Sportcoupé als Verkaufsschlager. Hersteller Corgi Toys setzte über 1,2 Millionen Exemplare ab und profitierte so von der TV-Serie, die zu den 20 erfolgreichsten TV-Produktionen aller Zeiten gehören sollte.

Als 1997 der Kinofilm »The Saint – Der Mann ohne Namen« anlief, beteiligte Volvo sich deshalb gerne und steuerte einen Wagen mit der Typenbezeichnung C70 bei, der von Darsteller Val Kilmer gelenkt wurde. Das mangofarbene Coupé war allerdings nur in wenigen Szenen zu sehen. Und dem Film gelang es auch nicht so recht, die Gunst des Publikums zu erringen.

DER VW K 70

»Es ist nicht schwer, sich auf den ersten Blick in den VW K 70 zu verlieben. Weil er gut aussieht. Aber genauso leicht ist es, ihm treu zu bleiben.« Mit diesen Zeilen warb VW im Januar 1974 in einem Verkaufsprospekt für die viertürige Limousine, die ebenso wie der → Ro 80 von der Firma NSU entwickelt worden war (tatsächlich war das Fahrwerk der beiden Modelle praktisch identisch), aber seit der Fusion von Audi und NSU zum VW-Konzern gehörte. Tatsächlich verliebten sich nicht so viele Kunden in das kantige Modell, wie VW sich das gewünscht hatte, nachdem er im

September 1970 erstmals auf den Markt kam. Vermutlich lag es daran, dass das ungewöhnliche Konzept die bisherigen VW-Käufer doch eher verwirrte. NSU hatte damals eine viertürige Limousine mit einem 1,6-Liter Vierzylindermotor und 90 PS entwickelt und bei der späteren Fusion mit VW angegeben, immerhin 60 bis 70 Millionen Mark in die Konzeption und Erprobung des Fahrzeugs gesteckt zu haben – eine Angabe, die der damalige Vorstandsvorsitzende von NSU, Dr. von Heydekampf, später auf rund 50 Millionen korrigierte. Der Wagen hatte Vorderradantrieb und Luftkühlung, und der Motor war im Gegensatz zum erfolgreichen Käfer vorne eingebaut. Damals war das äußerst ungewöhnlich für VW; erst seit dem Golf ist es selbstverständlich. Der K 70 erreichte eine Höchstgeschwindigkeit von 160 km/h, und das galt damals als ziemlich schnell. Autotester zeigten sich von Anfang an beeindruckt von dem neuen Gefährt. Dieter Korp, Autor und Herausgeber der erfolgreichen »Jetzt helfe ich mir selbst«-Buch-Reihe, schrieb in der Zeitschrift *auto, motor und sport* 1969: »Die große breite Schnauze – geometrisch fast genau ein Rechteck – macht den Wagen hungrig wie ein mittleres Raubtier. Das neue Auto wirkte schon im Stand so dynamisch, so unternehmungslustig, ja frech, dass man nur noch den Wunsch verspürte: Den muss ich haben!« Doch die Käufer sahen das nicht so. Zwar belegte der K 70 im Jahr 1970 Platz 2 der Wahl zum Auto des Jahres nach dem Citroën GS und vor dem Citroën SM, aber das Kundeninteresse blieb zurückhaltend. Nur 211.127 Autos verließen das Werk. Ein vom VW-Vorstand in Auftrag gegebener VW K 70 Kombi wurde zwar entwickelt, aber es blieb bei einem einzigen Exemplar. In Serie ging der Wagen nicht.

DER VW KÄFER

»Fünf Mark die Woche mußt Du sparen, willst Du im eigenen Wagen fahren«, lautete der Slogan, mit dem ab dem 1. August 1938 für den damaligen KdF- und späteren Volkswagen geworben wurde. Über 21 Millionen Autos sind bis zum Jahr 1992 vom Band gelaufen und haben das urige Vehikel nicht nur zu einem der erfolgreichsten Fahrzeuge aller Zeiten, sondern auch zu einem Kultmobil gemacht, das in Gestalt des »New Beetle« wieder auferstanden ist. Die Anfänge waren jedoch nicht ohne Hindernisse.

Im Zuge der allgemeinen Mobilisierungswelle richtete Hitler 1934 einen Aufruf an den Reichsverband der Automobilindustrie (RDA), Vorschläge für einen Volkswagen zu unterbreiten. Doch die Mitglieder des Verbandes konnten sich nicht recht einigen, fürchteten auch die Konkurrenz untereinander und schlugen vor, ein außen stehendes Ingenieurbüro damit zu beauftragen. Die Wahl fiel auf das von Ferdinand Porsche in Stuttgart. Man schloss einen Vertrag, und bereits am 7. Dezember 1934 begann der Versuchswagenbau. Ein knappes Jahr später war der erste Prototyp unterwegs. Porsche hatte einen Wagen mit Heckantrieb und einem Vierzylinder-Boxermotor entwickelt, der sich hinter der Hinterachse befand. Das Getriebe lag davor, das Differential zwischen Motor und Getriebe. Nach Abschluss dieser Konstruktion leitete der RDA das Projekt an die Reichsregierung weiter und es wurde der Deutschen Arbeitsfront übertragen. Diese zog die beiden Organisationen Kraft durch Freude (KdF) und die Gesellschaft zur Vorbereitung des Volkswagens (Gezuvor) hinzu, und man beschloss, bei Fallersleben eine Produktionsstätte einzurichten. Die dafür neu entstandene Stadt erhielt den Namen Wolfsburg – angeblich zu Ehren Hitlers, der den Isegrim verehrt haben soll.

Am 20. April 1938 erhielt Adolf Hitler zu seinem 49. Geburtstag ein Modell des geplanten Volkswagen. Kurz danach wurde auch der später so berühmt gewordene Name »Käfer« geprägt, denn die *New York Times* bezeichnete den Wagen in einem Artikel als »shiny new beetle« – als leuchtenden neuen Käfer. In Deutschland spornte die Zeitschrift *Motor-Schau* die Macher in parteipolitisch gefärbter Sprache zu Höchstleistungen an und schrieb, der KdF-Wagen sei angefertigt von einer »verschworenen Gemeinschaft« von Porsche-Konstrukteuren, »die immer neue Kräfte aus dem Wunsch zog, das schönste Motorisierungsprojekt des Führers so vollkommen wie nur irgend möglich zu verwirklichen.« Den Namen »Käfer« übernahm man damals noch nicht. Dies ist dem späteren VW-Werbeleiter Helmut Schmitz zu verdanken, der insistierte, den Wagen so zu nennen und nicht, wie geplant, »VW 1200«.

Doch zunächst war nur vom KdF-Wagen die Rede, dessen Produktionsbeginn für den Herbst 1939 vorgesehen war und der ein Jahr später ausgeliefert werden sollte. Einfach gekauft werden konnte der Wagen jedoch nicht. Stattdessen musste man ihn mit einem Sparsystem anzahlen, das eine Versicherung einschloss. Jeder Kunde, der vier Jahre lang wöchentlich eine Marke im Wert von fünf Reichsmark in ein Heft einklebte, sollte einen der so genannten »Innenlenker« im Wert von 990 Reichsmark erhalten. In Wirklichkeit wurde auf diese Weise jedoch nur Kaufkraft abgeschöpft, die dann für Rüstungszwecke aufgewendet wurde: Immerhin 336.000 Volksgenossen ließen sich auf den Deal ein, und Mitte 1939 waren bereits 110 Millionen Reichsmark zusammen gekommen, bis Ende 1944 sogar 268 Millionen.

Es wurden jedoch lediglich ca. 650 zivile Wagen produziert, und keiner davon wurde jemals an Otto Normalverbraucher ausgeliefert. Das Geld der Sparer war weg.

Kurz vor Kriegsbeginn erhielt Porsche nämlich den Auftrag, auf der Basis seines Volkswagen einen geländetauglichen Kübelwagen zu entwickeln, zu dem 1941 ein Schwimmwagen hinzu kam. Beide Fahrzeuge entpuppten sich als sehr robust und leisteten gute (Kriegs-)Dienste. Nachdem der Krieg für Deutschland verloren war und die Alliierten überlegten, welche automobilen Konstruktionen sie wieder erlauben würden, belächelten sie den Volkswagen eher, als dass sie ihn als konkurrenzfähiges Fahrzeug betrachteten. Nach Meinung der Kritiker neigte er zum Übersteuern, war extrem seitenwindempfindlich, und der Geradeauslauf war problematisch. Auch die schlechte Aerodynamik, die merkwürdig anmutenden Trittbretter, der laute luftgekühlte Motor und das nicht synchronisierte Getriebe stießen auf wenig Gegenliebe, so dass eine von der »Society of Motor Manufacturers & Traders« eingesetzte Kommission zu der Auffassung kam, dass der VW keine Gefahr für die englischen Autos bedeutete.

Heinrich Nordhoff wurde per 1. Januar 1948 zum Leiter des Volkswagenwerkes bestimmt, das ab September 1949 unter die Obhut des Bundesministeriums für Wirtschaft und Finanzen kam. Verwaltet wurde es durch das Land Niedersachsen. Nordhoff ist es zu verdanken, dass der Volkswagen permanent technisch verbessert wurde – und vor allem, dass er in jedem Jahr trotz mehr Extras zu günstigeren Preisen angeboten wurde. Nach den ersten Standardmodellen, die im ersten Produktionsjahr in den Farben grau, blau und schwarz ausgeliefert wurden, erschien 1949 der »Volkswagen Typ 1 Export-Modell ›Käfer‹« in einem »Kleid von farbfroher Hochglanzpolitur in zartem Pastellgrün, erdgeneigtem Braun« und »weinfreudigem Bordeauxrot«.

Der Einfallsreichtum der Wolfsburger zahlte sich aus. Im März 1950 lief bereits der 100.000ste Käfer vom Band. Die Verbesserungen der kommenden Zeit umfassten eine hydraulische Bremse, eine neue Armaturentafel, ein teilsynchronisiertes Getriebe, und 1953 fiel bei dem bis dahin geteilten Heckfenster der mittlere Steg weg. Auch die Motorisierung steigerte sich. Nachdem man mit 24,5 PS Leistung begonnen hatte, wurden daraus zunächst 30 PS, dann 34, 40, 44 und 1970 sogar 50 PS. Die Preise fielen im Laufe der Jahre. Hatte das erste Export-Modell 1949 noch 5.450 Mark gekostet, so war die Standardversion zwischen 1955 und 1961 schon für 3.790 Mark zu haben, was vor allem im Hinblick auf die immer zahlreicher werdenden Konkurrenten aus der Roller- und Motorradbranche, die sich jetzt auch als Autokonstrukteure versuchten, ein cleverer Schachzug war.

1955 lief schon der einmillionste Käfer vom Band. Der immense Absatz gelang auch deswegen, weil es Nordhoff frühzeitig gelang, ausländische Märkte zu erobern und speziell die Amerikaner von dem buckligen Fahrzeug zu überzeugen. Ausgerechnet im Museum von Henry Ford in Detroit befindet sich neben einem Käfer eine Tafel mit der folgenden Aufschrift: »Der Wagen war eine ganz klare Alternative zu den stilistischen Exzessen Detroits. Angenehm zu fahren, billig zu unterhalten und hervorragend konstruiert, ist der Volkswagen zu einem umgekehrten Statussymbol geworden. Letztendlich hatte er ungeheuren Einfluss auf den amerikanischen Autofahrer und auf die Automobilindustrie in Detroit.« Doch das war nicht von Anfang an so. Im Jahr 1949 verkaufte man gerade zwei Exemplare in den USA. Neun Jahre später waren es schon 33.000 Stück, und so wurde der Käfer zum erfolgreichsten Importwagen der Welt. Zu verdanken ist diese Tatsache auch einer eigenwilligen, zum Teil sehr komischen Werbekampagne der New Yorker Agentur »Doyle Dane Bernbach« (DDB), die den Wagen in seiner technischen Einzigartigkeit und Unvergleichlichkeit mit einer Mischung aus Sachlichkeit und einer gehörigen Portion Ironie anpries. Dank dem Einfallsreichtum der Amerikaner wurden Slogans wie »Er läuft und läuft und läuft ...«, »Think Small« oder »Es gibt Formen, die man nicht verbessern kann« (der berühmte Vergleich des Käfers mit einem Ei) weltbekannt.

Ab 1971 war zwar die Käfer-Produktion rückläufig, aber am 17. Februar 1972 verkündete das Werk einen weiteren Erfolg: mit einer Stückzahl von 15.007.034 Millionen war der Rekord der legendären Tin Lizzy von Ford überboten worden. Als zwei Jahre später der Golf auf den

Markt kam, war dies allerdings der Anfang vom Ende des Longsellers. 1978 wurde die Produktion in Deutschland eingestellt. In Emden rollte der letzte Käfer vom Band, aber in Mexiko wurde er weiter hergestellt. Ab 1985 wurde der Wagen in ganz Europa nicht mehr angeboten und verabschiedete sich mit der Sonderserie »50 Jahre Käfer« am 12. August und einer Auflage von 2.400 Stück offiziell vom europäischen Markt.

Nachdem eine Reihe von Studien jedoch an den Tag brachte, dass die Marke Volkswagen untrennbar mit dem Käfer verbunden ist, entwickelte man ab Mitte 1992 unter dem Projektnamen »Concept 1« eine Designstudie, die im Januar 1994 auf der Detroit Motor Show vorgestellt wurde und bei Kunden und Händlern auf reges Interesse stieß. Im Oktober 1995 beschloß VW, den Wagen in Anlehnung an den berühmtesten Wagen der Werksgeschichte »New Beetle« zu nennen, der ab 1998 zunächst in den USA und dann auch auf dem deutschen Markt verkauft wurde.

Derweil wird der Käfer in Mexiko weiter produziert. Täglich rollen 130 Stück vom Band. Über 22 Millionen Käfer sind es derzeit, die insgesamt gebaut wurden. Eine unendliche Erfolgsgeschichte also, oder wie es die schon erwähnte Agentur DDB ausdrückte: »Hat irgend jemand eine bessere Idee?«

W

DIE WASSERWERFER

Das neueste dieser Befriedungs- und Abkühlungsgeräte heißt WaWe 9000 und entstand nach einer Vorlage des Modellherstellers MEK. Daimler-Benz hat das 8,50 Meter lange, 2,50 Meter breite und 3,68 Meter hohe Monstrum gebaut. Der Motor leistet 290 PS, aber das ist es nicht, was den Menschen, die es mit diesem Fahrzeug zu tun bekommen, den größten Respekt abnötigt. Sie werden eher das »Heckstrahlrohr« mit einem Durchmesser von 16 Millimetern und einem »Durchlauf von 800 Litern pro Minute«, die »Hochdruckwaschanlage« und den 9.000 Liter fassenden Wasserbehälter argwöhnisch im Auge behalten. Kurz, wir haben es mit einem Wasserwerfer zu tun, die höchst einfallsreiche Bezeichnung »WaWe« ist damit geklärt. Auf jedem neuen Wasserwerfer prangt ab Werk ein Schild, auf dem steht: »Bitte Abstand halten«. Man sollte dieser Bitte durchaus Folge leisten, denn wer es nicht tut, wird schnell und unsanft auf Distanz gebracht.

Ihre großen Auftritte hatten die Wasserwerfer während der Studentenunruhen Ende der 60er Jahre in Berlin und anderswo. Berühmte Menschen und verdiente Politiker sind – keineswegs immer unverdient – mit ihnen in Kontakt gekommen. Rudi Dutschke war darunter, aber auch unser derzeitiger Außenminister Joschka Fischer, der heimattreu den Frankfurter Einsatzkräften den Vorzug gab. Ja, teilweise haben sie sich in die Geschichte gespritzt, die Wasserwerfer. Der Beweis dafür, ein Modell aus dem Jahr 1968, steht seit dem Juli 2001 im »Haus der Geschichte« in Bonn. Zu sehen ist allerdings nur die vordere Hälfte, aber die Spritzdüse und die Vergitterungen an den Fenstern sind deutlich zu erkennen.

Auch damals erwarb sich die Firma Daimler-Benz Verdienste um den Fortbestand von Recht und Ordnung, als sie Standardfahrzeuge wie beispielsweise den Mercedes 1113 umrüstete und daraus den WaWe 4 (die

Zahl steht für ein Wassertankvolumen von 4.000 Litern) baute, der bis in die 80er Jahre beim Bundesgrenzschutz eingesetzt wurde. Die Nachfolgemodelle WaWe 6 und 9 ersetzten die alten Gefährte, die nach Ansicht der Polizei zu oft erstürmt und sogar mit Brandbomben attackiert wurden. Die neuen Fahrzeuge verfügten über zwei Drehtürme, in denen jeweils ein Mann das verstellbare Strahlrohr und den Suchscheinwerfer bediente. Da Wasser allein bisweilen die »ungewaschenen Chaoten« – so ein beliebter Terminus technicus wohlmeinender Zeitgenossen – nicht abschreckte, ja an heißen Tagen sogar zweck- und sinnwidrig zur willkommenen Abkühlung und Erheiterung der Demonstranten missbraucht wurde, ließ sich dem Wasser aus einem weiteren Tank ein Reizgas beimischen, das die Freude minderte und den Tränenfluss anregte. Zudem verfügten die Wagen über mehrere so genannte »Abwehrbrausen« unter der Karosserie.

Mit dem »WaWe 6« machte übrigens auch Bundesumweltminister Jürgen Trittin Bekanntschaft, als er in Gorleben gegen das dortige atomare Zwischenlager demonstrierte. Und wie der »Mannheimer Morgen« im Februar 2000 herausfand, war einer seiner heutigen Bodyguards daran nicht ganz unbeteiligt, denn der saß einst in einem der Drehtürme und machte den Hahn auf. So ändern sich die Zeiten.

»WET NELLIE«

Interne Produktionsbezeichnung für den Wagen vom Typ → Lotus Esprit, der auch tauchfähig war und eine tragende Rolle spielte in dem James-Bond-Film »Der Spion, der mich liebte«. Der Name enthielt eine Anspielung auf den Ein-Mann-Hubschrauber → »Little Nellie« in »Man lebt nur zweimal«.

DIE »WILHELM GUSTLOFF«

Wir schreiben Januar 1945. Deutschland ist fast besiegt, und Hunderttausende flüchten aus Russland, zumeist über die Ostsee. Die → »Cap Arcona« und die »Wilhelm Gustloff« sind als Flüchtlingstransporter im Einsatz. Am frühen Nachmittag des 30. Januar – ein schicksalhaftes Datum – verlässt die Wilhelm Gustloff mit rund 9.000 Menschen an Bord, darunter rund 900 Kadetten, Gotenhafen (das heutige Gdynia oder Gdingen in Polen). Sie wird begleitet vom Torpedoboot »Löwe« und einem kleinen Torpedofangboot, das jedoch bald abdreht. Überall an Bord verteilt liegen die Flüchtlinge auf ihren Matratzen, als gegen 21.00 Uhr ein erster »schrecklicher Knall«, wie eine Zeitzeugin es ausdrückte, das Schiff erzittern lässt. »Es folgte ein Rütteln und noch ein Knall. Dann ging das Licht aus. Und es kam noch ein Knall.« Das sowjetische U-Boot »S 13« hatte genau am Jahrestag der Machtergreifung Hitlers, der gerade mal wieder über den Rundfunk zu seinem Volk sprach, das Schiff mit vier Torpedos angegriffen und an drei Stellen, darunter die Maschinenräume, getroffen. Kurz nach den Einschlägen bekommt der Dampfer Schlagseite nach Backbord und sinkt noch vor Mitternacht. Nur 1.239 Menschen können – teilweise erst nach Stunden – aus dem Wasser gefischt und gerettet werden. Erst gegen 4.30 Uhr morgens kommt das Torpedoboot »T 36« zu Hilfe und nimmt, wie auch das Torpedoboot »Löwe«, ein paar hilflos im eiskalten Wasser treibende Menschen auf. Von den über 5.300 Toten sind fast 5.000 Mädchen, Frauen und Kinder. Viele von ihnen waren Marinehelferinnen. Die meisten sind ertrunken.

Wilhelm Gustloff wird am 30. Januar 1895 in Schwerin geboren. 1917 reist er nach Davos, um sich von einem Lungenleiden kurieren zu lassen, und bleibt in der Schweiz. Er arbeitet an der dortigen Sternwarte, begeistert sich für die nationalsozialistischen Ideen und dient sich bis 1932 zum Leiter der Schweizer Landesgruppe der NSDAP hoch. Am 4. Februar 1936 wird Gustloff von einem jüdischen Medizinstudenten erschossen.

Zu dieser Zeit sind die Überlegungen der Reichsregierung, verdienten Soldaten und Arbeitern Erholung auf See zu bieten, bereits weit gediehen. Im Auftrag der Organisation »Kraft durch Freude«, einer Unterformation der deutschen Arbeitsfront, lässt deren Leiter Robert Ley für Hitler eine Flotte von Vergnügungsdampfern chartern oder bauen. Das erste Schiff wird bereits im August 1935 bei der Werft Blohm & Voss auf Kiel gelegt und trägt die Arbeitsnummer 754. 1937 läuft es vom Stapel. Einen solchen Anlass lässt sich Adolf Hitler natürlich nicht entgehen. Er fährt nach Hamburg, wo er wie ein Triumphator vom Dammtorbahnhof zum Hafen geleitet wird. Die Witwe Wilhelm Gustloffs tauft das Schiff auf den Namen ihres Mannes. Zehntausende jubeln.

Das Schiff war 208,5 Meter lang, 23,6 Meter breit und verfügte über 1.463 Kojen für die deutschen Arbeiter. Aus ideologischen Gründen gab es nur eine einzige Klasse an Bord, denn zumindest auf dem Schiff sollten sich alle Passagiere gleichwertig fühlen. Sie konnten auf den beiden Promenadendecks, dem Sonnendeck, in den zwei Speisesälen, drei Hallen oder dem Kino, dem Theater, dem Musiksalon, der Turnhalle oder dem innen gelegenen Schwimmbad die Mühen beim Aufbau des »Tausendjährigen Reichs« vergessen und ganz entspannt den Traum der deutschen Volksgemeinschaft träumen.

Nach der Jungfernfahrt im Frühjahr 1938 lief der Vergnügungsdampfer Spanien, Italien, Portugal, Norwegen, Schweden und sogar London an. Noch war kein Krieg, aber die Zeichen dafür verdichteten sich: 1939 holte die »Wilhelm Gustloff« die Truppen der »Legion Condor« aus Spanien, wo sie im Bürgerkrieg dem General Franco geholfen hatte, die Republikaner zu besiegen, nach Deutschland zurück. Als Hitler am 1. September 1939 Polen überfiel, war das Schiff gerade unterwegs in den norwegischen Fjorden. Schnell wurde es nach Deutschland zurückbeordert und diente für kurze Zeit in Stettin als schwimmendes Lazarett mit 500 Betten und später in Gotenhafen als Kaserne für die dort stationierten Kadetten der 2. U-Boot-Lehrdivision.

Das Wrack liegt zwölf Seemeilen vor der polnischen Küste in 48 Metern Tiefe und ist bis auf den Mittelteil gut erhalten. Bug und Heck sind nahezu unversehrt, aber da es Gerüchte gab, auch das legendäre Bernsteinzimmer sei an Bord gewesen, haben Taucher auf der Suche danach Löcher in den Rumpf geschnitten.

Wenn nicht Günter Grass mit seinem Roman »Im Krebsgang«, erschienen im Jahr 2002, an den Untergang der »Wilhelm Gustloff« erinnert hätte, wäre eine der größten Tragödien der deutschen Schifffahrt wohl bald ganz in Vergessenheit geraten. Denn an den 1959 gedrehten Film »Nacht fiel über Gotenhafen« erinnerte sich niemand mehr, und die, so Grass, »unsägliche Liebesgeschichte« darin hatte der Darstellung der Katastrophe viel von ihrer Wirkung genommen.

DIE WUPPERTALER SCHWEBEBAHN

Die Städte Elberfeld und Barmen, aus denen 1929 im Verbund mit anderen Gemeinden die Großstadt Wuppertal wurde, wuchsen schon im 19. Jahrhundert sehr schnell, von circa 30.000 Einwohnern 1807 auf 210.000 Einwohner im Jahre 1885. Den Stadtverordneten beider Städte war 1887 klar, dass diese Entwicklung so weitergehen und auch der Verkehr in und zwischen beiden Städten zunehmen würde. Man benötigte also ein öffentliches Verkehrssystem, das den lokalen Gegebenheiten Rechnung trug. Eine U-Bahn, wie sie in Form der Londoner → Metro bereits entstanden war, kam im engen Tal der Wupper wegen des felsigen Untergrundes, der überdies Grundwasser führte, nicht in Betracht.

Da kam ihnen das »System der hängenden Wagen« gerade recht, das der Kölner Ingenieur und Zuckerfabrikant Eugen Langen zunächst als Materialtransportbahn für seine Fabrik entwickelt hatte. Langen war längst kein unbekannter Tüftler mehr. Der 1833 geborene Kölner hatte zwar nie sein Ingenieurstudium in Karlsruhe abgeschlossen, dafür aber in der Praxis und in der Zusammenarbeit mit N.A. Otto, mit dem zusammen er einen Gasmotor und den Ottomotor entwickelte, große Erfahrung sammeln und sein Wissen unter Beweis stellen können. Langen stellte 1892 eine Hochbahn mit frei schwebend aufgehängten Personenwagen vor, die auch im Tal der Wupper über den Fluss gebaut werden konnte. Die Idee überzeugte auf Anhieb, und so beschlossen die Verantwortlichen 1893 den Bau der Schwebebahn. Auch in Hamburg und Berlin liebäugelte man mit diesem Transportsystem, aber die Pläne gediehen nicht recht. Als besonders risikoscheu erwiesen sich die Berliner: Sie boten Langen an, eine Schwebebahn zu bauen, doch sollte er sie auf eigene Kosten wieder abreißen, wenn das Fahrgastaufkommen nicht den Erwartungen der Stadtväter entsprach. Langen verzichtete dankend. Doch auch an der Wupper gab es Kritiker des Projekts, und ein Spötter reimte:

»Die Schwebebahn liegt in der Luft,
wenn das Projekt nur nicht verpufft,
und nicht zerrinnt der holde Wahn,
die hoch erhabene Schwebebahn.«

Aber die Weichen für die Schwebebahn waren gestellt und auch der Tod des Erfinders, er starb 1895 an einer Fischvergiftung, änderte daran nichts. 1898 war Baubeginn, und schon im Dezember konnte die erste Probefahrt stattfinden. Ende 1900 weihte Kaiser Wilhelm II. höchstselbst, begleitet von seiner Gattin Auguste, den Streckenabschnitt Elberfeld – Vohwinkel ein. Im Wagen Nr. 5 fuhren sie, in rund zehn Metern Höhe über dem Fluss, vom Bahnhof Döppersberg bis Vohwinkel. Der Waggon heißt seitdem schlicht »Kaiserwagen« und wird heute noch rund 700 Mal im Jahr für Feierlichkeiten wie Hochzeiten in Betrieb genommen. Das kaiserliche Paar war zunächst äußerst nervös. An allen Tragstützen mussten Bauarbeiter bis zum Bauchnabel im Wasser stehen, um die Konstruktion zu bewachen und so etwas wie Sicherheit zu demonstrieren. Aber nachdem die Reise überstanden war, zeigte das Paar sich sehr angetan von dem Vehikel. Am 1. März 1901 wurde auch die Strecke Zoo – Kluse freigegeben und der Betrieb offiziell eröffnet. Der Bau verschlang 16 Millionen Goldmark, man verbaute 19.200 Tonnen Eisen, um die 20 Bahnhöfe im 13,3 Kilometer langen Streckennetz miteinander zu verbinden.

Das Bauwerk errang schnell weltweite Bekanntheit. Anfragen kamen zuhauf, aber gebaut wurde die Schwebebahn nirgendwo anders. Allerdings gibt es seit 1901 eine kleinere Ausführung, die Dresdner Bergschwebebahn, die mit einer Streckenlänge von einem halben Kilometer Loschwitz mit Oberloschwitz an der Elbe verbindet. Doch was an der Elbe eher Touristenattraktion war, entwickelte sich über der Wupper zum Massentransportmittel. Bis zu 70.000 Fahrgäste täglich schweben mit einer Durchschnittsgeschwindigkeit von rund 27 km/h und maximal 60 Sachen über die Wupper.

Im 2. Weltkrieg wurden die Bahnanlagen in der Nacht zum 30. Mai 1943 und bei einem weiteren Luftangriff 26 Tage später schwer getroffen. Die Nazis wollten die günstige Gelegenheit nutzen und die 486 Brücken und Stützen einschmelzen und Waffen daraus herstellen, scheiterten mit ihrem frevelhaften Vorhaben jedoch an den Schwierigkeiten, die der Transport des Stahls über die zerstörten Straßen aufwarf. Also baute man die Bahn während des Krieges wieder auf und betrieb zumindest einige Teilstrecken weiter. Sechs Wochen vor der Kapitulation war die gesamte Strecke wieder hergerichtet, doch in den letzten Zuckungen des Krieges wurden wiederum große Teil der Anlagen zerstört, so dass sie erst im März 1946 wieder ihre Bahnen ziehen konnte.

Viele Jahre lang galt die Wuppertaler Schwebebahn als eines der sichersten Transportmittel der Welt, das nicht durch Unfälle, sondern durch seine Zuverlässigkeit und Pünktlichkeit von sich reden machte. Rund 25 Millionen Gäste transportierte sie problemlos pro Jahr, seit der Inbetriebnahme 1901 summiert sich diese Zahl auf über 1,5 Milliarden Fahrgäste. Darunter auch durchaus exotische Gesellen, die für gewöhnlich nicht den öffentlichen Nahverkehr nutzen. So sollte 1950 der vier Zentner schwere Zirkuselefant »Tuffi« Werbung für seinen Zirkus machen. Sei es, dass der Job ihn anödete, dass er Höhenangst bekam oder, wie sachkundige Elefantenfreunde behaupten, einfach das Quietschen der Wagen ihn nervte: Jedenfalls sprang er aus dem Waggon Nr. 13 in den Fluss, der an dieser Stelle nur 30 bis 40 Zentimeter tief war. »Tuffi« ging bei dieser Aktion nicht über die Wupper, wie man so sagt, sondern blieb, abgesehen von ein paar Schrammen am Hinterteil, weitgehend unverletzt und kletterte quietschfidel ans Ufer. Und der in der Stadt gastierende Zirkus Althoff konnte sich über mangelndes Besucherinteresse wahrhaft nicht beklagen, denn alle wollten den fliegenden Elefanten sehen.

1968 schleuderte ein LKW gegen einen Stützpfeiler, zwei Brücken stürzten auf die Straße und der Bahnverkehr musste für zehn Wochen unterbrochen werden. Zu Schaden kam bei dem Unfall niemand. Zum 75. Geburtstag im Jahr 1976 bestritt die liebevoll auch »Alte Dame« oder »Eiserner Lindwurm« genannte Schwebebahn ein Wettrennen der besonderen Art. Sie trat an gegen den damals amtierenden deutschen Langstreckenmeister Edgar Döhren auf einem Porsche mit 350 PS, den Radrennsportler Horst Stiefeling, den Waldläufer Siegfried Drews, der seine Beinkraft nutzte, und den Motorradfahrer Helmut Langhanki, der eine NSU Pfeil aus dem Jahr 1910 reanimiert hatte, um sich mit der Bahn zu messen. Die vier Wettbewerber konnten sich ihre Strecke aussuchen, mussten sich aber an die Verkehrsregeln halten. Stiefeling gewann das ungleiche Rennen auf seinem Rad in rund 20 Minuten. Die 30 Tonnen schwere Bahn wurde Vierter, der Porsche blieb im Stau stecken.

Alle sieben Jahre oder nach maximal 500.000 Kilometern muss jeder der 28 Wagen der Bahn sich einer gründlichen, drei Monate dauernden Hauptuntersuchung unterziehen. Doch trotz der ausgereiften und bewährten Sicherheitsvorkehrungen ereignete sich im April 1999 ein Unglück, welches das Vertrauen in die Zuverlässigkeit der Schwebebahn erschütterte. Ein Bauarbeiter hatte bei Umbauarbeiten am Gerüst einer Station ein Montagestück vergessen. Am Morgen des 12. April 1999 um 5.48 Uhr stürzte der erste fahrplanmäßige Zug ganz unplanmäßig in die Wupper, krachte auf eine Fernwärmeleitung und riss fünf Menschen in den Tod. 47 Passagiere wurden verletzt. Die starke Strömung der Wupper behinderte die Bergung der Verletzten und Toten.

Mitte Juni 1999 konnte der Betrieb wieder aufgenommen werden. In dem Prozess, der im August 2000 die Schuldfrage klären sollte, saßen sieben Männer, darunter Bauarbeiter, Mitarbeiter der Stadtwerke und der Bauleiter, auf der Anklagebank, drei wurden verurteilt. Außerdem begann man, die rund neun Tonnen schweren Stützpfeiler und die Brückenelemente nach und nach auszutauschen und durch eine neuere Stahlkonstruktion zu ersetzen, da nach Ansicht von Experten Traggerüst und Fundament nicht mehr den Anforderungen entsprachen. Ein für die Anwohner erfreulicher Nebeneffekt dieser Umbauten besteht darin, dass die Bahn leiser wurde. Die Reparaturkosten beliefen sich auf rund 800 Millionen Mark.

Nun zieht die Wuppertaler Schwebebahn wieder klaglos ihre Runden, und auch ein originalgetreuer Nachbau entzückt so manchen Freund des Gefährts. Der Hobbybastler Lars Reinke, der die Welt schon mit Nachbauten der → »Spirit of St. Louis« und von Baron Münchhausens → Kanonenkugel beglückte, hat im »Pfannkuchenhaus«, der Kneipe des Hannoveraners Adolf Kuhn, im Juli 2001 sein neuestes Bauwerk zum Staunen freigegeben. Auf einer 40 Meter langen Strecke zieht seitdem der Nachbau des Kaiserwagens unter der Kneipendecke seine Kreise.

Y

DAS YELLOW CAB

Die Stadt Kalamazoo im US-Bundesstaat Michigan ist die Geburtsstätte der so genannten Yellow Cabs, denn dort wurden sie jahrelang produziert, auch wenn sie hauptsächlich in New York herumfuhren. Der russische Immigrant Morris Markin gründete 1922 die Checker Cab Manufacturing Company – sicherlich ohne zu ahnen, dass gerade seine Fahrzeuge einmal das Stadtbild des »Big Apple« ebenso prägen würden wie die Skyline von Manhattan.

Schon 1890 waren in amerikanischen Städten die ersten motorgetriebenen Fahrzeuge unterwegs, die man für Transporte mieten konnte. Noch hatten sie in den traditionellen Pferdefuhrwerken eine durchaus ernst zu nehmende Konkurrenz, die aber bald nachließ. Denn zweifellos waren die Autos sicherer, sauberer und schneller. Diese Entwicklung konnte auch ein schwerer Unfall nicht aufhalten. Am 18. September 1899 erfasste ein Taxi Henry H. Bliss, der seinen schweren Verletzungen erlag. Wie sehr das Geschäft boomte, bewies 1908 die New York Taxicab Company, als sie 600 Autos aus Frankreich importierte, die sogleich mit ihren grünen und roten Farben das Stadtbild bestimmten. 1923 waren bereits 16.000 Taxicabs in der Stadt unterwegs.

Morris Markin baute nicht nur die speziell für den harten Taxibetrieb konzipierten, geräumigen und robusten Wagen, die mindestens 150.000 Meilen durchhalten sollten, er betrieb sie teilweise sogar selbst und erreichte auch damit eine marktbeherrschende Stellung. Seine Flotte hatte er gelb und schwarz spritzen lassen. Das fiel auf, brachte Erfolg und wurde so etwas wie ein Markenzeichen – für Checker und für New York. Das Geschäft wurde härter. Es gab viele Cabs, noch mehr Fahrer und jeder wollte Geld verdienen. Besonders während der Depression drängten zunehmend Fahrer auf den Markt, die erbittert und mit allen Mitteln um jede Tour kämpften. Betrügereien waren an der Tagesordnung. Die miesen Arbeitsbedingungen und die dürftige Bezahlung führten zu ständigen Auseinandersetzungen. Als sich dann noch hartnäckig Gerüchte hielten, dass die Checker Cab Company den damaligen Bürgermeister James J. Walker geschmiert habe, um sich Vorteile zu verschaffen, kam es 1934 zum größten Taxifahrerstreik aller Zeiten. Über 2.000 Fahrzeuge blockierten den Times Square. Nach langem Hin und Her schlossen 1937 Stadtverwaltung, Unternehmen und Fahrer eine Vereinbarung, die allen Seiten gerecht werden sollte. Der so genannte »Haas Act«, der heute noch gilt, führte offizielle Taxilizenzen und das so genannte »Medaillon System« ein: gut sichtbar angebrachte Lizenzschilder auf der Haube, die signalisieren, dass der Wagen berechtigt ist, innerhalb der Stadtgrenze Gäste zu befördern. Die Lizenzen waren limitiert und erlaubten den Behörden, die Anzahl der Taxis zu regulieren. Dieses System, das auch hierzulande viele Städte übernommen haben, begünstigt selbstverständlich die Unternehmen, die von Anfang an eine große Wagenflotte lizenziert bekamen. Dazu gehörte auch Markin.

1967 verfügte die Stadtverwaltung, dass alle Taxis in New York gelb lackiert sein müssen, um die wachsende Zahl von illegalen, unlizensierten Fahrern deutlich sichtbar auszugrenzen und die lizensierten Taxis von den zahlreichen Zustelldiensten abzuheben, die in der Stadt überhand nahmen. Anfang der 70er Jahre erging die Verordnung, in allen Taxis eine schussfeste Trennscheibe zwischen Fahrer und Fond einzubauen, weil die Gewalttaten in den Yellow Cabs sich häuften.

Im Jahr 2000 gab es 12.187 Taxis und rund 40.000 Fahrer in New York, doch der letzte Yellow Cab von Checker war bereits am 26. Juli 1999 aus dem Verkehr gezogen worden. Mini-Vans und luxuriöser ausgestattete Pkws hatten die altertümlichen Wagen längst abgelöst. Ganz muss die Nachwelt auf die Checker Yellow Cabs dennoch nicht verzichten. Wer die 700-Meilen-Reise von New York aus nicht scheut, kann im Gilmore Car Classic Museum in Kalamazoo, Michigan, einen Wagen aus den 30er Jahren, einen Checker Jeep Prototyp und den letzten jemals gebauten Checker aus dem Jahr 1982 mit der Seriennummer 2000 bewundern.

DAS »YELLOW SUBMARINE«

Am 30. August 1999 richtete die Stadt Liverpool zu Ehren ihrer bekanntesten Söhne, der Beatles, ein riesiges Festival aus. Ein würdiger Rahmen auch für eine Weltpremiere, denn der Zeichentrickfilm »Yellow Submarine« konnte zum ersten Mal nach seiner Überarbeitung, bei der vor allem die Farben aufgefrischt wurden, wieder gezeigt werden. 31 Jahre zuvor, exakt am 17. Juli 1968, hatte die erste Fassung des Films in London ihre Uraufführung erlebt. Der Film war damals ein eher ungeliebtes Projekt der vier Pilzköpfe gewesen. Eine zuvor in den TV-Sendern ausgestrahlte, nach Motiven aus ihren Songs gestaltete Trickfilmserie haben sie, wie mehrere Quellen übereinstimmend berichten, gar gehasst. Aber Vertrag war Vertrag, und so mussten die Beatles das Werk eben abliefern. Es sollte letztendlich ein Kultfilm werden, archetypisch für die Psychedelic-Ära und bahnbrechend für eine neue Form des Zeichentrickfilms.

Es geht um die abenteuerliche Reise des gelben U-Bootes »Yellow Submarine« und dessen Insassen, die mit ihren Songs gegen die so genannten »Blue Meanies« kämpfen, die jegliche Musik hassen und das friedliche Königreich Pepperland attackieren und besetzen. Von dort rettet sich auch ein gewisser Old Fred in das U-Boot. Er holt die Zeichentrick-Beatles zu Hilfe, und mit vereinten Sanges- und U-Boot-Kräften können sie das friedliebende Hippieparadies befreien und zu neuem Leben erwecken.

Der damals 34-jährige Düsseldorfer Grafiker Heinz Edelmann war federführend bei der grafischen Umsetzung des von der Hippie- und Popwelle der 60er Jahre beeinflussten Stoffes. Die Beatles marschieren als Zeichentrickfiguren durch den Film, mit Ausnahme eines kurzen Auftritts am Schluss, zu dem sie sich bereit erklärten, nachdem sie Teile des Films gesehen hatten. Denn der neuartige Stil der Bilder hatte sie wider Erwarten doch sehr begeistert – so sehr, dass sie gleich noch ein paar Lieder komponierten, die allerdings erst sehr viel später, nämlich 1999 die Ohren ihrer noch zahlreich vorhandenen Fans erreichten. Die Langspielplatte »Yellow Submarine«, die 1968 erschien, versammelte denn auch auf der A-Seite sechs Stücke der Beatles, auf der B-Seite war der Soundtrack des George Martin Orchestra eingeritzt. Der Titelsong »Yellow Submarine« war überhaupt nicht neu, sondern bereits auf der zuvor erschienenen Platte »Revolver« zu hören.

»Yellow Submarine« schaffte es als einziges Album der Beatles »nur« auf Platz 2 der Charts. Aber dafür wurde das Stück reichlich gecovert, was in vielen Fällen bedeutet, dass minderbemittelte Epigonen ein schönes Musikstück mit modischen Arrangements geschmackskompatibel machen oder schlichtweg verhunzen. Auch als Spielzeugmodell von Corgi Toys erfreute sich das U-Boot großer Beliebtheit in den Kinderzimmern der 60er Jahre. Ein »Yellow Submarine« genanntes U-Boot bietet heute Tauchfahrten vor Lanzarote an. Zwei junge Deutsche bauten gar einen Fotoblitz mit dem Namen »Yellow Submarine« – der verständlicherweise für den Einsatz unter Wasser gedacht war.

DIE YETZIAH EUROPA 5707

Hebräischer Name des Flüchtlingsschiffs → »Exodus«, das 1928 als »President Warfield« vom Stapel gelaufen war.

Z

DIE ZEITMASCHINE

Der englische Autor Herbert George Wells, der von 1866 bis 1946 lebte, fand für die Beschreibung seiner Zeitmaschine nicht gerade liebevolle Worte: »Sie ist breit, hässlich und schief; ein Ding aus Messing, Elfenbein, Ebenholz und durchsichtig schimmerndem Quarz.« Die Geschichte der Maschine und des »Zeitreisenden«, der noch nicht mal einen Namen bekam, erschien 1888 das erste Mal im englischen »Science School's Journal« unter dem Titel »The Chronic Argonauts« und sieben Jahre später in Buchform, dann jedoch unter dem Titel »The Time Machine. An Invention«. Dieses Produkt Well'schen Erfindungsgeistes beflügelt nun schon mehr als ein Jahrhundert lang Roman-, Sachbuch- und Drehbuchautoren und ist so zum Allgemeingut geworden, dass auch heute noch immer mal wieder Zeitmaschinen in Büchern oder Filmen in den verschiedensten Formen auftauchen. Das liegt vermutlich weniger an der äußeren Gestalt des Gerätes als vielmehr an der Faszination, welche die Vorstellung von einer Reise in die Zukunft oder die Vergangenheit weiterhin ausübt.

Seine Erfindung präsentiert der Zeitreisende des Buches Freunden, Journalisten und Wissenschaftlern zunächst nur als Modell, das Wells als ein »glitzerndes Metallgestell, kaum größer als ein Wecker und sehr fein gearbeitet« beschrieb. »Zu den Bestandteilen gehörte auch Elfenbein und eine durchsichtige, kristalline Substanz.« Ein Sattel diente als Sitz, es gab Hebel für den Start und die Regulierung der Geschwindigkeit. Zwei Jahre arbeitet der Erfinder hart, bis aus dem Modell die »echte« Zeitmaschine entstanden ist. Dann setzt er sich auf das Gerät, »überprüfte alle Schrauben, tat einen Tropfen Öl auf die Quarzwelle« und startet aus seinem Laboratorium in London. Diese Art zu reisen vergleicht er später mit frühen Erlebnissen auf einer »Rutschbahn«. Die rasende Fahrt bringt ihn ins Jahr 802701, wo er so abrupt stoppt, dass die Maschine sich überschlägt und der Zeitreisende durch die Luft geschleudert wird. Der Wissenschaftler findet in den Ruinen Londons eine idyllische, von den kindlichen, milden, früchteessenden Eloi bewohnte Welt. Er freundet sich mit dem Mädchen Weena an. Deren Furcht vor der Dunkelheit lenkt seine Aufmerksamkeit auf eine andere Sphäre, die der unterirdisch lebenden, hässlichen, flinken Morlocks, denen die Eloi als Futter dienen. Der Zeitreisende dringt, um sich seine Zeitmaschine zurückzuholen, in ihren Lebensraum ein. Erst im letzten Moment kann er ihnen entwischen, in eine ferne Zukunft von Millionen von Jahren. Er wird von Riesenkrabben attackiert, flüchtet erneut und landet schließlich wohlbehalten wieder in der Gegenwart. Als Reiseandenken und Beweis für seine Reise hat er von den Eloi ein paar Blüten mitgebracht, was die ungläubigen Wissenschaftskollegen dennoch nicht so recht überzeugt. Also besteigt er erneut seine Zeitmaschine – und ward seitdem nicht wieder gesehen.

H.G. Wells, der ein regelrechter Filmfanatiker war, arbeitete bereits 1895 gemeinsam mit dem britischen Filmpionier Robert William Paul an einer visuellen Umsetzung des Buches. Ihnen schwebte eine Art Multimedia-Show vor, die jedoch nicht realisiert wurde. Die erste Verfilmung seiner Geschichte hat Wells leider nicht mehr erlebt. Der Film entstand 1959 unter der Regie des aus Ungarn stammenden Amerikaners George Pal. Der ehemalige Puppentrickfilmer beauftragte seine Techniker, eine Zeitmaschine zu bauen, die einem Schlitten ähnelte, denn Pal war – warum auch immer – ein wahrer Schlittenfan. Die Männer müssen den Auftrag irgendwie missverstanden haben, denn ihre ersten Entwürfe erinnerten stark an einen elektrischen Stuhl. Was dann doch keine so schlechte Anregung war, denn schließlich bildete ein altmodischer Friseurstuhl der Jahrhundertwende, den man mit einer Kopfstütze komplettierte, den Kern der Maschine. Rund um den Stuhl montierte man dann noch einen Holzrahmen sowie eine Instrumenteneinheit, auf der ein kristallener Stab als Steuerungshebel diente. Im Rücken des Zeitreisenden drehte sich eine überdimensionale Schüssel mit 365 Knöpfen. Wäre es nach Pal gegangen, hätte sich diese Schüssel sogar in zwei Richtungen drehen lassen müssen, doch derartige Sonderwünsche fielen dem knappen Budget zum Opfer, das nur 750.000 Dollar betrug. Selbstverständlich inklusive der Arbeiten des Special-Effects-Technikers Gene Warren, zu denen auch das Miniaturmodell gehört, das der von Rod Taylor gespielte Reisende George, der – anders als im Buch – hier einen Namen hat, seinen Freunden vorführt. Für ihre Arbeit erhielten Gene Warren und sein Kollege Tim Baar 1960 den Oscar für die besten Spezialeffekte.

Als 1970 MGM eine Menge Filmrequisiten versteigerte, war auch die Zeitmaschine unter den Auktionsstücken. Das Miniaturmodell hatte Pal nach Ende der Dreharbeiten in seinen Privatbesitz überführt. Ein Brand hatte es zerstört. Beinahe wäre die Zeitmaschine nicht unter den Hammer gekommen, denn am Tag vor der Auktion stellte man fest, dass die Instrumenteneinheit fehlte. Also beauftragte man den Tüftler Tom Sherman mit der Reparatur, der aus Holz, Weihnachtsbaumleuchten und bemalten Fleischdosen eine wunderbare neue Steuerung fabrizierte. Diese Findigkeit muss wohl auch den Käufer schwer beeindruckt haben, denn der unbekannt gebliebene Mann zahlte immerhin 10.000 Dollar für das reparierte Stück und entschwand damit in Richtung Florida.

1974 entdeckten zwei Bekannte von Bob Burns, einem Freund Pals, der damals mitgeboten hatte, aber nicht zum Zuge gekommen war, die Überreste der Zeitmaschine in einem »Thrift Store« in Orange County. Sie trauten ihren Augen nicht, als sie sahen, was von dem schönen Stück noch übrig war. Der letzte Eigentümer hatte den Stuhl für 600 Dollar an einen Kunden verkauft, nachdem er ihn davon überzeugen konnte, dass der Stuhl tatsächlich beinahe antik sei. Aber viele Teile waren zerbrochen oder verschwunden oder unsachgemäß ersetzt worden. So trieb ein Motor aus einem Barbecue-Grill die aus Fiberglas hergestellte filigrane Schüssel an, die immerhin noch in einem Stück war. Die beiden Fans erwarben also die Überreste und brachten sie nach Los Angeles zurück. Mit Hilfe der Techniker von damals machten sie sich an die Restaurierung, denn der TV-Produzent Bob Burns wollte seinen Freund George Pal in einer Halloween-Sendung mit der Zeitmaschine überraschen. Der Coup glückte und George Pal fand sich, in der Maschine sitzend, auf dem Cover des angesehenen Science-Fiction-Magazins »Starlog« wieder. Das rare Stück wurde später dann mehrfach in den amerikanischen TV-Serien »In Search Of ...« und »Cosmos«, letztere moderiert von Carl Sagan, eingesetzt. Bei einem Auftritt in »Cosmos« wurde die Zeitmaschine erneut unsachgemäß behandelt, als Techniker das schwere Einzelstück nicht an seinem massiven Holzrahmen, sondern an einer Seitenaufhängung hochhoben, so dass die komplette elektrische Verdrahtung herausgerissen wurde. Es dauerte Stunden, bis der Schaden behoben war.

Noch viele Auftritte sollten folgen. Im Vergnügungspark »Magic Mountain« wurde sie ausgestellt, von Fernsehstar Mike Jittlov für seine Serie »The Wizard of Speed and Time« genutzt und sogar zu Werbezwecken für die Neuauflage von Zeitreiseabenteuern missbraucht. Michael J. Fox, Hauptdarsteller des Dreiteilers »Zurück in die Zukunft«, der ab 1985 die Kinos eroberte, schwärmte von ihr, ehe er in seinen → DeLorean einstieg. Und in einer Folge von »Die Abenteuer von Lois und Clark« tauchte als Figur sogar der gute H.G. Wells samt Zeitmaschine auf.

2002 kam eine Wiederverfilmung des Romans unter dem Titel »The Time Machine« in die Kinos, die Simon Wells, ein Urenkel von H.G. Wells, inszenierte. Doch ungeachtet des Satzes im Vorspann »Based on the Novel«, erfuhr die Geschichte zahlreiche Veränderungen, und auch die Maschine selbst wurde völlig neu gestaltet. Mit Ausnahme des viktorianisch anmutenden Stuhls und des mit einem Kristall bestückten Steuerhebels, die er beibehielt, schuf der deutsche Produktionsdesigner Oliver Scholl ein völlig neues Objekt, dessen Aussehen Anlass zu ironischen Kommentaren im Film selbst gibt: »Ich wette, das macht einen super Cappuccino – das Ding da«, vermutet eine junge Beobachterin, als der Zeitreisende, der jetzt den Namen Alexander Hartdegen trägt, am 24. Mai 2030 kurz anhält. Das Konzept der rotierenden Schüssel ist erhalten geblieben, auch wenn es jetzt zwei Stück sind, je eine vor und hinter dem Passagier. »Mir fiel ein, dass der Zeitreisende im Roman als Professor der physikalischen Physik eingeführt wird«, so Regisseur Simon Wells, »also haben wir Fresnel-Linsen benutzt, wie sie in Leuchttürmen verwendet werden. Sie bilden die lichtbrechenden Elemente, die kreisförmig zusammengefügt sind.« Die fertige Maschine war schließlich 3,15 Meter hoch, wog 2,7 Tonnen und bestand überwiegend aus Aluminium und Kunststoff, obwohl es so aussieht, als wenn Messing und Glas überwögen.

In der neuen Filmhandlung braucht Hartdegen die Zeitmaschine, um in die Vergangenheit zu reisen. Er will seine Geliebte, die bei einem Attentat ums Leben gekommen ist, vor ihrem Schicksal bewahren. Doch obwohl er rechtzeitig ankommt, kann er ihren Tod nicht verhindern. Völlig niedergeschlagen reist er in die Zukunft, auch wieder in das Jahr

802701, gerät zwischen die bereits im Roman beschriebenen Eloi und Morlocks und verliert am Ende gar die Maschine. »Dies ist ein vergeblicher Versuch, die Zeit um dich herum zu kontrollieren«, heißt es einmal aus dem Munde des Über-Morlocks in Bezug auf die Maschine. Aber den Morlocks galt ohnehin nicht die Sympathie von H.G. Wells, und deshalb hat der Morlock unrecht, soweit es die Vierte Dimension betrifft.

ZEPPELIN LZ 129

Das deutsche Luftschiff mit dem Namen → »Hindenburg« verbrannte am 6. Mai 1937 in Lakehurst in New Jersey.

BIBLIOGRAFIE

Bücher zum Thema berühmte Fahrzeuge:

Adrian, Werner: Speed. Cinema of Motion. New York/London 1975
Barris, George/Scagnetti, Jack: Cars of the Stars. New York 1974
Barris, George/Fetherston, David: Barris TV & Movie Cars. Osceola 1996
Clymer, Floyd: Cars of the Stars and Movie Memories. Los Angeles o.J.
Eckermann, Erik: Technikgeschichte im Deutschen Museum. München 1989
Fellner, Uschi/Leopold, Peter: Knight Rider. Das Buch über David und K.I.T.T., Wien 1987
Heinzlmeier, Adolf/Menningen, Jürgen/ Schulz, Berndt: Road Movies. Action-Kino der Maschinen und Motoren. Hamburg; Zürich 1985
Heitz, Rudolf / Metzger, Dietmar: Die goldenen Fünfziger und ihre Autos. Stuttgart 1987
Hofner, Heribert / Kaiser, Harald / Mertens, Willi: Trabi ... find ich gut. Hamburg 1990
Jockel, Nils / Lippert, Werner (Hg.): und läuft und läuft und läuft. Käfer, New Beetle und die perfekte Form. München 1999
Kastner, Jörg: Raumpatrouille. Die phantastische Geschichte des Raumschiffes Orion. München 1995
Kirchberg, Peter / Krone, Michael: Dixi. Horch. Trabant & Co. Suderburg 1990
Klastorin, Michael/Hibbin, Sally: Back to the Future. The Official Book of the Complete Movie Trilogy. London 1990
Krause, William: Hollywood TV And Movie Cars. St. Paul 2001
Lee, Raymond: Fit For The Chase. Cars and the Movies. New York 1969
Mann, Dave/Main, Ron: Races, Chases & Crashes. A Complete Guide to Car Movies and Biker Flicks. Osceola 1994
Schiebert, Jürgen: Duroplast in Pastellfarben: Der Trabant. Berlin 1997
Schleife, Hans-Werner u.a.: Metros der Welt. Geschichte. Betrieb. Technik. Berlin 1992
Sicsic, Josette: Quand l´automobile fait du cinéma. Paris 1986
Simsa, Paul / Lewandowski, Jürgen : Sterne, Stars und Majestäten. Konstanz 1997
Stuhlemmer, Rupert: Chrom, Lack und Leder. Automobile der UFA Stars. Berlin 1991

Zeitschriftenartikel und Interviews zum Thema berühmte Fahrzeuge:

Backfisch, Heinz: Weltraumabenteuer aus der Trickkiste. In: hobby – Das Magazin der Technik. Nr. 25/66 / 30.11.1966
Burgess-Wise, David: The Count of Chitty Bang Bang. In: ›Aston‹. The Journal of the Aston Martin Heritage Trust. Issue 1, 1999
Chapman, Gilles: The Persuaders. In: Classic and Sportscar June 1991
Gauthier, Charles: Raumschiff Apollo eine Fehlkonstruktion? In: hobby 13.05.1970
Geyer, Gerd: Der Herrenfahrer mit dem Hubraum-Tick. In: deutsche automobil revue. Oktober 1974
Heseltine, Richard: Avenging angels. In: Classic & Sports Car. May 1999
Kinder, Gary: Verloren im Pazifik. Das Drama der »Essex«. In: Geo Nr. 6/Juni 2000
Pickard, Roy: The Men Who Thrill Millions – Evel Knievel and Muhammad Ali. In: photoplay September 1977
Thie, J.M.: Gespräch mit Werner Herzog. In: Just, Lothar R.: Filmjahr 1982/83. München 1983
Wölfer, Joachim: Volle Atomkraft voraus! In: hobby Nr. 26/1966

Sonstige Bücher:

Alexander, Paul: James Dean. München 1995
Anton, Uwe / Hahn, Ronald M.: Star Trek Enzyklopädie Film, TV und Video. München 1995
Arnaud, Georges: Lohn der Angst. München 1955
Asimov, Isaac: Die phantastische Reise. München 1985
Brode, Douglas: The Films Of Steven Spielberg. New York 1995
Brosnan, John: Movie Magic. The story of special effects in the cinema. London 1974
Bürger, Gottfried August: Münchhausen. Wien 1927
Burke, Jim: Warren Beatty. New York 1976
Burton, Rosemary / Cavendish, Richard / Stonehouse, Bernard: Atlas der großen Entdecker. Hampshire 1992
Cardiff, Jack: Magic Hour. London 1996
Carey, Mary: Seltsame Abenteuer mit Mary Poppins. Ravensburg 1964

Compart, Martin: Crime TV. Lexikon der Krimi-Serien. Berlin 2000
Cox, Steven: The Munsters. Eine Familie mit Biß. München 1992
Crawley, Tony: Steven Spielberg. Eine Erfolgsstory. München 1989
Dalton, David: James Dean. Seine Filme – sein Leben. München 1984
Donovan, Paul: Roger Moore. London 1983
Ende, Michael: Jim Knopf und Lukas der Lokomotivführer. Stuttgart 1960
Ende, Michael: Jim Knopf und die Wilde 13. Stuttgart 1962
Fehse, Willi: Die grosse Stunde genialer Erfinder. Göttingen o.J.
Giesen, Rolf: Lexikon des phantastischen Films. Berlin 1984
Giesen, Rolf: Sagenhafte Welten. Der phantastische Film. München 1990
Goodman, Ezra: Humphrey Bogart. Portrait einer Kinolegende. München 1993
Haderer, Christian / Bachschwöll, Wolfgang: Kultserien im Fernsehen. München 1996
Hahn, Ronald M. / Jansen, Volker: Kultfilme. Von »Metropolis« bis »Rocky Horror Picture Show«. München 1985
Hahn, Ronald M.: Die Star Trek Filme. München 1993
Hepburn, Katherine: African Queen oder Wie ich mit Bogart, Bacall und Huston nach Afrika fuhr und beinahe den Verstand verlor. München 1987
Humble, Richard: Die Entdecker. Amsterdam 1979
Kayser, Gisela / Volland, Ernst: Kinski portraitiert von Beat Presser. Berlin 2000
Kinski, Klaus: Ich brauche Liebe. München 1991
Krüger, Hardy: Szenen eines Clowns. Bergisch Gladbach 2001
Kuegler Dietmar / Kuegler, Helga M.: Wagen westwärts ... Fahrzeuge der amerikanischen Pioniere. Wyk auf Foehr 1991
Lornsen, Boy: Robbi, Tobbi und das Fliewatüüt. Stuttgart 1967
Manetti/Larry / Silverman, Chip: Aloha Magnum. o. J.
Manthey, Dirk / Altendorf, Jörg (Hg.): Die besten TV-Serien. Hamburg 1992
McCoy, Malachy: Steve McQueen – the unauthorized biography. Chicago 1974
Meyers, Jeffrey: Humphrey Bogart. Ein Leben in Hollywood. Berlin 1998
Milton, Joyce: Die Lindberghs. München 1997
Neal, John: Die Wahrheit über Bonnie & Clyde. München 1969

Neumann-Adrian, Edda und Michael: Goethe auf Reisen. Augsburg 1998
Novaresio, Paolo: Die großen Entdecker. Erlangen 1996
Oelschläger, Ralph / Beckmann, Georg: San Francisco Preiswert. Freiburg 1999
Perfahl, Jost (Hg.): Mit Goethe auf Reisen. Schilderungen, Berichte, Beobachtungen 1770 – 1831. München 1993
Peters, Richard: Elvis. The Golden Anniversary Tribute. London 1984
Quack, Ulrich: Kalifornien Reiseführer. Dormagen 2000
Rauh, Reinhold: Edgar Reitz. Film als Heimat. München 1993
Rovin, Jeff: The Films Of Charlton Heston. Secaucus, New Jersey 1980
Schlemmermeier, Mark / Kalweit, Dirc / Gricksch, Gernot: Die besten TV-Serien. Hamburg 1992
Sesslen, Georg: David Lynch und seine Filme. Marburg 2000
Sesslen, Georg: Steven Spielberg und seine Filme. Marburg 2001
Setbon, Philippe: Klaus Kinski. Seine Filme – sein Leben. München 1983
Siebecke, Horst: Operation Oase. Die wahre Geschichte der ›Exodus‹. München 1984
Tesche, Siegfried: Die neuen Stars des deutschen Films. München 1985
Tesche, Siegfried: Das große James Bond Buch. Berlin 2002
Tesche, Siegfried: Sean Connery – Die Biografie. Berlin 2000
Tesche, Siegfried: Harrison Ford. Seine Filme, sein Leben. Berlin 2002
Thompson, Verita: Ich seh´ dir in die Augen, Kleines. Meine aufregendsten Jahre mit Humphrey Bogart. München 1982
Thubron, Colin: Die Venezianer. Amsterdam 1981
Tichy, Wolfram: Buster Keaton. Reinbek bei Hamburg 1983
Tses, Christoph / Brüderle, Dirk: Jerry Cotton. George Nader und seine Filme. Granlex PIV-Eigenverlag 1998
Ullrich, Jan / Boßdorf, Hagen / Becker, Peter / Breloer, Gero: Grosse Schleife Die Zweite.
Jan Ullrich Tour de France ´97. Berlin 1997
Wouk, Herman: Die Caine war ihr Schicksal. Hamburg 1955
Yapp, Nick / Tenison, Rupert: London. Geheimnisse & Glanz einer Weltstadt. Köln 1999
Zumkeller, Cornelia: Bogart & Bacall. Eine Liebe in Hollywood. München 1990

REGISTER

Thies Völker

Lexikon berühmter Schiffe

Spektakuläre Abenteuer von der Arche Noah bis zur Titanic.
ca. 528 Seiten mit 69 Abbildungen.
Serie Piper

Welche Biermarke wirbt mit dem Segelschulschiff Alexander von Humboldt? Wie kam es zur berühmten Meuterei auf der Bounty? Und wie groß war eigentlich die Arche Noah? Fast 300 bekannte Schiffe aus Mythologie, Marinegeschichte, Literatur, Werbung und Film präsentiert Thies Völker in diesem Lexikon – vom Fliegenden Holländer über das Raumschiff Enterprise bis zur Titanic und der Yellow Submarine. Ein unterhaltsames Buch – nicht nur für Liebhaber der Schiffahrtsgeschichte.

»Thies Völker zeigt, in welchem Maße Schiffe einen Platz in unserer Geschichte und unseren Geschichten haben. Die einzelnen Beiträge zeichnen sich durch technische und historische Sachkenntnis aus. Und manch lockere Formulierung lässt vergessen, dass es sich um ein Lexikon handelt.«
Süddeutsche Zeitung

05/1556/01/L

Christian Eichler

Lexikon der Fußballmythen

Mit 35 Fotos. 480 Seiten.
Serie Piper

Das Spiel des Jahrhunderts? Klar, das WM-Halbfinale 1970, Deutschland – Italien, 3:4 nach der Verlängerung. Aber wer hat doch gleich den 2:2-Ausgleich für Italien geschossen? Und in welcher Minute? Nicht raten – nachlesen! Dieses ultimative Lexikon gibt Antwort auf alle typischen Streit- und Fangfragen. Übersichtlich geordnet, mit Detailwissen und Sprachwitz, präsentiert der Sportjournalist Christian Eichler zu Stichwörtern wie Ball und Spiel, Team und Tor, Taktik und Technik, Macht und Medien die wichtigsten Mythen und Fakten aus der Welt des Fußballs: Er berichtet vom Absatzkick und der Bananenflanke, erklärt den Hackentrick und den Effetball. Ein Lexikon zum Nachschlagen und Festlesen, voller Legenden und Anekdoten – für alle Fußballfreunde, die es ganz genau wissen wollen.

05/1160/01/R

SERIE PIPER

SERIE PIPER

Wolfgang Hars

Nichts ist unmöglich! Lexikon der Werbesprüche

500 bekannte deutsche Werbeslogans und ihre Geschichte. Mit 15 Abbildungen. 463 Seiten. Serie Piper

Daß Haribo Kinder froh macht, daß man bei Fielmann keinen Pfennig dazubezahlt und daß Ariel nicht nur sauber, sondern rein wäscht, ist heute Bestandteil guter Allgemeinbildung. Manche Werbespots sind nicht nur Kult, sondern längst zu Redewendungen geworden: »Man gönnt sich ja sonst nichts« oder »Nicht immer, aber immer öfter«. Doch hätten Sie gewußt, daß der Spruch »Persil bleibt Persil« von 1913 stammt oder daß in den sechziger Jahren mit dem schönen Satz geworben wurde: »Wenn Sie kein Coca-Cola-Schild mehr sehen, haben Sie die Grenzen der menschlichen Zivilisation erreicht«? Die schönsten und bizarrsten, die hintergründigsten und brisantesten Werbesprüche und Kampagnen der letzten Jahrzehnte hat Wolfgang Hars in seinem Lexikon versammelt.

05/1159/01/L

Matthew Richardson

Das populäre Lexikon der ersten Male

Erfindungen, Entdeckungen und Geistesblitze von Abakus bis Zifferblatt. Aus dem Englischen von Susanne Warmuth. 533 Seiten. Serie Piper

Sie dachten, Columbus hätte Amerika entdeckt und Edison die erste Glühbirne zum Leuchten gebracht? Alles falsch, sagt Matthew Richardson und stellt einiges richtig über die Erfindungen und Geistesblitze der Menschheit. In seinem bunten Kompendium erfahren Sie, wann die ersten Schönheitswettbewerbe stattfanden und wem wir Seife, Klebstoff und Tinte zu verdanken haben.

»Richardsons Lexikon ist ›Edutainment‹ erster Güte. Es fordert unterhaltsam und spannend Respekt für die Leistungen und den Erfindungsgeist aller Kulturen dieser Welt.«
Rheinischer Merkur

05/1149/01/R

Katja Doubek

Lexikon merkwürdiger Todesarten

Seltsame Spielarten und Formen des Exitus von Amoklauf bis Zyankali. 334 Seiten. Serie Piper

Was passiert, wenn man mit einem Revolver telefoniert? Ist Golfspielen wirklich lebensgefährlich? Mit welchen Mordwerkzeugen operierte die Inquisition? In diesem eigenwilligen Lexikon erfährt der Leser Verblüffendes über denkbar bizarre Todesarten. Katja Doubek erzählt von Schiffsunglücken, Schierlingsbechern, Schlaftabletten und Amokläufern, vom Tod durch Elefantentritte, Meuchelmörder und Zeppelinabstürze. Ein skurriles, schauerliches, bisweilen aber auch sehr amüsantes Panoptikum.

»Ein Buch, vor dem Einschlafen zu lesen, das zeigt, zu welch makabren Scherzen der Tod oft aufgelegt ist und wie komisch und brutal er zuschlägt – Trost durch Trostlosigkeit.«
Hellmuth Karasek, Der Tagesspiegel

05/1148/01/L

Katja Doubek

Lexikon der Attentate

Berühmte Verschwörungen, Komplotte und Anschläge. 375 Seiten. Serie Piper

Könige, Stars, Politiker, Wirtschaftsführer und auch Spitzensportler – sie alle stehen im Scheinwerferlicht der Öffentlichkeit. Doch je größer Macht, Einfluß und Bekanntheitsgrad, desto höher ist auch auch ihr Risiko, Opfer eines Anschlags zu werden. Ob Sisi oder Hanns-Martin Schleyer, Julius Cäsar, John F. Kennedy oder Olof Palme – packend und faktenreich erzählt Katja Doubek von berühmten Verschwörungen und Komplotten von der Antike bis in die Gegenwart.

»Die Geschichte der Attentate, der geglückten und der mißlungenen, hat die Autorin in historischen Momentaufnahmen festgehalten – ein Buch, das durch die Ereignisse des 11. September 2001 eine beklemmende Aktualität bekommen hat.«
Die Zeit

05/1558/01/R

SERIE PIPER

Walter Krämer, Götz Trenkler

Das Beste aus dem Lexikon der populären Irrtümer

441 Seiten. Serie Piper

Meinen Sie etwa, daß Sonnenblumen ihre Blüten nach der Sonne drehen? Glauben Sie, daß es einen weiblichen Papst namens Johanna gegeben hat? Halten Sie gar Champagner für eine französische Erfindung? Weit gefehlt! Unser Alltagswissen ist reich an Irrtümern und Denkfehlern aus Geschichte und Politik, Wirtschaft und Medizin, Naturwissenschaft und Kultur, und sie werden immer wieder weitergegeben. Walter Krämer und Götz Trenkler haben eine Bresche ins Dickicht unserer Irrtümer geschlagen und im »Lexikon der populären Irrtümer« und im »Neuen Lexikon der populären Irrtümer« Hunderte von Mißverständnissen und Vorurteilen aufgeklärt. Hier haben sie die verblüffendsten und faszinierendsten Ergebnisse zusammengefaßt und auf den neuesten Stand gebracht.

05/1153/01/L

Robert Anton Wilson mit Miriam Joan Hill

Das Lexikon der Verschwörungstheorien

Verschwörungen, Intrigen, Geheimbünde. Aus dem Amerikanischen von Gerhard Seyfried. Herausgegeben und bearbeitet von Mathias Bröckers. 427 Seiten. Serie Piper

Warum mußte John F. Kennedy sterben? Was hat es mit der geheimnisvollen Zahl 23 auf sich? Wollten Sie nicht schon immer wissen, wer eigentlich die Illuminaten und die Rosenkreuzer sind? Nicht erst seit der Serie »Akte X« und dem Film »23« haben Verschwörungstheorien Hochkonjunktur – schon immer haben Mythen von dunklen Mächten, die die Welt regieren, die Menschheit bewegt. Robert Anton Wilson, Kultautor der Romantrilogie »Illuminatus«, hat hier verblüffende Informationen über die wichtigsten Verschwörungen, Intrigen und Geheimbünde versammelt. Sein Kompendium eröffnet einen faszinierenden Blick auf unheimliche Zusammenhänge und regt durch die umfangreichen Querverweise, Literaturtips und Internetadressen zum Weiterstöbern an.

05/1158/01/R

Dirk Maxeiner
Michael Miersch

Lexikon der Öko-Irrtümer

Fakten statt Umweltmythen.
494 Seiten. Serie Piper

»Das Klima kippt.« – »Der Wald stirbt.« – »Die Rohstoffe werden immer knapper.« Täglich werden wir mit solchen Schreckensmeldungen konfrontiert. Häufig steckt dahinter jedoch ein Gemisch aus widersprüchlichen oder fragwürdigen Zahlen, aus Annahmen, Schätzungen und unzulässigen Verallgemeinerungen. Die renommierten Journalisten Dirk Maxeiner und Michael Miersch untersuchen rund hundertfünfzig Vorurteile, hinterfragen sie kritisch und lassen kompetente Wissenschaftler zu Wort kommen. Sie plädieren für einen Neuanfang in der Umweltpolitik und empfehlen, die erstarrten Weltbilder durch fröhliche Aufklärung und konstruktive Veränderung zu ersetzen. Sie bringen fundierte Fakten und Zahlen auf den Tisch, die ein erheblich differenzierteres Bild über den Zustand unseres Planeten ermöglichen.

05/1179/01/L

Walter Krämer, Wolfgang Sauer

Lexikon der populären Sprachirrtümer

Mißverständnisse, Denkfehler und Vorurteile von Altbier bis Zyniker.
224 Seiten. Serie Piper

Das Wort »verballhornen« hat weder etwas mit Bällen noch mit Hörnern zu tun, sondern leitet sich von einem Lübecker Buchdrucker namens Johann Ballhorn ab. Der »Boxring« ist noch nie rund wie ein Ring gewesen. Und den »Arbeitgeberbeitrag« zahlt keineswegs der Arbeitgeber, sondern der Arbeitnehmer. Die deutsche Sprache ist reich an Irrtümern, Verdrehern und Denkfehlern. Wo sie herkommen, wie sie entstanden sind und warum sie unseren Alltag trotzdem bereichern, zeigen Walter Krämer und Wolfgang Sauer in ihrem amüsanten und geistreichen Sprachpanoptikum.

»So unterhaltsam und aufschlußreich zu lesen, daß man gar nicht aufhören möchte, aus dem Buch zu zitieren.«
Frankfurter Neue Presse

05/1418/01/R

SERIE PIPER

Was anderes kommt nicht in die Tüte!

Tory Czartowski
Die 500 bekanntesten Marken der Welt
Ein populäres Lexikon von Adidas bis Zündapp
400 Seiten · geb. mit SU
€ 22,90 (D) · sFr 42,–
ISBN 3-8218-5555-X

Woher kommt eigentlich der Name MARLBORO? Was hat PILSENER URQUELL mit Südafrika zu tun, NOKIA mit einem Marder und die Potenzpille VIAGRA mit den Niagara-Fällen? Weshalb gibt es eigentlich zwei BUDWEISER-Biere? Und warum darf Henkel seine Waschmittel in Großbritannien und Frankreich nicht unter dem Markennamen PERSIL verkaufen?

In diesem Lexikon erfahren Sie die Hintergründe. Spannende Unternehmensgeschichten und verblüffende Fakten zu all den Marken, mit denen wir uns auch heute noch im täglichen Leben umgeben: von ADIDAS über MARS und MCDONALD'S bis ZIPPO.

Eichborn
Kaiserstraße 66
60329 Frankfurt
Telefon: 069 / 25 60 03-0
Fax: 069 / 25 60 03-30
www.eichborn.de
Wir schicken Ihnen gern ein Verlagsverzeichnis.